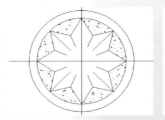

绘制构造线　　　　　　　　　　绘制圆

 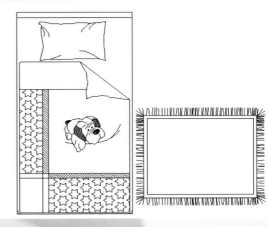

绘制区域覆盖

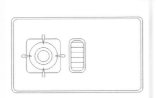 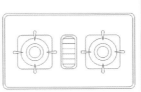

复制图形　　　　　　　　　　　偏移图形

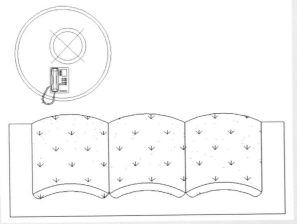 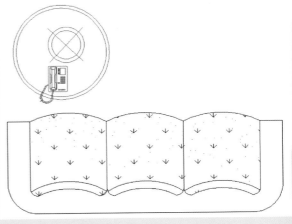

圆角图形

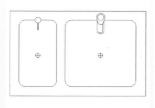

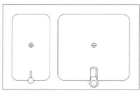

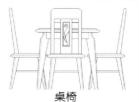

夹点镜像图形

设置文字字体

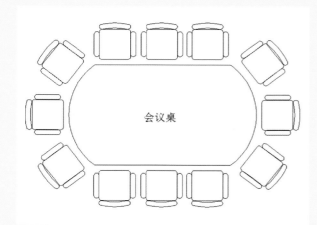

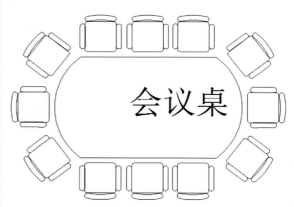

编辑单行文字缩放比例

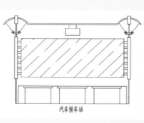

更新字段

转换图层

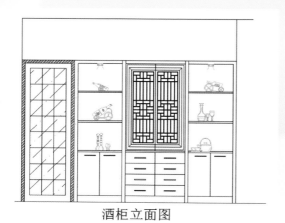

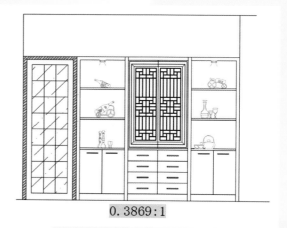

酒柜立面图

插入字段

 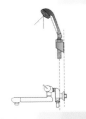

设置渐变色填充

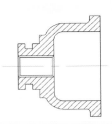

更改图案填充图案

附着图像参照

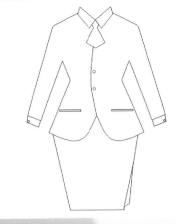

附着光栅图像

 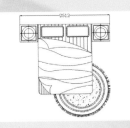

标注线性尺寸

受约束的动态观察

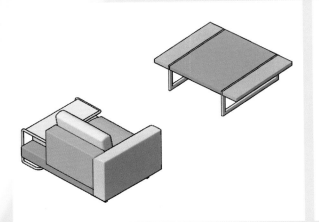 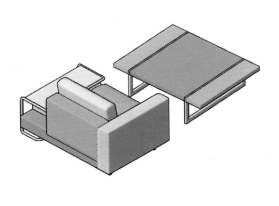

三维移动图形

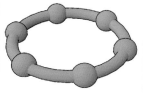

三维阵列图形

创建并赋予材质

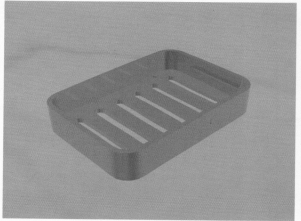

肥皂盒

齿　轮

插座布置图　　　　　别墅立面图　　　　室内平面图设计　　　　住宅侧面图

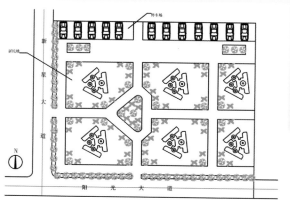

小区规划图

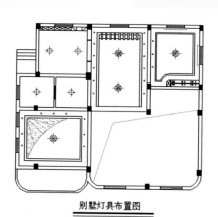

别墅灯具布置图

中文版

AutoCAD

Autodesk·

从零开始完全精通

柏松 编著

随书赠送CD-ROM1张

北京日报出版社

图书在版编目（CIP）数据

中文版 AutoCAD 从零开始完全精通 / 柏松编著. --
北京 ：北京日报出版社, 2016.6
ISBN 978-7-5477-1687-8

Ⅰ．①中… Ⅱ．①柏… Ⅲ．①AutoCAD 软件 Ⅳ.
① TP391.72

中国版本图书馆 CIP 数据核字(2016)第 074679 号

中文版 AutoCAD 从零开始完全精通

出版发行：北京日报出版社
地　　址：北京市东城区东单三条 8-16 号　东方广场东配楼四层
邮　　编：100005
电　　话：发行部：（010）65255876
　　　　　总编室：（010）65252135
印　　刷：北京永顺兴望印刷厂
经　　销：各地新华书店
版　　次：2016 年 6 月第 1 版
　　　　　2016 年 6 月第 1 次印刷
开　　本：787 毫米×1092 毫米　1/16
印　　张：29.5
字　　数：493 千字
定　　价：75.00 元（随书赠送光盘一张）

内 容 提 要

　　本书讲解了 AutoCAD 2013 软件的各项核心技术与精髓内容，为读者奉献了 330 个应用技巧点拨、280 个典型技能案例、900 分钟语音教学视频、1750 张图片全程图解，帮助读者从零开始精通软件，从新手快速成为 AutoCAD 设计高手。

　　本书共分为软件入门篇、进阶提高篇、核心攻略篇、高手精通篇、案例实战篇，内容包括：从零学起 AutoCAD 2013、绘图环境基本操作、软件视图常用操作、绘制二维图形对象、编辑二维图形对象、修改二维图形对象、创建编辑文字对象、创建管理表格对象、创建管理图层对象、创建编辑面域图案、应用块和外部参照、应用软件设计中心、创建编辑尺寸标注、创建三维实体对象、修改渲染三维模型、打印图形和网络应用、机械设计案例实战、电气设计案例实战、家装设计案例实战以及建筑设计案例实战等内容。读者学后可以融会贯通、举一反三，制作出更多更精彩、漂亮的效果。

　　本书结构清晰、语言简洁、实例丰富、版式精美，适合于 AutoCAD 2013 的初、中级读者使用，包括平面辅助绘图人员、机械绘图人员、工程绘图人员、模具绘图人员、工业绘图人员、电子产品绘图人员、室内装潢设计人员、室外建筑施工人员以及建筑效果图制作者等，同时也可以作为各类计算机培训中心、中职中专、高职高专等院校相关专业的辅导教材。

软件简介

AutoCAD 2013 是美国 Autodesk 公司推出的一款计算机辅助绘图和设计软件,是目前世界上优秀的辅助设计软件之一,并被广泛应用于机械、建筑、服装、交通、电子电气、自动化以及纺织冶金等领域。本书立足于这款软件的实际操作及行业应用,完全从一个初学者的角度出发,循序渐进地讲解核心知识点,并通过大量实例演练,让读者在最短的时间内成为 AutoCAD 绘图高手。

 本书特色

特 色	特 色 说 明
20 大 核心技术讲解	本书体系结构完整,由浅入深地对 AutoCAD 绘图环境基本操作、绘制二维图形对象、创建三维实体对象以及修改渲染三维模型等内容进行了全面细致的讲解,帮助读者从零开始,快速掌握 AutoCAD 软件
330 多个 应用技巧点拨	作者在编写时,将平时工作中总结的 AutoCAD 绘图中的实战技巧与设计经验,毫无保留地奉献给读者,不仅大大丰富和提高了本书的含金量,而且可以让读者提高学习与工作效率,学有所成
280 多个 典型技能案例	本书是一本操作性很强的技能实例手册,读者通过新手练兵可以逐步掌握软件的核心技能与操作技巧,从新手快速成长为 AutoCAD 辅助设计高手
900 多 分钟视频演示	本书 280 多个技能实例全部录制了带语音讲解的演示视频,时间长达 900 多分钟,重现书中所有技能实例的操作,读者可以结合本书,也可以独立观看视频演示,像看电影一样进行学习,让整个过程既轻松又高效
近 1750 张 图片全程图解	本书采用了约 1750 张图片,对软件的技术与实例操作进行全程式的图解,通过这些辅助的图片,让实例的内容变得更加通俗易懂,读者可以快速领会,大大提高学习效率

 内容编排

本书共分为软件入门篇、进阶提高篇、核心攻略篇、高手精通篇、案例实战篇。具体章节内容如下:

篇 章	主 要 内 容
软件入门篇	第 1～3 章,专业地讲解了 AutoCAD 2013 绘图环境基本操作及软件视图常用操作等内容,读者可以初步了解 AutoCAD 的原理和基本知识
进阶提高篇	第 4～6 章,专业地讲解了绘制二维图形对象、选择对象、编组对象、复制对象、删除图形对象、修改图形的位置、修改图形的大小和形状、夹点编辑图形对象以及参数化约束对象等内容,让读者进阶提高
核心攻略篇	第 7～13 章,专业地讲解了创建编辑文字对象、创建管理表格对象、创建管理图层对象、创建编辑面域图案、应用块和外部参照、应用软件设计中心、创建和设置标注样式及创建和编辑管理尺寸标注等内容,让读者掌握核心技能

续表

篇　章	主　要　内　容
高手精通篇	第 14～16 章，专业地讲解了创建三维实体对象、修改三维对象、修改实体边和面、应用视觉样式和光源、三维材质和贴图、渲染三维模型、设置打印设备及在打印空间和布局空间中打印等内容，让读者成为 AutoCAD 设计高手
案例实战篇	第 17～20 章，专业地讲解了机械产品案例实战、电气设计案例实战、室内装潢案例实战以及建筑设计案例实战等内容，既巩固前面所学，又能帮助读者在实战中将设计水平提升至一个新的高度

作者信息

本书由柏松编著，参与编写的人员有谭贤、曾杰、刘嫔、杨闰艳、周旭阳、袁舒敏、谭俊杰、徐茜、杨端阳、谭中阳、郭领艳、郭文亮、常淑凤等，在此对他们的辛勤劳动深表感谢。由于编写时间仓促，书中难免存在疏漏与不妥之处，恳请广大读者来信咨询并指正，联系网址：http://www.china-ebooks.com。

版权声明

本书及光盘中所采用的图片、模型、音频、视频和赠品等素材，均为所属公司、网站或个人所有，本书引用为说明（教学）之用，特此声明。

编　者

目 录

新手学设计完全精通

目 录

目录

新
手
学
设
计
完
全
精
通

新手学设计完全精通

第01章 从零学起 AutoCAD 2013

学前提示

AutoCAD 2013 是美国 Autodesk 公司推出的 AutoCAD 最新版本，它是一款计算机辅助绘图与设计软件，具有功能强大、易于掌握、使用方便和体系结构开放等特点，能够绘制二维与三维图形、标注图形尺寸、渲染图形以及打印输出图纸，是应用最广泛的计算机辅助设计软件之一，深受广大机械与建筑行业人员的喜欢，本章将介绍 AutoCAD 2013 的基础知识。

本章知识重点

▶ AutoCAD 2013 基本功能　　　　▶ AutoCAD 2013 全新界面

▶ AutoCAD 2013 基本操作　　　　▶ AutoCAD 基本使用技巧

▶ 设置模型空间与图纸空间

学完本章后应该掌握的内容

▶ 了解 AutoCAD 2013 的基本功能，如创建与编辑图形以及输出图形等

▶ 了解 AutoCAD 2013 的全新界面，如标题栏、命令提示行以及状态栏等

▶ 掌握 AutoCAD 2013 的基本操作，如新建图形文件和打开图形文件等

▶ 掌握 AutoCAD 基本使用技巧，如使用鼠标执行命令和使用命令行执行命令等

▶ 掌握模型空间与图纸空间的设置，如模型空间与图纸空间的切换等

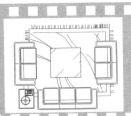

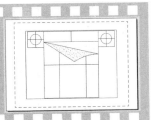

1.1　AutoCAD 2013 基本功能

为了适应计算机技术的不断发展与广大用户的设计要求，AutoCAD 已经陆续进行了多次升级，它的每一次升级都会带来软件性能的大幅提高和功能的进一步完善。目前的最新版本 AutoCAD 2013 具有功能强大、界面清晰以及操作简单等特点，在目前的计算机绘图领域中，深受广大工程技术人员的欢迎。

1.1.1　创建与编辑图形

AutoCAD 2013 中包含了许多的绘图命令，使用这些命令可以绘制直线、射线、弧线、多段线、圆、椭圆以及多边形等基本平面图形，同时还可以在绘制的平面图上进行相应的编辑。使用"修改"面板中的相应命令，还可以绘制各个不同领域的平面图。图 1-1 所示为园林景观的平面图。

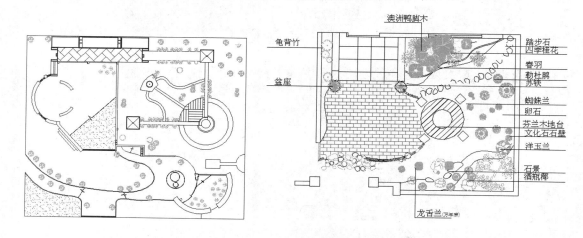

图 1-1　园林景观平面图

 高手指引

在 AutoCAD 2013 中，除了可以绘制二维图形外，还可以根据需要绘制轴测图和三维模型，清晰地展现物体的立体结构。

1.1.2　标注图形尺寸

在 AutoCAD 2013 中，标注图形尺寸能更直观地表现图形，使图形表达得更加完美。标注图形尺寸是整个绘图过程中不可或缺的一个步骤，在图形中添加测量的尺寸，使其可以更完整、更容易地表达图形的含义和作用。AutoCAD 2013 在其"标注"菜单中给出了一套完整的尺寸标注和编辑命令，使用相应的命令可以在图形的各个方向上为图形创建和编辑尺寸标注，也可以按照一定格式创建符合行业标准的尺寸标注。

标注可以显示对象的测量值、对象之间的距离和角度等。在 AutoCAD 2013 中，可以进行水平、垂直、旋转、对齐、坐标、基线或连续等标注。尺寸标注既可以运用在平面图形中，也可以运用在三维图形中。图 1-2 所示为使用 AutoCAD 标注的尺寸图纸。

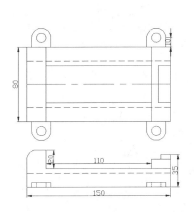
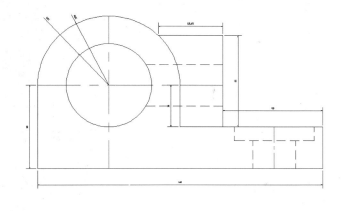

图 1-2 使用 AutoCAD 标注的尺寸图纸

1.1.3 控制图形显示

在 AutoCAD 2013 中进行操作时，用户经常需要改变图形的显示方式，为了观察图形的整体效果，可以缩小图形；为了对图形进行细节编辑，可以放大图形，以及根据需要作相应的移动。在三维图形中，为了从不同的视角显示图形，也可以通过改变观察点，或者将绘制图形的窗口分为多个视口，使各个视口以不同的方位显示同一图形。此外，AutoCAD 2013还提供了三维动态观察器，利用观察器可以动态地观察三维图形。图 1-3 所示为动态观察三维图形。

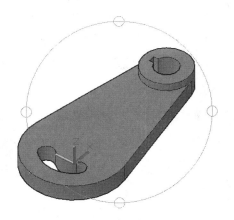

图 1-3 动态观察三维图形

1.1.4 渲染三维图形

为了使实体对象看起来更加真实、清晰明了，可以对三维实体对象进行渲染处理。运用雾化、光源和材质功能，可以将模型渲染为具有真实感的图像。渲染器是一种通用渲染器，可以生成真实准确的模拟光照效果，包括光线跟踪反射和折射以及全局照明。渲染器基于三维场景来创建三维图像，渲染时可以使用已设置的光源和已运用的材质来为场景的几何图形着色。在进行图像渲染前，如需快速查看整体设计效果，可以设置视觉样式，如果为了演示效果也可以选择渲染全部对象。图 1-4 所示为渲染三维图形前后的效果对比。

图 1-4　渲染三维图形前后的效果对比

1.1.5　输出及打印图形

　　在图样设计完成后，需要通过打印机将图形输出到图纸上。在 AutoCAD 2013 中，可以通过图纸空间或布局空间打印输出设计好的图样。AutoCAD 不仅可以将所绘制的图形以不同方式通过绘图仪或打印机输出，还可以将不同格式的图形导入 AutoCAD 或将 AutoCAD 图形以其他格式输出。

1.2　AutoCAD 2013 全新界面

　　在 AutoCAD 2013 中，其界面主要由"菜单浏览器"按钮、快速访问工具栏、标题栏、"功能区"选项板、绘图窗口、命令提示行以及状态栏等内容组成。图 1-5 所示为 AutoCAD 2013 的"二维草图与注释"工作界面。

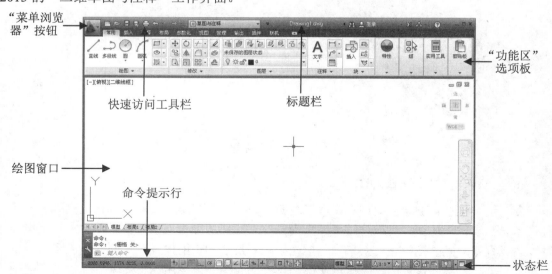

图 1-5　AutoCAD 2013 的"二维草图与注释"工作界面

AutoCAD 2013 包含了 4 种工作界面："二维草图与注释"、"三维基础"、"三维建模"和 "AutoCAD 经典"工作界面。在"二维草图与注释"工作界面中，可以很方便地绘制二维机械图形；在"三维基础"工作界面中，可以方便地绘制简单的三维机械图形；在"三维建模"工作界面中，能够更加方便地绘制各种复杂的三维机械模型；对于习惯于"AutoCAD 经典"工作界面的用户，依然可以选择在该界面中进行操作。

1.2.1　"菜单浏览器"按钮

单击 AutoCAD 2013 中的"菜单浏览器"按钮，在弹出的下拉菜单中包含"新建"、"打开"、"保存"、"另存为"、"输出"、"发布"、"打印"、"图形实用工具"以及"关闭"9 个工具按钮，如图 1-6 所示。

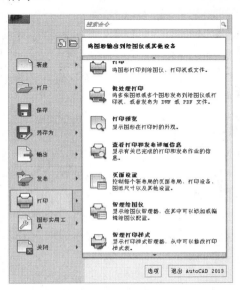

图 1-6　"菜单浏览器"菜单

高手指引

单击"菜单浏览器"按钮，在弹出的下拉菜单的"搜索"文本框中输入关键字，然后单击"搜索"按钮，即可显示与关键字相关的命令。

1.2.2　快速访问工具栏

快速访问工具栏中包括了"新建"、"打开"、"保存"、"另存为"、"打印"、"放弃"、"重做"以及"工作空间"8 个常用的工具按钮。用户可以单击此工具栏后面的下拉按钮，在弹出的下拉列表中，用户可以根据需要选择相应工具，将其添加至快速访问工具栏中，如图 1-7 所示。

图 1-7　快速访问工具栏

1 新建：单击"新建"按钮，将弹出"选择样板"对话框，在其中可以选择相应的样板，新建图形文件。

2 打开：单击"打开"按钮，将弹出"选择文件"对话框，在其中可以选择相应的文件并打开。

3 保存："保存"按钮主要针对图形的修改、标注的添加等相应操作，以防止图形的突然消失。

4 另存为："另存为"按钮主要针对图形用以新建名保存当前图形的副本。

5 打印：单击"打印"按钮，即可将图形打印到绘图仪、打印机或文件中，以图纸的形式展示。

6 放弃：单击"放弃"按钮，可以撤销上一个动作，返回到上一步的操作中，该命令主要针对上一步的错误操作。

7 重做：单击"重做"按钮，即可以恢复放弃的操作，该命令主要针对使用 UNDO 和 U 命令放弃操作后的恢复。

8 工作空间：单击"工作空间"按钮，将弹出下拉列表，在其中可以选择工作空间，以便将其设置为当前空间。

1.2.3 标题栏

在 AutoCAD 2013 工作界面的最上端是标题栏。在标题栏中，显示了系统当前正在运行的应用程序（AutoCAD 2013）和用户正在操作的图形文件名称。标题栏右侧是 Windows 标准应用程序的控制按钮，分别是"最小化"按钮、"还原"/"最大化"按钮与"关闭"按钮，如图 1-8 所示。

图 1-8　标题栏

1.2.4 "功能区"选项板

功能区是按钮工具的集合，把光标移动到某个按钮上，稍停片刻即在该按钮的一侧显示相对应的功能提示，同时在状态栏中会显示对应的说明和命令名，单击按钮就可以启动相应的命令。AutoCAD 默认状态下，在"草图与注释"工作界面中，"功能区"选项板包含"常用"、"插入"、"注释"、"布局"、"参数化"、"视图"、"管理"、"输出"、"插件"和"联机" 10 个选项卡，每个选项卡包含若干个面板，每个面板又包含许多按钮，如图 1-9 所示。

图 1-9　"功能区"选项板

高手指引

如果需要扩大绘图区域，可以单击选项卡右侧的下拉按钮，使各面板最小化为面板按钮；再次单击该按钮，使各面板最小化为面板标题；再次单击该按钮，使"功能区"选项板最小化为选项卡；再次单击该按钮，可以显示完整的功能区。

如果某个面板中没有足够的空间显示所有的工具按钮，单击该面板中间的下拉按钮，就会显示其他相关的命令按钮，如果其他的命令按钮右侧还有下拉按钮，表明该按钮中还有其他的命令按钮。

1.2.5　绘图窗口

绘图窗口是指在标题栏下方的大片空白区域，绘图窗口是用户使用 AutoCAD 绘制图形的区域，用户要完成一幅设计图形，其主要工作都是在绘图窗口中完成的。如果图样比较大，需要查看显示的部分时，可以单击窗口右边与下边滚动条上的箭头，或者拖曳滚动条上的滑块来移动图样。同时，用户也可以根据需要关闭其他面板，如导航栏、选项板等，以增大屏幕上的绘图窗口空间。

在绘图窗口中，有一个类似光标的十字线，其交点坐标反映了光标在坐标系中的位置。在 AutoCAD 中，将该十字线称为光标，如图 1-10 所示，AutoCAD 通过光标坐标值显示当前点的位置，十字线的方向与当前用户坐标系的 X、Y 轴方向平行。绘图区右上角图样也有"最小化"、"最大化"和"关闭" 3 个按钮，在 AutoCAD 中同时打开多个文件时，可以通过这些按钮进行图形文件的切换和关闭。

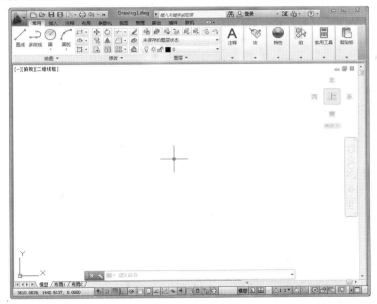

图 1-10　绘图窗口

1.2.6　命令提示行

命令提示行位于 AutoCAD 2013 工作界面的下方，用于显示输入的命令，以及提示信息。用户在执行某一命令时，命令行在绘图窗口中显示动态的提示信息，以提示用户当前的操作状态，如图 1-11 所示。

AutoCAD 通过命令行窗口，反馈各种信息，也包括出错信息。因此，用户要时刻关注在命令行窗口中出现的信息。在命令行窗口中输入相应命令时，可以按【F2】键打开 AutoCAD 文本窗口，用文本编辑的方法进行编辑，如图 1-12 所示。AutoCAD 文本窗口和命令行窗口相似，可以显示当前 AutoCAD 进程中命令的输入和执行过程。

新手学设计完全精通

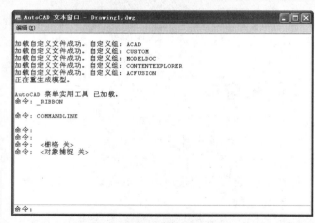

图 1-11　命令提示行　　　　　　　图 1-12　文本窗口

1.2.7　状态栏

状态栏位于工作界面的最底端，用于显示当前的绘图状态，如当前光标的坐标是否打开了"正交模式"、"对象捕捉"、"栅格显示"以及"动态输入"等功能，如图 1-13 所示。

图 1-13　状态栏

1 坐标值 1587.4185, 1545.7428, 0.0000 ：显示了绘图区中光标的位置，移动绘图区中的光标时，坐标值也随之变化。

2 绘图辅助工具 ：主要用于控制绘图的性能，其中包括"推断约束"、"捕捉模式"、"栅格显示"、"正交模式"、"极轴追踪"、"对象捕捉"、"三维对象捕捉"、"对象捕捉追踪"、"允许/禁止动态 UCS"、"动态输入"、"显示/隐藏线宽"、"显示/隐藏透明度"、"快捷特性"和"选择循环"等工具。

3 快速查看工具 模型 ：使用其中的工具可以轻松预览打开的图形，以及打开图形的模型空间与布局，并对其进行切换，图形将以缩略图的形式显示在应用程序窗口的底部。

4 注释工具 1:1 ：用于显示缩放注释的若干工具。对于模型空间和图纸空间，将显示不同的工具。当图形状态栏打开后，将显示在绘图区域的底部；当图形状态栏关闭时，图形状态栏上的工具移至应用程序状态栏。

5 工作空间工具 ：用于切换 AutoCAD 2013 的工作空间，以及对工作空间进行自定义设置。

1.2.8　工具选项板

在 AutoCAD 2013 中，"工具选项板-所有选项板"选项板是一个可以浮动的选项板，用户可以拖曳该选项板使其处于浮动状态。与命令行相同，处于浮动状态下的"工具选项板-所有选项板"选项板也是随着用户拖曳位置的不同，其标题显示的方向随之改变，如图 1-14 所示。

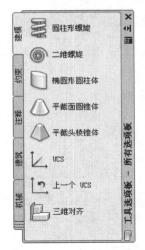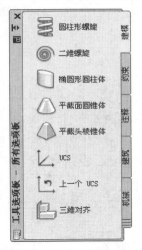

图 1-14　工具选项板

1.3　AutoCAD 2013 基本操作

要学习 AutoCAD 2013 软件的设计应用，首先需掌握 AutoCAD 2013 的基本操作，包括新建图形文件、打开图形文件、保存图形文件、输出图形文件和关闭图形文件。下面向读者介绍掌握各个基本操作的方法。

1.3.1　新手练兵——启动 AutoCAD 2013

用户安装好软件后，要使用 AutoCAD 绘制和编辑图形，首先需要启动 AutoCAD 2013 软件。下面将介绍启动 AutoCAD 2013 软件的操作步骤。

Step 01 双击桌面上的 AutoCAD 2013 程序图标，如图 1-15 所示。

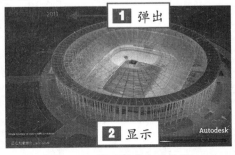

图 1-16　显示程序启动信息

图 1-15　双击桌面图标

Step 02 ❶弹出 AutoCAD 2013 程序启动界面，❷并显示程序启动信息，如图 1-16 所示。

Step 03 程序启动后，将弹出"欢迎"对话框，如图 1-17 所示。

图 1-17　"欢迎"对话框

Step 04 单击对话框中的"关闭"按钮，即可启动 AutoCAD 2013 应用程序，如图 1-18 所示。

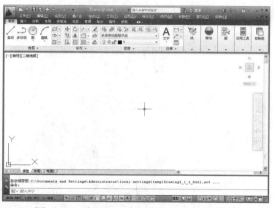

高手指引

安装完 AutoCAD 2013 后，首次启动应用程序时，将弹出"欢迎"对话框，在该对话框中，取消选中"启动时显示"复选框，此后启动 AutoCAD 2013 应用程序时，将不再弹出该对话框。另外，首次启动 AutoCAD 2013 应用程序时会比较慢。

图 1-18　启动 AutoCAD 2013 应用程序

1.3.2　新手练兵——退出 AutoCAD 2013

若用户完成了工作，则应该退出 AutoCAD 2013，退出 AutoCAD 2013 与退出其他大多数应用程序一样，执行"文件"|"退出"命令即可。

Step 01 **1** 单击"菜单浏览器"按钮，在弹出的下拉菜单中，**2** 单击"退出 AutoCAD2013"按钮 退出 AutoCAD 2013，如图 1-19 所示。

图 1-19　单击"退出 AutoCAD 2013"按钮

Step 02 若在工作界面中进行了部分操作，之前也未保存，在退出该软件时，将弹出提示信息框，如图 1-20 所示。

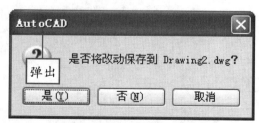

图 1-20　弹出提示信息框

Step 03 单击"是"按钮，将保存文件并退出 AutoCAD 2013 程序；单击"否"按钮，将不保存文件并退出 AutoCAD 2013 程序；单击"取消"按钮，将不退出 AutoCAD 2013 程序。

技巧发送

除了运用上述方法可以退出 AutoCAD 2013 外，还有以下 5 种方法。

🟢 按钮：单击标题栏右侧的"关闭"按钮 ✕。

🟢 快捷键 1：按【Ctrl + Q】组合键。

🟢 快捷键 2：按【Alt + F4】组合键。

🟢 鼠标 1：在电脑桌面任务栏上的 AutoCAD 2013 程序图标上，单击鼠标右键，在弹出的快捷菜单中选择"关闭"选项。

🟢 鼠标 2：在标题栏上，单击鼠标右键，在弹出的快捷菜单中选择"关闭"选项。

1.3.3　新手练兵——新建图形文件

启动 AutoCAD 2013 之后，系统将自动新建一个名为 Drawing1 的图形文件，该图形文件默认以 acadiso.dwt 为模板，用户也可以根据需要新建图形文件，以完成相应的绘图操作。

Step 01　单击快速访问工具栏中的"新建"按钮，如图 1-21 所示。

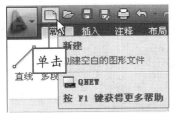

图 1-21　单击"新建"按钮

Step 02　**1** 弹出"选择样板"对话框，各参数都保持默认选项，在对话框的右下方，**2** 单击"打开"按钮，如图 1-22 所示。

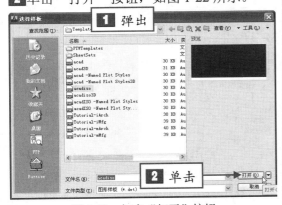

图 1-22　打击"打开"按钮

Step 03　执行上述操作后，即可新建一幅空白图形文件，如图 1-23 所示。

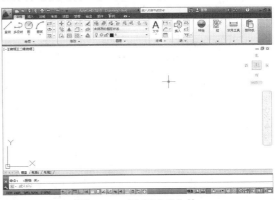

图 1-23　新建图形文件

技巧发送

新建图形文件还有以下 3 种方法。

❖ **命令行**：在命令行中输入 NEW（新建）命令，按【Enter】键确认。

❖ **程序菜单**：单击"菜单浏览器"按钮，在弹出的下拉菜单中，单击"新建" | "图形"命令。

❖ **快捷键**：按【Ctrl + N】组合键。

1.3.4　新手练兵——打开图形文件

使用 AutoCAD 2013 进行图形编辑时，常需要对机械图形文件进行改动或再设计，这就需要打开原来已有的图形文件。

实例文件	光盘\实例\第 1 章\无
所用素材	光盘\素材\第 1 章\推力球轴承.dwg

Step 01　单击快速访问工具栏中的"打开"按钮，如图 1-24 所示。

Step 02　**1** 弹出"选择文件"对话框，**2** 在其中用户可根据需要选择要打开的图形文件，如图 1-25 所示。

Step 03　单击"打开"按钮，即可打开图形文件，如图 1-26 所示。

图 1-24　单击"打开"按钮

图 1-25　"选择文件"对话框

　知识链接

在"选择文件"对话框中，单击"打开"按钮右侧的下拉按钮，在弹出的下拉列表中包含"打开"、"以只读方式打开"、"局部打开"和"以只读方式局部打开"4 种方式。

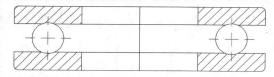

图 1-26　打开图形文件

　技巧发送

除了运用上述方法打开已有图形文件外，还有以下 4 种常用的方法。

💠 命令行：在命令行输入 OPEN（打开）命令，按【Enter】键确认。

💠 程序菜单：单击"菜单浏览器"按钮，在弹出的下拉菜单中单击"打开"|"图形"命令。

💠 快捷键：按【Ctrl＋O】组合键。

💠 菜单栏：单击菜单栏中的"文件"|"打开"命令。

1.3.5　新手练兵——另存为图形文件

如果用户需要重新将图形文件保存至磁盘中的另一位置，此时可以使用"另存为"命令，对图形文件进行另存为操作。

实例文件	光盘\实例\第 1 章\弹簧.dwg
所用素材	光盘\素材\第 1 章\弹簧.dwg

Step 01　单击快速访问工具栏中的"打开"按钮📂，在弹出的"选择文件"对话框中打开素材图形，如图 1-27 所示。

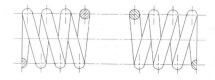

图 1-27　打开素材图形

Step 02　单击快速访问工具栏中的"另存为"按钮💾，如图 1-28 所示。

图 1-28　单击"另存为"按钮

Step 03　**1** 弹出"图形另存为"对话框，**2** 在其中用户可根据需要设置图形文件的

保存路径，**3** 设置图形文件的文件名，**4** 单击"保存"按钮，如图 1-29 所示，完成另存为图形文件的操作。

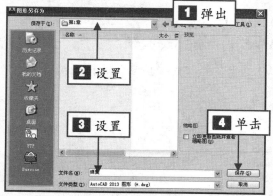

图 1-29　"图形另存为"对话框

　技巧发送

用户还可以在命令行中输入 SAVEAS 命令，并按【Enter】键确认。

知识链接

单击菜单栏中的"工具"｜"选项"命令，弹出"选项"对话框，在"打开和保存"选项卡中选中"自动保存"复选框，并在"保存间隔分钟数"数值框中设置保存文件的间隔时间，单击"确定"按钮，这样系统就会在指定的时间内自动保存图形文件。

对于已保存的文件，再次执行"保存"命令，将不再弹出"图形另存为"对话框，而是直接将所做的编辑操作保存到已经保存过的文件中。

1.3.6　新手练兵——输出图形文件

在 AutoCAD 2013 中，比较常用的输出文件类型有图元文件（*.dwf）、位图（*.bmp）以及 V8.DGN（*.dgn）等。

实例文件	光盘\实例\第 1 章\餐桌.dwf
所用素材	光盘\素材\第 1 章\餐桌.dwg

Step 01 单击快速访问工具栏中的"打开"按钮，在弹出的"选择文件"对话框中打开素材图形，如图 1-30 所示。

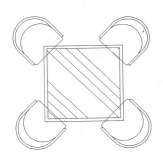

图 1-30　打开素材图形

Step 02 ❶单击"菜单浏览器"按钮，❷在弹出的下拉菜单中单击"输出"｜"其他格式"命令，如图 1-31 所示。

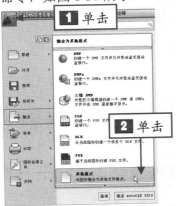

图 1-31　单击相应命令

Step 03 ❶弹出"输出数据"对话框，❷在其中可以设置文件的保存路径，❸设置文件类型，如图 1-32 所示。

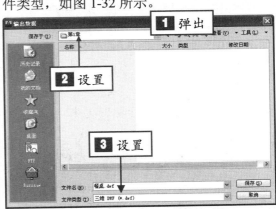

图 1-32　"输出数据"对话框

技巧发送

在命令行中输入 EXPORT（输出）命令，并按【Enter】键确认，也可以输出图形文件。

Step 04 单击"保存"按钮，即可输出图形文件。

高手指引

单击"保存"按钮后，将弹出"查看三维 DWF"对话框，单击"是"按钮，即可立即查看输出的图形；单击"否"按钮，即可关闭对话框，且不查看输出的图形。

1.3.7 新手练兵——关闭图形文件

在 AutoCAD 2013 中，完成绘图操作后，用户应该关闭 AutoCAD 图形文件，从而可以提高计算机性能，节约更多的内存空间。

Step 01 将鼠标指针移至绘图窗口右上角的"关闭"按钮上，单击鼠标左键，如图 1-33 所示。

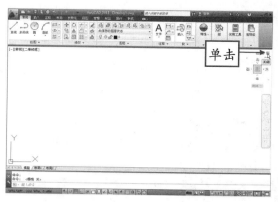

图 1-33　打开素材图形

Step 02 执行操作后，如果当前图形文件没有被保存，将弹出提示信息框，如图 1-34 所示，提示用户是否保存图形文件，单击"是"

按钮，将保存图形文件；单击"否"按钮，将不保存图形文件，退出 AutoCAD；单击"取消"按钮，则不退出 AutoCAD。

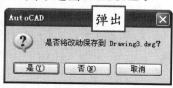

图 1-34　弹出提示信息框

技巧发送

在 AutoCAD 2013 中，用户可以通过以下两种方法关闭图形文件。

☼ 命令行：在命令行中输入 CLOSE（关闭）命令，按【Enter】键确认。

☼ 程序菜单：单击"菜单浏览器"按钮，在弹出的下拉菜单中，单击"关闭"|"当前图形"命令。

1.4　AutoCAD 基本使用技巧

在 AutoCAD 2013 中，"菜单浏览器"按钮、工具按钮、命令和系统变量大多是相互对应的。用户可以单击某一菜单命令，或者单击某个工具按钮，或者在命令行中输入命令和系统变量来执行某一个命令。

1.4.1　新手练兵——使用菜单浏览器执行命令

使用菜单浏览器，就是通过单击"菜单浏览器"按钮，在弹出的下拉菜单中，单击菜单中的菜单命令来进行绘图。

实例文件	光盘\实例\第 1 章\沙发.dwt
所用素材	光盘\素材\第 1 章\沙发.dwg

Step 01 单击"菜单浏览器"按钮，在弹出的下拉菜单中单击"打开"|"图形"命令，打开一幅素材图形，如图 1-35 所示。

Step 02 ❶单击"菜单浏览器"按钮，❷在弹出的下拉菜单中单击"另存为"|"图形样板"命令，如图 1-36 所示。

Step 03 ❶弹出"图形另存为"对话框，❷设置保存路径，❸设置文件名，如图 1-37 所示。

Step 04 单击"保存"按钮，❶弹出"样板选项"对话框，❷添加说明，如图 1-38 所示。

Step 05 单击"确定"按钮，即可使用"菜单浏览器"执行相应命令。

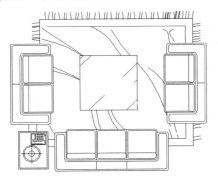

图 1-35　打开素材图形

图 1-36　单击相应命令

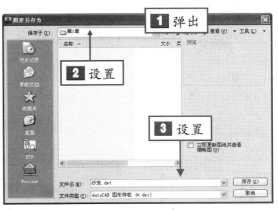

图 1-37　"另存为"对话框

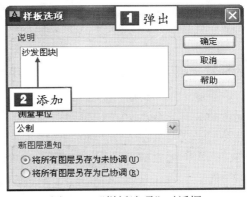

图 1-38　"样板选项"对话框

1.4.2　新手练兵——使用鼠标执行命令

在绘图窗口中，鼠标指针通常显示为"十"字形状。当鼠标指针移至菜单命令、工具栏或对话框内时，会自动变成箭头形状。无论鼠标指针是"十"字形状，还是箭头形状，当单击鼠标左键时，都会执行相应的命令。

实例文件	光盘\实例\第 1 章\电源插头.dwg
所用素材	光盘\素材\第 1 章\电源插头.dwg

Step 01 单击快速访问工具栏中的"打开"按钮，在弹出的"选择文件"对话框中打开素材图形，如图 1-39 所示。

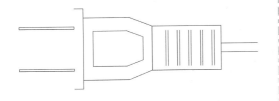

图 1-39　打开素材图形

Step 02 在"功能区"选项板的"常用"选项卡中，单击"绘图"面板上的"直线"按钮，如图 1-40 所示。

图 1-40　单击"直线"按钮

01
02
03
04
05
06
07
08
09
10

15

Step 03 根据命令行提示进行操作，在绘图区中合适的端点上，单击鼠标左键，向下拖曳鼠标，在下方合适端点上单击鼠标左键，按【Enter】键确认，即可使用鼠标执行命令绘制直线，如图 1-41 所示。

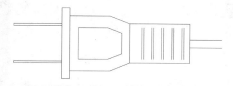

图 1-41　使用鼠标执行命令绘制直线

 高手指引

在 AutoCAD 2013 中，鼠标指针有 3 种模式：拾取模式、回车模式和弹出模式。

◎ 拾取键：拾取键指的是鼠标左键，用于指定屏幕上的点，也被用于选择 Windows 对象、AutoCAD 对象、工具栏按钮和菜单命令等。

◎ 回车键：回车键指的是鼠标右键，相当于【Enter】键，用于结束当前使用的命令，此时系统会根据当前绘图状态而弹出不同的快捷菜单。

◎ 弹出键：按住【Shift】键的同时单击鼠标右键，系统将会弹出一个快捷菜单，用于设置捕捉点的方法。对于三键鼠标，弹出键相当于鼠标的中间键。

1.4.3　新手练兵——使用命令行执行命令

在 AutoCAD 2013 中，默认情况下，命令行是一个可固定的窗口，用户可以在当前的命令行提示下输入命令以及参数等内容。

实例文件	光盘\实例\第 1 章\吊钩.dwg
所用素材	光盘\素材\第 1 章\吊钩.dwg

Step 01 单击快速访问工具栏中的"打开"按钮，在弹出的"选择文件"对话框中打开素材图形，如图 1-42 所示。

图 1-43　按【Enter】键确认

Step 03 根据命令行提示进行操作，在绘图区中合适的端点上，单击鼠标左键，确认圆心，输入 10，按【Enter】键确认，即可使用命令行执行命令绘制圆，如图 1-44 所示。

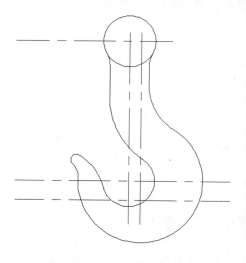

图 1-42　打开素材图形

Step 02 在命令行中输入 CIRCLE（圆）命令，按【Enter】键确认，如图 1-43 所示。

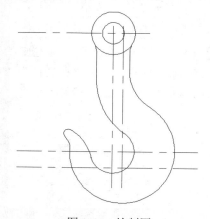

图 1-44　绘制圆

1.4.4　新手练兵——重复执行命令

在绘制图形时，如果要重复执行上一个命令，可以直接按【Enter】键或者空格键，或者在绘图窗口中单击鼠标右键，在弹出的快捷菜单中选择"重复"选项。

实例文件	光盘\实例\第 1 章\浴霸.dwg
所用素材	光盘\素材\第 1 章\浴霸.dwg

Step 01 单击快速访问工具栏中的"打开"按钮 📂，在弹出的"选择文件"对话框中打开素材图形，如图 1-45 所示。

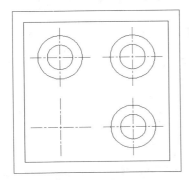

图 1-45　打开素材图形

Step 02 在命令行中输入 CIRCLE（圆）命令，按【Enter】键确认，根据命令行提示进行操作，在绘图区中合适的端点上，单击鼠标左键，确认圆心，输入 41，按【Enter】键确认，绘制圆，如图 1-46 所示。

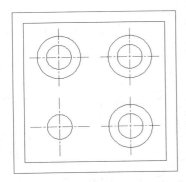

图 1-46　绘制圆

Step 03 按【Enter】键确认，重复执行上一个命令，在上步所绘制的圆的圆心上单击鼠标左键，输入 72，按【Enter】键确认，即可重复绘制圆，如图 1-47 所示。

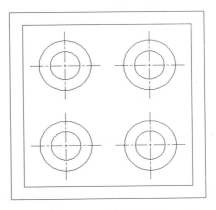

图 1-47　重复执行命令

高手指引

如果需要重复执行最近使用的 6 个命令中的某一个命令时，可以在命令行或文本窗口中单击鼠标右键，在弹出的快捷菜单中选择"近期使用的命令"命令下面的子命令，即最近使用的某个命令。

如果需要多次重复执行同一个命令，可以在命令行中输入 MULTIPLE 命令并按【Enter】键确认，根据命令行提示进行操作，输入需要重复执行的命令并确认，系统将重复执行该命令，直到用户按【Esc】键终止命令。

1.5　设置模型空间与图纸空间

在 AutoCAD 2013 中，绘制和编辑图形时，可以选择不同的工作空间，即模型空间和图纸空间（布局空间）。在不同的工作空间中可以完成不同的操作，如绘图和编辑操作、注释和显示控制等。

1.5.1　模型空间和图纸空间的概念及区别

　　模型空间和图纸空间（布局空间）是 AutoCAD 的两个工作空间。模型空间是图形的设计与绘图空间，可以根据需要绘制多个图形来表达物体的具体结构，还可以添加标注、注释等内容完成图样的全部操作；图纸空间主要用于打印输出图样时对图形的排列和编辑。

1.5.2　模型空间和图纸空间的切换

　　在 AutoCAD 2013 中，模型空间和图纸空间的切换可通过绘图窗口底部的选项卡来实现。单击"模型"选项卡即可进入模型空间，单击"布局"选项卡则可进入图纸空间。用户也可在状态栏中单击"模型"按钮或"快速查看布局"按钮，进入模型空间或图纸布局空间。

1.5.3　新手练兵——使用样板创建布局

　　用户可以利用已有的布局样板创建新的布局。根据样板创建新布局时，指定的样板中图样的几何图形及页面设置都将插入到当前图形中。

	实例文件	光盘\实例\第 1 章\双人床.dwg
	所用素材	光盘\素材\第 1 章\双人床.dwg

Step 01 单击快速访问工具栏中的"打开"按钮，在弹出的"选择文件"对话框中打开素材图形，如图 1-48 所示。

1-50 所示。

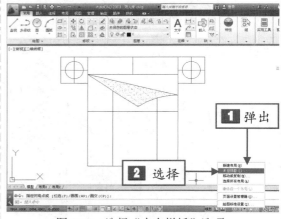

图 1-49　选择"来自样板"选项

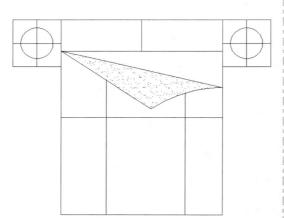

图 1-48　打开素材图形

Step 02 在状态栏的"快速查看布局"按钮上，单击鼠标右键，**1** 在弹出的快捷菜单中，**2** 选择"来自样板"选项，如图 1-49 所示。

Step 03 **1** 弹出"从文件选择样板"对话框，**2** 在其中选择 acadiso.dwt 选项，如图

图 1-50　选择 acadiso.dwt 选项

Step 04 单击"打开"按钮,弹出"插入布局"对话框,如图 1-51 所示。

图 1-51 "插入布局"对话框

Step 05 单击"确定"按钮,将选择的样板插入到当前图形中,**1** 单击"状态栏"上的"快速查看布局"按钮 ,**2** 在弹出的缩略图上选择"布局 3—布局 1"样板,如图 1-52 所示。

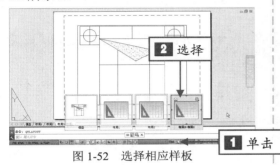

图 1-52 选择相应样板

Step 06 单击下方的"关闭快速查看布局"按钮×,执行操作后,AutoCAD 自动切换至选择的布局空间,即可使用样板创建布局,如图 1-53 所示。

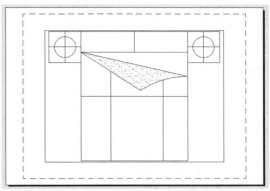

图 1-53 使用样板创建布局

技巧发送

在 AutoCAD 2013 中,用户还可以通过以下两种方法使用样板创建布局。

❀ 命令行:在命令行中输入 LAYOUT 命令,按【Enter】键确认。

❀ 菜单栏:单击"插入"|"向导"|"来自样板的布局"命令。

第**02**章 | 绘图环境基本操作

学前提示

在进行绘图之前，首先应确定绘图环境所需要的环境参数，以提高绘图效率。在 AutoCAD 2013 中，设置绘图环境包括设置系统参数、设置图形单位、设置图形界限以及管理用户界面等。使用 AutoCAD 2013 的目的是进行辅助设计，这就要求设计时必须保证一定的精度，为了在 AutoCAD 中创建精确的图形，绘制或修改对象时，可以在图形中输入点的坐标值以确定点的位置。本章主要介绍设置绘图环境的基本操作。

本章知识重点

▶ 设置工作空间与绘图环境　　　▶ 设置系统环境

▶ 坐标系和坐标点　　　　　　　▶ 设置绘图辅助功能

学完本章后应该掌握的内容

▶ 掌握机械制图工作空间和基本环境的设置，如自定义用户界面、设置系统参数、设置绘图单位等

▶ 掌握系统环境的设置，如设置显示性能、文件密码以及用户系统配置等

▶ 掌握坐标系和坐标点的设置方法，如设置用户坐标系和 UCS 图标等

▶ 掌握绘图辅助功能，如正交、捕捉、捕捉自和极轴追踪等功能

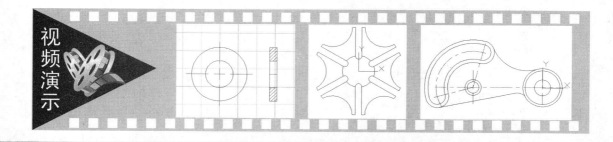

2.1 设置工作空间与绘图环境

在 AutoCAD 2013 中，用户可以根据需要自定义用户界面，或者保存新的工作空间来创建绘图环境，这样便于显示用户常用的工具栏、菜单以及可以固定的窗口等。

用户绘制图形是在一定的环境中进行的，如设置相应的系统参数、绘图单位、绘图区域的大小以及图纸的幅面和格式等。设置规范的绘图环境，可以更加全面地发挥计算机绘图的优势，提高绘制复杂图形的效率。

2.1.1 新手练兵——自定义用户界面

在"自定义用户界面"对话框中，用户界面元素主要用于控制启动标准命令和自定义命令的方式。通过"自定义用户界面"对话框，可以排列和使用常用命令，还可以通过创建自定义命令来扩展 AutoCAD。

Step 01 单击快速访问工具栏中的"新建"按钮，新建一幅空白的图形文件；在"功能区"选项板中的"管理"选项卡中，单击"自定义设置"面板中的"用户界面"按钮，如图 2-1 所示。

图 2-1 单击"用户界面"按钮

Step 02 **1** 弹出"自定义用户界面"对话框，切换至"自定义"选项卡，在左上方的列表框中单击"功能区"选项前的"＋"号按钮，**2** 在展开的列表框中选择"选项卡"选项，单击鼠标右键，**3** 在弹出的快捷菜单中选择"新建选项卡"选项，如图 2-2 所示。

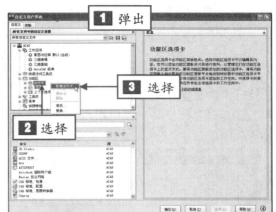

图 2-2 选择"新建选项卡"选项

Step 03 在文本框中输入"用户定义"，列表框中将显示新建的"用户定义"选项，依次单击"应用"按钮和"确定"按钮，即可自定义用户界面。

高手指引

自定义工具栏可以在绘图窗口中调整工具栏的大小，还可以创建和修改工具栏。设置自定义工具栏的方式如下。

❖ 创建和编辑工具栏：设置一些最简单的自定义工具栏可以提高日常绘图的效率。例如，可以将一些常用的按钮合并在一个工具栏中，删除或隐藏从未使用的工具栏按钮或者可以更改某一些简单的工具栏特性。

❖ 创建和编辑工具栏按钮：可添加 Autodesk 提供的按钮，也可编辑或创建按钮。

❖ 添加或切换工具栏控制：工具栏控制是特定于工具栏（可以从工具栏中选择）选项的列表框。例如，"图层"工具栏中包含可以定义图层设置的控制。使用"自定义用户界面"对话框，可以在工具栏内添加、删除和重定位控制。

2.1.2 新手练兵——保存工作空间

自定义工作空间后，用户可以将更改后的工作空间保存到现有工作空间或新的工作空间中。保存后，可以根据需要随时访问此工作空间以在该空间环境中绘图。

Step 01 单击快速访问工具栏中的"新建"按钮□，新建一幅空白的图形文件；再单击状态栏中的"切换工作空间"按钮◎，在弹出的列表中选择"将当前工作空间另存为"选项，如图 2-3 所示。

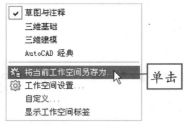

图 2-3　选择相应选项

Step 02 ① 弹出"保存工作空间"对话框，② 在"名称"文本框中输入文字"建筑制图空间"，如图 2-4 所示。

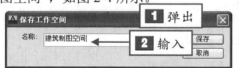

图 2-4　"保存工作空间"对话框

Step 03 单击"保存"按钮，完成保存新工作空间的操作，单击状态栏中的"切换工作空间"按钮◎，在弹出的列表中将显示保存的工作空间，如图 2-5 所示。

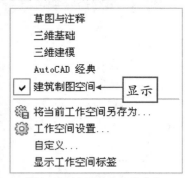

图 2-5　保存新的工作空间

技巧发送

除了可以运用上述方法弹出"保存工作空间"对话框外，还可以通过单击菜单栏中的"工具"｜"工作空间"｜"将当前工作空间另存为"命令弹出"保存工作空间"对话框。

2.1.3 新手练兵——设置绘图单位

在 AutoCAD 2013 中，图形都有其大小、精度及采用的单位，AutoCAD 2013 的图形单位默认为十进制，用户绘制图形前，必须明确绘图单位。

Step 01 单击快速访问工具栏中的"新建"按钮□，新建一幅空白的图形文件；单击"自定义快速访问工具栏"下拉按钮▼，在弹出的下拉列表中选择"显示菜单栏"选项，① 显示菜单栏，② 单击菜单栏中的"格式"｜"单位"命令，如图 2-6 所示。

Step 02 ① 弹出"图形单位"对话框，② 在"长度"选项组中设置"精度"为 0，③ 在"插入时的缩放单位"选项组中设置"用于缩放插入内容的单位"为"毫米"，如图 2-7 所示。

图 2-6　单击相应命令

图 2-7 "图形单位"对话框

01
02
03
04
05
06
07
08
09
10

Step 03 单击"确定"按钮，完成设置绘图单位的操作。

 技巧发送

除了运用上述方法设置绘图单位外，还有以下两种常用的方法。

❖ 命令行：在命令行中输入 UNITS 命令，按【Enter】键确认。

❖ 程序菜单：单击"菜单浏览器"按钮▲，在弹出的下拉菜单中单击"图形实用工具"|"单位"命令。

2.1.4 新手练兵——设置绘图界限

绘图界限的设置是指在开始设计绘图工作之前限定一个绘图区域，所有的绘图工作只能在该区域中进行，绘图区域通常要等于或大于整图的绝对尺寸。

实例文件	光盘\实例\第 2 章\平垫圈.dwg
所用素材	光盘\素材\第 2 章\平垫圈.dwg

Step 01 单击快速访问工具栏中的"打开"按钮☞，在弹出的"选择文件"对话框中打开素材图形，如图 2-8 所示。

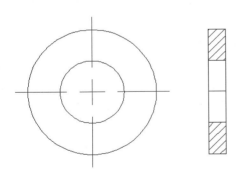

图 2-8 打开素材图形

Step 02 在命令行中输入 LIMITS（图形界限）命令，如图 2-9 所示。

图 2-9 输入 LIMITS 命令

Step 03 连续按两次【Enter】键确认，移动鼠标指针至右上方合适位置处单击鼠标左键，确定角点。

Step 04 执行操作后，即设置好了绘图界限，单击状态栏中的"栅格显示"按钮▦，显示设置后的绘图界限，效果如图 2-10 所示。

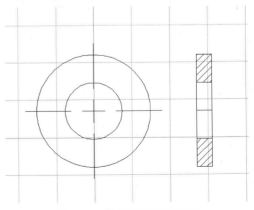

图 2-10 设置绘图界限效果

 技巧发送

除了运用上述设置绘图界限的方法外，还可以单击菜单栏中的"格式"|"图形界限"命令。

新
手
学
设
计
完
全
精
通

高手指引

绘图界限是在绘图空间中一个想象的矩形绘图区域，标明用户的工作区域和图纸的边界。设置绘图界限可以避免所绘制的图形超出该边界，在绘图之前一般都要对绘图界限进行设置，从而确保绘图的正确性。

2.2 设置系统环境

AutoCAD 2013 作为一个开放的绘图平台，用户可以在"选项"对话框中非常方便地设置其系统绘图环境的参数选项，以满足不同的绘图人员对绘图环境的要求。

2.2.1 设置显示性能

为了提高系统的运行速度，在"选项"对话框中的"显示"选项卡中，可以对显示性能进行设置，如设置光栅、实体填充以及文字边框等，如图 2-11 所示。

技巧发送

单击"菜单浏览器"按钮，在弹出下拉菜单中单击"选项"按钮，即会弹出"选项"对话框，在其中切换至"显示"选项卡即可。

2.2.2 设置文件打开和保存方式

在"选项"对话框中的"打开和保存"选项卡中，用户可以在"文件保存"和"文件打开"选项区中设置图形文件另存为的格式和启用自动保存等，如图 2-12 所示。

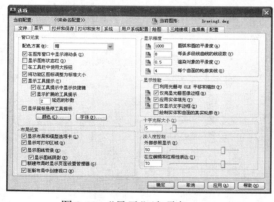

图 2-11 "显示"选项卡

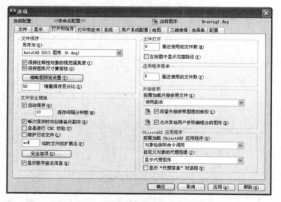

图 2-12 "打开和保存"选项卡

2.2.3 设置自动保存时间间隔

在 AutoCAD 2013 中，允许文件以一定的时间间隔进行自动保存，这极大地保证了文件的安全性。在"打开和保存"选项卡中的"文件安全措施"选项区中，选中"自动保存"复选框后，在文本框中输入相应的保存间隔分钟数即可，如图 2-13 所示。

2.2.4　设置文件密码

为了确保文件的安全性，可以为文件设置安全密码，在打开该文件时，必须输入正确的密码才能打开文件。在"文件安全措施"选项区中，单击"安全选项"按钮，弹出"安全选项"对话框，在"用于打开此图形文件的密码或短语"文本框中输入相应密码即可，如图 2-14 所示。

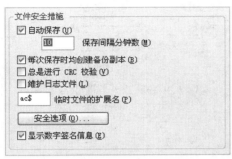

图 2-13　"文件安全措施"选项区

图 2-14　设置文件密码

 高手指引

为图形文件设置密码后，在打开该文件时系统将自动弹出"密码"对话框，在其中要求输入正确的密码，否则将无法打开图形文件，这对于需要加密的图纸非常重要。

2.2.5　新手练兵——设置打印和发布

在"选项"对话框中，单击"打印和发布"选项卡，该选项卡用于设置 AutoCAD 打印和发布的相关选项。

Step 01　单击"菜单浏览器"按钮 ，在弹出的下拉菜单中单击"选项"按钮， **1** 弹出"选项"对话框， **2** 切换至"打印和发布"选项卡， **3** 单击对话框下方的"打印样式表设置"按钮，如图 2-15 所示。

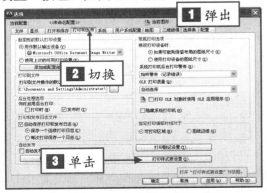

图 2-15　单击相应按钮

Step 02　 **1** 弹出"打印样式表设置"对话框， **2** 选中"使用颜色相关打印样式"单选按钮，如图 2-16 所示。

图 2-16　选中相应单选按钮

Step 03　单击"确定"按钮，返回"选项"对话框，单击"确定"按钮，即可完成打印样式表的设置。

新
手
学
设
计
完
全
精
通

2.2.6 新手练兵——设置用户系统配置

在"选项"对话框中，单击"用户系统配置"选项卡，在其中可以设置 AutoCAD 中优化性能的选项。

Step 01 单击"菜单浏览器"按钮 ，在弹出的下拉菜单中单击"选项"按钮，**1** 弹出"选项"对话框，**2** 切换至"用户系统配置"选项卡，在其中可以设置用户系统配置的相关参数，如图 2-17 所示。

知识链接

在"用户系统配置"选项卡中，用户可以根据需要进行指定鼠标右键操作的模式、指定插入单位等设置。

Step 02 单击"应用"按钮，并单击"确定"按钮，即可设置用户系统配置各选项。

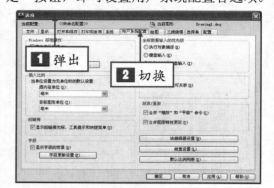

图 2-17 "用户系统配置"选项卡

2.3 坐标系和坐标点

在绘图过程中，常常需要使用某个坐标系作为参照来拾取点的位置，以精确定位某个对象，AutoCAD 提供的坐标系可以用来准确设置并绘制图形。本节主要介绍使用坐标系与坐标点的方法。

2.3.1 世界坐标系

AutoCAD 默认情况下，在开始绘制新图形时，当前坐标系为世界坐标系，即 WCS，它包括 X 轴和 Y 轴（如果是在三维工作界面中还有 Z 轴）。WCS 坐标轴的交汇处显示"□"形标记，但坐标原点并不在坐标系交汇点上，而位于图形窗口的左下角，所有的位移都是相对于原点计算的，并且将 X 轴正方向及 Y 轴正方向规定为正方向，如图 2-18 所示。

图 2-18 世界坐标系

AutoCAD 中的世界坐标系是唯一的，用户不能自行建立，也不能修改原点位置和坐标方向。

2.3.2 新手练兵——设置用户坐标系

在 AutoCAD 中，为了能够更好地辅助绘图，经常需要修改坐标系的原点和方向，这时世界坐标系将变为用户坐标系，即 UCS。UCS 的原点以及 X 轴、Y 轴和 Z 轴方向都可以移动及旋转，甚至可以依赖于图形中某个特定的对象。尽管在用户坐标系中 3 个轴之间仍然互相垂直，但是在方向及位置上却更加灵活。另外，UCS 没有"□"形标记。

	实例文件	光盘\实例\第 2 章\拔叉轮.dwg
	所用素材	光盘\素材\第 2 章\拔叉轮.dwg

Step 01 单击快速访问工具栏中的"打开"按钮⊠，在弹出的"选择文件"对话框中打开素材图形，如图 2-19 所示。

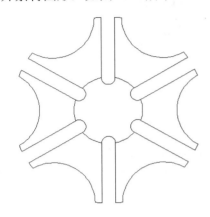

图 2-19　打开素材图形

Step 02 在"功能区"选项板的"视图"选项卡中，单击"坐标"面板中的"原点"按钮⊥，如图 2-20 所示。

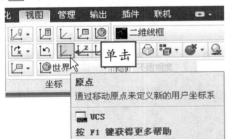

图 2-20　单击"原点"按钮

Step 03 根据命令行提示进行操作，将光标移至圆心处，如图 2-21 所示。

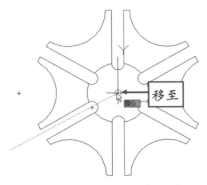

图 2-21　将光标移至圆心处

Step 04 单击鼠标左键，即可设置用户坐标系，如图 2-22 所示。

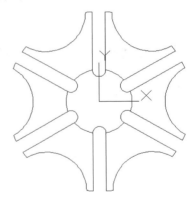

图 2-22　设置用户坐标系

 技巧发送

除了运用上述方法设置用户坐标系外，还有以下两种方法。

✦ 命令行：在命令行中输入 UCS 命令，按【Enter】键确认。

✦ 菜单栏：单击菜单栏中"工具"｜"新建 UCS"｜"原点"命令。

2.3.3　新手练兵——控制坐标系显示

在绘图区域中移动十字光标时，状态栏中将实时显示十字光标当前所在位置的坐标。在 AutoCAD 2013 中，用户可以根据绘图的需要控制坐标系的显示。

	实例文件	光盘\实例\第 2 章\时钟.dwg
	所用素材	光盘\素材\第 2 章\时钟.dwg

Step 01 单击快速访问工具栏中的"打开"按钮📂，在弹出的"选择文件"对话框中打开素材图形，如图 2-23 所示。

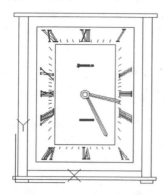

图 2-23　打开素材图形

Step 02 单击"自定义快速访问工具栏"下拉按钮▾，在弹出的列表框中选择"显示菜单栏"选项，**1** 显示菜单栏；**2** 在菜单栏中单击"工具"｜"命名 UCS"命令，如图 2-24 所示。

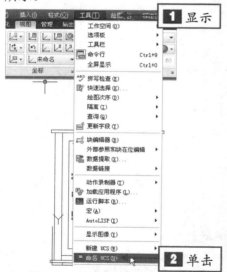

图 2-24　单击相应命令

Step 03 **1** 弹出"UCS"对话框，**2** 切换至"设置"选项卡，**3** 在"UCS 图标设置"选项区中取消选中"开"复选框，如图 2-25 所示。

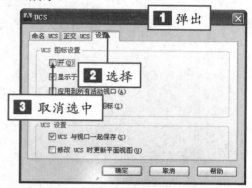

图 2-25　"UCS"对话框

Step 04 单击"确定"按钮，即可控制坐标系的显示，效果如图 2-26 所示。

图 2-26　控制坐标系显示

 技巧发送

控制坐标系显示还有以下两种方法。

◎ 菜单栏：单击"视图"｜"显示"｜"UCS 图标"｜"开"命令。

◎ 命令行：在命令行中输入 UCSICON 命令，按【Enter】键确认，选择 ON 或 OFF 选项。

 高手指引

　　在状态栏的坐标区域中单击鼠标右键，在弹出的快捷菜单中选择相应的选项，可以切换 "相对"、"绝对"以及"关"3 种坐标模式。

　　当选择"关"选项时，坐标显示呈现灰色，表示坐标显示是关闭的，但是上一个拾取点的坐标仍然是可读取的。在一个空白的命令提示符或一个不接受距离及角度输入的提示符下，只能在"关"和"绝对"模式之间切换。在一个接受距离及角度输入的提示符下，可以在所有模式间循环切换。

2.3.4　新手练兵——设置 UCS 图标

在 AutoCAD 2013 中，UCS 图标显示样式主要包括二维坐标样式和三维坐标样式。在"UCS 图标"对话框中，可设置图标的样式、大小、颜色和布局选项卡图标颜色等。

实例文件	光盘\实例\第 2 章\连杆.dwg
所用素材	光盘\素材\第 2 章\连杆.dwg

Step 01 单击快速访问工具栏中的"打开"按钮，在弹出的"选择文件"对话框中打开素材图形，如图 2-27 所示。

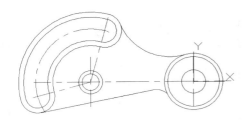

图 2-27　打开素材图形

Step 02 在"功能区"选项板的"视图"选项卡中，单击"坐标"面板中的"UCS 图标，特性"按钮，如图 2-28 所示。

图 2-28　单击相应按钮

Step 03 1弹出"UCS 图标"对话框，2

在"UCS 图标样式"选项区中选中"二维"单选按钮，3在"UCS 图标大小"文本框中设置图标大小为 80，4在"UCS 图标颜色"选项区中设置"模型空间图标颜色"为"蓝"，如图 2-29 所示。

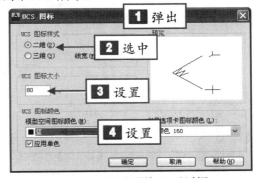

图 2-29　"UCS 图标"对话框

Step 04 单击"确定"按钮，完成设置 UCS 图标的操作，效果如图 2-30 所示。

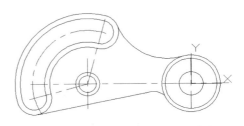

图 2-30　设置完成的 UCS 图标样式

2.4　设置绘图辅助功能

在绘制图形时，用鼠标定位虽然方便快捷，但精度不高，绘制的图形也不够精确，远远不能满足工程制图的要求。为了解决该问题，AutoCAD 提供了一些绘图辅助工具，用于帮助用户精确绘图。

2.4.1　新手练兵——设置捕捉和栅格

在 AutoCAD 2013 中，"栅格"是一些标定位置的小点；"捕捉"是用于设定鼠标指针移动的间距，起坐标纸的作用，可以提供直观的距离和位置参照。本例主要介绍设置捕捉和栅格的方法。

实例文件	光盘\实例\第 2 章\转阀.dwg
所用素材	光盘\素材\第 2 章\转阀.dwg

Step 01 单击快速访问工具栏中的"打开"按钮，在弹出的"选择文件"对话框中打开素材图形，如图 2-31 所示。

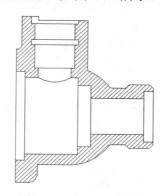

图 2-31　打开素材图形

Step 02 在命令行中输入 DSETTINGS（草图设置）命令，并按【Enter】键确认，弹出"草图设置"对话框，如图 2-32 所示。

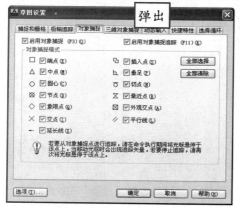

图 2-32　"草图设置"对话框

Step 03 1 切换至"捕捉和栅格"选项卡，2 依次选中"启用捕捉"和"启用栅格"复选框，如图 2-33 所示。

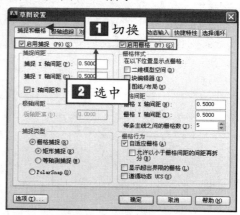

图 2-33　选中相应复选框

Step 04 单击"确定"按钮，即可启用捕捉和栅格功能，效果如图 2-34 所示。

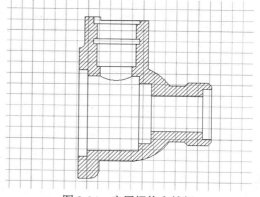

图 2-34　启用栅格和捕捉

 技巧发送

除了运用上述方法设置捕捉和栅格外，还有以下 5 种方法。

🔘 菜单栏：单击菜单栏中的"工具"｜"绘图设置"命令，弹出"草图设置"对话框。

🔘 状态栏 1：单击状态栏中的"捕捉模式"按钮，可开启或关闭捕捉功能。

🔘 状态栏 2：单击状态栏中的"栅格显示"按钮，可开启或关闭栅格的显示。

🔘 快捷键 1：按【F9】键或按【Ctrl + B】组合键，可开启或关闭捕捉模式。

🔘 快捷键 2：按【F7】键或按【Ctrl + G】组合键，可开启或关闭栅格的显示。

2.4.2　新手练兵——设置正交模式

正交对齐取决于当前的捕捉角度、UCS 或等轴测栅格和捕捉设置，可以帮助用户绘制平行于 X 轴或 Y 轴的直线，启用正交功能后，只能在水平方向或垂直方向上移动十字光标，且只能通过输入点坐标值的方式才能在非水平或垂直方向绘制图形。

实例文件	光盘\实例\第 2 章\油烟机.dwg
所用素材	光盘\素材\第 2 章\油烟机.dwg

Step 01 单击快速访问工具栏中的"打开"按钮，在弹出的"选择文件"对话框中打开素材图形，如图 2-35 所示。

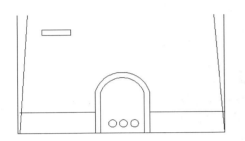

图 2-35　打开素材图形

Step 02 单击状态栏中的"正交模式"按钮，开启正交功能，如图 2-36 所示。

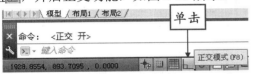

图 2-36　开启正交功能

Step 03 在"功能区"选项板的"常用"选项卡中，单击"绘图"面板中的"直线"按钮，根据命令行提示进行操作，**1** 单击图形左上角端点，指定直线第一点，**2** 并向

右引导光标，如图 2-37 所示。

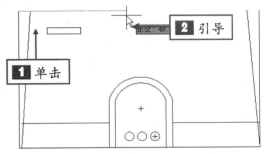

图 2-37　向右引导光标

Step 04 在图形右上角的端点上单击鼠标左键，确定直线端点，按【Enter】键确认，即可使用正交功能绘制直线，如图 2-38 所示。

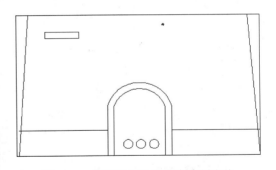

图 2-38　使用鼠标执行命令绘制直线

高手指引

正交模式下，用户在绘图区使用十字光标只能绘制水平和竖直直线。在打开正交功能后，绘制直线的第一点是任意的，当移动十字光标准备指定第二点时，十字光标将被限制在第一点的水平方向或垂直方向上。

2.4.3　新手练兵——设置极轴追踪

极轴追踪是指按事先给定的角度增量来追踪特征点。极轴追踪功能可以在系统要求指定一个点时，按预先设置的角度增量显示一条无限延伸的辅助线（这是一条虚线），这时用户就可以沿辅助线追踪到十字光标指定点，其中极轴追踪的增量角可以按所需的方向进行设置，且极轴追踪功能可以和对象捕捉功能同时使用。

实例文件	光盘\实例\第 2 章\马桶.dwg
所用素材	光盘\素材\第 2 章\马桶.dwg

Step 01 单击快速访问工具栏中的"打开"按钮，在弹出的"选择文件"对话框中打开素材图形，如图 2-39 所示。

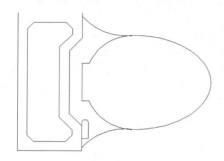

图 2-39　打开素材图形

Step 02 单击状态栏中的"极轴追踪"按钮，开启极轴追踪功能，如图 2-40 所示。

图 2-40　开启极轴追踪功能

Step 03 在命令行中输入 LINE（直线）命令，按【Enter】键确认，根据命令行提示进行操作，**1** 在图形左上方的直线端点上单击鼠标左键，指定直线第一点，**2** 向右引导光标，**3** 显示极轴追踪，如图 2-41 所示。

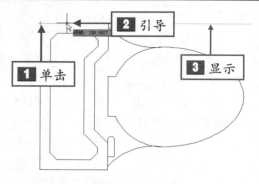

图 2-41　显示极轴追踪

Step 04 在图形右上方的直线端点处单击鼠标左键，并按【Enter】键确认，即可使用极轴追踪功能绘制直线，如图 2-42 所示。

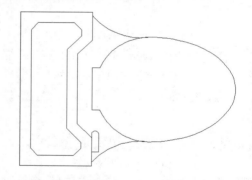

图 2-42　使用极轴追踪功能绘制直线

　知识链接

　　打开极轴追踪后，如果用户还需要打开正交模式，则十字光标将被限制沿水平或垂直方向移动。因此，正交模式和极轴追踪模式不能同时打开，一个功能打开时，另一个功能将自动关闭。

第**03**章 软件视图常用操作

学前提示

　　AutoCAD 的图形显示控制功能，在工程设计和绘图领域中应用得十分广泛。用户可以使用多种方法来观察绘图窗口中绘制的图形，以便灵活地观察图形的整体效果或局部细节。本章主要介绍软件视图的常用操作方法。

本章知识重点

- ▶ 平移和缩放图形
- ▶ 重命名视图
- ▶ 视口显示图形

学完本章后应该掌握的内容

- ▶ 掌握视图的平移和缩放，如实时平移、实时缩放以及范围缩放等
- ▶ 掌握平铺视口的新建与合并
- ▶ 掌握视图的重命名，如保存命名视图和恢复命名视图等

3.1 平移和缩放图形

在绘制图形过程中，有时为了更准确地绘制、编辑和查看图形中某一部分图形对象，需要用到平移和缩放视图等功能。平移视图可以重新定位图形，以便看清楚图形的其他部分，此时不会改变图形对象的位置或比例，只是改变视图。用户通过缩放视图功能可以更快速、更准确地绘制图形。

3.1.1 新手练兵——实时平移视图

实时平移相当于一个镜头对准视图，当移动镜头时，视口中的图形也跟着移动。在实际操作中，单击鼠标中键并拖动，也可以平移视图，按【Esc】键退出平移状态。

实例文件	光盘\实例\第 3 章\盆栽.dwg
所用素材	光盘\素材\第 3 章\盆栽.dwg

Step 01 单击快速访问工具栏中的"打开"按钮，在弹出的"选择文件"对话框中打开素材图形，如图 3-1 所示。

图 3-1　打开素材图形

Step 02 ❶在"功能区"选项板中切换至"视图"选项卡，❷单击"二维导航"面板中的"平移"按钮，如图 3-2 所示。

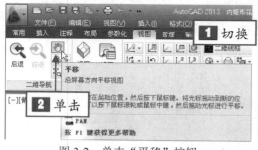

图 3-2　单击"平移"按钮

Step 03 当绘图窗口中的十字光标指针呈时，单击鼠标左键并拖曳至合适的位置，按【Enter】键确认，即可实时平移视图，如图 3-3 所示。

图 3-3　实时平移视图

技巧发送

除了运用上述方法实时平移外，还有以下 3 种常用的方法。

◆ **命令行**：在命令行中输入 PAN（实时）命令，按【Enter】键确认。

◆ **菜单栏**：单击菜单栏中的"视图"｜"平移"｜"实时"命令。

◆ **快捷菜单**：在绘图区单击鼠标右键，在弹出的快捷菜单中选择"平移"选项。

3.1.2 新手练兵——实时缩放图形

缩放图形可以让用户放大或缩小图形对象的屏幕尺寸，放大图形对象的屏幕尺寸是为了达到更清楚、更直观地观察图形的目的；缩小图形对象的屏幕尺寸则是为了整体浏览或查看图形中的更大区域。对图形对象进行缩放时，不会改变图形对象的真实尺寸。

实例文件	光盘\实例\第 3 章\电动机.dwg
所用素材	光盘\素材\第 3 章\电动机.dwg

Step 01 单击快速访问工具栏中的"打开"按钮，在弹出的"选择文件"对话框中打开素材图形，如图 3-4 所示。

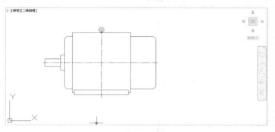

图 3-4　打开素材图形

Step 02 在"功能区"选项板的"视图"选项卡中，**1** 单击"二维导航"面板中"范围"右侧的下拉按钮，**2** 在弹出的列表框中单击"实时"按钮，如图 3-5 所示。

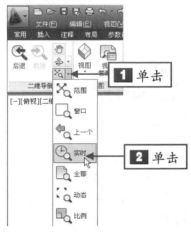

图 3-5　单击"实时"按钮

技巧发送

除了运用上述方法实时平移外，还有以下两种常用的方法。

❖ 命令行：在命令行中输入 ZOOM（缩放）命令，按【Enter】键确认。

❖ 菜单栏：单击菜单栏中的"视图"｜"缩放"｜"实时"命令。

Step 03 当鼠标指针呈放大镜形状时，在绘图区中单击鼠标左键并向上拖曳，即可

放大图形，如图 3-6 所示。

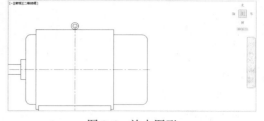

图 3-6　放大图形

Step 04 单击鼠标左键并向下拖曳，即可缩小图形，如图 3-7 所示。

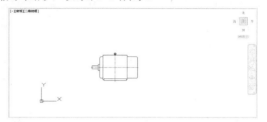

图 3-7　缩小图形

 知识链接

执行"缩放视图"命令后，命令提示行中各选项的含义如下。

❖ 全部（A）：在当前的视窗中显示全部的图形。

❖ 中心（C）：以指定的点为中心进行缩放，然后相对于中心点指定比例缩放视图。

❖ 范围（E）：将当前窗口中的所有图形尽可能大地显示在屏幕上。

❖ 上一个（P）：返回前一个视图。

❖ 比例（S）：根据输入的比例值缩放图形。

❖ 窗口（W）：可以使用鼠标指定一个矩形区域，在该范围内的图形对象将最大化地显示在绘图区中。

❖ 对象（O）：选择该选项，再选择要显示的图形对象，则所选择的图形对象将尽可能大地显示在屏幕上。

❖ 实时：该选项为默认选项，执行 ZOOM 命令后就即刻使用该选项。

3.1.3 新手练兵——窗口缩放视图

窗口缩放是指用户在绘图区选择一个范围来进行缩放。使用窗口缩放功能，可以根据需要来选择所要缩放的图形范围。

	实例文件	光盘\实例\第 3 章\楼梯.dwg
	所用素材	光盘\素材\第 3 章\楼梯.dwg

Step 01 单击快速访问工具栏中的"打开"按钮 📂 ，在弹出的"选择文件"对话框中打开素材图形，如图 3-8 所示。

图 3-8　打开素材图形

Step 02 在"功能区"选项板的"视图"选项卡中，**1** 单击"二维导航"面板中"范围"右侧的下拉按钮，**2** 在弹出的列表框中单击"窗口"按钮 🔍 ，如图 3-9 所示。

图 3-9　单击"窗口"按钮

Step 03 根据命令行提示进行操作，在绘

图区左上方的合适位置处，单击鼠标左键，并向右下方拖曳至合适位置，则绘图区中将出现一个矩形框，如图 3-10 所示。

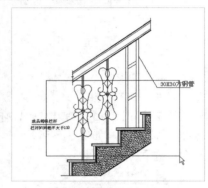

图 3-10　出现矩形框

Step 04 释放鼠标，即可窗口缩放显示图形，如图 3-11 所示。

图 3-11　窗口缩放视图

高手指引

使用窗口缩放图形时，如果系统变量 REGENAUTO 设置为关闭状态，则当前显示的图形界限要比选取区域显示得小一些。

技巧发送

除了运用上述方法窗口缩放视图外，还有以下两种常用的方法。

　◎ 导航栏：单击"导航栏"面板中的"窗口缩放"按钮 🔍 。

　◎ 菜单栏：单击菜单栏中的"视图"｜"缩放"｜"窗口"命令。

3.1.4　新手练兵——比例缩放视图

使用比例缩放视图功能缩放图形时，可以在命令行提示下，根据相应的参数来放大或缩小图形对象。

实例文件	光盘\实例\第 3 章\针阀.dwg
所用素材	光盘\素材\第 3 章\针阀.dwg

Step 01 单击快速访问工具栏中的"打开"按钮，在弹出的"选择文件"对话框中打开素材图形，如图 3-12 所示。

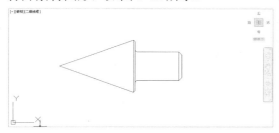

图 3-12　打开素材图形

Step 02 ❶在"功能区"选项板中切换至"视图"选项卡，❷单击"二维导航"面板中"范围"右侧的下拉按钮，❸在弹出的列表框中单击"比例"按钮，如图 3-13 所示。

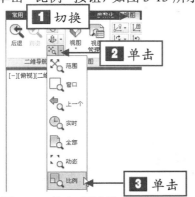

图 3-13　单击"比例"按钮

Step 03 根据命令行提示进行操作，输入比例因子 3，如图 3-14 所示，按【Enter】键确认。

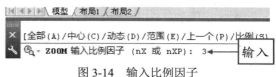

图 3-14　输入比例因子

Step 04 执行上述操作后，即可根据比例缩放视图，如图 3-15 上所示。

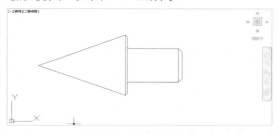

图 3-15　比例缩放视图

技巧发送

除了运用上述方法比例缩放视图外，还有以下两种常用的方法。

❀ 菜单栏：单击菜单栏中的"视图"|"缩放"|"比例"命令。

❀ 导航栏：单击导航面板中的"缩放比例"按钮。

高手指引

输入比例因子有以下 3 种格式。

❀ 比例因子值：直接输入比例因子值，保持显示中心不变，相对于图形界限缩放图形。

❀ 相对比例因子：如果在输入的比例因子后加上后缀 X，则保持显示中心不变，相对于当前视口缩放图形。

❀ 相对于图纸空间比例因子：在比例因子后面加上后缀 XP，表示相对于图纸空间的浮动视口缩放图形。

3.1.5　新手练兵——全部缩放视图

全部缩放可以显示整个图形中的所有对象，在平面视图中，它以图形界限或当前图形范围为显示边界。在具体情况下，哪个范围大就将其作为显示的边界。如果图形延伸到图形界限外，显示的将是图形中的所有对象。

实例文件	光盘\实例\第 3 章\飞机.dwg
所用素材	光盘\素材\第 3 章\飞机.dwg

Step 01 单击快速访问工具栏中的"打开"按钮，在弹出的"选择文件"对话框中打开素材图形，如图 3-16 所示。

图 3-16　打开素材图形

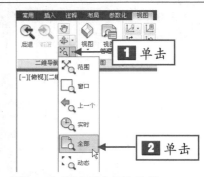

图 3-17　单击"全部"按钮

Step 02 在"功能区"选项板的"视图"选项卡中，**1** 单击"二维导航"面板中"范围"右侧的下拉按钮，**2** 在弹出的列表框中单击"全部"按钮，如图 3-17 所示。

Step 03 执行上述操作后，即可使用全部缩放功能显示全部图形，如图 3-18 所示。

图 3-18　全部缩放显示图形

技巧发送

除了运用上述方法全部缩放视图外，还有以下 3 种常用的方法。

- 导航栏：单击"导航栏"面板中的"全部缩放"按钮。
- 菜单栏 1：单击菜单栏中的"视图"｜"缩放"｜"全部"命令。
- 菜单栏 2：单击菜单栏中的"工具"｜"工具栏"｜"AutoCAD"｜"缩放"命令，显示"缩放"工具栏，单击其中的"全部缩放"按钮。

3.1.6　新手练兵——范围缩放视图

在 AutoCAD 2013 中，使用导航栏中的"范围缩放"命令，可以快速地进行范围缩放视图。范围缩放视图可以使所有图形在屏幕上尽可能大地显示出来，它使用的显示边界只是图形而不是图形界限。在不冻结图层的前提下，使用范围缩放，可以在当前视口中看到已经绘制好的全部图形，便于用户找到已经绘制的图形。

实例文件	光盘\实例\第 3 章\地面拼花.dwg
所用素材	光盘\素材\第 3 章\地面拼花.dwg

Step 01 单击快速访问工具栏中的"打开"按钮，在弹出的"选择文件"对话框中打开素材图形，如图 3-19 所示。

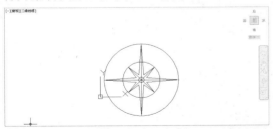

图 3-19　打开素材图形

Step 02 ❶ 在"功能区"选项板中切换至"视图"选项卡，❷ 单击"二维导航"面板中的"范围"按钮，如图 3-20 所示。

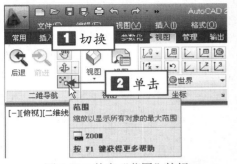

图 3-20　单击"范围"按钮

Step 03 执行上述操作后，即可范围缩放视图，如图 3-21 上所示。

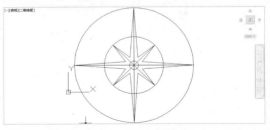

图 3-21　范围缩放视图

技巧发送

除了运用上述方法范围缩放视图之外，还有以下 3 种方法。

❖ 菜单栏 1：单击菜单栏中的"视图"｜"缩放"｜"范围"命令。

❖ 菜单栏 2：单击菜单栏中的"工具"｜"工具栏"｜"AutoCAD"｜"缩放"命令，显示"缩放"工具栏，单击其中的"范围缩放"按钮。

❖ 导航栏：单击"导航栏"面板中的"范围缩放"按钮。

3.2　视口显示图形

在 AutoCAD 2013 中，为了便于编辑图形，常常需要将图形的局部进行放大，以显示其细节。当需要观察图形的整体效果时，仅使用单一的绘图视口已无法满足需要。此时，可以使用平铺视口功能，将绘图区域划分为若干视口。

3.2.1　新手练兵——新建平铺视口

平铺视口是指把绘图窗口分为多个矩形区域，从而创建多个不同的绘图区域，其中每一个区域都可用来查看图形的不同部分。在 AutoCAD 2013 中，可以同时打开多达 32000 个视口，屏幕上还可以保留"功能区"选项板和命令提示行。

	实例文件	光盘\实例\第 3 章\茶几.dwg
	所用素材	光盘\素材\第 3 章\茶几.dwg

Step 01 单击快速访问工具栏中的"打开"按钮，在弹出的"选择文件"对话框中打开素材图形，如图 3-22 所示。

Step 02 在命令行中输入 VPORTS（新建

视口）命令，并按【Enter】键确认，弹出"视口"对话框，如图 3-23 所示。

Step 03 ❶ 在"新名称"文本框中输入"新建视口"，❷ 在"标准视口"列表框中选择"四

新手学设计完全精通

个："相等"选项，如图 3-24 所示。

图 3-22　打开素材图形

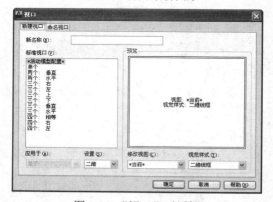

图 3-23　"视口"对话框

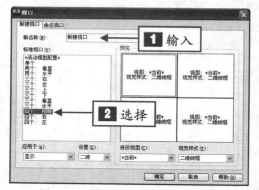

图 3-24　选择"四个：相等"选项

高手指引

视口是将绘图区分为多个矩形方框，从而创建多个不同的绘图区域，其中每个绘图区域可用来观察图形的不同部分。在 AutoCAD 中，一般把绘图区称为视口，而将绘图区中的显示内容称为视图。如果图形比较复杂，用户可以在绘图区中创建或分割多个视口，从而便于观察图形的不同效果。

知识链接

使用"新建视口"命令，可以显示标准视口配置列表以及创建并设置新的平铺视口。在该对话框中各选项含义如下。

　❀　"新名称"文本框：在该文本框中，可以设置新创建的平铺视口名称。

　❀　"标准视口"列表框：用于显示用户可用的标准视口。

　❀　"预览"显示区：用于预览所选的视口配置。

　❀　"应用于"下拉列表框：用于设置将所选的视口配置是用于整个显示屏还是当前视口。其中，"显示"选项用于设置将所选的视口配置应用于模型空间中的整个显示区域，为默认选项；"当前视口"选项用于设置将所选的视口配置为当前视口。

　❀　"设置"下拉列表框：如果用户选择"二维"选项，则使用窗口中的当前视图来初始化视口配置；如果选择"三维"选项，则使用正交视图来配置视口。

　❀　"修改视图"下拉列表框：在该下拉列表框中，可以选择一个视口配置代替已选择的视口配置。

　❀　"视觉样式"下拉列表框：在下拉列表框中，选择相应的视觉样式，可以将视觉样式应用到视口中。

Step 04　单击"确定"按钮，完成新建平铺视口的操作，效果如图 3-25 所示。

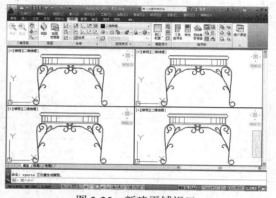

图 3-25　新建平铺视口

3.2.2 新手练兵——合并平铺视口

用户在观察图形对象时，如果不再需要一个视口，可以从绘图区中将该视口减去，该视口将合并到与之相邻的视口中。合并视口时，这两个视口必须共享长度相同的公共边，生成的视口将继承主视口的视图。

	实例文件	光盘\实例\第3章\模型.dwg
	所用素材	光盘\素材\第3章\模型.dwg

Step 01 单击快速访问工具栏中的"打开"按钮 📂，在弹出的"选择文件"对话框中打开素材图形，如图3-26所示。

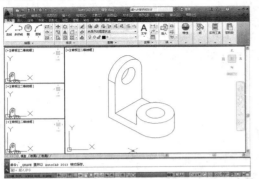

图3-26 打开素材图形

Step 02 在"功能区"选项板的"视图"选项卡中，单击"模型视口"面板中的"合并视口"按钮 ▣，如图3-27所示。

图3-27 单击"合并视口"按钮

Step 03 根据命令行提示进行操作，选择左边的第一个视口为主视口，再单击左边第二个视口，即可合并视口，效果如图3-28所示。

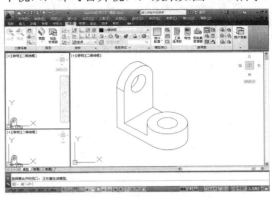

图3-28 合并视口

🗝️ **技巧发送**

除了运用上述方法合并视口外，还有以下两种方法。

💠 菜单栏：单击菜单栏中的"视图"|"视口"|"合并"命令。

💠 命令行：在命令行中输入-VPORTS命令，按【Enter】键确认。

🔍 **知识链接**

执行"合并视口"命令后，命令提示行中各主要选项的含义如下。

💠 保存（S）：使用名称保存当前配置。

💠 恢复（R）：恢复以前保存的视口配置。

💠 删除（D）：删除已命名的视口配置。

💠 合并（J）：将两个邻接的模型视口合并为一个较大的视口。

💠 单一（SI）：将图形返回到单一视口的视图中，该视图使用当前视口的视图。

💠 切换（T）：切换四个视口或一个视口。

💠 模式（MO）：将视口配置应用到相应的模式。

3.3 重命名视图

在绘图过程中，为了便于观察图形对象，可以创建多个视图，并可以对多个视图进行保存和恢复操作。

3.3.1 新手练兵——保存命名视图

在 AutoCAD 2013 中，保存命名视图时，将保存该视图的中点、位置、缩放比例和透视设置等。

	实例文件	光盘\实例\第 3 章\酒杯.dwg
	所用素材	光盘\素材\第 3 章\酒杯.dwg

Step 01 单击快速访问工具栏中的"打开"按钮，在弹出的"选择文件"对话框中打开素材图形，如图 3-29 所示。

图 3-29　打开素材图形

Step 02 显示菜单栏，单击菜单栏中的"视图"|"命名视图"命令，如图 3-30 所示。

图 3-30　单击相应命令

技巧发送

除了运用上述方法保存命名视图外，还有以下两种方法。

⊕ 命令行：在命令行中输入 VIEW 命令，按【Enter】键确认。

⊕ 按钮法：切换至"视图"选项卡，单击"视图"面板中的"视图管理器"按钮。

Step 03 在弹出的"视图管理器"对话框中单击"新建"按钮，**1** 弹出"新建视图/快照特性"对话框，**2** 在"视图名称"文本框中输入"酒杯"，保持默认选项，如图 3-31所示。

图 3-31　"新建视图/快照特性"对话框

Step 04 单击"确定"按钮，返回到"视图管理器"对话框，**1**在"查看"列表框中将显示"酒杯"视图，如图 3-32 所示，**2**单击"确定"按钮，即可保存命名视图。

高手指引

保存命名视图前，用户应该先创建一个命名视图。使用"命名视图"命令，可以为绘图区中的任意视图指定名称，并在以后的操作过程中将其恢复。

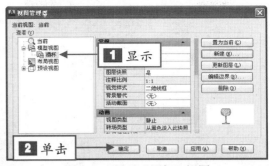

图3-32 显示"酒杯"视图

知识链接

在"视图管理器"对话框中，各主要选项的含义如下。

❂ "查看"下拉列表框：显示可用视图的列表。可以展开每个节点（当前节点除外）以显示该节点的视图。

❂ "当前"选项：选择该选项，可以显示当前视图及其"查看"和"剪裁"特性。

❂ "模型视图"选项：选择该选项，可以显示命名视图和相机视图列表，并列出选定视图的"基本"、"查看"和"剪裁"特性。

❂ "布局视图"选项：选择该选项，可以在定义视图的布局上显示视口列表，并列出选定视图的"基本"和"查看"特性。

❂ "预设视图"选项：选择该选项，可以显示正交视图和等轴测视图列表，并列出选定视图的"基本"特性。

❂ "视图"选项区：用于显示视图相机和视图目标的相关参数。

❂ "置为当前"按钮：单击该按钮，可以恢复选定的视图。

❂ "新建"按钮：单击该按钮，将弹出"新建视图/快照特性"对话框。

❂ "更新图层"按钮：更新与选定的视图一起保存的图层信息，使其与当前模型空间和布局视口中的图层可见性匹配。

❂ "编辑边界"按钮：单击该按钮，可以显示选定的视图，绘图区的其他部分以较浅的颜色显示，从而显示命名视图的边界。

❂ "删除"按钮：单击该按钮，可以删除选定的视图。

3.3.2 新手练兵——恢复命名视图

在 AutoCAD 中，可以一次性命名多个视图，当需要重新使用一个已命名视图时，只需将该视图恢复到当前视口即可。如果绘图窗口中包含多个视口，也可以将视图恢复到活动视口中，或将不同的视图恢复到不同的视口中，以同时显示模型的多个视图。

实例文件	光盘\实例\第 3 章\健身器.dwg
所用素材	光盘\素材\第 3 章\健身器.dwg

Step 01 单击快速访问工具栏中的"打开"按钮，在弹出的"选择文件"对话框中打开素材图形，如图 3-33 所示。

Step 02 显示菜单栏，单击菜单栏中的"视图"｜"命名视图"命令，弹出"视图管理器"对话框，如图 3-34 所示。

新
手
学
设
计
完
全
精
通

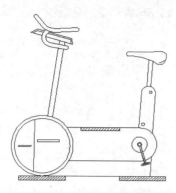

图 3-33　打开素材图形

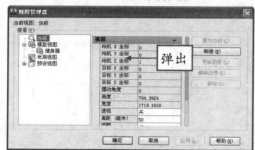

图 3-34　"视图管理器"对话框

Step 03 单击"预设视图"选项前的"＋"号按钮，在展开的列表中选择"西南等轴测"选项，如图 3-35 所示。

图 3-35　选择"西南等轴测"选项

Step 04 依次单击"置为当前"、"应用"和"确定"按钮，即可恢复命名视图，效果如图 3-36 所示。

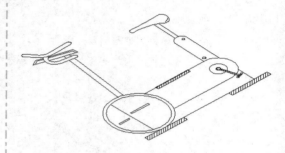

图 3-36　恢复命名视图

第**04**章 | 绘制二维图形对象

学前提示

　　在 AutoCAD 2013 中，任何复杂的图形都可以分解为简单的点、线以及面等基本图形。使用"绘图"菜单中的命令、"功能区"选项板中的工具按钮，或在命令行中输入相应的命令均可方便地绘制出二维图形。本章将详细介绍基本二维图形的绘制方法与技巧。

本章知识重点

▶ 绘制点图形对象　　　　　　　　▶ 绘制与编辑直线型图形对象

▶ 绘制与编辑曲线型图形对象　　　▶ 绘制多边形图形对象

学完本章后应该掌握的内容

▶ 掌握点图形的绘制，如点、定数等分点和定距等分点等

▶ 掌握直线型图形的绘制，如直线、构造线和多段线的绘制等

▶ 掌握曲线型图形的绘制，如圆、圆弧、椭圆、圆环以及样条曲线的绘制等

▶ 掌握多边形图形的绘制，如正多边形、矩形以及区域覆盖的绘制

视频演示

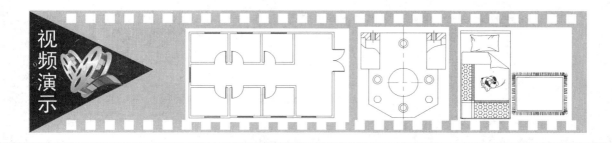

4.1　绘制点图形对象

在 AutoCAD 中，点对象可用作捕捉和偏移对象的节点和参考点。可以通过"点"、"定数等分"和"等距等分" 3 种方法创建点对象。点是组成图形最基本的实体对象，可以使用点对象作为辅助点或标记点。

4.1.1　新手练兵——绘制点

绘制点包括单点和多点，单点是指每执行一次绘制点命令，只能创建一个点。使用绘制"多点"命令，则只需执行一次命令便可绘制多个点。在绘制点时，命令行提示的 PDMODE 和 PDSIZE 两个系统变量显示了当前状态下点的样式和大小。

实例文件	光盘\实例\第 4 章\机件.dwg
所用素材	光盘\素材\第 4 章\机件.dwg

Step 01 单击快速访问工具栏中的"打开"按钮📂，在弹出的"选择文件"对话框中打开素材图形，如图 4-1 所示。

图 4-1　打开素材图形

Step 02 在命令行中输入 DDPTYPE（点样式）命令，并按【Enter】键确认，**1** 弹出"点样式"对话框，**2** 选择第二行第四个点样式，**3** 在"点大小"文本框中输入数值 8，如图 4-2 所示。

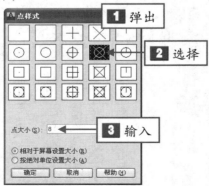

图 4-2　"点样式"对话框

Step 03 单击"确定"按钮，在命令行中输入 POINT（单点）命令，并按【Enter】键确认，根据命令行提示进行操作，在绘图区中图形中心线的交点上单击鼠标左键，即可在图形的中心线交点上绘制单点，如图 4-3 所示。

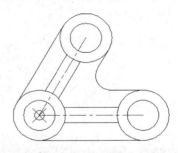

图 4-3　绘制单点

Step 04 在"功能区"选项板的"常用"选项卡中，单击"绘图"面板中间的下拉按钮，在展开的面板上单击"多点"按钮，如图 4-4 所示。

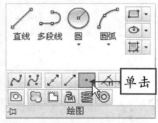

图 4-4　单击"多点"按钮

Step 05 根据命令行提示进行操作，在图形的两个圆心点上，依次单击鼠标左键，完成绘制多点的操作，效果如图 4-5 所示。

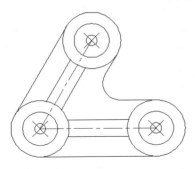

图 4-5　绘制多点

技巧发送

除了运用上述方法绘制点外，还有以下 3 种常用的方法。

✿ **命令行**：在命令行中输入 POINT（点）命令，按【Enter】键确认。

✿ **菜单栏 1**：单击菜单栏中的"绘图"｜"点"｜"多点"命令。

✿ **菜单栏 2**：单击菜单栏中的"绘图"｜"点"｜"单点"命令。

4.1.2　新手练兵——绘制定数等分点

定数等分点就是将点或块沿图形对象的长度等分间隔地排列，在绘制定数等分点之前，首先应该了解在命令行中输入的是等分数，而不是点的个数，如果要把所选对象分成 N 个等分，实际上将会生成 N-1 个点（圆除外，将圆分成 N 等分，生成的是 N 个点）。

	实例文件	光盘\实例\第 4 章\法兰盘.dwg
	所用素材	光盘\素材\第 4 章\法兰盘.dwg

Step 01　单击快速访问工具栏中的"打开"按钮📂，在弹出的"选择文件"对话框中打开素材图形，如图 4-6 所示。

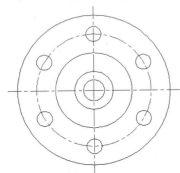

图 4-6　打开素材图形

Step 02　在命令行中输入 DDPTYPE（点样式）命令，并按【Enter】键确认，**1**弹出"点样式"对话框，**2**选择第一行第四个点样式，接受默认的参数值，如图 4-7 所示。

Step 03　单击"确定"按钮，在"功能区"选项板的"常用"选项卡中，单击"绘图"面板中间的下拉按钮，在展开的面板上单击"定数等分"按钮🔏，如图 4-8 所示。

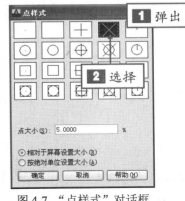

图 4-7　"点样式"对话框

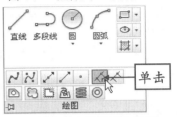

图 4-8　单击"定数等分"按钮

Step 04　根据命令行提示进行操作，选择图形中的中心线圆为定数等分对象，输入等分线段数为 6，按【Enter】键确认，即可绘制定数等分点，如图 4-9 所示。

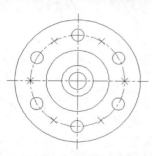

图 4-9　绘制定数等分点

技巧发送

除了运用上述方法绘制定数等分点外，还有以下两种常用的方法。

🔑 命令行：在命令行中输入 DIVIDE（等数等分）命令，按【Enter】键确认。

🔑 菜单栏：单击菜单栏中的"绘图" |"点" |"等数等分"命令。

4.1.3　新手练兵——绘制定距等分点

定距等分点就是在指定的对象上按确定的长度进行等分，该操作是先指定所要创建的点与点之间的距离，再根据该间距值分隔所选对象。

实例文件	光盘\实例\第 4 章\平带轮.dwg
所用素材	光盘\素材\第 4 章\平带轮.dwg

Step 01 单击快速访问工具栏中的"打开"按钮 📂，在弹出的"选择文件"对话框中打开素材图形，如图 4-10 所示。

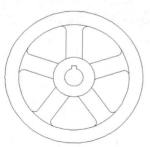

图 4-10　打开素材图形

Step 02 在命令行中输入 DDPTYPE（点样式）命令，并按【Enter】键确认，**1** 弹出"点样式"对话框，**2** 选择第二行第四个点样式，接受默认的参数值，如图 4-11 所示。

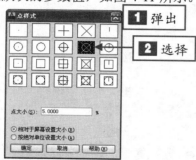

图 4-11　"点样式"对话框

Step 03 单击"确定"按钮，在"功能区"选项板的"常用"选项卡中，单击"绘图"面板中间的下拉按钮，在展开的面板上单击"测量"按钮 ⟋，如图 4-12 所示。

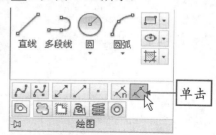

图 4-12　单击"测量"按钮

Step 04 根据命令行提示进行操作，选择图形中的圆为定距等分对象，输入指定线段长度值为 50，按【Enter】键确认，完成绘制定距等分点的操作，如图 4-13 所示。

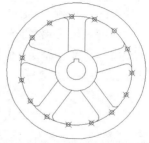

图 4-13　绘制定距等分点

高手指引

使用"定距等分点"命令时，应注意以下两点。

✿ **较近端点**：放置点的起始位置从距离对象选取点较近的端点开始。

✿ **总长不被所选长度整除**：如果对象总长不能被所选长度整除，则最后放置的点到对象端点的距离将不等于所选长度。

4.2 绘制与编辑直线型图形对象

在绘制图形的过程中，模型的基本元素都是由简单的二维图形构成的。直线型图形是创建图形时较为常见的对象，直线型图形包括直线、构造线、多段线和多线等，可以使用定点设备设置定点的位置，或者在命令行中输入坐标值来绘制对象。

4.2.1 新手练兵——绘制直线

直线是各种绘图中最常用、最简单的一类图形对象，只要指定了起点和终点即可绘制一条直线。在 AutoCAD 中，可以使用二维坐标（X, Y）或三维坐标（X, Y, Z），也可以混合使用二维坐标和三维坐标来指定端点，以绘制直线。如果输入二维坐标，AutoCAD 将会用当前的高度作为 Z 轴坐标值，默认 Z 轴坐标值为 0。

实例文件	光盘\实例\第 4 章\多用扳手.dwg
所用素材	光盘\素材\第 4 章\多用扳手.dwg

Step 01 单击快速访问工具栏中的"打开"按钮📂，在弹出的"选择文件"对话框中打开素材图形，如图 4-14 所示。

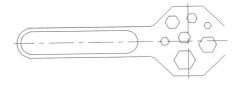

图 4-14 打开素材图形

Step 02 在"功能区"选项板的"常用"选项卡中，单击"绘图"面板中的"直线"按钮／，如图 4-15 所示。

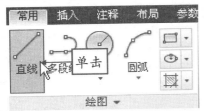

图 4-15 单击"直线"按钮

Step 03 按 F8 键开启正交功能，根据命令行提示进行操作，**1** 选择绘图区中图形的右上方端点作为起始点，**2** 向下拖曳鼠标，如图 4-16 所示。

图 4-16 向下拖曳鼠标

Step 04 在绘图区中图形的右下端点上单击鼠标左键，指定直线终点，按【Enter】键确认，即可绘制直线，效果如图 4-17 所示。

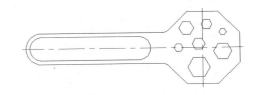

图 4-17 绘制直线

技巧发送

除了运用上述绘制直线的方法外，还有以下两种方法。

✪ 命令行：在命令行中输入 LINE（直线）命令，并按【Enter】键确认。

✪ 菜单栏：显示菜单栏，单击"绘图"｜"直线"命令。

4.2.2 新手练兵——绘制构造线

构造线是一条没有起点和终点的无限延伸的直线，它通常会被用作辅助绘图线。构造线具有普通 AutoCAD 图形对象的各项属性，如图层、颜色以及线型等，还可以通过修改转换成射线和直线。

实例文件	光盘\实例\第 4 章\地面拼花.dwg
所用素材	光盘\素材\第 4 章\地面拼花.dwg

Step 01 单击快速访问工具栏中的"打开"按钮，在弹出的"选择文件"对话框中打开素材图形，如图 4-18 所示。

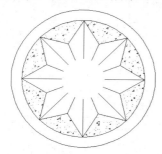

图 4-18　打开素材图形

Step 02 在命令行中输入 XLINE（构造线）命令，并按【Enter】键确认，根据命令行提示进行操作，输入 H（水平），按【Enter】键确认，然后指定圆心为通过点，按【Enter】键确认，即可绘制一条水平的构造线，效果如图 4-19 所示。

技巧发送

除了使用上述方法绘制构造线外，还有以下两种方法。

✪ 菜单栏：单击菜单栏中的"绘图"｜"构造线"命令。

✪ 按钮法：在"功能区"选项板中的"常用"选项卡中，单击"绘图"面板中的"构造线"按钮。

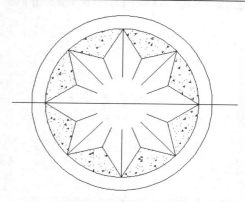

图 4-19　绘制水平构造线

Step 03 用与上述相同的方法，使用构造线命令，在命令行中输入 V(垂直)，按【Enter】键确认，根据命令行提示进行操作，然后指定圆心为通过点，按【Enter】键确认，即可绘制一条垂直的构造线，效果如图 4-20 所示。

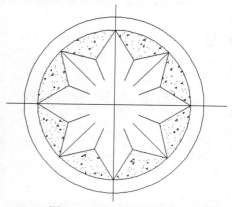

图 4-20　绘制垂直构造线

知识链接

执行"XLINE（构造线）"命令后，在命令行的提示中，系统为用户提供了 5 种创建构造线的选项，可以在绘图区，通过指定两点创建任意方向的构造线；如果输入 H、V、A、B、O，则可分别按命令行提示创建水平、垂直、具有指定倾斜角度、二等分以及偏移的构造线，各选项的含义如下。

- 水平（H）：创建一条经过指定点的水平构造线。
- 垂直（V）：创建一条经过指定点的垂直构造线。
- 角度（A）：通过指定角度和构造线必经的点，创建与水平轴成指定角度的构造线。
- 二等分（B）：创建二等分指定角的构造线。
- 偏移（O）：创建平行于指定基线的构造线。指定偏移距离，选择基线，然后指明构造线位于基线的哪一侧。

4.2.3　新手练兵——绘制多线段

绘制多段线时，可以通过绘制直线或圆弧，并设置各线段的宽度，使线段的始、末端点具有不同的线宽来完成，同时也可以填充多段线。在多段线中，圆弧的起点是前一个线段的末端点，可以通过指定角度、圆心、方向或半径来绘制多段线。

	实例文件	光盘\实例\第 4 章\支架.dwg
	所用素材	光盘\素材\第 4 章\支架.dwg

Step 01 单击快速访问工具栏中的"打开"按钮，在弹出的"选择文件"对话框中打开素材图形，如图 4-21 所示。

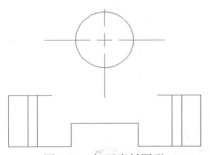

图 4-21　打开素材图形

Step 02 在"功能区"选项板的"常用"选项卡中，单击"绘图"面板中的"多段线"按钮，如图 4-22 所示。

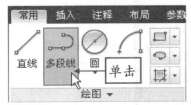

图 4-22　单击"多段线"按钮

Step 03 根据命令行提示进行操作，指定圆下方的左侧直线端点为多段线起点，如图 4-23 所示。

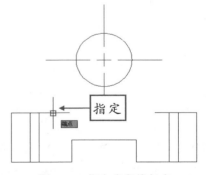

图 4-23　指定多段线起点

Step 04 单击鼠标左键，向上引导光标，输入 24，按【Enter】键确认，再向右引导光标，在命令行中输入 A（圆弧），按【Enter】键确认，输入圆弧端点为 44 并确认，绘制多段线中的圆弧，如图 4-24 所示。

Step 05 再向下引导光标，在命令行中输入 L（长度），按【Enter】键确认，输入长度值为 24，然后按两次【Enter】键确认，完成

新手学设计完全精通

多段线的绘制，如图 4-25 所示。

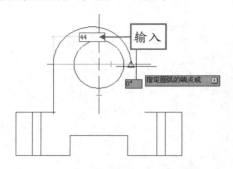

图 4-24　绘制多段线中的圆弧

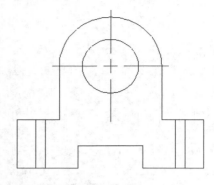

图 4-25　绘制多段线

4.2.4　新手练兵——编辑多段线

使用"编辑多段线"命令可以编辑多段线，二维和三维多段线、矩形、正多边形以及三维多边形网格都是多段线的变形，均可以使用该命令进行编辑。

实例文件	光盘\实例\第 4 章\直齿轮.dwg
所用素材	光盘\素材\第 4 章\直齿轮.dwg

Step 01 单击快速访问工具栏中的"打开"按钮，在弹出的"选择文件"对话框中打开素材图形，如图 4-26 所示。

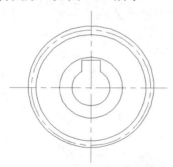

图 4-26　打开素材图形

Step 02 在"功能区"选项板的"常用"选项卡中，单击"修改"面板中的下拉按钮，在展开的面板中单击"编辑多段线"按钮，如图 4-27 所示。

图 4-27　单击"编辑多段线"按钮

Step 03 根据命令行提示进行操作，指定多段线为编辑对象，在命令行中输入 W（宽度），如图 4-28 所示。

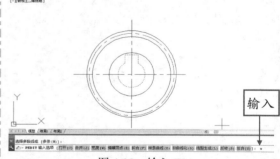

图 4-28　输入 W

Step 04 按【Enter】键确认，输入宽度值为 1，按【Enter】键确认，完成对多线段的编辑操作，效果如图 4-29 所示。

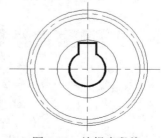

图 4-29　编辑多段线

4.2.5　新手练兵——绘制多线

多线是一种复合型的对象，也被称为多重平行线，由 1～16 条平行线构成，这些平行线称为元素，通过指定每个元素距多线原点的偏移量可以确定元素的位置。

实例文件	光盘\实例\第 4 章\室内墙体.dwg
所用素材	光盘\素材\第 4 章\室内墙体.dwg

Step 01 单击快速访问工具栏中的"打开"按钮，在弹出的"选择文件"对话框中打开素材图形，如图 4-30 所示。

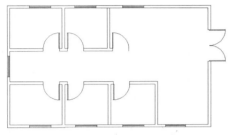

图 4-30　打开素材图形

Step 02 在命令行中输入 MLINE（多线）命令，按【Enter】键确认，根据命令行提示进行操作，输入 S，如图 4-31 所示。

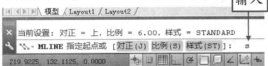

图 4-31　输入 S

知识链接

命令行中主要选项的含义如下。

☻ 对正（J）: 指定多线对正的方法。

☻ 比例（S）: 指定多线宽度相对于多线的定义宽度的比例因子，该比例不影响多线的线型比例。

☻ 样式（ST）: 确定创建多线时采用的样式，默认样式为 STANDARD。

Step 03 按【Enter】键确认，在命令行中输入 6，指定多线比例，按【Enter】键确认，在绘图区中的合适位置，单击鼠标左键，确认起始点，如图 4-32 所示。

Step 04 向下引导光标，输入数值 99，按【Enter】键确认，如图 4-33 所示。

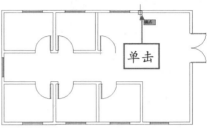

图 4-32　确认起始点

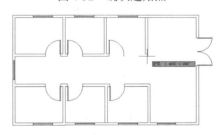

图 4-33　输入数值 99 绘制多线

Step 05 向左引导光标，输入数值 60，按【Enter】键确认，即可绘制多线，效果如图 4-34 所示。

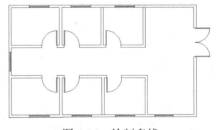

图 4-34　绘制多线

高手指引

多线的绘制方法与直线的绘制方法相似，不同的是多线是由多条线形相同的平行线组成。绘制的每一条多线都是一个完整的整体，不能对其进行偏移、倒角、延伸和修剪等编辑，只能使用"分解"命令将其分解成为多条直线后才可进行相应编辑。

新手学设计完全精通

4.2.6　新手练兵——编辑多线

创建多线之后，可以根据需要对其进行编辑，多线样式包括多线元素的特性、背景颜色和多线段的封口。用户可以将创建的多线样式保存在当前图形中，也可以将多线样式保存到独立的多线样式库文件中。

实例文件	光盘\实例\第 4 章\工字型支架.dwg
所用素材	光盘\素材\第 4 章\工字型支架.dwg

Step 01 单击快速访问工具栏中的"打开"按钮，在弹出的"选择文件"对话框中打开素材图形，如图 4-35 所示。

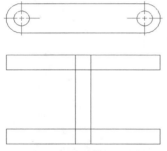

图 4-35　打开素材图形

Step 02 在命令行中输入 MLEDIT（编辑多线）命令，按【Enter】键确认，**1** 弹出"多线编辑工具"对话框，**2** 在对话框中的"多线编辑工具"选项区中单击"T 形合并"按钮，如图 4-36 所示。

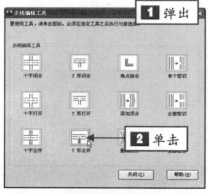

图 4-36　"多线编辑工具"对话框

 **技巧发送**

编辑多线时，除了运用上述的方法外，还可以单击菜单栏中的"修改"|"对象"|"多线"命令。

Step 03 根据命令行提示进行操作，**1** 选择第一条多线，**2** 再拾取第二条需要修改的多线，如图 4-37 所示。

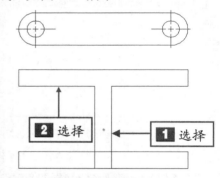

图 4-37　修改多线

Step 04 再次拾取需要编辑的两条多线，按【Enter】键确认，完成多线的编辑操作，效果如图 4-38 所示。

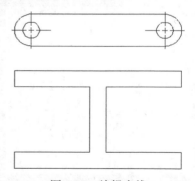

图 4-38　编辑多线

 高手指引

编辑多线是指修改两条多线的相交方式，多线可以相交成十字形或 T 字形，这两种方式可以被闭合、打开或合并。另外，双击已绘制好的多线，同样可以弹出"多线编辑工具"对话框，对多线进行编辑。

知识链接

"多线编辑工具"对话框中各主要选项的含义如下。

- "十字闭合"按钮：在两条多线之间创建闭合的十字交点。
- "十字打开"按钮：在两条多线之间创建打开的十字交点，打断将插入第一条多线的所有元素和第二条多线的外部元素。
- "十字合并"按钮：在两条多线之间进行创建合并的十字交点，选择多线的次序并不重要。
- "T 形闭合"按钮：在两条多线之间创建闭合的 T 形交点，将第一条多线修剪或延伸到第二条多线的交点处。
- "T 形打开"按钮：在两条多线之间创建打开的 T 形交点，将第一条多线修剪或延伸到第二条多线的交点处。
- "T 形合并"按钮：在两条多线之间创建合并的 T 形交点，将多线修剪或延伸到与另一条多线的交点处。
- "角点结合"按钮：在多线之间创建角点结合，将多线修剪或延伸到其交点处，使其合成一个角点。
- "添加顶点"按钮：向多线上添加一个顶点。
- "删除顶点"按钮：从多线上删除一个顶点。
- "单个剪切"按钮：在选定多线元素中创建可见打断。
- "全部剪切"按钮：创建穿过整条多线的可见打断，将多线剪切为两个部分。
- "全部接合"按钮：将已被剪切的多线线段重新接合起来。

4.3　绘制与编辑曲线型图形对象

曲线型图形是绘图中不可缺少的部分，曲线使得图形对象的样式变得更加丰富，主要包括圆、圆弧、椭圆、圆环和样条曲线等。

4.3.1　新手练兵——绘制圆

圆是一种简单的二维图形，可以用来表示柱、孔和轴等特征，在绘图过程中，圆是使用得最多的基本图形元素之一。

	实例文件	光盘\实例\第 4 章\回转器.dwg
	所用素材	光盘\素材\第 4 章\回转器.dwg

Step 01 单击快速访问工具栏中的"打开"按钮，在弹出的"选择文件"对话框中打开素材图形，如图 4-39 所示。

Step 02 在"功能区"选项板的"常用"选项卡中，**1** 单击"绘图"面板中"圆"下方的下拉按钮，弹出列表框，**2** 在弹出的列表框中单击"圆心，半径"按钮，如图 4-40 所示。

技巧发送

除了运用上述方法绘制圆外，还有以下两种常用的方法。

- 命令行：在命令行中输入 CIRCLE（圆）命令，按【Enter】键确认。
- 菜单栏：单击菜单栏中的"绘图"|"圆"命令|子菜单中的相应命令。

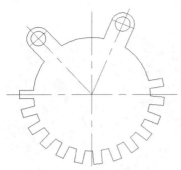

图 4-39　打开素材图形

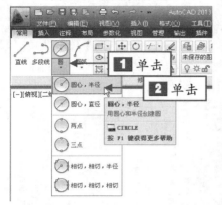

图 4-40　单击"圆心，半径"按钮

Step 03 根据命令行提示进行操作，在绘图区中的十字交叉点上，单击鼠标左键，确定圆心，输入半径值为 10，按【Enter】键确认，完成绘制圆的操作，如图 4-41 所示。

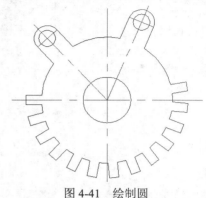

图 4-41　绘制圆

高手指引

使用"相切、相切、半径"命令时，系统总是在距拾取点最近的部位绘制相切的圆。因此，拾取相切对象时，拾取的位置不同，得到的结果可能也不同。

4.3.2　新手练兵——绘制圆弧

圆弧是圆的一部分，也是一种简单图形。绘制圆弧和绘制圆相比，控制起来要困难一些。除了设定圆心和半径之外，圆弧还需要设定起始角度和终止角度才能完全定义。

实例文件	光盘\实例\第 4 章\门类.dwg
所用素材	光盘\素材\第 4 章\门类.dwg

Step 01 单击快速访问工具栏中的"打开"按钮，在弹出的"选择文件"对话框中打开素材图形，如图 4-42 所示。

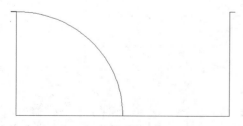

图 4-42　打开素材图形

Step 02 在"功能区"选项板的"常用"选项卡中，**1**单击"绘图"面板中"圆弧"下方

的下拉按钮，**2**在弹出的列表框中单击"起点、端点、半径"按钮，如图 4-43 所示。

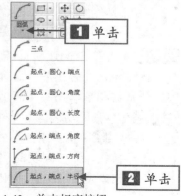

图 4-43　单击相应按钮

Step 03 根据命令行提示进行操作，在绘图区中合适的端点上，依次单击鼠标左键，指点圆弧起点和端点，输入半径值为 800，按【Enter】键确认，完成圆弧的绘制，如图 4-44 所示。

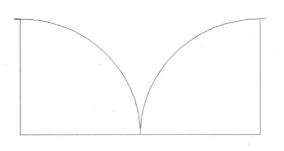

图 4-44　绘制圆弧

技巧发送

除了运用上述方法绘制圆弧外，还可以在命令行中输入 ARC（圆弧）命令，然后按【Enter】键确认。

4.3.3　新手练兵——绘制椭圆

在 AutoCAD 2013 中，椭圆的形状是由定义了长度和宽度的两条轴所决定的，其中较长的轴称为长轴，较短的轴称为短轴。

	实例文件	光盘\实例\第 4 章\U 盘.dwg
	所用素材	光盘\素材\第 4 章\U 盘.dwg

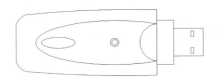 **Step 01** 单击快速访问工具栏中的"打开"按钮，在弹出的"选择文件"对话框中打开素材图形，如图 4-45 所示。

图 4-45　打开素材图形

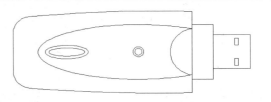

图 4-46　绘制椭圆

技巧发送

除了运用上述方法绘制椭圆外，还有以下两种方法。

◈ 按钮法：切换至"常用"选项卡中，单击"绘图"面板中"圆心"按钮右侧的下拉按钮，在弹出的列表框中单击相应的按钮。

◈ 命令行：在命令行输入 ELLIPSE（椭圆）命令，按【Enter】键确认。

Step 02 显示菜单栏，单击菜单栏中的"绘图"|"椭圆"|"圆心"命令，根据命令行提示进行操作，在绘图区中椭圆的圆心上，单击鼠标左键，确定圆心，输入半轴长度为 5，按【Enter】键确认，向上引导光标，输入另一条半轴长度为 1.2，按【Enter】键确认，完成椭圆的绘制，如图 4-46 所示。

4.3.4　新手练兵——绘制圆环

圆环是指填充环或实体填充圆，即带有宽度的闭合多段线。在绘制圆环时，需要指定它的内外直径和中心。通过指定不同的中心点，可以绘制出具有相同内外直径的多个圆环副本。

	实例文件	光盘\实例\第 4 章\壁炉.dwg
	所用素材	光盘\素材\第 4 章\壁炉.dwg

Step 01 单击快速访问工具栏中的"打开"按钮 ⊡，在弹出的"选择文件"对话框中打开素材图形，如图 4-47 所示。

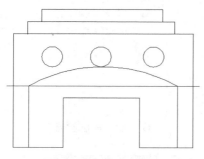

图 4-47　打开素材图形

Step 02 在"功能区"选项板的"常用"选项卡中，单击"绘图"面板中的下拉按钮，在展开的面板上单击"圆环"按钮 ◎，如图 4-48 所示。

图 4-48　单击"圆环"按钮

Step 03 根据命令行提示进行操作，输入圆环的内径为 0.5，按【Enter】键确认，再输入圆环的外径为 1，按【Enter】键确认，在绘图区中合适的圆心上，单击鼠标左键，指定圆环的中心点，按【Enter】键确认，完成圆环的绘制，如图 4-49 所示。

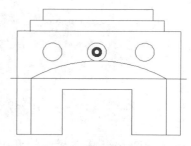

图 4-49　绘制圆环

知识链接

圆环实质上是一种多段线，可以有任意的内径和外径；如果内径和外径相等，则圆环就是一个普通的圆；如果内径为 0，则圆环是一个实心的圆。

4.3.5　新手练兵——绘制样条曲线

样条曲线是一种通过或接近指定点的拟合曲线。在 AutoCAD 中，其类型是非均匀关系的基本样条曲线，适于表达具有不规则变化曲率半径的曲线。

实例文件	光盘\实例\第 4 章\零件.dwg
所用素材	光盘\素材\第 4 章\零件.dwg

Step 01 单击快速访问工具栏中的"打开"按钮 ⊡，在弹出的"选择文件"对话框中打开素材图形，如图 4-50 所示。

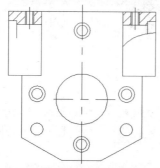

图 4-50　打开素材图形

Step 02 在"功能区"选项板的"常用"选项卡中，单击"绘图"面板中的下拉按钮，在展开的面板中单击"样条曲线拟合"按钮 ～，如图 4-51 所示。

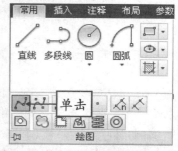

图 4-51　单击"样条曲线拟合"按钮

Step 03 根据命令行提示进行操作，在绘图区中的合适位置上单击鼠标左键，指定样条曲线起点，向右下方引导光标，任意捕捉其他的点，以相应点为终点，按【Enter】键确认，完成样条曲线的绘制，如图 4-52 所示。

 技巧发送

除了运用上述方法绘制样条曲线外，可以在命令行输入 SPLINE（样条曲线）命令，按【Enter】键确认。

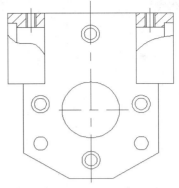

图 4-52　绘制样条曲线

知识链接

在 AutoCAD 2013 中，通过编辑多段线可以生成平滑多段线，与样条曲线类似，但与之相比，样条曲线具有以下 3 方面的优点。

⊛ 精确：对曲线路径上的一系列点进行平滑拟合后，可以创建样条曲线。在绘制二维图形或三维图形时，使用该方法创建的曲线边界要比多段线平滑。

⊛ 保留定义：使用 SPLINEDIT 命令或夹点可以很方便地编辑样条曲线，并保留样条曲线定义，如果使用 PEDIT 命令编辑就会丢失这些定义，成为平滑多段线。

⊛ 占用空间和内存小：带有样条曲线的图形比带有平滑多段线的图形占用的空间和内存小。

4.3.6　新手练兵——编辑样条曲线

通过"编辑样条曲线"命令，可以删除样条曲线的拟合点，也可以为提高精度而添加拟合点，或者移动拟合点修改样条曲线的形状，可以打开或关闭样条曲线，可以编辑样条曲线的起点切向，也可以反转样条曲线的方向，还可以改变样条曲线的公差。

实例文件	光盘\实例\第 4 章\窗帘.dwg
所用素材	光盘\素材\第 4 章\窗帘.dwg

Step 01 单击快速访问工具栏中的"打开"按钮，在弹出的"选择文件"对话框中打开素材图形，如图 4-53 所示。

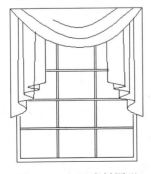

图 4-53　打开素材图形

Step 02 在"功能区"选项板中的"常用"选项卡中，单击"修改"面板中的下拉按钮，在展开的面板上单击"编辑样条曲线"按钮，如图 4-54 所示。

图 4-54　单击相应按钮

Step 03 在绘图区中选择需要编辑的样条曲线，如图 4-55 所示。

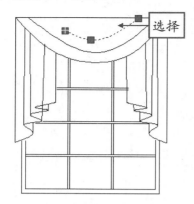

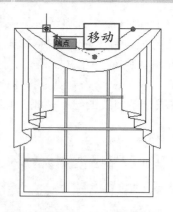

图 4-56　移动鼠标指针至顶点的新位置

图 4-55　选择需要编辑的样条曲线

Step 04 根据命令行提示进行操作，输入 E，按【Enter】键确认，输入 M，按【Enter】键确认，此时样条曲线的顶点呈红色显示，移动鼠标指针至样条曲线顶点的新位置，如图 4-56 所示。

Step 05 单击鼠标左键，即可指定样条曲线的顶点，在命令行中输入 X，连续按 3 次【Enter】键确认，完成样条曲线的编辑，如图 4-57 所示。

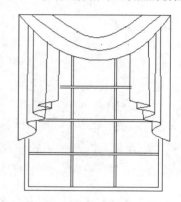

图 4-57　编辑样条曲线

知识链接

样条曲线主要用于绘制机械的断面以及地面图形中的地貌。样条曲线的形状主要由数据点、拟合点与控制点决定，其中数据点在绘制样条曲线时由用户自定义指定，拟合点和控制点由系统自动产生，它们主要用于编辑样条曲线。

4.4　绘制多边形图形对象

在绘图过程中，多边形的使用频率较高，主要包括矩形、正多边形等。矩形和正多边形是绘图中常用的一类简单图形，它们都具有共同的特点，即不论它们从外观上看有几条边，实质上都是一条多段线。本节主要介绍创建正多边形、矩形以及区域覆盖的方法。

4.4.1　新手练兵——绘制正多边形

正多边形是绘图中常用的一种简单图形，可以利用其外接圆或内切圆来进行绘制，并规定可以绘制边数为 3～1024 的正多边形，默认情况下，正多边形的边数为 4。

	实例文件	光盘\实例\第 4 章\螺母.dwg
	所用素材	光盘\素材\第 4 章\螺母.dwg

Step 01 单击快速访问工具栏中的"打开"按钮 📂，在弹出的"选择文件"对话框中打开素材图形，如图 4-58 所示。

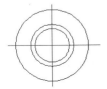

图 4-58 打开素材图形

Step 02 在"功能区"选项板中的"常用"选项卡中，**1** 单击"绘图"面板中"矩形"右侧的下拉按钮，**2** 在弹出的列表框中单击"多边形"按钮 ⬠，如图 4-59 所示。

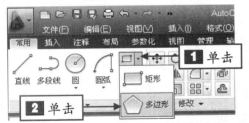

图 4-59 单击"正多边形"按钮

Step 03 根据命令行提示进行操作，在命令行中输入 6，按【Enter】键确认，如图 4-60所示。

图 4-60 按【Enter】键确认

Step 04 在绘图区中的圆心点上，单击鼠标左键，确定正多边形的中心点，根据命令行提示进行操作，输入 C（外切于圆），按【Enter】键确认，在命令行中输入 8.5，指定正多边形的半径大小，按【Enter】键确认，即可绘制正多边形，如图 4-61 所示。

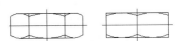

图 4-61 绘制正多边形

🔑 **技巧发送**

除了运用上述方法绘制正多边形外，还有以下两种方法。

🔷 命令行：在命令行中输入 POLYGON（多边形）命令，并按【Enter】键确认。

🔷 菜单栏：单击菜单栏中的"绘图"|"正多边形"命令。

🔍 **知识链接**

执行"多边形"命令时，命令行中提示的含义如下。

🔷 边（E）：选择方式将通过输入的边数和指定边的长度来确定正多边形的大小。

🔷 内接于圆（I）：以指定多边形内接圆半径的方式来绘制多边形。

🔷 外切于圆（C）：以指定多边形外切圆半径的方式来绘制多边形。

4.4.2 新手练兵——绘制矩形

矩形是绘制平面图形时常用的简单图形，也是构成复杂图形的基本图形元素，在各种图形中都可作为组成元素。

💿	实例文件	光盘\实例\第 4 章\电源插座.dwg
	所用素材	光盘\素材\第 4 章\电源插座.dwg

Step 01 单击快速访问工具栏中的"打开"按钮 🗁，在弹出的"选择文件"对话框中打开素材图形，如图 4-62 所示。

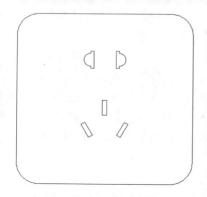

图 4-62　打开素材图形

Step 02 在"功能区"选项板的"常用"选项卡中，单击"绘图"面板上的"矩形"

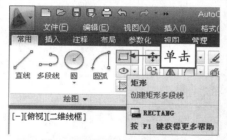

图 4-63　单击"矩形"按钮

按钮 ▭，如图 4-63 所示。

Step 03 根据命令行提示进行操作，在绘图区中的合适位置单击鼠标左键，确认矩形的角点和对角点，即可绘制矩形，如图 4-64 所示。

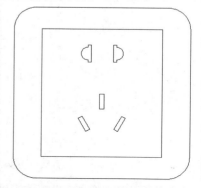

图 4-64　绘制矩形

技巧发送

除了运用上述方法绘制矩形外，还有以下两种方法。

❖ **命令行**：在命令行中输入 RECTANG（矩形）命令，并按【Enter】键确认。

❖ **菜单栏**：单击菜单栏中的"绘图"|"矩形"命令。

知识链接

执行"矩形"命令时，命令行中的提示如下。

❖ **倒角（C）**：设置矩形的倒角距离，以后执行矩形命令时此值将成为当前倒角距离。

❖ **圆角（F）**：需要绘制圆角矩形时，选择该选项可以指定矩形的圆角半径。

❖ **宽度（W）**：选择该选项，可以为要绘制的矩形指定多段线的宽度。

❖ **面积（A）**：选择该选项，可以通过确定矩形面积大小的方式绘制矩形。

❖ **尺寸（D）**：选择该选项，可以通过输入矩形的长和宽两个边长值确定矩形大小。

❖ **旋转（R）**：选择该选项，可以指定绘制矩形的旋转角度。

4.4.3　新手练兵——绘制区域覆盖

区域覆盖可以在现有的对象上生成一个空白区域，用于添加注释或详细的屏蔽信息。该区域与区域覆盖边框进行绑定，可以打开此区域进行编辑，也可以关闭此区域进行打印。

	实例文件	光盘\实例\第 4 章\单人床.dwg
	所用素材	光盘\素材\第 4 章\单人床.dwg

Step 01 单击快速访问工具栏中的"打开"按钮，在弹出的"选择文件"对话框中打开素材图形，如图4-65所示。

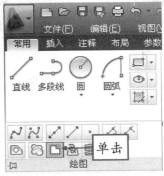

图4-66 单击"区域覆盖"按钮

图4-65 打开素材图形

Step 02 在"功能区"选项板中的"常用"选项卡中，单击"绘图"面板中间的下拉按钮，在展开的面板上单击"区域覆盖"按钮，如图4-66所示。

 技巧发送

除了运用上述方法绘制区域覆盖外，还有以下两种方法。

✪ 命令行：在命令行中输入WIPEOUT（区域覆盖）命令，按【Enter】键确认。

✪ 菜单栏：单击菜单栏中的"绘图"|"区域覆盖"命令。

Step 03 根据命令行提示进行操作，在绘图区中矩形的4个端点上，依次单击鼠标左键，按【Enter】键确认，即可绘制区域覆盖，如图4-67所示。

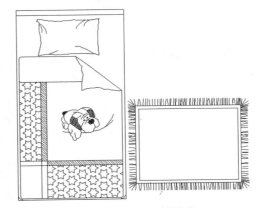

图4-67 绘制区域覆盖

第05章 | 编辑二维图形对象

学前提示

　　在使用 AutoCAD 绘制图形时，仅仅使用基本的绘图命令并不能快速、有效地绘制出复杂的图形。AutoCAD 还提供了许多实用而有效的编辑命令，如选择图形对象、编组图形对象以复制图形等，使用这些命令可以轻松地对所绘制的图形进行编辑，从而绘制出复杂的图形。

本章知识重点

▶ 掌握选择对象方法　　　　　　▶ 掌握编组对象方法

▶ 掌握复制对象方法　　　　　　▶ 删除图形对象

学完本章后应该掌握的内容

▶ 掌握对象的选择方法，如快速选择和过滤选择图形对象等

▶ 掌握编组对象的方法，如创建编组和添加编组对象等

▶ 掌握对象的复制方法，如复制图形、偏移图形以及阵列图形等

▶ 掌握对象的删除，如删除图形以及恢复删除的图形等

视频演示

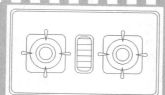
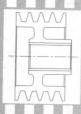

5.1　掌握选择对象方法

在 AutoCAD 2013 中编辑图形之前，首先需选择要编辑的对象。AutoCAD 用虚线亮显所选的对象，这些对象就构成了选择集。选择集可以包含单个对象，也可以包含复杂的对象编组。本节主要介绍选择对象的各种操作方法。

5.1.1　选择对象的方式

在 AutoCAD 中，选择对象的方法很多。在命令行输入 SELECT 命令，按【Enter】键确认，并且在命令行的"选择对象："提示下输入"？"，将显示如下的提示"需要点或窗口（W）／上一个（L）／窗交（C）／框（BOX）／全部（ALL）／栏选（F）／圈围（WP）／圈交（CP）／编组（G）／添加（A）／删除（R）／多个（M）／前一个（P）／放弃（U）／自动（AU）／单个（SI）／子对象（SU）／对象（O）"信息。

命令行中各选项的含义如下。

◉　需要点或窗口（W）：可以通过绘制一个矩形区域来选择对象。当指定了矩形窗口的两个对角点时，只有对象的所有部分均位于这个矩形窗口内才能将其选中，不在该窗口内或只有部分在该窗口内的对象则不被选中。

◉　上一个（L）：选择最近一次创建的可见对象。

◉　窗交（C）：使用交叉窗口选择对象，与用窗口选择对象的方法类似，全部位于窗口之内或与窗口边界相交的对象都将被选中。在定义交叉窗口的矩形窗口时，以虚线方式显示矩形，以区别于窗口选择方法。

◉　框（BOX）：与窗口命令一样，通过指定两个对角点，绘制矩形框，框选对象。

◉　全部（ALL）：选择整张图纸中解冻图层上的所有对象。

◉　栏选（F）：通过指定点确定选择区域。

◉　圈围（WP）：选择多边形（通过待选对象周围的点来定义）中的所有对象。该多边形可以为任意形状，但不能与自身相交或相切。同时将绘制多边形的最后一条线段，所以该多边形在任何时候都是闭合的。圈围不受 PICKADD 系统变量的影响。

◉　圈交（CP）：选择多边形（通过在待选对象周围指定点来定义）内部或与之相交的所有对象。该多边形可以为任意形状，但不能与自身相交或相切。同时将绘制多边形最后一条线段，所以其在任何时候都是闭合的。

◉　编组（G）：使用组名称来选择一个已定义的对象编组。使用该选项的前提是必须有编组对象。

◉　添加（A）：切换到添加模式，可以使用任何选择方法将选定对象添加到选择集。

◉　删除（R）：切换到删除模式，可以使用任何对象选择方法从当前选择集中删除对象。删除模式中的替换模式是指在选择单个对象的同时，按住【Shift】键，或者是使用"自动"选项选择对象。

◉　多个（M）：在对象选择过程中单独选择对象，而不高亮显示。

◉　前一个（P）：选择最近创建的选择集。

◉　放弃（U）：放弃选择最近加到选择集中的对象。

◉　自动（AU）：切换到自动选择，指向一个对象即可选择该对象。指向对象内部或外部的空白区，将形成框选方法定义选择框的第一个角点。自动和添加为默认模式。

❀ 单个（SI）：切换到单选模式，选择指定第一个或第一组对象而不再继续提示进一步选择。

❀ 子对象（SU）：使用户可以逐个选择原始形状，这些形状是复合实体的一部分或三维实体上的顶点、边和面。可以选择这些子对象的其中之一，也可创建多个子对象的选择集。选择集可以包含多种类型的子对象。

❀ 对象（O）：结束选择子对象的功能。

5.1.2 新手练兵——快速选择图形对象

快速选择方式是 AutoCAD 中唯一以窗口作为对象选择界面的选择方式，通过该选择方式，用户可以更直观地选择并编辑对象。

实例文件	光盘\实例\第 5 章\无
所用素材	光盘\素材\第 5 章\椭圆形零件.dwg

Step 01 单击快速访问工具栏中的"打开"按钮 ▷，在弹出的"选择文件"对话框中打开素材图形，如图 5-1 所示。

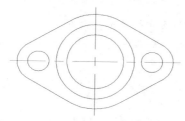

图 5-1　打开素材图形

Step 02 在"功能区"选项板的"常用"选项卡中，单击"实用工具"面板中的"快速选择"按钮 ▣，如图 5-2 所示。

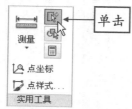

图 5-2　单击"快速选择"按钮

Step 03 ❶弹出"快速选择"对话框，❷在"特性"列表中选择"图层"选项，再单击"值"下拉列表框，❸在弹出的列表框中选择"轮廓"选项，如图 5-3 所示。

Step 04 单击"确定"按钮，即可快速选择"轮廓"图层中的图形对象，效果如图 5-4 所示。

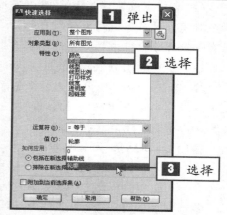

图 5-3　"快速选择"对话框

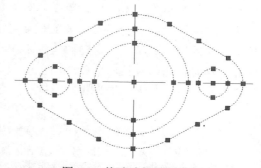

图 5-4　快速选择图形对象

高手指引

　　在"快速选择"对话框中，只有选中"如何应用"选项组中的"包括在新选择集中"单选按钮，"选择对象"按钮才可以使用。

知识链接

在"快速选择"对话框中，各主要选项的含义如下。

✧ 应用到：表示对象的选择范围。

✧ 对象类型：指以对象为过滤条件，有"所有图元"、"直线"、"圆"和"圆弧"4 种类别可以选择。

✧ 特性：指图形的特性参数，如"颜色"以及"图层"等参数。

✧ 运算符：在某些特性中，控制过滤范围的运算符，根据不同的特性，运算符也不同。

✧ 值：过滤范围的特性值，AutoCAD 中的"值"有 10 个。

✧ 如何应用：选中"包括在新选择集中"单选按钮，则由满足过滤条件的对象构成选择集；选中"排除在新选择集之外"单选按钮，则由不满足过滤条件的对象构成选择集。

5.1.3　新手练兵——过滤选择图形对象

在一个复杂的图形中选择某些指定的对象时，如果单独选择速度比较慢，这时可以使用"对象选择过滤器"对话框来选择具有共同特性（如线宽、图层、颜色、填充图案和线型等）的对象，进行过滤选择图形操作。

	实例文件	光盘\实例\第 5 章\支撑轴.dwg
	所用素材	光盘\素材\第 5 章\支撑轴.dwg

Step 01 单击快速访问工具栏中的"打开"按钮 ，在弹出的"选择文件"对话框中打开素材图形，如图 5-5 所示。

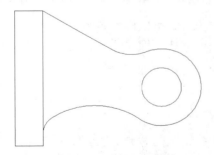

图 5-5　打开素材图形

Step 02 在命令行中输入 FILTER（过滤）命令，并按【Enter】键确认，弹出"对象选择过滤器"对话框，单击"选择过滤器"右侧的下拉按钮，在弹出的下拉列表框中选择"开始 OR"选项，单击"添加到列表"按钮，如图 5-6 所示。

Step 03 将其添加至过滤器列表中，单击"选择过滤器"右侧的下拉按钮，在弹出的下拉列表框中，依次选择"圆弧"和"**结束 OR"选项；每选择一个选项后，就单击一次"添加到列表（L）"按钮，将所选对象全部添加到过滤器的列表中，如图 5-7 所示。

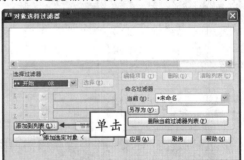

图 5-6　单击"添加到列表"按钮

图 5-7　添加对象到过滤器

Step 04 单击"应用"按钮，返回绘图区，选择绘图区中所有的图形为编辑对象，这时系统会自动过滤，将满足条件的对象选中，如图 5-8 所示。

高手指引

在 AutoCAD 2013 中，如果需要在复杂的图形中选择某个指定的对象，可以采用过滤选择方式进行选择。

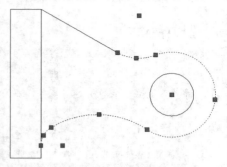

图 5-8　过滤选择所有图形

知识链接

在"对象选择过滤器"对话框中各主要选项的含义如下。

◉　"选择过滤器"选项区：在其中设置选择过滤器的类型。该选项区主要包括"选择过滤器"下拉列表、X/Y/Z 列表框、"添加到列表"按钮、"替换"按钮和"添加选定对象"按钮。

◉　"编辑项目"按钮：单击该按钮，可以编辑过滤器列表框中选中的选项。

◉　"删除"按钮：单击该按钮，可以删除过滤器列表框中选中的选项。

◉　"另存为"按钮：单击该按钮，可以保存过滤器及其特性列表。

◉　"删除当前过滤器列表"按钮：单击该按钮，可以从默认过滤器文件中删除过滤器及其特性。

◉　"应用"按钮：单击该按钮，可以退出对话框并显示"选择对象"提示，在该提示下创建一个选择集。

5.2　掌握编组对象的方法

编组是已经命名的选择集，随图层一起保存，一个对象可以作为多个编组的成员。编组提供了以组为单位操作图形元素的简单方法，可以快速创建编组并使用默认名称。本节主要介绍编组的创建与编辑。

5.2.1　编组概述

编组是保存的对象集，可以根据需要同时选择和编辑这些对象，也可以分别进行，用户可以通过添加或删除对象来更改编组的部件。编组在某些方面类似于块，它是另一种将对象编组成命名集的方法。然而，在编组中可以更容易地编辑单个对象，而在块中必须先分解才能编辑，但是编组不能与其他图形共享。

5.2.2　新手练兵——创建编组

在进行绘图的过程中，可以将图形对象进行编组以创建一种选择集，从而使得图形编辑时选择图形更加准确，同时将多个对象进行编组处理，也更加容易管理和应用。

	实例文件	光盘\实例\第 5 章\书柜.dwg
	所用素材	光盘\素材\第 5 章\书柜.dwg

Step 01 单击快速访问工具栏中的"打开"按钮，在弹出的"选择文件"对话框中打开素材图形，如图 5-9 所示。

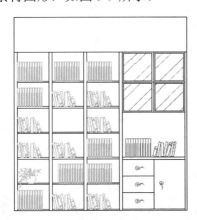

图 5-9　打开素材图形

Step 02 在命令行中输入 GROUP（编组）命令，按【Enter】键确认，根据命令行提示进行操作，**1** 输入 N（名称），按【Enter】键确认，**2** 输入编组名为"书柜"，如图 5-10 所示。

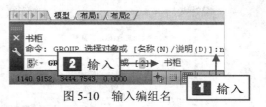

图 5-10　输入编组名

Step 03 按【Enter】键确认，在绘图区中选择所有的图形，按【Enter】键确认，即可创建编组对象，并在编组对象上，单击鼠标左键，查看编组效果，效果如图 5-11 所示。

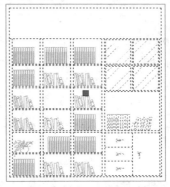

图 5-11　查看编组效果

5.2.3　新手练兵——添加编组对象

创建编组后，用户可以在已创建的编组中添加编组对象。

	实例文件	光盘\实例\第 5 章\抱枕.dwg
	所用素材	光盘\素材\第 5 章\抱枕.dwg

Step 01 单击快速访问工具栏中的"打开"按钮，在弹出的"选择文件"对话框中打开素材图形，如图 5-12 所示。

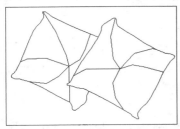

图 5-12　打开素材图形

Step 02 在"功能区"选项板的"常用"选项卡中，单击"组"面板中的"编组管理器"按钮，如图 5-13 所示。

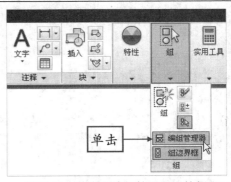

图 5-13　单击"编组管理器"按钮

Step 03 **1** 弹出"对象编组"对话框，**2** 在"编组名"列表框中选择编组"抱枕"，**3** 在"修改编组"选项区中单击"添加"按钮，如图 5-14 所示。

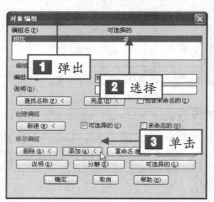

图 5-14 单击"添加"按钮

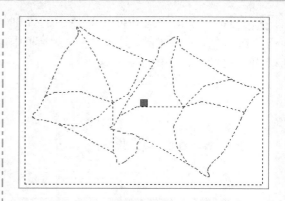

图 5-15 查看添加的编组效果

Step 04 根据命令行提示进行操作，在绘图区中选择需要添加的对象，按【Enter】键确认，返回到"对象编组"对话框，单击"确定"按钮，即可添加编组对象，在添加的编组对象上单击鼠标左键，查看添加的编组效果，如图 5-15 所示。

高手指引

使用"对象编组"对话框可以随时指定要添加到编组的对象或要从编组中删除的对象，也可以修改编组的名称或说明。打开编组选择时，可以对组进行移动、复制、旋转和修改编组等操作。

知识链接

"对象编组"对话框中，其主要选项含义如下。

◈ "编组名"列表框：显示当前图形中已存在的对象编组名称。

◈ "编组标识"选项区：设置编组的名称及说明等。该选项区主要包括"编组名"文本框、"说明"文本框、"查找名称"按钮、"亮显"按钮和"包含未命名的"复选框。

◈ "创建编组"选项区：创建一个有名称或无名称的新组，该选项区主要包括"新建"按钮、"可选择的"复选框和"未命名的"复选框。

◈ "修改编组"选项区：可以修改对象编组中的单个成员或编组对象本身。只有在"编组名"列表框中选择一个对象编组后，该选项组中的按钮才可以使用。

◈ "删除"按钮：单击该按钮，切换至绘图区域，选择要从编组中删除的对象。

◈ "添加"按钮：单击该按钮，切换至绘图区域，选择要加入编组的图形对象。

◈ "重命名"按钮：单击该按钮，可以在"编组标识"选项组的"编组名"文本框中输入新的编组名称。

◈ "重排"按钮：单击该按钮，打开"编组排序"对话框，从中可以重排编组中的对象顺序。

◈ "说明"按钮：单击该按钮，可以在"编组标识"选项组的"说明"文本框中修改对所选编组的说明。

5.3 掌握复制对象的方法

AutoCAD 2013 提供了复制图形对象的命令，可以让用户轻松地对图形对象进行不同方式的复制操作。如果只需简单地复制一个图形对象时，可以使用"复制"命令；如果还有特殊的要求，则可以使用"镜像"、"阵列"和"偏移"等命令来实现复制。

5.3.1　新手练兵——复制图形

在 AutoCAD 2013 中，使用"复制"命令可以一次复制出一个或多个相同的图形，使复制更加方便、快捷。

实例文件	光盘\实例\第 5 章\煤气灶.dwg
所用素材	光盘\素材\第 5 章\煤气灶.dwg

Step 01 单击快速访问工具栏中的"打开"按钮，在弹出的"选择文件"对话框中打开素材图形，如图 5-16 所示。

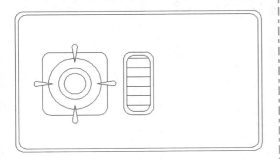

图 5-16　打开素材图形

Step 02 在"功能区"选项板的"常用"选项卡中，单击"修改"面板中的"复制"按钮，如图 5-17 所示。

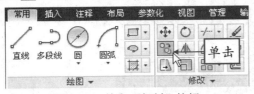

图 5-17　单击"复制"按钮

Step 03 根据命令行提示进行操作，在绘图区选择相应的图形为复制对象，如图 5-18 所示。

Step 04 按【Enter】键确认，在图形的圆心处单击鼠标左键，指定基点，向右引导光标，输入 392，连续按两次【Enter】键确认，

即可复制图形，如图 5-19 所示。

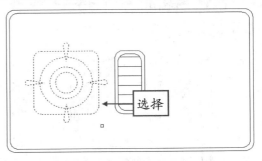

选择

图 5-18　选择复制对象

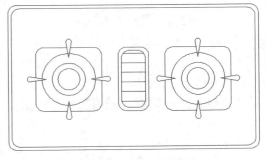

图 5-19　复制图形

 技巧发送

除了运用上述方法复制图形外，还有以下两种方法。

⚙ 命令行：在命令行中输入 COPY（复制）命令，并按【Enter】键确认。

⚙ 菜单栏：单击菜单栏中的"修改"｜"复制"命令。

高手指引

在 AutoCAD2013 中，用户还可以使用相对坐标指定距离进行复制，通过输入第一点的坐标值，并按【Enter】键确认，再输入第二点的坐标值，来使用相对距离复制对象。坐标值将用作相对位移，而不是基点位置。在使用相对坐标指定距离进行复制时，还可以在"正交"模式或极轴追踪打开的同时使用直接距离输入。

5.3.2 新手练兵——镜像图形

"镜像"命令可以生成与所选对象相对称的图形，在镜像图形时需要指出对称轴线，轴线是任意方向的，所选对象将根据该轴线进行镜像复制，并且可选择删除或保留源对象。

实例文件	光盘\实例\第 5 章\角带轮.dwg
所用素材	光盘\素材\第 5 章\角带轮.dwg

Step 01 单击快速访问工具栏中的"打开"按钮，在弹出的"选择文件"对话框中打开素材图形，如图 5-20 所示。

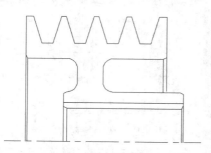

图 5-20 打开素材图形

Step 02 在"功能区"选项板的"常用"选项卡中，单击"修改"面板中的"镜像"按钮，如图 5-21 所示。

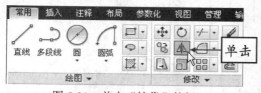

图 5-21 单击"镜像"按钮

Step 03 根据命令行提示进行操作，在绘图区选择所有图形为镜像对象，按【Enter】键确认，在图形左下角点上单击鼠标左键，指定镜像线的第一点，并向右引导光标至右下角点，指定镜像线的第二点，按【Enter】键确认，完成图形对象的镜像操作，如图 5-22 所示。

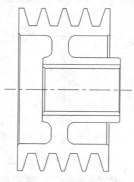

图 5-22 镜像图形

技巧发送

除了运用上述方法镜像图形外，还有以下两种方法。

✿ **命令行**：在命令行中输入 MIRROR（镜像）命令，并按【Enter】键确认。

✿ **菜单栏**：单击菜单栏中的"修改"｜"镜像"命令。

5.3.3 新手练兵——偏移图形

偏移图形是对指定的圆和圆弧等作同心偏移复制，对于直线可以进行平行复制。执行"偏移"命令时，可以按指定的距离偏移对象，也可以使偏移的对象通过指定的一点。

实例文件	光盘\实例\第 5 章\圆形沙发.dwg
所用素材	光盘\素材\第 5 章\圆形沙发.dwg

Step 01 单击快速访问工具栏中的"打开"按钮，在弹出的"选择文件"对话框中打开素材图形，如图 5-23 所示。

Step 02 在"功能区"选项板的"常用"选项卡中，单击"修改"面板中的"偏移"按钮，如图 5-24 所示。

Step 03 根据命令行提示进行操作，输入偏移距离数值为 30，按【Enter】键确认，在绘图区选择大圆为偏移对象，向圆外侧引导光标，单击鼠标左键，按【Enter】键确认即可偏移图形，效果如图 5-25 所示。

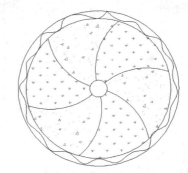

图 5-25　偏移图形

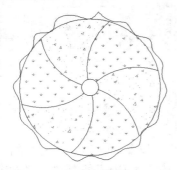

图 5-23　打开素材图形

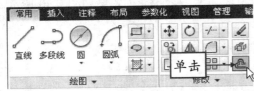

图 5-24　单击"偏移"按钮

技巧发送

除了运用上述方法偏移图形外，还有以下两种方法。

⊙ 命令行：在命令行中输入 OFFSEET（偏移）命令，并按【Enter】键确认。

⊙ 菜单栏：单击菜单栏中的"修改"｜"偏移"命令。

高手指引

"偏移"命令并不能对所有图形对象进行偏移处理，只能对直线、多段线、构造线、圆、圆弧以及多边形等图形进行偏移复制。

对圆弧进行偏移复制后，新圆弧与旧圆弧有同样的包含角，但新圆弧的长度发生了改变。当对圆或椭圆进行偏移复制后，新圆半径和新椭圆轴长要发生变化，但圆心位置不会改变。

5.3.4　新手练兵——阵列图形

尽管"复制"命令和"镜像"命令可以一次复制多个图形，但是要复制出呈规则分布的实体目标仍不是特别方便。AutoCAD 提供的"阵列"功能，便于用户快速准确地复制出呈规则分布的图形。

阵列图形是以指定的点为阵列中心，在周围或指定的方向上复制指定数量的图形对象。阵列分为矩形阵列、路径阵列和环形阵列，对于矩形阵列，可以控制行和列的数目及它们之间的距离；对于环形阵列，可以控制对象副本的数目并决定是否旋转副本；对于路径阵列则可以使图形对象均匀地沿路径或部分路径分布，其路径可以是直线、多段线、三维多段线、样条曲线、螺旋线、圆弧、圆或椭圆等。

	实例文件	光盘\实例\第 5 章\钻模装配模型.dwg
	所用素材	光盘\素材\第 5 章\钻模装配模型.dwg

Step 01 单击快速访问工具栏中的"打开"按钮，在弹出的"选择文件"对话框中打开素材图形，如图 5-26 所示。

Step 02 在"功能区"选项板的"常用"选项卡中，❶单击"修改"面板中的"阵列"按钮右侧的下拉按钮，❷在弹出的列表框中单击"环形阵列"按钮，如图 5-27 所示。

图 5-26 打开素材图形

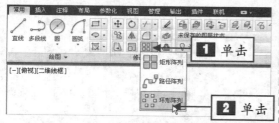

图 5-27 单击"环形阵列"按钮

Step 03 根据命令行提示进行操作，在绘图区选择同心圆为阵列的对象，如图 5-28 所示，按【Enter】键确认。

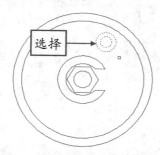

图 5-28 选择阵列对象

Step 04 根据命令行提示进行操作，指定

大圆圆心为阵列中心点，弹出的"阵列创建"选项卡，在"项目"面板中设置"项目数"为 3，如图 5-29 所示。

图 5-29 设置参数

Step 05 按【Enter】键确认，单击"阵列创建"选项卡"关闭"面板中的"关闭阵列"按钮，即可阵列图形，效果如图 5-30 所示。

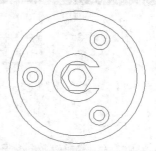

图 5-30 阵列图形

技巧发送

除了运用上述方法阵列图形外，还有以下两种方法。

✪ 命令行：在命令行中输入 ARRAY（阵列）命令，并按【Enter】键确认。

✪ 菜单栏：单击菜单栏中的"修改" | "阵列"命令。

知识链接

执行"阵列"命令后，命令行中的提示如下。

✪ 矩形（R）：将对象副本分布到行、列和标高的任意组合。

✪ 路径（PA）：沿路径或部分路径均匀分布对象副本。

✪ 极轴（PO）：围绕中心点或旋转轴在环形阵列中均匀分布对象副本。

5.4 删除图形对象

在绘制图形时，经常需要删除一些辅助图形及多余图形，也可能需要对误删除的图形进行恢复操作。

5.4.1　新手练兵——删除图形

当绘制图形的过程中不需要使用某个图形时，可以对其进行删除图形操作，将其从绘图区中删除。

实例文件	光盘\实例\第 5 章\内矩形花键.dwg
所用素材	光盘\素材\第 5 章\内矩形花键.dwg

Step 01 单击快速访问工具栏中的"打开"按钮，在弹出的"选择文件"对话框中打开素材图形，如图 5-31 所示。

选择绘图区中的红色中心线为删除对象，按【Enter】键确认，完成删除图形对象的操作，如图 5-33 所示。

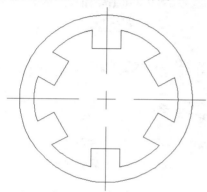

图 5-31　打开素材图形

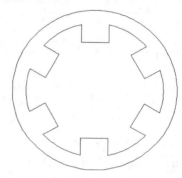

图 5-33　删除图形

Step 02 在"功能区"选项板的"常用"选项卡中，单击"修改"面板中的"删除"按钮，如图 5-32 所示。

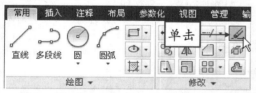

图 5-32　单击"删除"按钮

Step 03 根据命令行提示进行操作，依次

技巧发送

除了运用上述方法删除图形外，还有以下两种方法。

✦ **命令行**：在命令行中输入 ERASE（删除）命令，并按【Enter】键确认。

✦ **菜单栏**：单击菜单栏中的"修改"|"删除"命令。

✦ **快捷键**：选中删除的图形对象，按【Delete】键删除。

5.4.2　新手练兵——恢复删除图形对象

在不小心将图形对象误删的情况下，需要对图形进行恢复操作。"恢复"命令只能恢复最近一次通过"删除"命令删除的图形，若连续多次使用"删除"命令之后又想要恢复前几次删除的图形，只能使用"放弃"命令。

实例文件	光盘\实例\第 5 章\卧室.dwg
所用素材	光盘\素材\第 5 章\卧室.dwg

Step 01 单击快速访问工具栏中的"打开"按钮，在弹出的"选择文件"对话框中

打开素材图形，如图 5-34 所示。

Step 02 执行 E（删除）命令，将墙上的

画删除，如图 5-35 所示。

图 5-34　打开素材图形

图 5-35　删除墙上的画

Step 03 在命令行中输入 OOPS（恢复）

命令，如图 5-36 所示。

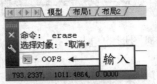

图 5-36　输入命令

Step 04 按【Enter】键确认，即可恢复删除的图形，如图 5-37 所示。

图 5-37　恢复删除的图形

第06章 | 修改二维图形对象

学前提示

　　在绘图时，单纯地使用绘图工具只能绘制一些简单的图形，为了获得所需图形，在很多情况下都必须借助图形修改命令对基本图形对象进行加工。在 AutoCAD 中，系统提供了丰富的图形修改命令，如移动、旋转、修剪和对齐等。此外，利用夹点也可以快速拉伸、镜像和旋转图形。

本章知识重点

▶ 修改图形的位置　　　　　　　▶ 修改图形的大小和形状

▶ 夹点编辑图形对象　　　　　　▶ 参数化约束对象

学完本章后应该掌握的内容

▶ 掌握图形位置的修改，如，移动图形、旋转图形以及对齐图形等

▶ 掌握图形的大小和形状的修改，如，缩放图形、拉长图形以及倒角图形等

▶ 掌握图形对象的夹点编辑，如，夹点拉伸、夹点镜像以及夹点旋转等

▶ 掌握图形对象的参数化约束，如几何约束对象、约束对象之间的距离和角度等

视频演示

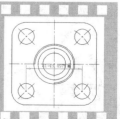

6.1 修改图形的位置

在绘图过程中，当需要改变图形对象的位置时，使用"移动"、"旋转"以及"对齐"等命令可以对其进行相应的编辑修改。

6.1.1 新手练兵——移动图形

移动图形仅仅是改变图形的位置，用于将单个或多个对象从当前位置移至新位置，而不改变图形的大小以及方向等属性。使用"移动"命令可以移动二维或者三维图形，图形的移动主要有使用两点移动图形和使用位移移动图形两种。

实例文件	光盘\实例\第 6 章\台阶螺钉.dwg
所用素材	光盘\素材\第 6 章\台阶螺钉.dwg

Step 01 单击快速访问工具栏中的"打开"按钮，在弹出的"选择文件"对话框中打开素材图形，如图 6-1 所示。

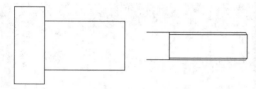

图 6-1　打开素材图形

Step 02 在"功能区"选项板的"常用"选项卡中，单击"修改"面板中的"移动"按钮，如图 6-2 所示。

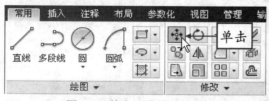

图 6-2　单击"移动"按钮

Step 03 根据命令行提示进行操作，在绘图区选择右侧图形为移动对象，按【Enter】键确认，在右侧图形的左端点上单击鼠标左键，确认移动基点，再向左引导光标，如图 6-3 所示。

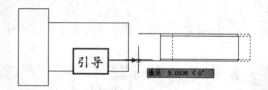

图 6-3　向左引导光标

Step 04 在左侧图形的垂足上单击鼠标左键，即可移动图形，效果如图 6-4 所示。

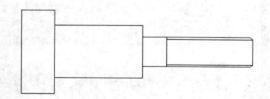

图 6-4　快速移动图形对象

技巧发送

除了运用上述移动图形的方法外，还有以下两种方法。

🔹 **命令行：** 在命令行中输入 MOVE（移动）命令，并按【Enter】键确认。

🔹 **菜单栏：** 单击菜单栏中的"修改"｜"移动"命令。

高手指引

用户可以通过输入点的坐标、使用捕捉模式或拾取点的方式来确定新位置。确定新位置后，系统将会以基点作为位移的起始点，以目的点作为终止点，将对象平移到新位置上。

6.1.2 新手练兵——旋转图形

旋转图形对象是指将图形对象绕基点按指定的角度进行旋转，以改变图形方向，"旋转"命令可以对一个或一组图形对象进行旋转操作。

实例文件	光盘\实例\第 6 章\办公桌.dwg
所用素材	光盘\素材\第 6 章\办公桌.dwg

Step 01 单击快速访问工具栏中的"打开"按钮，在弹出的"选择文件"对话框中打开素材图形，如图 6-5 所示。

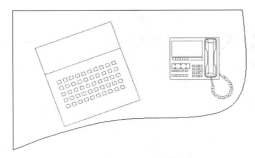

图 6-5 打开素材图形

Step 02 在"功能区"选项板的"常用"选项卡中，单击"修改"面板中的"旋转"按钮，如图 6-6 所示。

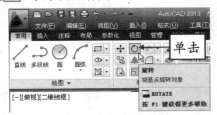

图 6-6 单击"旋转"按钮

Step 03 根据命令行提示进行操作，在绘图区中选择需要旋转的图形对象，按【Enter】键确认，以相应的角点为旋转基点，如图 6-7 所示。

Step 04 输入旋转角度为-20，按【Enter】键确认，即可旋转所选择的图形对象，如图 6-8 所示。

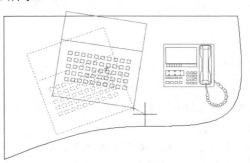

图 6-7 指定旋转基点

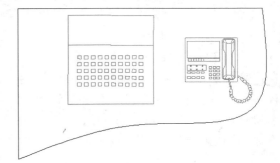

图 6-8 旋转图形

技巧发送

除了运用上述方法旋转图形外，还有以下两种方法。

✿ 命令行：在命令行中输入 ROTATE（旋转）命令，并按【Enter】键确认。

✿ 菜单栏：单击菜单栏中的"修改" | "旋转"命令。

6.1.3 新手练兵——对齐图形

"对齐"命令可以同时移动和旋转一个对象，使其和另一个对象对齐。它既适用于二维图形对象，也适用于三维实体对象。在对齐二维图形对象时，需要指定一个或两个对齐点（源点和目标点）；在对齐三维实体对象时，则需要指定三个对齐点。

	实例文件	光盘\实例\第 6 章\梅花扳手.dwg
	所用素材	光盘\素材\第 6 章\梅花扳手.dwg

Step 01 单击快速访问工具栏中的"打开"按钮，在弹出的"选择文件"对话框中打开素材图形，如图 6-9 所示。

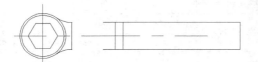

图 6-9　打开素材图形

Step 02 在"功能区"选项板的"常用"选项卡中，单击"修改"面板中的下拉按钮，在展开的面板中单击"对齐"按钮，如图 6-10 所示。

图 6-10　单击"对齐"按钮

Step 03 根据命令行提示进行操作，选择绘图区中右侧图形为对齐对象，按【Enter】键确认，在右侧图形的左下角点上单击鼠标左键，确认第一个对齐源点，如图 6-11 所示。

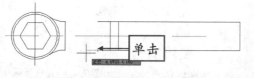

图 6-11　确定第一个源点

Step 04 在左侧图形的右下角点上单击鼠标左键，确认对齐目标点，根据命令行提示进行操作，在右侧图形的左上角点上单击鼠标左键，确认第二个对齐源点，如图 6-12 所示。

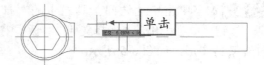

图 6-12　确定第二个源点

Step 05 在左侧图形的右上角点上单击鼠标左键，确认第二个对齐目标点，连续按两次【Enter】键确认，即可对齐图形，如图 6-13 所示。

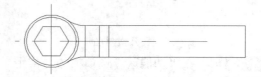

图 6-13　对齐图形

技巧发送

除了运用上述方法对齐图形外，还有以下两种方法。

◎ 命令行：在命令行中输入 ALIGN（对齐）命令，并按【Enter】键确认。

◎ 菜单栏：单击菜单栏中的"修改"｜"对齐"命令。

6.2　修改图形的大小和形状

在绘图时，单纯地使用绘图工具只能绘制一些简单的图形，为了获得需要的图形，在很多情况下都必须借助图形编辑命令对基本图形对象进行加工。在 AutoCAD 中，系统提供了丰富的图形编辑命令，可以改变图形的大小和形状，如倒角、圆角、延伸、修剪、拉伸、拉长和缩放等。

6.2.1　新手练兵——缩放图形

缩放图形是指将选择的图形对象以指定的点为基点，进行缩小或放大处理，同时也可以进行多次复制。

实例文件	光盘\实例\第 6 章\轴承盖.dwg
所用素材	光盘\素材\第 6 章\轴承盖.dwg

Step 01 单击快速访问工具栏中的"打开"按钮 📂，在弹出的"选择文件"对话框中打开素材图形，如图 6-14 所示。

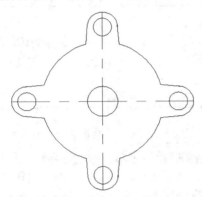

图 6-14 打开素材图形

Step 02 在"功能区"选项板的"常用"选项卡中，单击"修改"面板中的"缩放"按钮 🔲，如图 6-15 所示。

图 6-15 单击"缩放"按钮

Step 03 根据命令行提示进行操作，选择绘图区中间的圆为缩放对象，如图 6-16 所示。

Step 04 按【Enter】键确认，在圆心上单击鼠标左键，指定缩放基点，输入比例因子为 2，按【Enter】键确认，完成缩放图形的操

作，如图 6-17 所示。

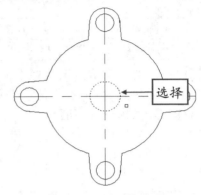

图 6-16 选择缩放对象

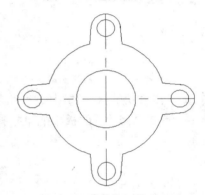

图 6-17 缩放图形

技巧发送

除了运用上述方法缩放图形外，还有以下两种方法。

❂ 命令行：在命令行中输入 SCALE（缩放）命令，并按【Enter】键确认。

❂ 菜单栏：单击菜单栏中的"修改"｜"缩放"命令。

知识链接

执行"缩放"命令后，在命令行提示中各选项的含义如下。

❂ 复制（C）：选择该选项，原始图形将不被删除。

❂ 参照（R）：选择该选项，对象将按参照的方式进行缩放，需要用户依次输入参照的长度值和新的长度值，AutoCAD 将根据参照长度值与新长度值自动计算比例因子，然后进行缩放。

6.2.2 新手练兵——拉长图形

拉长图形是将选择的图形对象以指定点为基点，进行拉长或缩短。"拉长"命令常用于改变圆弧角度或改变非封闭对象的长度，适用对象包括直线、圆弧、非闭合多段线、椭圆弧和非封闭样条曲线。

实例文件	光盘\实例\第 6 章\墩座.dwg
所用素材	光盘\素材\第 6 章\墩座.dwg

Step 01 单击快速访问工具栏中的"打开"按钮🖿，在弹出的"选择文件"对话框中打开素材图形，如图 6-18 所示。

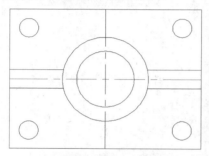

图 6-18 打开素材图形

Step 02 在"功能区"选项板的"常用"选项卡中，单击"修改"面板中的下拉按钮，在展开的面板中单击"拉长"按钮，如图 6-19 所示。

图 6-19 单击"拉长"按钮

Step 03 根据命令行提示进行操作，**1**

输入 DE（增量），按【Enter】键确认，**2** 输入增量值为 1，如图 6-20 所示，按【Enter】键确认。

图 6-20 输入增量值

Step 04 依次选择需要拉长的直线，按【Enter】键确认，即可拉长图形，效果如图 6-21 所示。

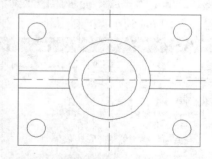

图 6-21 拉长图形

技巧发送

除了运用上述方法拉长图形外，还可以在命令行中输入 LENGTHEN 命令，并按【Enter】键确认。

知识链接

执行"拉长"命令后，在命令提示行中各选项的含义如下。

✿ 增量（DE）：以增量的方式修改直线或圆弧的长度，可以直接输入长度增量拉长直线或圆弧，长度增量为正值时拉长，长度增量为负值时缩短。

✿ 百分数（P）：选择该选项，可以使用相对于原长度的百分比来修改直线或圆弧的长度。

✿ 全部（T）：给定直线的总长度或圆弧的包含角来改变图形对象的长度。

✿ 动态（DY）：选择该选项后，允许动态地改变圆弧或直线的长度。

6.2.3 新手练兵——拉伸图形

执行"拉伸"命令可以拉伸与选择框相交的圆弧、椭圆形、直线、多段线、二维实体、射线和样条曲线,但不能修改三维实体、多段线线宽、切线或曲线拟合的图形。"拉伸"命令用于拉伸或压缩图形,在拉伸图形过程中选定部分被移动,如果选定部分与原图形相连,那么拉伸后的图形仍然保持与原图形相连,拉伸被定义为块的对象首先需要将其打散。

实例文件	光盘\实例\第 6 章\锤子.dwg
所用素材	光盘\素材\第 6 章\锤子.dwg

Step 01 单击快速访问工具栏中的"打开"按钮 📂,在弹出的"选择文件"对话框中打开素材图形,如图 6-22 所示。

图 6-22 打开素材图形

Step 02 在"功能区"选项板的"常用"选项卡中,单击"修改"面板中的"拉伸"按钮 🔲,如图 6-23 所示。

图 6-23 单击"拉伸"按钮

 技巧发送

除了运用上述拉伸图形的方法外,还有以下两种方法。

✿ 命令行:在命令行中输入 STRETCH(拉伸)命令,并按【Enter】键确认。

✿ 菜单栏:单击菜单栏中的"修改"|"拉伸"命令。

Step 03 根据命令行提示进行操作,框选图形对象的右半部分,如图 6-24 所示。

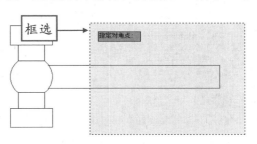

图 6-24 框选图形对象

Step 04 按【Enter】键确认,根据命令行提示进行操作,指定右下角点为基点,向右引导光标,如图 6-25 所示。

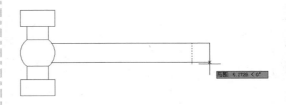

图 6-25 向右引导光标

Step 05 输入拉伸值为 15,按【Enter】键确认,即可拉伸图形,如图 6-26 所示。

图 6-26 拉伸图形

高手指引

使用"拉伸"命令，需要注意以下 3 种情况。

⊕ 对于直线段、圆弧等图形，选择框外的端点不移动，选择框内的端点将跟着变形移动。

⊕ 多段线（矩形、多边形）只拉伸被选择的线段，没有选中的对象将不移动。

⊕ 圆的圆心和文本的基点在选择框内时，只移动不变形，圆心和基点在选择框外时，既不移动也不变形。

6.2.4 新手练兵——修剪图形

在 AutoCAD 中，"修剪"命令用于修剪包括直线、圆弧、圆、多段线、椭圆、椭圆弧、构造线和样条曲线等图形对象穿过修剪边的部分。使用该命令首先需要指定修剪边，修剪边是一个与修剪对象相交、已存在的图形对象，用户可以指定一条或多条修剪边。

实例文件	光盘\实例\第 6 章\矩形茶几.dwg
所用素材	光盘\素材\第 6 章\矩形茶几.dwg

Step 01 单击快速访问工具栏中的"打开"按钮，在弹出的"选择文件"对话框中打开素材图形，如图 6-27 所示。

图 6-27 打开素材图形

Step 02 在"功能区"选项板的"常用"选项卡中，单击"修改"面板中的"修剪"按钮，如图 6-28 所示。

图 6-28 单击"修剪"按钮

Step 03 根据命令行提示进行操作，框选图形对象的上半部分，如图 6-29 所示。

Step 04 按【Enter】键确认，根据命令行提示进行操作，在绘图区中对多余的线段进行修剪，按【Enter】键确认，即可修剪图形，如图 6-30 所示。

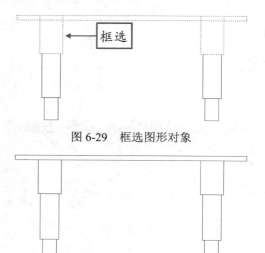

图 6-29 框选图形对象

图 6-30 修剪图形

技巧发送

除了运用上述方法修剪图形外，还有以下两种方法。

⊕ 命令行：在命令行中输入 TRIM（修剪）命令，并按【Enter】键确认。

⊕ 菜单栏：单击菜单栏中的"修改"|"修剪"命令。

高手指引

　　在修剪对象时，若被修剪的对象与修剪边界未相交，但修剪边界能够延伸到修建对象，此时若按住【Shift】键单击被修剪的对象，可以将该对象与延伸的修剪边界相交。

　　修剪图形是指用剪切边修剪对象（被剪边），即将修剪对象沿确定的修剪边界（修剪边）断开，并删除位于修剪边一侧的部分。另外，执行修剪操作时，如果修剪对象没有与剪切边交叉，还可以延伸修剪修剪边，使其与对象相交。

6.2.5　新手练兵——延伸图形

　　使用"延伸"命令可以延伸对象，可以精确地延伸至由选定对象定义的边界上。如果对象无法与指定边界相交，系统将自动虚拟的延伸作为边界的对象，使延伸对象与其相交，这种操作被称为延伸到隐含边界。

实例文件	光盘\实例\第 6 章\锥头螺丝.dwg
所用素材	光盘\素材\第 6 章\锥头螺丝.dwg

Step 01 单击快速访问工具栏中的"打开"按钮，在弹出的"选择文件"对话框中打开素材图形，如图 6-31 所示。

图 6-31　打开素材图形

Step 02 在"功能区"选项板的"常用"选项卡中，■1单击"修改"面板中"修剪"按钮右侧的下拉按钮，■2在弹出的列表框中单击"延伸"按钮，如图 6-32 所示。

图 6-32　单击"延伸"按钮

Step 03 根据命令行提示进行操作，在绘图区选择图形右上角的斜线为延伸边界，按【Enter】键确认，在图形中需要延伸的直线上单击鼠标左键，再按【Enter】键确认，即可延伸图形，如图 6-33 所示。

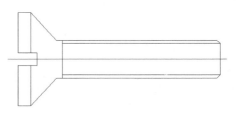

图 6-33　延伸图形

技巧发送

　　除了运用上述方法延伸图形外，还有以下两种方法。

❖ 命令行：在命令行中输入 EXTEND（延伸）命令，并按【Enter】键确认。

❖ 菜单栏：单击菜单栏中的"修改"|"延伸"命令。

高手指引

　　"延伸"命令的使用方法与"修剪"命令的使用方法类似，并且两者之间可以相互转换。在使用"延伸"命令时，如果按住【Shift】键选择要延伸的对象，则执行"修剪"命令；使用"修剪"命令时，如果按住【Shift】键选择要修剪的对象，则执行"延伸"命令。

6.2.6　新手练兵——打断图形

打断对象是指删除对象上的某一部分或将对象分成两部分，在 AutoCAD 中，使用"打断"命令在图形对象上按指定的间隔将其分成两部分，并将指定的部分删除，但是"打断"命令不适合"块"、"标注"、"多线"和"面域"等对象。

实例文件	光盘\实例\第 6 章\曲轴.dwg
所用素材	光盘\素材\第 6 章\曲轴.dwg

Step 01 单击快速访问工具栏中的"打开"按钮，在弹出的"选择文件"对话框中打开素材图形，如图 6-34 所示。

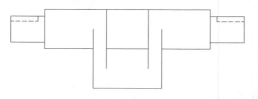

图 6-34　打开素材图形

Step 02 在"功能区"选项板的"常用"选项卡中，单击"修改"面板中间的下拉按钮，在展开的面板中单击"打断"按钮，如图 6-35 所示。

图 6-35　单击"打断"按钮

技巧发送

除了运用上述方法打断图形外，还有以下两种方法。

✪ 命令行：在命令行中输入 BREAK（打断）命令，并按【Enter】键确认。

✪ 菜单栏：单击菜单栏中的"修改" | "打断"命令。

Step 03 根据命令行提示进行操作，在绘图区最上方的直线上选择打断对象的第一点，如图 6-36 所示。

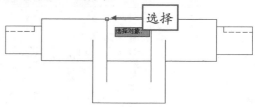

图 6-36　选择直线上打断对象的第一点

Step 04 按【Enter】键确认，拖曳鼠标至另一端点上，如图 6-37 所示。

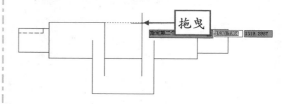

图 6-37　拖曳鼠标至另一端点上

Step 05 执行上述操作后，即可打断图形，如图 6-38 所示。

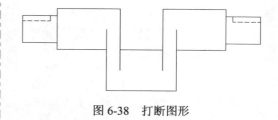

图 6-38　打断图形

6.2.7　新手练兵——圆角图形

"圆角"命令用于在两个对象或多段线之间形成光滑的弧（圆角），以消除尖锐的角。圆角处理的图形对象可以相交，也可以不相交，并且还可以平行。圆角处理的图形对象可以是圆弧、圆、椭圆弧、直线、多段线、射线、样条曲线和构造线等。

	实例文件	光盘\实例\第6章\沙发.dwg
	所用素材	光盘\素材\第6章\沙发.dwg

Step 01 单击快速访问工具栏中的"打开"按钮📂，在弹出的"选择文件"对话框中打开素材图形，如图6-39所示。

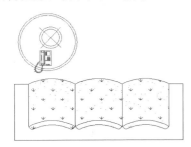

图6-39 打开素材图形

Step 02 在"功能区"选项板的"常用"选项卡中，单击"修改"面板中的"圆角"按钮◻️，如图6-40所示。

图6-40 单击"圆角"按钮

Step 03 根据命令行提示进行操作，**1**

技巧发送

除了运用上述方法圆角图形外，还有以下两种方法。

◈ **命令行**：在命令行中输入FILLET（圆角）命令，并按【Enter】键确认。

◈ **菜单栏**：单击菜单栏中的"修改"｜"圆角"命令。

输入R（半径），按【Enter】键确认，**2**输入半径值为200，如图6-41所示。

图6-41 输入半径值

Step 04 按【Enter】键确认，根据命令行提示进行操作，在绘图区中选择最下方的直线，再选择绘图区最左侧的直线，对图形进行圆角操作，如图6-42所示。

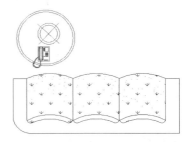

图6-42 圆角图形

Step 05 用与上述相同的方法，根据命令行提示进行操作，在绘图区中选择最下方的直线，再选择绘图区最右侧的直线，圆角图形，如图6-43所示。

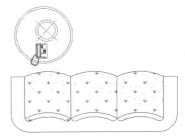

图6-43 圆角图形

6.2.8 新手练兵——倒角图形

在机械零件绘制过程中，经常需要将尖锐的角进行倒角处理，需要进行倒角的两个图形对象可以相交，也可以不相交，但不能平行。倒角对象可以为直线、多段线或射线等，倒角大小由"倒角"命令所指定的倒角距离确定。

实例文件	光盘\实例\第 6 章\楔键.dwg
所用素材	光盘\素材\第 6 章\楔键.dwg

Step 01 单击快速访问工具栏中的"打开"按钮📂，在弹出的"选择文件"对话框中打开素材图形，如图 6-44 所示。

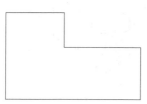

图 6-44　打开素材图形

Step 02 在"功能区"选项板的"常用"选项卡中，**1** 单击"修改"面板中"圆角"右侧的下拉按钮，**2** 在弹出的列表框中单击"倒角"按钮🔲，如图 6-45 所示。

图 6-45　单击"倒角"按钮

Step 03 根据命令行提示进行操作，**1** 输入 D（距离），按【Enter】键确认，**2** 设置倒角距离为 5，如图 6-46 所示。

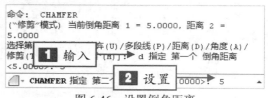

图 6-46　设置倒角距离

Step 04 按【Enter】键确认，选择 L 形图形最左侧直线和上方水平直线为倒角对象，即可倒角图形，如图 6-47 所示。

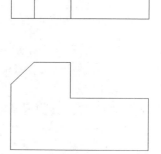

图 6-47　倒角图形

技巧发送

除了运用上述方法倒角图形外，还有以下两种方法。

✚ **命令行**：在命令行中输入 CHAMFER（倒角）命令，并按【Enter】键确认。

✚ **菜单栏**：单击菜单栏中的"修改"|"倒角"命令。

6.3　夹点编辑图形对象

夹点实际上就是对象上的控制点，这是一种集成的编辑模式，使用该功能可以方便快捷地进行编辑操作。在 AutoCAD 2013 中使用夹点功能，可以对图形对象进行"移动"、"旋转"、"镜像"、"缩放"和"拉伸"等操作。

6.3.1　新手练兵——夹点拉伸图形

编辑图形的过程中，当用户激活夹点后，默认情况下夹点的操作模式为拉伸。因此，通过移动选择的夹点，可将图形对象拉伸到新的位置。不过，对于某些特殊的夹点，移动夹点时图形对象并不会被拉伸，如文字、图块、直线中点、圆心、椭圆中心和点等对象上的夹点。

实例文件	光盘\实例\第 6 章\手柄模型.dwg
所用素材	光盘\素材\第 6 章\手柄模型.dwg

Step 01 单击快速访问工具栏中的"打开"按钮 🖿，在弹出的"选择文件"对话框中打开素材图形，如图 6-48 所示。

图 6-48　打开素材图形

Step 02 选择最右侧的矩形为拉伸对象，使其呈夹点选择状态，如图 6-49 所示。

图 6-49　使其呈夹点选择状态

Step 03 根据命令行提示进行操作，按住【Shift】键的同时，选择矩形最上方的两个端点，使其呈红色显示，如图 6-50 所示。

Step 04 在矩形最上方的左侧端点上，① 单击鼠标左键，② 然后向下引导光标，如图 6-51 所示。

Step 05 至合适位置后，单击鼠标左键，

按【Esc】键退出，即可夹点拉伸图形，如图 6-52 所示。

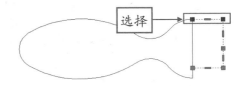

图 6-50　使夹点呈红色显示

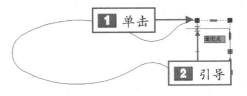

图 6-51　向下引导光标

图 6-52　夹点拉伸图形

 高手指引

　通过夹点拉伸图形时，用户可以打开极轴追踪功能，使拉伸的图形更加精确。

6.3.2　新手练兵——夹点镜像图形

使用夹点镜像对象，是将对象按指定的镜像线作镜像变换，且镜像变换后删除源对象。

实例文件	光盘\实例\第 6 章\洗手池.dwg
所用素材	光盘\素材\第 6 章\洗手池.dwg

Step 01 单击快速访问工具栏中的"打开"按钮 🖿，在弹出的"选择文件"对话框中打开素材图形，如图 6-53 所示。

Step 02 在绘图区中选择要镜像的图形对象，使其呈夹点选择状态，如图 6-54 所示。

Step 03 在绘图区中合适的夹点上单击鼠标左键，根据命令行提示进行操作，输入MI（镜像），如图 6-55 所示。

Step 04 按【Enter】键确认，在绘图区合适位置单击鼠标左键，按【Esc】键退出，

即可夹点镜像图形，如图 6-56 所示。

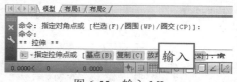

图 6-55　输入 MI

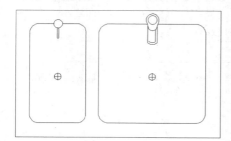

图 6-53　打开素材图形

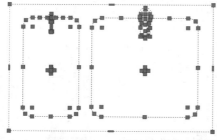

图 6-54　选择需要镜像的图形对象

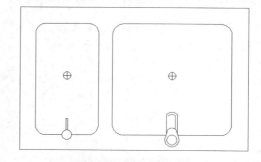

图 6-56　夹点镜像图形

高手指引

镜像图形对象与"镜像"命令功能相似，它可以进行多次复制。

6.3.3　新手练兵——夹点移动图形

使用夹点移动图形对象时，可以将图形对象从当前位置移动到新位置，并且还可以进行多次复制。选择要移动的图形对象，使夹点呈选择状态，然后用鼠标左键单击其中的一个夹点，并确认，即可指定夹点移动图形操作。

实例文件	光盘\实例\第 6 章\盆栽.dwg
所用素材	光盘\素材\第 6 章\盆栽.dwg

Step 01　单击快速访问工具栏中的"打开"按钮，在弹出的"选择文件"对话框中打开素材图形，如图 6-57 所示。

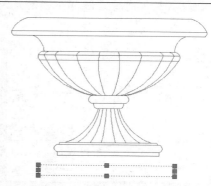

图 6-58　使其呈夹点选择状态

Step 03　在绘图区中圆形的某一夹点上，单击鼠标左键，根据命令行提示进行操作，输入 MO（移动），如图 6-59 所示。

Step 04　按【Enter】键确认，在上方图

图 6-57　打开素材图形

Step 02　选择下方的矩形为移动对象，使其呈夹点选择状态，如图 6-58 所示。

形的合适位置单击鼠标左键，如图 6-60 所示。

图 6-59　输入 MO

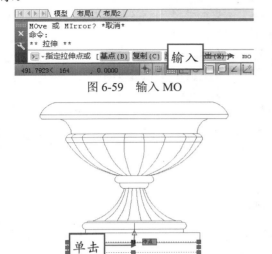

图 6-60　单击鼠标左键

Step 05 执行上述操作后，按【Esc】键退出，即可夹点移动图形，如图 6-61 所示。

图 6-61　夹点移动图形

高手指引

对不同的图形对象进行夹点操作时，图形对象上特征点的位置和数量也不相同，每个图形对象都有自身的夹点标记。

6.3.4　新手练兵——夹点缩放图形

夹点缩放图形对象可以将图形对象相对于基点进行缩放，同时也可以进行多次复制。

	实例文件	光盘\实例\第 6 章\扇叶.dwg
	所用素材	光盘\素材\第 6 章\扇叶.dwg

Step 01 单击快速访问工具栏中的"打开"按钮，在弹出的"选择文件"对话框中打开素材图形，如图 6-62 所示。

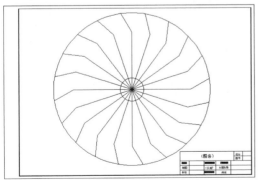

图 6-62　打开素材图形

Step 02 ❶选择中间的圆为缩放对象，使之呈夹点选择状态，在圆心点上，❷单击鼠标左键，确定基点，如图 6-63 所示。

Step 03 连续按 3 次【Enter】键确认，进入比例缩放夹点编辑状态，根据命令行提示

进行操作，输入 5，如图 6-64 所示。

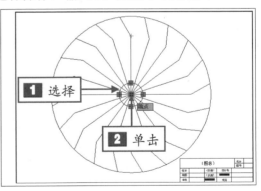

图 6-63　确定基点

图 6-64　输入参数

Step 04 按【Enter】键确认，再按【Esc】键退出，即可夹点缩放图形对象，如图 6-65 所示。

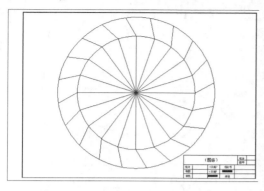

图 6-65　夹点缩放图形

知识链接

在命令提示行中各主要选项的含义如下。

✪ 指定比例因子（S）：确定缩放比例，用户输入数值后，AutoCAD 2013 将相对于基点缩放图形。当比例因子大于 1 时，放大图形；当比例因子大于 0 而小于 1 时，即可缩小图形。

✪ 参照（R）：以参考方式缩放图形对象，与在使用"缩放"命令中的"参照"选项功能是相同的。

6.3.5　新手练兵——夹点旋转图形

夹点旋转图形对象可以使图形对象绕基点进行旋转，还可以进行多次旋转复制。

	实例文件	光盘\实例\第 6 章\弹簧盖.dwg
	所用素材	光盘\素材\第 6 章\弹簧盖.dwg

Step 01 单击快速访问工具栏中的"打开"按钮，在弹出的"选择文件"对话框中打开素材图形，如图 6-66 所示。

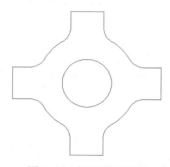

图 6-66　打开素材图形

Step 02 在绘图区中选择需要旋转的图形对象，使其呈夹点选择状态，如图 6-67 所示。

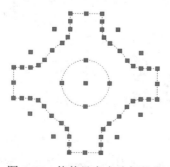

图 6-67　使其呈夹点选择状态

Step 03 在绘图区中的圆心点上，单击鼠标左键，根据命令行提示进行操作，输入 RO（旋转），如图 6-68 所示。

图 6-68　输入 RO

Step 04 按【Enter】键确认，输入角度 45，如图 6-69 所示，按【Enter】键确认。

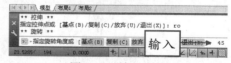

图 6-69　输入参数

Step 05 按【Esc】键退出，即可夹点旋转图形，如图 6-70 所示。

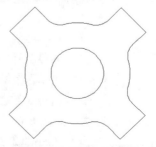

图 6-70　夹点旋转图形

高手指引

默认状态下，输入旋转角度值或通过拖动十字光标方式确定旋转角度后，即可将图形对象绕基点旋转指定的角度。用户也可以选择"参照"选项，以参照方式旋转对象，这与旋转功能中的"对照"选项功能相同。

6.4　参数化约束对象

通过参数化图形，用户可以为二维几何图形添加约束。约束是一种规则，可以决定对象彼此之间放置位置及其标注，通常在工程的设计阶段使用约束。创建约束后，对一个对象所做的更改可能会影响其他对象。

6.4.1　新手练兵——几何约束对象

几何约束可以确定对象之间或对象上的点之间的关系，创建后，它们可以限制可能违反约束的所有更改。

	实例文件	光盘\实例\第 6 章\吊灯.dwg
	所用素材	光盘\素材\第 6 章\吊灯.dwg

Step 01　单击快速访问工具栏中的"打开"按钮▷，在弹出的"选择文件"对话框中打开素材图形，如图 6-71 所示。

图 6-71　打开素材图形

Step 02　在"功能区"选项板的"参数化"选项卡中，单击"几何"面板中的"同心"按钮◎，如图 6-72 所示。

图 6-72　单击"同心"按钮

Step 03　根据命令行提示进行操作，在绘图区中左侧的中心圆上单击鼠标左键，指定第一个约束对象，如图 6-73 所示。

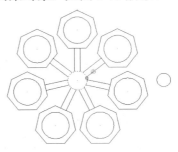

图 6-73　指定第一个约束对象

Step 04　引导光标至右侧的圆上，单击鼠标左键，指定第二个约束对象，即可完成几何约束对象，如图 6-74 所示。

图 6-74　几何约束对象

技巧发送

除了运用上述方法几何约束对象外，还有以下两种方法。

🔘 命令行：在命令行中输入 GCCONCENTRIC（同心）命令，按【Enter】键确认。

🔘 菜单栏：单击菜单栏中的"参数"｜"几何约束"｜"同心"命令。

6.4.2 新手练兵——约束对象之间的距离

约束对象之间的距离是指约束某一图形对象到另一图形对象的距离。创建后，用户在对图形进行编辑时，被约束图形也随之变化。

实例文件	光盘\实例\第 6 章\方墩.dwg
所用素材	光盘\素材\第 6 章\方墩.dwg

Step 01 单击快速访问工具栏中的"打开"按钮📂，在弹出的"选择文件"对话框中打开素材图形，如图 6-75 所示。

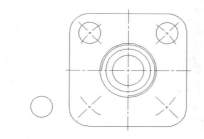

图 6-75 打开素材图形

Step 02 在"功能区"选项板的"参数化"选项卡中，单击"标注"面板中的"线性"按钮，如图 6-76 所示。

图 6-76 单击"线性"按钮

Step 03 根据命令行提示进行操作，在绘图区中左侧的圆上单击鼠标左键，指定第一个约束点，在右侧的圆上单击鼠标左键，向上引导光标，在合适位置单击鼠标左键，按【Enter】键确认，即可约束两圆的距离，如图 6-77 所示。

Step 04 在命令行中输入 MOVE（移动）命令，按【Enter】键确认，根据命令行提示

进行操作，选择左侧的圆并确认，指定圆心为基点，向右引导光标，在右侧图形左下角线段的交点上单击鼠标左键移动圆，则被约束的圆也随之移动，如图 6-78 所示。

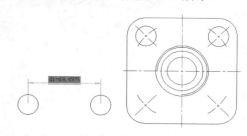

图 6-77 约束两圆的距离

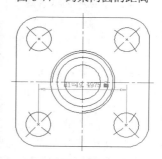

图 6-78 移动约束对象

技巧发送

除了运用上述方法约束对象之间的距离外，还有以下两种方法。

🔘 命令行：在命令行中输入 DCLINEAR（线性）命令，并按【Enter】键确认。

🔘 菜单栏：单击菜单栏中的"参数"｜"标注约束"｜"水平"命令。

6.4.3　新手练兵——约束对象之间的角度

约束对象之间的角度是指在绘制图形时，约束某一图形对象到另一图形对象的角度。

实例文件	光盘\实例\第 6 章\支座.dwg
所用素材	光盘\素材\第 6 章\支座.dwg

Step 01 单击快速访问工具栏中的"打开"按钮 📂，在弹出的"选择文件"对话框中打开素材图形，如图 6-79 所示。

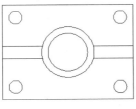

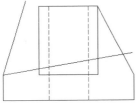

图 6-79　打开素材图形

Step 02 在"功能区"选项板的"参数化"选项卡中，单击"标注"面板中的"角度"按钮 🔲，如图 6-80 所示。

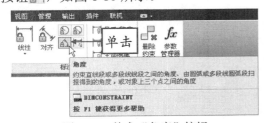

图 6-80　单击"角度"按钮

Step 03 根据命令行提示进行操作，在绘图区中选择合适的直线，指定第一条直线，如图 6-81 所示。

Step 04 在绘图区中合适的直线上单击鼠标左键，向右引导光标并确认，即可约束两条直线的锐角角度，如图 6-82 所示。

Step 05 在命令行中输入 ROTATE（旋转）命令，按【Enter】键确认，根据命令行提示进行操作，选择合适的直线为旋转对象，

如图 6-83 所示。

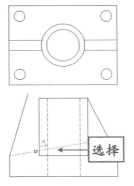

图 6-81　指定第一条直线

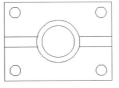

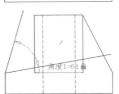

图 6-82　约束对象角度

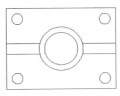

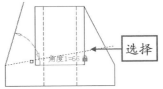

图 6-83　选择旋转对象

Step 06 按【Enter】键确认，在直线的左端点上单击鼠标左键，确定旋转基点，输入

旋转角度为-10，按【Enter】键确认，即可旋转直线，此时被约束的直线也随之旋转，且两条直线之间的约束角度不变，效果如图6-84所示。

 技巧发送

除了运用上述方法约束对象之间的角度外，还有以下两种方法。

✜ 命令行：在命令行中输入DIMCONSTRAINT（角度）命令，并按【Enter】键确认。

✜ 菜单栏：单击菜单栏中的"参数" | "标注约束" | "角度"命令。

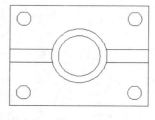

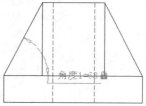

图 6-84 旋转约束对象

 知识链接

在 AutoCAD 2013 中，约束包括标注约束和几何约束。此类功能使得用户可以在保留指定关系和距离的情况下尝试各种创意，高效率地对设计进行修改。其中标注约束可以确定对象以及对象上的点之间的距离或角度，也可以确定对象的大小。

第**07**章 创建编辑文字对象

学前提示

文字对象是 AutoCAD 图形中很重要的图形元素，是制图中不可缺少的组成部分。在一个完整的图样中，通常包含一些文字注释来标注图样中一些非图形信息。例如，机械制图中的技术要素、装配说明以及材料说明等。

本章知识重点

- ▶ 创建和设置文字样式
- ▶ 创建与编辑多行文字
- ▶ 创建与编辑单行文字
- ▶ 使用文字字段

学完本章后应该掌握的内容

- ▶ 掌握文字样式的创建与设置，如创建与重命名文字以及设置文字字体和效果等
- ▶ 掌握单行文字的创建与编辑，如编辑单行文字内容、缩放比例以及对正方式等
- ▶ 掌握多行文字的创建与编辑，如创建堆叠文字以及对正多行文字等
- ▶ 掌握文字字段的使用，如插入字段、更新字段以及超链接字段等

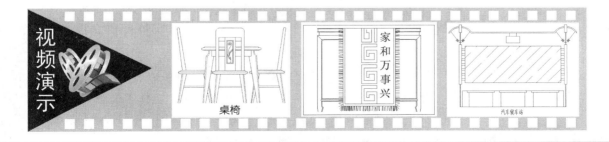

桌椅　　　　　家和万事兴　　　　　汽车候车站

视频演示

7.1　创建和设置文字样式

在创建文字前，应先对文字样式（如样式名、字体、文字的高度以及效果等）进行设置，从而方便、快捷地对图形对象进行标注或说明，得到统一、标准以及美观的文字。

7.1.1　新手练兵——创建与重命名文字样式

所有文字都有与之相关联的文字样式，在创建文字注释和尺寸标注时，可以使用当前的文字样式，也可以根据具体要求创建新的文字样式。

实例文件	光盘\实例\第 7 章\玻璃酒柜.dwg
所用素材	光盘\素材\第 7 章\玻璃酒柜.dwg

Step 01 单击快速访问工具栏中的"打开"按钮，在弹出的"选择文件"对话框中打开素材图形，如图 7-1 所示。

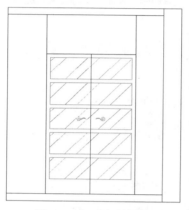

图 7-1　打开素材图形

Step 02 在命令行中输入 STYLE（文字样式）命令，如图 7-2 所示。

图 7-2　输入命令

Step 03 按【Enter】键确认，弹出"文字样式"对话框，如图 7-3 所示。

Step 04 单击"新建"按钮，弹出"新建文字样式"对话框，如图 7-4 所示。

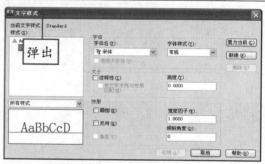

图 7-3　"文字样式"对话框

图 7-4　"新建文字样式"对话框

Step 05 单击"确定"按钮，返回到"文字样式"对话框，在"样式"列表框中将显示新建的文字样式，即可创建文字样式，如图 7-5 所示。

图 7-5　创建文字样式

Step 06 在新创建的文字样式上单击鼠标右键，弹出快捷菜单，选择"重命名"选项，然后输入"机械文字"，并按【Enter】键确认，即可重命名文字样式，如图 7-6 所示。

知识链接

在"文字样式"对话框中，各主要选项的含义如下。

❖ "样式"列表框：该列表框中显示图形中已定义的样式。

❖ "新建"按钮：单击该按钮，可以新建文字样式。

❖ "字体样式"列表框：用于指定字体格式，如斜体、粗体或常规字体。

❖ "高度"文本框：在该文本框中可以输入值设置文字高度。

❖ "使用大字体"复选框：选中该复选框，可以用于设置符合制图标准的字体，以满足设计要求。

图 7-6　重命名文字样式

技巧发送

除了运用上述方法创建文字样式外，还有以下两种方法。

❖ 按钮法：切换至"注释"选项卡中，单击"文字"面板中的"文字样式"按钮。

❖ 菜单栏：单击菜单栏中的"格式"│"文字样式"命令。

7.1.2　新手练兵——设置文字字体

在 AutoCAD 2013 中，用户可根据需要在"文字样式"对话框的"字体"选项区中，设置文字的字体类型。

实例文件	光盘\实例\第 7 章\四脚桌椅.dwg
所用素材	光盘\素材\第 7 章\四脚桌椅.dwg

Step 01 单击快速访问工具栏中的"打开"按钮，在弹出的"选择文件"对话框中打开素材图形，如图 7-7 所示。

桌椅

图 7-7　打开素材图形

Step 02 在"功能区"选项板的"常用"选项卡中，单击"注释"面板中的下拉按钮，在弹出的列表框中单击"文字样式"按钮，如图 7-8 所示。

Step 03 ■ 弹出"文字样式"对话框，■ 在"样式"列表框中选择 Standard 选项，如图

7-9 所示。

图 7-8　单击"文字样式"按钮

图 7-9　选择"Standard"选项

Step 04 在"字体"选项区中 **1** 单击"字体名"右侧的下拉按钮，**2** 在弹出的下拉列表框中选择"幼圆"选项，如图 7-10 所示。

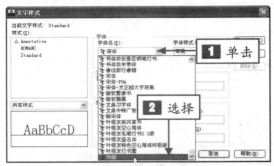

图 7-10　选择"幼圆"选项

Step 05 依次单击"应用"和"关闭"按钮，即可设置文字字体，效果如图 7-11 所示。

桌椅

图 7-11　设置文字字体

高手指引

　　"字体名"列表框中列出了所有注册的 TrueType 字体和 Fonts 文件夹中编译的商量（SHX）字体的字体族名，用户可以选择合适的字体。

7.1.3　新手练兵——设置文字效果

　　在"文字样式"对话框的"效果"选项区中，用户可以设置文字样式使用的显示效果。

	实例文件	光盘\实例\第 7 章\盖形螺母.dwg
	所用素材	光盘\素材\第 7 章\盖形螺母.dwg

Step 01 单击快速访问工具栏中的"打开"按钮，在弹出的"选择文件"对话框中打开素材图形，如图 7-12 所示。

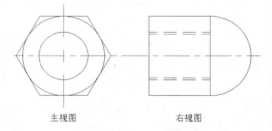

主视图　　　　　右视图

图 7-12　打开素材图形

Step 02 在"功能区"选项板中，切换至"注释"选项卡，单击"文字"面板中的"文字样式"按钮，**1** 弹出"文字样式"对话框，**2** 在"样式"列表框中选择"文字标注"选项，如图 7-13 所示。

Step 03 在"字体"选项区中单击"字体名"下拉列表框，在弹出的下拉列表框中选择"宋体"选项，**1** 在"大小"选项区的"高度"文本框中输入高度为 50，**2** 在"效果"选项区的"倾斜角度"文本框中输入"倾斜角度"为 20，如图 7-14 所示。

Step 04 依次单击"应用"和"关闭"按钮，即可设置文字效果，效果如图 7-15 所示。

图 7-13　选择"文字标注"选项

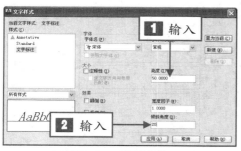

图 7-14　设置参数

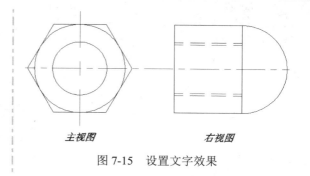

图 7-15　设置文字效果

7.2　创建与编辑单行文字

对于单行文字来说，它的每一行都是文字对象。因此，可以用来创建文字内容比较少的文本对象，并可以对其进行单独编辑。

7.2.1　新手练兵——创建单行文字

单行文字常用于不需要使用多种字体的简短内容中，用户可以为其中的不同文字设置不同的字体和大小。

实例文件	光盘\实例\第 7 章\洗衣机.dwg
所用素材	光盘\素材\第 7 章\洗衣机.dwg

Step 01 单击快速访问工具栏中的"打开"按钮 ，在弹出的"选择文件"对话框中打开素材图形，如图 7-16 所示。

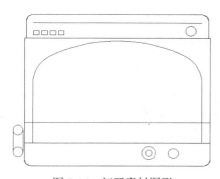

图 7-16　打开素材图形

Step 02 在"功能区"选项板的"常用"选项卡中，**1** 单击"注释"面板中的"文字"下拉按钮，**2** 在弹出的列表框中单击"单行文字"按钮 ，如图 7-17 所示。

Step 03 根据命令行提示进行操作，在绘图区图形的下方指定文字的起点，输入文字高度为 30，如图 7-18 所示。

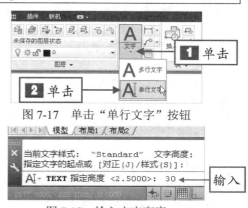

图 7-17　单击"单行文字"按钮

图 7-18　输入文字高度

Step 04 按【Enter】键确认，输入旋转角度为 0 并确认，弹出文本框，在其中输入"洗衣机"文字，如图 7-19 所示。

图 7-19　输入文字

Step 05 连续按两次【Enter】键确认，完成单行文字的创建，效果如图 7-20 所示。

洗衣机

图 7-20　创建单行文字

技巧发送

除了运用上述方法创建单行文字外，还有以下 3 种方法。

◈ 按钮：切换至"注释"选项卡，单击"文字"面板中的"多行文字"下拉按钮，在弹出的列表框中单击"单行文字"按钮 A 单行文字。

◈ 命令行：在命令行中输入 TEXE（单行文字）命令，并按【Enter】键确认。

◈ 菜单栏：单击菜单栏中的"绘图" | "文字" | "单行文字"命令。

知识链接

命令行中各选项的含义如下。

◈ 对正（J）：用于设置文字的缩放和对齐方式，AutoCAD 为单行文字的水平文本行规定了 4 条定位线：顶线（Top Line）、中线（Middle Line）、基线（Base Line）和底线（Bottom Line），在 AutoCAD2013 中，用户还可以根据自身需要使用 JUSTIFYTEXT 命令来修改已有文字对象的对正点位置，以满足用户的需求。

◈ 样式（S）：选择该选项，可以设置当前使用的文字样式。

7.2.2　输入特殊字符

在 AutoCAD 2013 中，在创建单行文本时，用户还可以在输入文字过程中输入一些特殊字符，在实际绘图过程中，也经常需要标注一些特殊字符，如直径符号和百分号等。由于这些特殊字符不能从键盘上直接输入，因此 AutoCAD 提供了相应的控制符，以实现这些标注的要求。

AutoCAD 2013 的控制符由两个百分号（%%）及一个字符构成，常用的特殊符号的控制符如下。

◈ %%C：表示直径符号（Φ）。

◈ %%D：表示角度符号。

◈ %%O：表示上划线符号。

◈ %%P：表示正负公差符号（ ）。

◈ %%U：表示下划线符号。

◈ %%%：表示百分号%。

◈ %%nnn：表示 ASCII 码字符，其中 nn 为十进制的 ASCII 码字符值。

在 AutoCAD 2013 的控制符中，%%O 和 %%U 分别是上划线和下划线的开关。第一次出现这些符号时，可以打开上划线或下划线，第二次出现这些符号时，则将会关闭上划线或下划线。

7.2.3 新手练兵——编辑单行文字内容

使用"编辑"命令，可以编辑单行文字的内容。

实例文件	光盘\实例\第 7 章\汽车.dwg
所用素材	光盘\素材\第 7 章\汽车.dwg

Step 01 单击快速访问工具栏中的"打开"按钮，在弹出的"选择文件"对话框中打开素材图形，如图 7-21 所示。

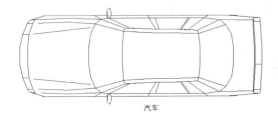

图 7-21 打开素材图形

Step 02 在命令行中输入 DDEDIT（编辑）命令，按【Enter】键确认，如图 7-22 所示。

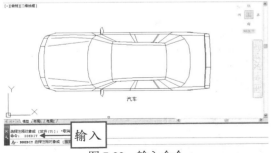

图 7-22 输入命令

Step 03 根据命令行提示进行操作，在绘图区选择单行文字对象，文字呈可编辑状态，如图 7-23 所示。

Step 04 输入文字内容"商务车"，连续按两次【Enter】键确认，即可更改文字内容，如图 7-24 所示。

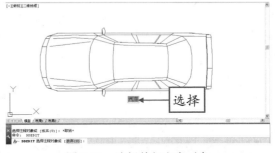

图 7-23 选择单行文字对象

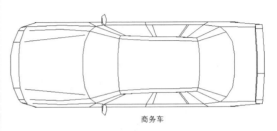

图 7-24 更改文字内容

技巧发送

除了运用上述方法编辑单行文字内容外，还有以下 3 种方法。

◉ 菜单栏：单击菜单栏中的"修改"|"对象"|"文字"|"编辑"命令。

◉ 鼠标法：在需要编辑的单行文字内容上，双击鼠标左键。

◉ 快捷菜单：选择单行文字内容，单击鼠标右键，在弹出的快捷菜单中选择"编辑"选项。

7.2.4 新手练兵——编辑单行文字缩放比例

在编辑单行文字时，可以使用"缩放"命令缩放单行文字对象。

实例文件	光盘\实例\第 7 章\会议桌.dwg
所用素材	光盘\素材\第 7 章\会议桌.dwg

Step 01 单击快速访问工具栏中的"打开"按钮 📂，在弹出的"选择文件"对话框中打开素材图形，如图 7-25 所示。

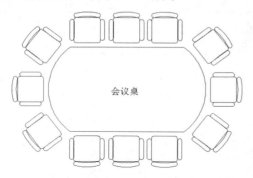

图 7-25　打开素材图形

Step 02 在命令行中输入 SCALETEXT（缩放）命令，按【Enter】键确认，如图 7-26 所示。

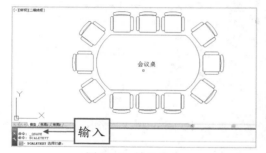

图 7-26　输入命令

Step 03 根据命令行提示进行操作，选择单行文字对象，连续按两次【Enter】键确认，输入 S，如图 7-27 所示。

Step 04 按【Enter】键确认，输入 3 并确

认，即可按比例缩放单行文字，效果如图 7-28 所示。

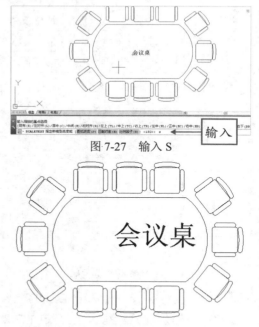

图 7-27　输入 S

图 7-28　编辑单行文字缩放比例

技巧发送

除了运用上述方法编辑单行文字缩放比例外，还有以下两种方法。

✤ 菜单栏：单击菜单栏中的"修改"｜"对象"｜"文字"｜"比例"命令。

✤ 按钮法：在"功能区"选项板中，切换至"注释"选项卡，单击"文字"面板中的"缩放"按钮 Ａ。

知识链接

在命令行中各主要选项的含义如下。

✤ 图纸高度（P）：选择该选项，可以指定图纸空间中文字的高度。

✤ 匹配对象（M）：选择该选项，可以使最初选定的对象与当前所选定文字对象大小相同。

✤ 比例因子（S）：选择该选项，可以按参照长度和指定新长度，缩放所选文字对象。

7.2.5　新手练兵——编辑单行文字对正方式

使用"对正"命令，可以更改选定文字对象的对正点而不更改其位置。

实例文件	光盘\实例\第 7 章\扇子.dwg
所用素材	光盘\素材\第 7 章\扇子.dwg

Step 01 单击快速访问工具栏中的"打开"按钮，在弹出的"选择文件"对话框中打开素材图形，如图 7-29 所示。

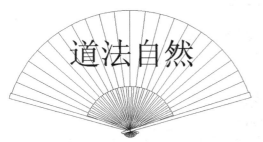

图 7-29　打开素材图形

Step 02 输入 JUSTIFYTEXT（对正）命令，按【Enter】键确认，如图 7-30 所示。

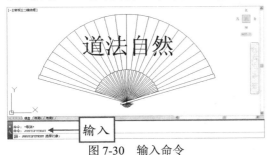

图 7-30　输入命令

Step 03 根据命令行提示进行操作，选择单行文字对象，按【Enter】键确认，在命令行中选择"居中（C）"选项，如图 7-31 所示，即可编辑单行文字的对正方式。

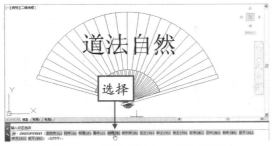

图 7-31　选择"居中（C）"选项

技巧发送

除了运用上述方法编辑单行文字对正方式外，还有以下两种方法。

◎ 菜单栏：单击菜单栏中的"修改"｜"对象"｜"文字"｜"对正"命令。

◎ 按钮法：在"功能区"选项板中，切换至"注释"选项卡，单击"文字"面板中的"对正"按钮。

知识链接

命令行中各主要选项的含义如下。

◎ 对齐（A）：选择该选项后，系统将提示用户确定文本的起点和终点，按【Enter】键确认后，系统将自动调整各行文字高度。

◎ 左上（TL）：文字将对齐在第一个文字单元的左上角。

◎ 中上（TC）：文字将对齐在文本最后一个文字单元的中上角。

◎ 右上（TR）：文字将对齐在文本最后一个文字单元的右上角。

◎ 左中（ML）：文字将对齐在第一个文字单元左侧的垂直中点。

◎ 正中（MC）：文字将对齐在文本的垂直中点和水平中点。

◎ 右中（MR）：文字将对齐在文本最后一个文字单元右侧的垂直中点。

◎ 左下（BL）：文字将对齐在第一个文字单元的左下角。

◎ 中下（BC）：文字将对齐在基线中点。

◎ 右下（BR）：文字将对齐在基线的最右侧。

7.3　创建与编辑多行文字

多行文本又称段落文本，是一种便于管理的文本对象，它可以由两行以上的文本组成，

新手学设计完全精通

而且多行文本是作为一个整体来处理的。在图形设计中，常使用"多行文字"命令创建较为复杂的文字说明，如图样的技术要求等。

7.3.1　新手练兵——创建多行文字

对于较长、较为复杂的内容，可以使用多行文字的方式创建。多行文字可以分别对各个文字的格式进行设置，而不受文字样式的影响。

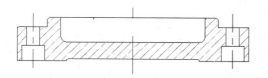

实例文件	光盘\实例\第 7 章\机械零件.dwg
所用素材	光盘\素材\第 7 章\机械零件.dwg

Step 01 单击快速访问工具栏中的"打开"按钮，在弹出的"选择文件"对话框中打开素材图形，如图 7-32 所示。

图 7-32　打开素材图形

Step 02 在"功能区"选项板的"常用"选项卡中，**1** 单击"注释"面板中的"文字"下拉按钮，**2** 在弹出的列表框中单击"多行文字"按钮 A，如图 7-33 所示。

图 7-33　单击"多行文字"按钮

Step 03 根据命令行提示进行操作，在绘图区图形的左下方指定文字的起点，输入 H（高度）并确认，输入文字高度为 3，按【Enter】键确认，向右下方移动鼠标，在合适的位置上单击鼠标左键，指定对角点，弹出文本框和"文字编辑器"选项卡，如图 7-34 所示。

Step 04 输入相应的文字后，在绘图区的任意位置上单击鼠标左键，完成多行文字的

创建，效果如图 7-35 所示。

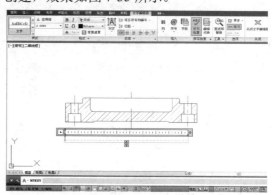

图 7-34　弹出文本框和"文字编辑器"选项卡

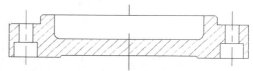

技术要求：
1. 进行清砂处理，不准有砂眼。
2. 未注明铸造圆角R3。
3. 未注明倒角1X45°。

图 7-35　创建多行文字

技巧发送

除了运用上述方法创建多行文字外，还有以下 3 种方法。

● 命令行：在命令行中输入 MTEXT（多行文字）命令，按【Enter】键确认。

● 按钮法：在"功能区"选项板中，切换至"注释"选项卡，单击"文字"面板中的"多行文字"按钮 A。

● 菜单栏：单击菜单栏中的"绘图"｜"文字"｜"多行文字"命令。

高手指引

执行"多行文字"命令时的矩形边界宽度即为段落文本的宽度，多行文字对象每行中的单字可自动换行，以适应文字边界的宽度。矩形框底部向下的箭头说明整个段落文本的高度可根据文字的多少自动伸缩，不受边界高度的限制。

7.3.2　新手练兵——创建堆叠文字

堆叠文字主要应用于多行文字对象和多重引线中字符的分数和公差格式，使用堆叠文字可以创建一些特殊的字符。

实例文件	光盘\实例\第 7 章\剖面图.dwg
所用素材	光盘\素材\第 7 章\剖面图.dwg

Step 01 单击快速访问工具栏中的"打开"按钮 📂，在弹出的"选择文件"对话框中打开素材图形，如图 7-36 所示。

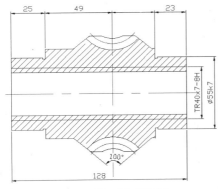

图 7-36　打开素材图形

Step 02 在命令行中输入 MTEXT（多行文字）命令，按【Enter】键确认，根据命令行提示进行操作，依次捕捉端点，弹出文本框和"文字编辑器"选项卡，输入"31＋0.1/-0.1"，如图 7-37 所示。

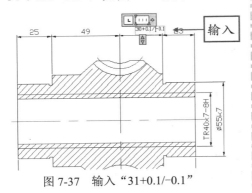

图 7-37　输入"31+0.1/-0.1"

Step 03 ① 选择"+0.1/-0.1"文字为叠加对象并单击鼠标右键，② 在弹出的快捷菜单中选择"堆叠"选项，如图 7-38 所示。

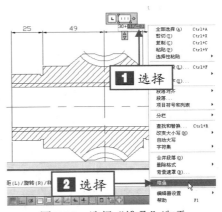

图 7-38　选择"堆叠"选项

Step 04 在绘图区的任意位置单击鼠标左键，即可创建堆叠文字，再将其移至合适的位置，效果如图 7-39 所示。

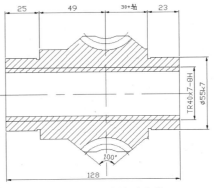

图 7-39　创建堆叠文字

7.3.3 新手练兵——编辑多行文字

在创建多行文字后，用户可以根据需要编辑多行文字的内容和大小。

实例文件	光盘\实例\第 7 章\桌布.dwg
所用素材	光盘\素材\第 7 章\桌布.dwg

Step 01 单击快速访问工具栏中的"打开"按钮，在弹出的"选择文件"对话框中打开素材图形，如图 7-40 所示。

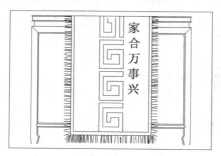

图 7-40 打开素材图形

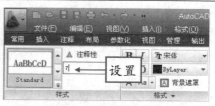

图 7-41 设置参数

Step 02 在命令行中输入 MTEDIT（编辑多行文字）命令，按【Enter】键确认，根据命令行提示进行操作，选择多行文字对象，弹出文本框和"文字编辑器"选项卡，选择所有的文字，设置"文字高度"为 7，如图 7-41 所示。

Step 03 按【Enter】键确认，选择"合"文字，输入"和"，在绘图区中的空白位置处，单击鼠标左键，效果如图 7-42 所示。

图 7-42 编辑多行文字

技巧发送

除了运用上述方法编辑多行文字外，还可以选择多行文字，单击鼠标右键，在弹出的快捷菜单中，选择"编辑多行文字"选项，然后在弹出的"文字编辑器"选项卡中进行相应设置即可。

7.3.4 新手练兵——对正多行文字

在编辑多行文字时，常常需要设置其对正方式，对正多行文字对象的同时控制文字对齐和文字走向。

实例文件	光盘\实例\第 7 章\基板.dwg
所用素材	光盘\素材\第 7 章\基板.dwg

Step 01 单击快速访问工具栏中的"打开"按钮，在弹出的"选择文件"对话框中打开素材图形，如图 7-43 所示。

Step 02 在命令行中输入 JUSTIFYTEXT（对正）命令，按【Enter】键确认，根据命令行提示进行操作，在绘图区中选择需要编辑的多行文字对象，如图 7-44 所示。

Step 03 按【Enter】键确认，根据命令行提示进行操作，输入 R（右对齐），如图 7-45 所示。

Step 04 执行上述操作后，即可对正多行文字，效果如图 7-46 所示。

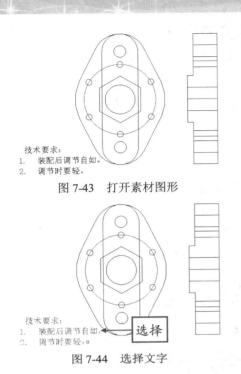

图 7-43　打开素材图形

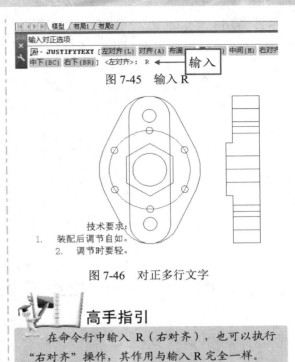

图 7-45　输入 R

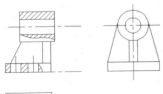

技术要求：
1. 装配后调节自如。
2. 调节时要轻。

图 7-44　选择文字

技术要求：
1. 装配后调节自如。
2. 调节时要轻。

图 7-46　对正多行文字

高手指引

在命令行中输入 R（右对齐），也可以执行"右对齐"操作，其作用与输入 R 完全一样。

7.3.5　新手练兵——格式化多行文字

在编辑多行文字时，用户可以对多行文字进行格式化操作。

实例文件	光盘\实例\第 7 章\基座.dwg
所用素材	光盘\素材\第 7 章\基座.dwg

Step 01 单击快速访问工具栏中的"打开"按钮，在弹出的"选择文件"对话框中打开素材图形，如图 7-47 所示。

技术要求：
1.铸件应经时效处理，消除内应力。
2.未注铸造圆角R10。

图 7-47　打开素材图形

Step 02 在绘图区中选择要格式化的多行文字，双击鼠标左键，**1** 弹出文本框，**2** 选择需要编辑的文字，如图 7-48 所示。

Step 03 单击鼠标右键，在弹出的快捷菜单中选择"段落"选项，如图 7-49 所示。

1 弹出

2 选择

图 7-48　选择文字

选择

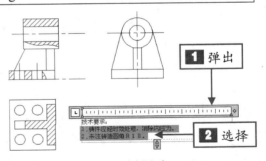

图 7-49　选择"段落"选项

109

Step 04 1弹出"段落"对话框，2在"第一行"文本框中输入 10，3选中"段落行距"复选框，如图 7-50 所示。

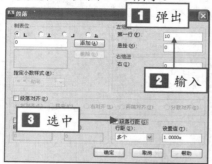

图 7-50 "段落"对话框

Step 05 设置完成后，单击"确定"按钮，在绘图区中的任意位置单击鼠标左键，即可格式化多行文字，效果如图 7-51 所示。

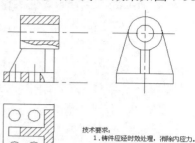

图 7-51 格式化多行文字

7.3.6 新手练兵——查找和替换文字

在 AutoCAD 中，使用"查找"命令，可以查找单行文字和多行文字中指定的字符，并可以对其进行替换操作。

实例文件	光盘\实例\第 7 章\房间平面图.dwg
所用素材	光盘\素材\第 7 章\房间平面图.dwg

Step 01 单击快速访问工具栏中的"打开"按钮，在弹出的"选择文件"对话框中打开素材图形，如图 7-52 所示。

图 7-52 打开素材图形

Step 02 在命令行中输入 FIND（查找）命令，按【Enter】键确认，1弹出"查找和替换"对话框，2依次输入相应内容，如图 7-53 所示。

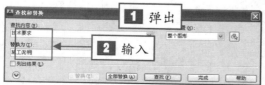

图 7-53 "查找和替换"对话框

Step 03 单击"全部替换"按钮，弹出"查找和替换"对话框，如图 7-54 所示。

图 7-54 "查找和替换"对话框

Step 04 单击"确定"按钮，返回到"查找和替换"对话框，单击"确定"按钮，结束替换文字操作，如图 7-55 所示。

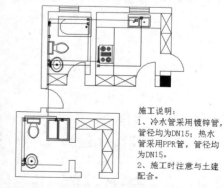

图 7-55 替换文字

知识链接

"查找和替换"对话框中各主要选项的含义如下。

- ✪ "查找内容"下拉列表框：指定要查找的字符串。
- ✪ "替换为"下拉列表框：指定用于替换找到文字的字符串。
- ✪ "查找位置"下拉列表框：指定是搜索整个图形、当前布局还是当前选定的对象。
- ✪ "列出结果"复选框：确定在显示位置（模型或图纸空间）、对象类型和文字表格的列出结果。
- ✪ "查找"按钮：查找在"查找内容"下拉列表框中输入的文字。
- ✪ "全部替换"按钮：用"替换为"下拉列表框中输入的文字替换在"查找内容"下拉列表框中输入的文字。

7.3.7 新手练兵——控制文本显示

在绘制工程图形时，为了缩短图形的重画和重生成过程，用户可以控制文字和属性对象的显示模式。

实例文件	光盘\实例\第 7 章\零件.dwg
所用素材	光盘\素材\第 7 章\零件.dwg

Step 01 单击快速访问工具栏中的"打开"按钮📂，在弹出的"选择文件"对话框中打开素材图形，如图 7-56 所示。

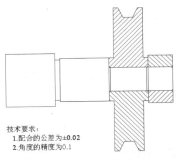

图 7-56 打开素材图形

Step 02 在命令行中输入 QTEXT（文本显示）命令，按【Enter】键确认，根据命令行提示进行操作，输入 ON（开），如图 7-57 所示，按【Enter】键确认。

Step 03 在命令行中输入 REGEN（重生成）命令，按【Enter】键确认，即可控制文本显示，如图 7-58 所示。

图 7-57 输入 ON

输入

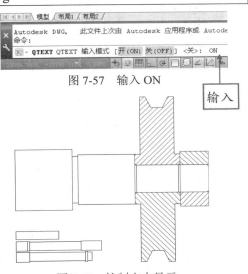

图 7-58 控制文本显示

高手指引

QTEXT 命令不是一个绘制和编辑对象的命令，该命令只能控制文本的显示，通过该命令可以将显示模式设置为"开"状态。

7.4 使用文字字段

字段是在图形中用于说明的可更新文字，它常用在图形生命周期中可变化的文本中，字段更新时，将显示最新的字段值。

7.4.1　新手练兵——插入字段

在使用字段之前，首先需要插入一个字段，并根据字段的属性，设置相应格式，常用的字段有时间和页面设置名称等。

实例文件	光盘\实例\第 7 章\酒柜立面图.dwg
所用素材	光盘\素材\第 7 章\酒柜立面图.dwg

Step 01 单击快速访问工具栏中的"打开"按钮⬚，在弹出的"选择文件"对话框中打开素材图形，如图 7-59 所示。

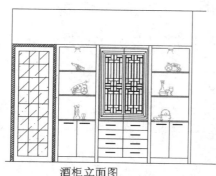

图 7-59　打开素材图形

Step 02 在绘图区中的多行文字上，双击鼠标左键，弹出文本框，**1**选择文本框中的文字，单击鼠标右键，**2**在弹出的快捷菜单中选择"插入字段"选项，如图 7-60 所示。

图 7-60　选择"插入字段"选项

Step 03 **1**弹出"字段"对话框，在"字段名称"下拉列表框中，**2**选择"打印比例"选项，在"样式"列表框中，**3**选择合适的选项，如图 7-61 所示。

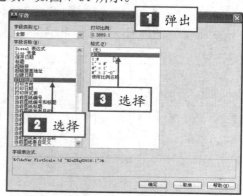

图 7-61　"字段"对话框

Step 04 单击"确定"按钮，在绘图区中的任意位置上，单击鼠标左键，即可插入字段，如图 7-62 所示。

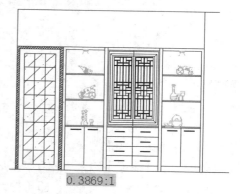

0.3869:1

图 7-62　插入字段

高手指引

字段是包含说明的文字，这些说明用于显示可能会在图形生命周期中修改的数据。可以插入的字段有多种，用户可以根据需要进行相应设置。

7.4.2　新手练兵——更新字段

　　字段更新时，将显示最新的值。在 AutoCAD 2013 中，可以单独更新字段，也可以在一个或多个选定文字对象中更新所有字段。

实例文件	光盘\实例\第 7 章\汽车候车站.dwg
所用素材	光盘\素材\第 7 章\汽车候车站.dwg

Step 01　单击快速访问工具栏中的"打开"按钮📂，在弹出的"选择文件"对话框中打开素材图形，如图 7-63 所示。

图 7-63　打开素材图形

Step 02　在绘图区的字段上双击鼠标左键，弹出文本框，**1** 在其中选择需要更新的字段，单击鼠标右键，**2** 在弹出的快捷菜单中选择"更新字段"选项，如图 7-64 所示。

Step 03　在文本框中输入"汽车候车站"，在绘图区中的任意位置上单击鼠标左键，即可更新字段，如图 7-65 所示。

图 7-64　选择"更新字段"选项

图 7-65　更新字段

7.4.3　新手练兵——超链接字段

　　在 AutoCAD 2013 中，使用超链接字段，可以将字段链接至任意指定超链接，此超链接的作用方式与附着到对象的超链接相同，将光标停留在文字上，即会显示超链接光标和说明该超链接的工具提示。

实例文件	光盘\实例\第 7 章\拱门.dwg
所用素材	光盘\素材\第 7 章\拱门.dwg

Step 01　单击快速访问工具栏中的"打开"按钮📂，在弹出的"选择文件"对话框中打开素材图形，如图 7-66 所示。

Step 02　在绘图区中的字段上，双击鼠标左键，弹出文本框，选择要编辑的字段，双击鼠标左键，**1** 弹出"字段"对话框，在"字段类别"列表框中，**2** 选择"已链接"选项，如图 7-67 所示。

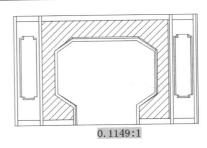

图 7-66　打开素材图形

新手学设计完全精通

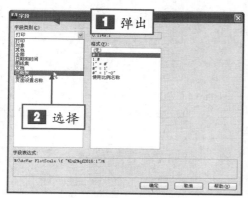

图 7-67 "字段"对话框

Step 03 弹出"显示文字"选项区，**1** 在 "显示文字"文本框中输入"拱门"，**2** 单击"超链接"按钮，如图 7-68 所示。

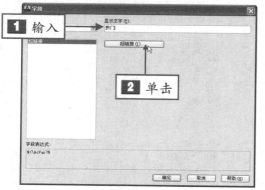

图 7-68 单击"超链接"按钮

Step 04 **1** 弹出"编辑超链接"对话框，

2 在"键入文件或 Web 页名称"文本框中输入"素材"，如图 7-69 所示。

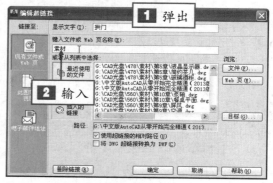

图 7-69 输入相应文字

Step 05 单击"确定"按钮，返回到"字段"对话框，单击"确定"按钮，在绘图区中的任意位置上，单击鼠标左键，即可超链接字段，如图 7-70 所示。

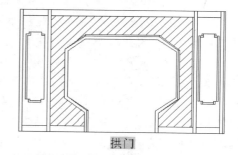

图 7-70 超链接字段

第08章 创建管理表格对象

学前提示

在产品设计过程中，表格主要用来展示与图形相关的标准、数据信息、材料和装配信息等内容。根据不同类型的图形（如机械图形、工程制图以及电子线路图形等），所对应的制图标准也不相同，这就需要设置符合产品设计的表格样式，并利用表格功能快速、清晰、醒目地反映出设计思想及创意。

本章知识重点

▶ 创建和设置表格样式　　　　▶ 创建表格

▶ 设置表格　　　　　　　　　▶ 管理表格

学完本章后应该掌握的内容

▶ 掌握表格样式的创建与设置，如创建表格样式、设置表格样式等

▶ 掌握表格的创建，如创建表格、输入文本以及调用外部表格等

▶ 掌握表格的设置，如底纹、线宽以及线型颜色的设置等

▶ 掌握表格的管理，如插入行和列、删除行和列以及单元格的合并等

视频演示

台盆表

明细单		
序号	图号	名称
1	241	底座
2	242	螺套
3	243	螺钉
4	244	螺母

材料分配表			
序号	名称	数量	备注
1	瓶子	105	20株/平方米
2	百合	80	20株/平方米
3	玫瑰	55	30株/平方米
4	水仙	68	40株/平方米
合计			308

8.1 创建和设置表格样式

在 AutoCAD 2013 中创建表格前，应先创建表格样式，并通过管理表格样式使样式更符合行业的需要。

8.1.1 新手练兵——创建表格样式

表格样式可以控制表格的外观，用于保证标准的字体、颜色、文本、高度和行距。用户可以使用默认的表格样式，也可以根据需要自定义表格样式。

实例文件	光盘\实例\第 8 章\转阀.dwg
所用素材	光盘\素材\第 8 章\转阀.dwg

Step 01 单击快速访问工具栏中的"打开"按钮，在弹出的"选择文件"对话框中打开素材图形，如图 8-1 所示。

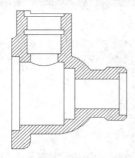

图 8-1 打开素材图形

Step 02 在"功能区"选项板中的"常用"选项卡中，单击"注释"面板中间的下拉按钮，在展开的面板上单击"表格样式"按钮，如图 8-2 所示。

图 8-2 单击"表格样式"按钮

Step 03 1 弹出"表格样式"对话框，2 单击"新建"按钮，如图 8-3 所示。

Step 04 1 弹出"创建新的表格样式"对话框，2 在"新样式名"文本框中输入"转

阀纸图"，如图 8-4 所示。

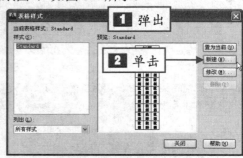

图 8-3 单击"新建"按钮

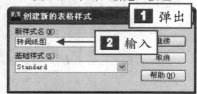

图 8-4 输入"转阀纸图"

Step 05 单击"继续"按钮，1 弹出"新建表格样式：转阀纸图"对话框，2 单击"确定"按钮，如图 8-5 所示。

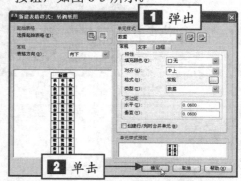

图 8-5 单击"确定"按钮

Step 06 返回"表格样式"对话框，在"样

式"列表框中将显示新建的表格样式，即可创建表格样式，如图 8-6 所示。

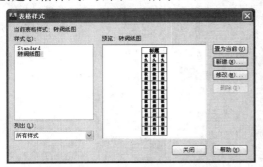

图 8-6　创建表格样式

除了运用上述方法创建表格样式外，还有以下两种方法。

❖ 命令行：在命令行中输入 TABLESTYLE（表格样式）命令，按【Enter】键确认。

❖ 菜单栏：单击菜单栏中的"格式"｜"表格样式"命令。

知识链接

在"表格样式"对话框中，各主要选项的含义如下。

❖ "当前表格样式"选项区：用于显示应用于所创建表格的表格样式的名称。

❖ "样式"列表框：用于显示表格样式列表，当前样式被亮显。

❖ "列出"列表框：用于控制"样式"列表框的内容。

❖ "置为当前"按钮：单击该按钮，可以将"样式"列表框中选定的表格样式设定为当前样式，所有新表格都将使用此表格样式创建。

❖ "修改"按钮：单击该按钮，可以显示"修改表格样式"对话框，从中可以修改表格样式，以满足需求。

❖ "删除"按钮：单击该按钮，可以删除"样式"列表框中选定的表格样式，不能删除图形中正在使用的样式。

8.1.2　新手练兵——设置表格样式

在 AutoCAD 2013 中，可以通过指定行和列的数目以及大小来设置表格的样式，也可以定义新的表格样式来保存设置以供以后使用。

实例文件	光盘\实例\第 8 章\剪刀.dwg
所用素材	光盘\素材\第 8 章\剪刀.dwg

Step 01　单击快速访问工具栏中的"打开"按钮 ⬚，在弹出的"选择文件"对话框中打开素材图形，如图 8-7 所示。

图 8-7　打开素材图形

Step 02　在命令行中输入 TABLESTYLE

（表格样式）命令，按【Enter】键确认，**1** 弹出"表格样式"对话框，**2** 在"样式"列表框中选择"剪刀表格"选项，如图 8-8 所示。

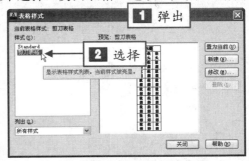

图 8-8　选择"剪刀表格"选项

Step 03　单击"修改"按钮，**1** 弹出"修改表格样式：剪刀表格"对话框，单击"填充颜色"右侧的下拉按钮，**2** 在弹出的列表框中选择"洋红"选项，如图 8-9 所示。

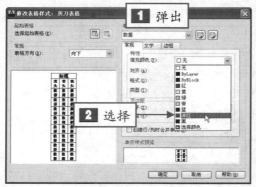

图 8-9　选择"洋红"选项

Step 04 设置完成后，单击"确定"按钮，即可完成表格样式设置。

知识链接

在"新建表格样式：剪刀表格"对话框中，各主要选项区含义如下。

❁ "起始表格"选项区：允许用户在图形中指定一个表格作为样式来设置此表格样式的格式，单击右侧相应的按钮即可选择表格。

❁ "常规"选项区：用于更改表格方向，通过"表格方向"下拉列表框选择"向下"或"向上"来设置表格方向，"向上"创建由下而上读取的表格，标题行和列标题行都在表格的底部；"预览框"用于显示当前表格样式设置的效果样例。

❁ "单元样式"选项区：用于定义新的单元样式或修改现有单元样式。

8.2　创建表格

在 AutoCAD 2013 中，用户可以使用"表格"命令，创建数据表和标题栏，或从 Microsoft Excel 中直接复制表格，并将其作为 AutoCAD 表格对象粘贴到图形中。还可以输出来自 AutoCAD 的表格数据，以供其他应用程序使用。

8.2.1　新手练兵——创建表格

在创建表格时，首先必须创建一个空表格，然后在表格单元中添加内容。用户可以直接插入表格对象而不需要用单独的直线绘制组成表格，并且还可以对已创建好的表格进行相应编辑。

实例文件	光盘\实例\第 8 章\椅背花纹.dwg
所用素材	光盘\素材\第 8 章\椅背花纹.dwg

Step 01 单击快速访问工具栏中的"打开"按钮 📂，在弹出的"选择文件"对话框中打开素材图形，如图 8-10 所示。

Step 02 在"功能区"选项板的"常用"选项卡中，单击"注释"面板上的"表格"按钮 ⊞，如图 8-11 所示。

图 8-10　打开素材图形

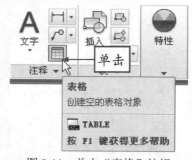

图 8-11　单击"表格"按钮

Step 03 ◼1弹出"插入表格"对话框，在"列和行设置"选项区中，◼2设置"列数"为3、"列宽"为30、"数据行数"为2以及"行高"为1，如图8-12所示。

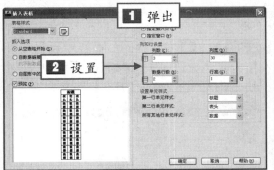

图8-12 设置表格相应参数

Step 04 单击"确定"按钮，在绘图区中的合适位置，单击鼠标左键，如图8-13所示。

图8-13 单击鼠标左键

Step 05 执行上述操作后，连续按两次【Esc】键退出，即可创建表格，效果如图8-14所示。

 **技巧发送**

除了运用上述方法创建表格外，还有以下3种方法。

❀ 按钮法：切换至"注释"选项卡，单击"表格"面板中间的下拉按钮，在展开的面板中单击"表格"按钮▥。

❀ 命令行：在命令行中输入 TABLE（表格）命令，并按【Enter】键确认。

❀ 菜单栏：单击菜单栏中的"绘图"｜"表格"命令。

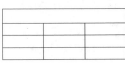

图8-14 创建表格

知识链接

在"插入表格"对话框中，各主要选项区的含义如下。

❀ "表格样式"选项区：在该选项区中不仅可以从"表格样式"下拉列表框中选择表格样式，也可以在单击"表格样式"按钮▣后，创建新的表格样式。

❀ "插入选项"选项区：在该选项区中包含3个单选按钮，其中选中"从空表格开始"单选按钮可以创建一个空白表格；选中"自数据链接"单选按钮可以从外部导入数据来创建表格；选中"自图形中的对象数据（数据提取）"单选按钮可以从可输出到表格或外部的图形中提取数据来创建表格。

❀ "预览"选项区：控制是否显示预览。如果从空表格开始，则预览将显示表格样式的样例。如果创建表格链接，则预览将显示结果表格。

❀ "插入方式"选项区：该选项区中包含两个单选按钮，选中"指定插入点"单选按钮可以在绘图窗口中的某点插入固定大小的表格；选中"指定窗口"单选按钮可以在绘图窗口中通过指定表格两对角点的方式来创建任意大小的表格。

❀ "列和行设置"选项区：在此选项区中，可以通过改变"列数"、"列宽"、"数据行数"和"行高"文本框中的数值来调整表格的外观大小。

❀ "设置单元样式"选项区：对于那些不包含起始表格的表格样式，需指定新表格中行的单元格式，默认情况下，系统均以"从空表格开始"方式插入表格。

8.2.2 新手练兵——输入文本

在 AutoCAD 2013 中，创建表格后，用户可根据需要在表格中输入相应文本内容。

实例文件	光盘\实例\第 8 章\台盆.dwg
所用素材	光盘\素材\第 8 章\台盆.dwg

Step 01 单击快速访问工具栏中的"打开"按钮，在弹出的"选择文件"对话框中打开素材图形，如图 8-15 所示。

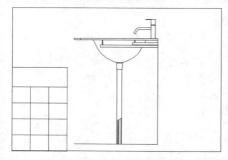

图 8-15　打开素材图形

Step 02 在相应单元格上双击鼠标左键，弹出"文字编辑器"选项卡，如图 8-16 所示。

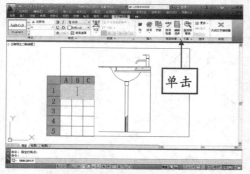

图 8-16　"文字编辑器"选项卡

Step 03 **1** 在"样式"面板中设置文字高度为 4，按【Enter】键确认，**2** 然后在单元格中输入"台盆表"文字，如图 8-17 所示。

图 8-17　输入文字

Step 04 在绘图区空白位置处单击鼠标左键，即可完成文本输入，如图 8-18 所示。

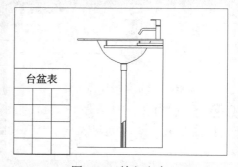

图 8-18　输入文本

8.2.3 新手练兵——调用外部表格

在 AutoCAD 2013 中，用户可根据需要调用外部表格。

实例文件	光盘\实例\第 8 章\工程预算.xls
所用素材	光盘\素材\第 8 章\工程预算.dwg

Step 01 单击快速访问工具栏中的"新建"按钮，新建一个空白的图形文件；在"功能区"选项板的"注释"选项卡中，单击"表格"面板上的"数据链接"按钮，

如图 8-19 所示。

Step 02 **1** 弹出"数据链接管理器"对话框，**2** 在"链接"列表框中选择"创建新的 Excel 数据链接"选项，如图 8-20 所示。

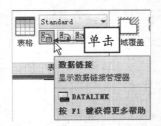

图 8-19　单击"数据链接"按钮

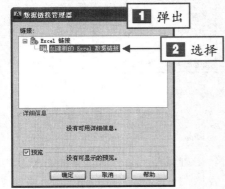

图 8-20　选择相应选项

Step 03 ①弹出"输入数据链接名称"对话框，②在"名称"文本框中输入"施工预算"，如图 8-21 所示。

图 8-21　在文本框中输入"施工预算"

Step 04 单击"确定"按钮，①弹出"新建 Excel 数据链接：施工预算"对话框，②在"文件"选项区中单击"浏览"按钮，如图 8-22 所示。

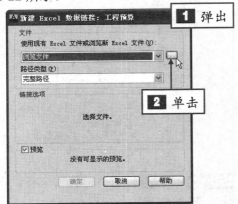

图 8-22　单击"浏览"按钮

Step 05 ①弹出"另存为"对话框，②在其中用户可根据需要选择相应的 Excel 链接文件，如图 8-23 所示。

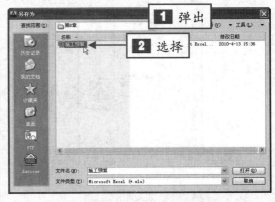

图 8-23　选择相应的 Excel 链接文件

Step 06 单击"打开"按钮，返回"新建 Excel 数据链接：施工预算"对话框，在对话框下方的"预览"窗口中，可以预览链接的 Excel 文件，如图 8-24 所示。

图 8-24　预览链接的 Excel 文件

Step 07 单击"确定"按钮，返回"数据链接管理器"对话框，在"链接"列表框中的"工程预算"选项中单击鼠标右键，在弹出的快捷菜单中选择"打开 Excel 文件"选项，如图 8-25 所示。

Step 08 执行上述操作后，即可调用外部表格，效果如图 8-26 所示。

图 8-25　选择"打开 Excel 文件"选项

图 8-26　调用外部表格

8.3　设置表格

　　创建并编辑表格后，用户还可以根据需要对表格进行格式化操作。AutoCAD 2013 提供了丰富的格式化功能，用户可以设置表格底纹、表格线宽、表格线型颜色、表格线型样式以及调整内容对齐方式等。

8.3.1　新手练兵——设置表格底纹

　　在 AutoCAD 2013 中，当表格中的底纹不能满足用户需求时，可以自定义表格底纹。

实例文件	光盘\实例\第 8 章\建筑材料需求表.dwg
所用素材	光盘\素材\第 8 章\建筑材料需求表.dwg

Step 01　单击快速访问工具栏中的"打开"按钮🖿，在弹出的"选择文件"对话框中打开素材图形，如图 8-27 所示。

建筑材料需求表				
材料	数量	单价	总价	备注
乳胶				
木板				
石沙				
瓷砖				
水泥				
油漆				

图 8-27　打开素材图形

Step 02　在绘图区中选择所有表格为设置对象，在表格左上方的位置上，单击鼠标左键，使表格呈全选状态，如图 8-28 所示。

Step 03　单击"功能区"选项板中的"视图"选项卡，在"选项板"面板上单击"特性"按钮🖳，如图 8-29 所示。

图 8-28　全选状态

图 8-29　单击"特性"按钮

Step 04　❶弹出"特性"面板，在"单元"选项区中单击"背景填充"右侧的下拉按钮，❷在弹出的下拉列表框中选择"选择颜色"选项，如图 8-30 所示。

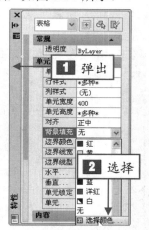

图 8-30 选择"选择颜色"选项

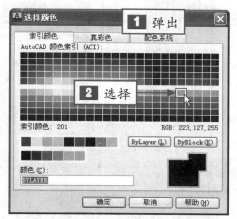

图 8-31 选择淡紫色为表格底纹

Step 05 ❶弹出"选择颜色"对话框，❷在"索引颜色"选项卡中选择淡紫色为表格底纹，如图 8-31 所示。

Step 06 设置完成后，单击"确定"按钮，关闭"特性"面板，按【Esc】键退出，即可设置表格底纹，如图 8-32 所示。

建筑材料需求表				
材料	数量	单价	总价	备注
乳胶				
木板				
石沙				
瓷砖				
水泥				
油漆				

图 8-32 设置表格底纹

高手指引

在 AutoCAD 2013 中，选择需要设置底纹的表格，在"功能区"选项板的"表格单元"选项卡中，单击"单元样式"面板上的"表格单元背景色"按钮，在弹出的列表框中，用户可根据需要选择相应的底纹颜色。

8.3.2 新手练兵——设置表格线宽

在 AutoCAD 2013 中，用户可以对表格的线宽进行设置。

实例文件	光盘\实例\第 8 章\材料表.dwg
所用素材	光盘\素材\第 8 章\材料表.dwg

Step 01 单击快速访问工具栏中的"打开"按钮 ，在弹出的"选择文件"对话框中打开素材图形，如图 8-33 所示。

Step 02 在绘图区中选择需要设置线宽的表格，弹出"表格单元"选项卡，如图 8-34 所示。

Step 03 在"功能区"选项板的"表格单元"选项卡中，单击"单元样式"面板上的"编辑边框"按钮 ，如图 8-35 所示。

螺帽材料表				
序号	名称	数量	材料	备注
1	底座	1	HT157	
2	钻模板	2	40	
3	钻套	5	45	
4	轴	3	40	
5	开口垫片	4	35	GB170-56

图 8-33 打开素材图形

图 8-34 "表格单元"选项卡

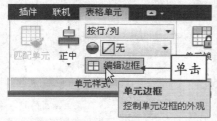

图 8-35 单击"编辑边框"按钮

Step 04 ❶弹出"单元边框特性"对话框，❷在"边框特性"选项区中选中"双线"复选框，如图 8-36 所示。

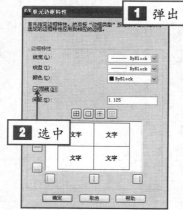

图 8-36 选中"双线"复选框

Step 05 在下方预览窗口中的线型位置上，单击鼠标左键，使其呈双线显示状态，如图 8-37 所示。

图 8-37 使表格线宽呈双线显示

Step 06 设置完成后，单击"确定"按钮，按【Esc】键退出，即可设置表格线宽为双线，如图 8-38 所示。

螺帽材料表				
序号	名称	数量	材料	备注
1	底座	1	HT157	
2	钻模板	2	40	
3	钻套	5	45	
4	轴	3	40	
5	开口垫片	4	35	GB170-56

图 8-38 设置表格线宽为双线

技巧发送

选中相应单元格后，单击"视图"选项卡中的"特性"按钮，在弹出的"特性"面板中也可以设置线宽。

8.3.3 新手练兵——设置表格线型颜色

在 AutoCAD 2013 中，用户还可以根据需要设置表格的线型颜色。

实例文件	光盘\实例\第 8 章\材料明细单.dwg
所用素材	光盘\素材\第 8 章\材料明细单.dwg

Step 01 单击快速访问工具栏中的"打开"按钮，在弹出的"选择文件"对话框中打开

素材图形，如图 8-39 所示。

Step 02 在绘图区中选择需要设置线型颜

色的表格，如图 8-40 所示。

材料明细单				
名称	合叶	把手	门吸	灯
1	10	17	19	23
2	27	28	23	55
3	34	30	38	60
小计	71			

图 8-39　打开素材图形

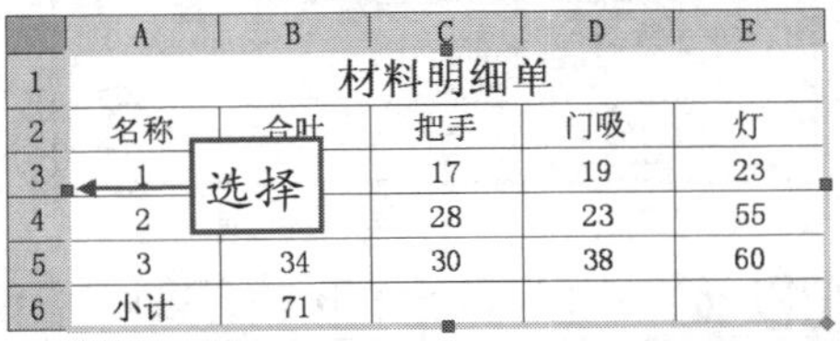

图 8-40　选择需要设置线型颜色的表格

Step 03 在任意一个单元格上单击鼠标右键，在弹出的快捷菜单中选择"边框"选项，如图 8-41 所示。

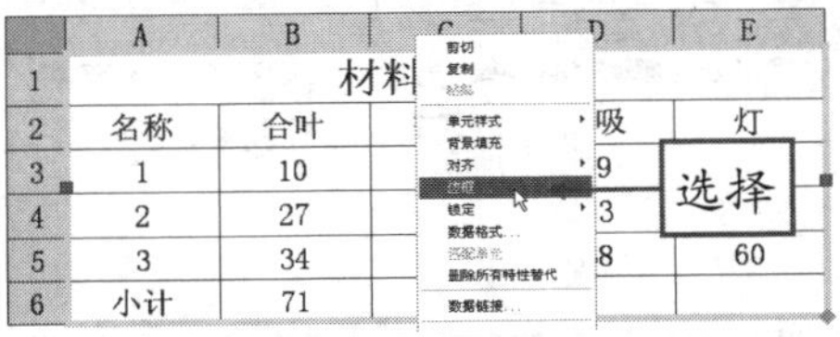

图 8-41　选择"边框"选项

Step 04 1 弹出"单元边框特性"对话框，2 单击"颜色"右侧的下拉按钮，3 在弹出的列表框中选择"蓝"选项，如图 8-42 所示。

Step 05 在预览窗口周围，单击相应的边框按钮，使预览窗口中的线条呈蓝色显示，如图 8-43 所示。

Step 06 设置完成后，单击"确定"按钮，按【Esc】键退出，即可设置表格线型的颜色，如图 8-44 所示。

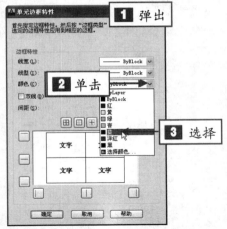

图 8-42　选择"蓝"选项

图 8-43　使线条呈蓝色显示

材料明细单				
名称	合叶	把手	门吸	灯
1	10	17	19	23
2	27	28	23	55
3	34	30	38	60
小计	71			

图 8-44　设置表格线型的颜色

8.3.4 新手练兵——设置表格线型样式

在编辑表格的过程中，用户还可以设置表格的线型样式。

实例文件	光盘\实例\第 8 章\明细单.dwg
所用素材	光盘\素材\第 8 章\明细单.dwg

Step 01 单击快速访问工具栏中的"打开"按钮，在弹出的"选择文件"对话框中打开素材图形，如图 8-45 所示。

Step 02 在绘图区中选择需要设置线型

样式的表格，如图 8-46 所示。

Step 03 在任意一个单元格上单击鼠标右键，在弹出的快捷菜单中选择"边框"选项，1 弹出"单元边框特性"对话框，2 单击"线型"右侧的下拉按钮，**3** 在弹出的列表框中选择"其他"选项，如图 8-47 所示。

明细单		
序号	图号	名称
1	241	底座
2	242	螺套
3	243	螺钉
4	244	螺母

图 8-45　打开素材图形

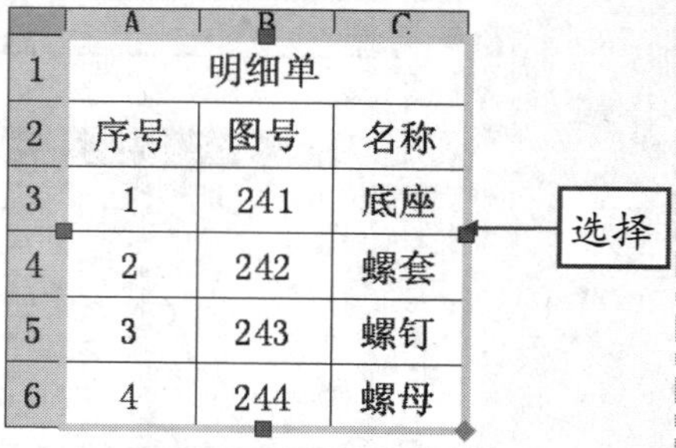

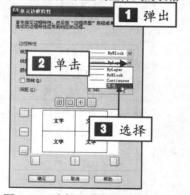

图 8-46　选择需要设置线型样式的表格

图 8-47　选择"其他"选项

Step 04 **1** 弹出"选择线型"对话框，**2** 单击"加载"按钮，果如图 8-48 所示。

图 8-48　单击"加载"按钮

Step 05 **1** 弹出"加载或重载线型"对

话框，**2** 在下拉列表框中选择 ACAD_IS003W100 选项，如图 8-49 所示。

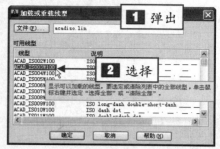

图 8-49　选择相应选项

Step 06 单击"确定"按钮，返回"选择线型"对话框，在其中选择 ACAD_IS003W100 线型，如图 8-50 所示。

图 8-50　选择相应选项

Step 07 单击"确定"按钮，返回"单元边框特性"对话框，单击"所有边框"按钮田，然后单击"确定"按钮，并按【Esc】键退出，即可设置表格的线型样式，如图 8-51 所示。

明细单		
序号	图号	名称
1	241	底座
2	242	螺套
3	243	螺钉
4	244	螺母

图 8-51　设置表格线型样式

高手指引

如果只需设置表格中间某一部分的线型样式，可以单击预览窗口周围的相应的边框按钮，或者直接在预览窗口中选择要进行设置的直线，使之呈需要设置的状态。

8.3.5 新手练兵——调整内容对齐方式

通过调整表格单元格内容对齐方式，可将单元内的文本按一定的方式进行对齐。

实例文件	光盘\实例\第 8 章\基座.dwg
所用素材	光盘\素材\第 8 章\基座.dwg

Step 01 单击快速访问工具栏中的“打开”按钮，在弹出的“选择文件”对话框中打开素材图形，如图 8-52 所示。

钻模				
序号	名称	数量	材料	备注
1	钻模板	1	40	—
2	钻套	5	40	—
3	轴	1	40	—
4	开口垫片	1	35	—

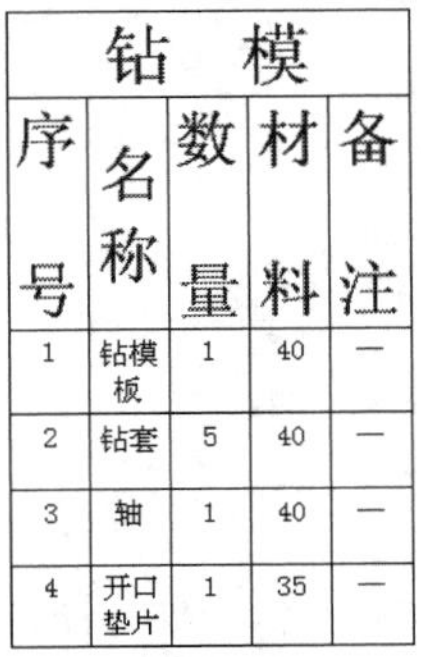

图 8-52　打开素材图形

Step 02 在绘图区中选择需要调整对齐方式的单元内容，如图 8-53 所示。

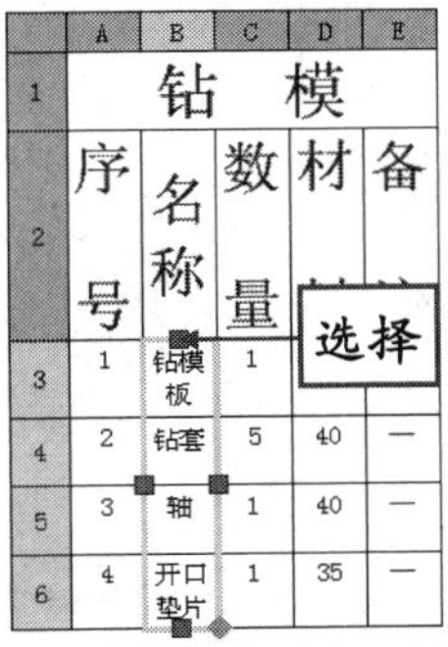

图 8-53　选择需要调整的单元内容

Step 03 在“功能区”选项板中的“表格单元”选项卡中，**1** 单击“中上”中间的下拉按钮，**2** 在弹出的列表框中选择“左中”选项，如图 8-54 所示。

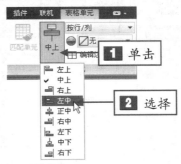

图 8-54　选择“左中”选项

Step 04 执行上述操作后，按【Esc】键退出，即可调整内容的对齐方式，如图 8-55 所示。

钻模				
序号	名称	数量	材料	备注
1	钻模板	1	40	--
2	钻套	5	40	--
3	轴	1	40	--
4	开口垫片	1	35	--

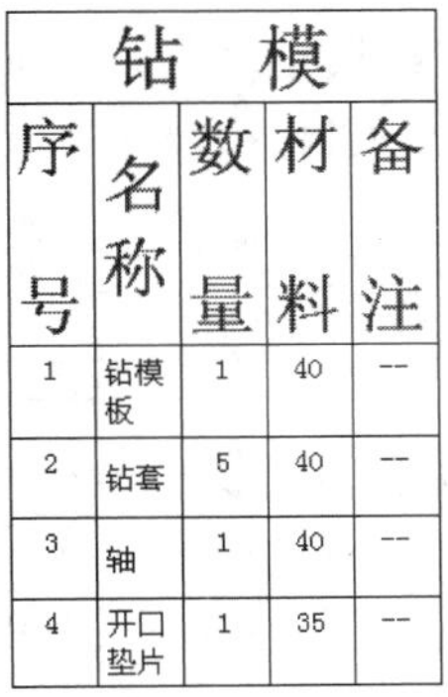

图 8-55　调整内容的对齐方式

技巧发送

在绘图区中选择需要调整对齐方式的单元内容，单击鼠标右键，在弹出的快捷菜单中选择“对齐”｜“正中”选项，也可以调整单元内容的对齐方式。

8.4 管理表格

在 AutoCAD 2013 中，一般情况下，不可能一次就创建出完全符合要求的表格。此外，由于情形的变化，也需要对表格进行适当的修改，使其满足需求。本节主要介绍管理表格的各种操作方法，如插入行和列、删除行和列、插入列合并单元格以及调整行高和列宽等。

8.4.1　新手练兵——插入行和列

使用表格时经常会出现行数和列数不够用的情况，此时使用 AutoCAD 2013 提供的"插入行"和"插入列"命令，可以很方便地完成行和列的添加操作。

实例文件	光盘\实例\第 8 章\螺钉明细单.dwg
所用素材	光盘\素材\第 8 章\螺钉明细单.dwg

Step 01 单击快速访问工具栏中的"打开"按钮，在弹出的"选择文件"对话框中打开素材图形，如图 8-56 所示。

图 8-56　打开素材图形

Step 02 在绘图区中，选择最下方的两行单元格对象，如图 8-57 所示。

图 8-57　选择单元格对象

Step 03 在左上方的位置上，单击鼠标右键，在弹出的快捷菜单中，选择"行"|"在下方插入"选项，如图 8-58 所示。

图 8-58　选择相应选项

Step 04 执行上述操作后，即可插入行，如图 8-59 所示。

图 8-59　插入行

Step 05 在绘图区中，选择最右侧的一列单元格对象，在左上方的位置上，单击鼠标右键，在弹出的快捷菜单中，选择"列"|"在右侧插入"选项，如图 8-60 所示。

图 8-60　选择相应选项

Step 06 执行上述操作后，即可插入行和列，并按【Esc】键退出，如图 8-61 所示。

图 8-61　插入行和列

技巧发送

除了运用上述方法插入行和列外，还有以下方法。

✿ 插入行：在"功能区"选项板中的"表格单元"选项卡中，单击"行"面板中的"从下方插入"按钮，或单击"从上方插入"按钮。

✿ 插入列：在"功能区"选项板中的"表格单元"选项卡中，单击"列"面板中的"从左侧插入"按钮，或单击"从右侧插入"按钮。

8.4.2 新手练兵——删除行和列

在进行表格管理时，如果表格中有多余的行或列时，可以将其删除。

实例文件	光盘\实例\第8章\螺帽.dwg
所用素材	光盘\素材\第8章\螺帽.dwg

Step 01 单击快速访问工具栏中的"打开"按钮，在弹出的"选择文件"对话框中打开素材图形，如图 8-62 所示。

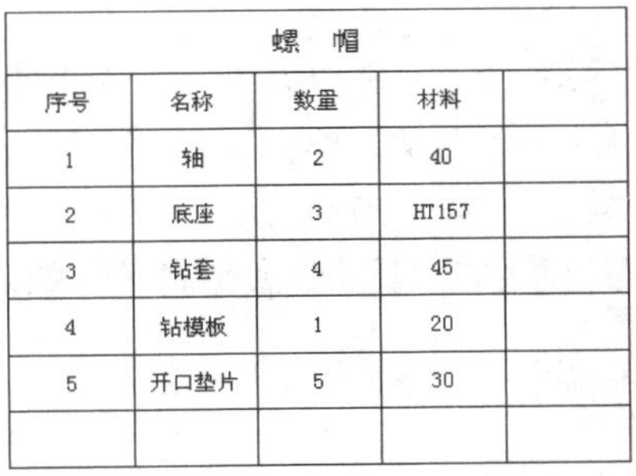

图 8-62 打开素材图形

Step 02 在绘图区中，选择最下方的单元格对象，如图 8-63 所示。

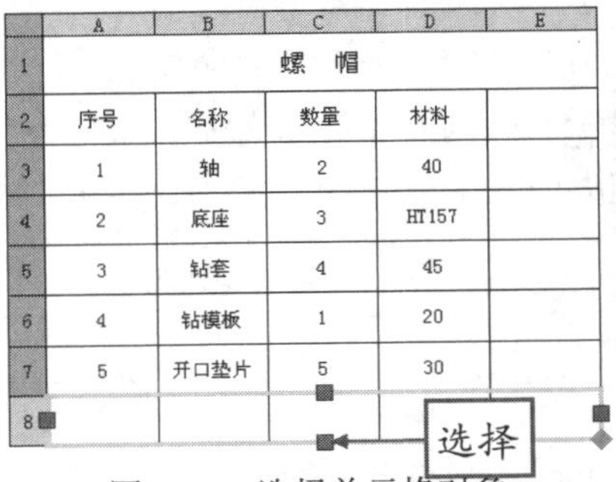

图 8-63 选择单元格对象

Step 03 在左上方的位置上，单击鼠标右键，在弹出的快捷菜单中，选择"删除行"选项，如图 8-64 所示。

Step 04 执行上述操作后，即可删除行，

再在绘图区中，选择最右侧的一列单元格对象，如图 8-65 所示。

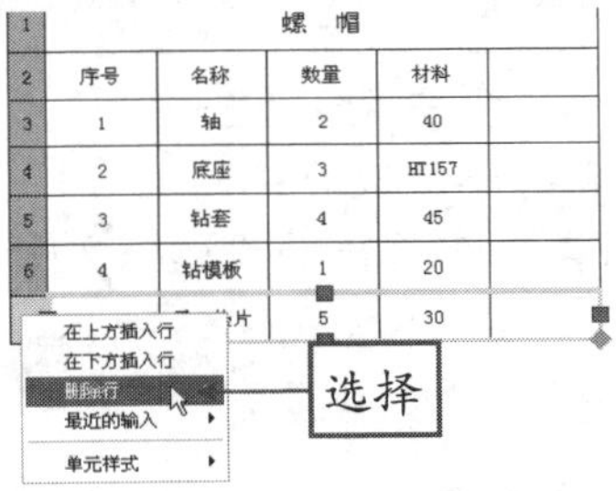

图 8-64 选择"删除行"选项

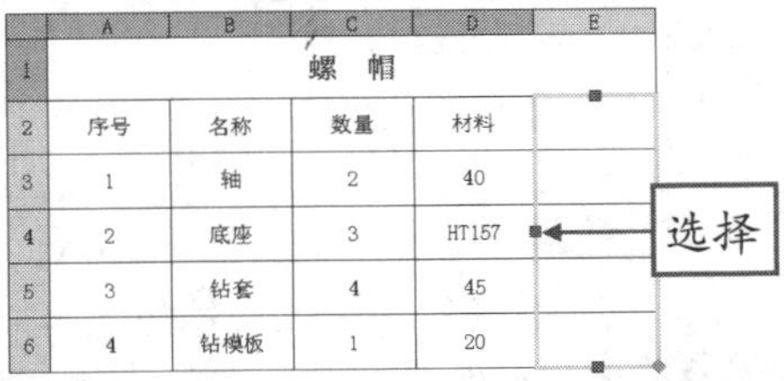

图 8-65 选择单元格对象

Step 05 在左上方的位置上，单击鼠标右键，在弹出的快捷菜单中，选择"删除列"选项，如图 8-66 所示。

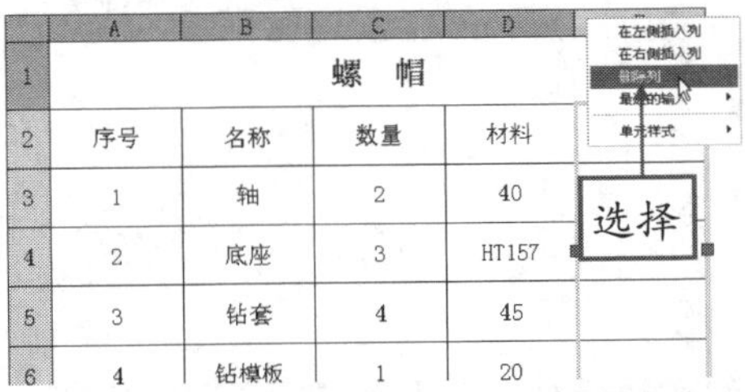

图 8-66 选择"删除列"选项

Step 06 执行上述操作后，即可删除行和列，并按【Esc】键退出，如图 8-67 所示。

技巧发送

除了运用上述方法删除行和列外，还有以下方法。

❋ 删除行：在"功能区"选项板中的"表格单元"选项卡中，单击"行"面板的"删除行"按钮。

❋ 删除列：在"功能区"选项板中的"表格单元"选项卡中，单击"列"面板的"删除列"按钮。

螺　帽

序号	名称	数量	材料
1	轴	2	40
2	底座	3	HT157
3	钻套	4	45
4	钻模板	1	20

图 8-67　删除行和列

8.4.3　新手练兵——合并单元格

使用"合并单元格"功能可以对多个连续的单元格进行合并，合并的方式包括"合并全部"、"按行合并"和"按列合并"表格单元。

	实例文件	光盘\实例\第 8 章\种植材料表.dwg
	所用素材	光盘\素材\第 8 章\种植材料表.dwg

Step 01 单击快速访问工具栏中的"打开"按钮，在弹出的"选择文件"对话框中打开素材图形，如图 8-68 所示。

种 植 材 料 表

序号	名称	数量	备注
1	水仙	105	
2	月季	80	
3	玫瑰	55	
4	丁香	68	
合计			

图 8-68　打开素材图形

Step 02 在绘图区中，选择右侧备注下方单元格为合并对象，弹出"表格单元"选项卡，如图 8-69 所示。

图 8-69　弹出"表格单元"选项卡

Step 03 ❶单击"合并单元"按钮，在弹出的列表框中，❷单击"合并全部"按钮，如图 8-70 所示。

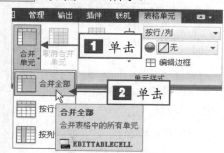

图 8-70　单击"合并全部"按钮

Step 04 执行上述操作后，即可合并单元格，按【Esc】键退出，效果如图 8-71 所示。

种 植 材 料 表

序号	名称	数量	备注
1	水仙	105	
2	月季	80	
3	玫瑰	55	
4	丁香	68	
合计			

图 8-71　合并单元格

技巧发送

除了运用上述合并单元格的方法外，还有以下两种方法。

⊕ 快捷菜单：选中单元格，单击鼠标右键，在弹出的快捷菜单中，选择"合并" | "全部"选项。

⊕ 命令行：在命令行中输入 EDITTABLECELL 命令，按【Enter】键确认。

8.4.4 新手练兵——调整行高和列宽

一般情况下，AutoCAD 2013 会根据表格中输入的内容自动调整行高和列宽，用户也可以自定义表格的行高和列宽，以满足不同的需求。

实例文件	光盘\实例\第 8 章\蜗轮清单.dwg
所用素材	光盘\素材\第 8 章\蜗轮清单.dwg

Step 01 单击快速访问工具栏中的"打开"按钮，在弹出的"选择文件"对话框中打开素材图形，如图 8-72 所示。

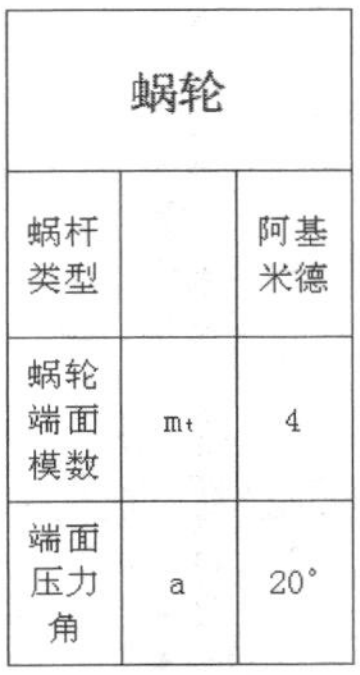

图 8-72 打开素材图形

Step 02 在绘图区中选择所有的表格对象，如图 8-73 所示。

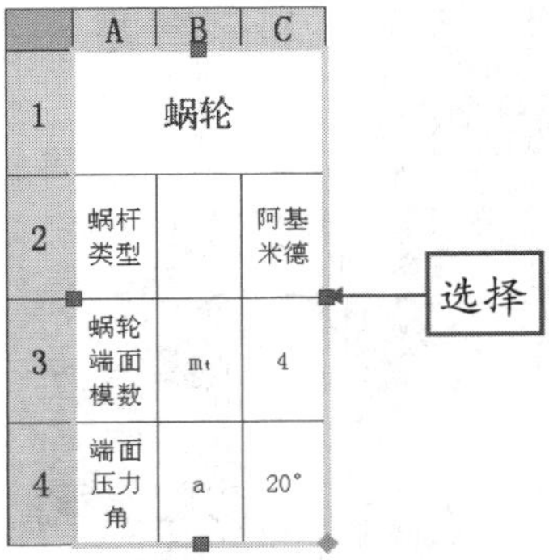

图 8-73 选择所有的表格对象

Step 03 在表格的左上方单击鼠标右键，弹出快捷菜单，选择"特性"选项，如图 8-74 所示。

图 8-74 选择"特性"选项

Step 04 ❶弹出"特性"面板，❷设置"单元宽度"为 240，❸设置"单元高度"为 20，如图 8-75 所示。

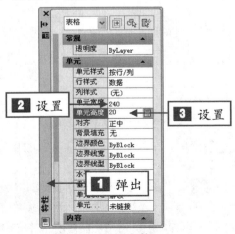

图 8-75 设置参数

131

Step 05 按【Enter】键确认，关闭"特性"面板，并按【Esc】键退出，即可调整表格的行高和列宽，效果如图 8-76 所示。

蜗轮		
蜗杆类型		阿基米德
蜗轮端面模数	m_x	4
端面压力角	a	20°

图 8-76 调整表格的行高和列宽

高手指引

在绘图区中选择需要调整的表格，将鼠标移至表格的控制点上，单击鼠标左键并拖曳至合适位置后释放鼠标，也可以调整表格的行高和列宽。

技巧发送

除了运用上述调用特性面板的方法外，还有以下方法。

❀ 命令行：在命令行中输入 PROPERTIES 命令，按【Enter】键确认。

❀ 菜单栏：单击菜单栏中的"工具"|"选项板"|"特性"命令。

❀ 按钮法 1：在"功能区"选项板中的"常用"选项卡中，单击"特性"面板中的"特性"按钮。

❀ 按钮法 2：在"功能区"选项板中，切换至"视图"选项卡，单击"选项板"面板中的"特性"按钮。

8.4.5 新手练兵——在表格中使用公式

在 AutoCAD 2013 中，用户可以在表格中使用公式进行复杂的计算，从而更快捷地完成设计。

实例文件	光盘\实例\第 8 章\分配材料表.dwg
所用素材	光盘\素材\第 8 章\分配材料表.dwg

Step 01 单击快速访问工具栏中的"打开"按钮，在弹出的"选择文件"对话框中打开素材图形，如图 8-77 所示。

材料分配表

序 号	名 称	数 量	备 注
1	栀子	105	20株/平方米
2	百合	80	20株/平方米
3	玫 瑰	55	30株/平方米
4	水仙	68	40株/平方米
合计			

图 8-77 打开素材图形

Step 02 在表格中选择右下方的单元格，如图 8-78 所示。

Step 03 在"功能区"选项板的"表格单元"选项卡中，■ 单击"插入"面板中的"公式"按钮 fx，■ 在弹出的列表框中选择"求和"选项，如图 8-79 所示。

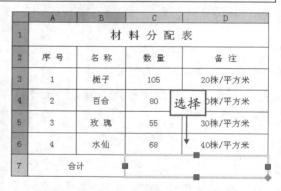
图 8-78 选择单元格

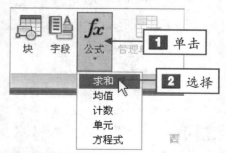
图 8-79 选择"求和"选项

Step 04 根据命令行提示进行操作，在表格中的合适位置上按住鼠标左键并拖曳，选择"数量"列中需要求和的数值，如图 8-80 所示。

图 8-80　选择需要求和的数值

Step 05 执行上述操作后，在公式中将显示需要求和的表格区域，如图 8-81 所示。

Step 06 按【Enter】键确认，即可得出计算结果，效果如图 8-82 所示。

图 8-81　显示需要求和的表格区域

图 8-82　得出计算结果

技巧发送

在表格中选择右下方的单元格，单击鼠标右键，在弹出的快捷菜单中选择"插入点"｜"公式"｜"方程式"选项，执行上述操作后，根据命令行提示进行操作，也可以在表格中使用公式进行计算。

第**09**章　创建管理图层对象

学前提示

　　图层是用户组织和管理图形对象的一个有力工具，所有图形对象都具有图层、颜色、线型和线宽这 4 个基本属性。用户可以使用不同的图层、颜色、线型和线宽绘制出不同的图形对象，不仅可以方便地控制图形对象的显示和编辑，还可以提高绘图效率和准确性。

本章知识重点

▶ 创建图层　　　　　　　　　　▶ 设置图层特性

▶ 使用图层工具管理图层　　　　▶ 应用图层过滤器

学完本章后应该掌握的内容

▶ 掌握图层的创建，如创建与重命名图层及置为当前层等

▶ 掌握图层特性的设置，如设置图层颜色、线宽、线型样式及线型比例等

▶ 掌握图层工具的使用，如显示和隐藏图层、删除图层及合并图层等

▶ 掌握图层过滤器的应用，如设置过滤条件及重命名图层过滤器等

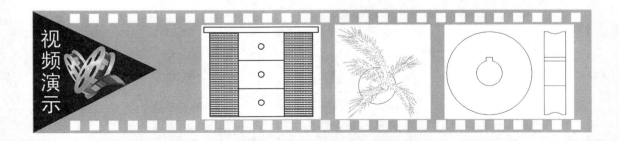

视频演示

9.1　创建图层

在 AutoCAD 2013 中，图形中通常包括多个图层，它们就像一张张透明的图纸一样重叠在一起。在机械及建筑等工程制图中，图形中主要包括基准线、轮廓线、虚线、剖面线、尺寸标注以及文字说明等元素。如果使用图层来管理这些元素，不仅能使图形的各种信息清晰、有序，便于观察，而且也会给图形的编辑、修改和输出带来很大的方便。

9.1.1　图层的概念

图层是计算机辅助制图快速发展的产物，在许多平面绘图软件及网页软件中都有运用。图层是用户组织和管理图形的强有力工具，每个图层就像一张透明的玻璃纸，而每张纸上面的图形可以进行叠加。

在 AutoCAD 2013 中，使用图层可以管理和控制复杂的图形。在绘图时，可以把不同种类和用途的图形分别置于不同的图层中，从而实现对相同种类图形的统一管理。

在 AutoCAD 2013 中的绘图过程中，图层是最基本的操作，也是最有用的工具之一，对图形文件中各类实体的分类管理和综合控制具有重要的意义。总的来说，图层具有以下 3 方面的优点。

- 节省存储空间。
- 控制图形的颜色、线条的宽度及线型等属性。
- 统一控制同类图形实体的显示、冻结等特性。

在 AutoCAD 2013 中，可以创建无限个图层，也可以根据需要，在创建的图层中设置每个图层相应的名称、线型以及颜色等。熟练地使用图层，可以提高图形的清晰度和绘制效率，在复杂的工程制图中显得尤为重要。

在 AutoCAD 中将当前正在使用的图层称为当前图层，用户只能在当前图层中创建新图形。当前图层的名称、线型、颜色以及状态等信息都显示在"图层"面板中。

9.1.2　新手练兵——创建与重命名图层

在开始绘制新图形时，AutoCAD 会自动创建一个名称为 0 的特殊图层。在绘图过程中，如果用户要使用更多的图层来组织图形，就需要创建新图层，创建新的图层后，用户可以随时对图层进行重命名操作。

实例文件	光盘\素材\第 9 章\床头柜.dwg
所用素材	光盘\素材\第 9 章\床头柜.dwg

Step 01 单击快速访问工具栏中的"打开"按钮，在弹出的"选择文件"对话框中打开素材图形，如图 9-1 所示。

Step 02 在"功能区"选项板的"视图"选项卡中，单击"选项板"面板中的"图层特性"按钮，如图 9-2 所示。

Step 03 在弹出的"图层特性管理器"面板中单击"新建图层"按钮，如图 9-3 所示。

Step 04 在"图层特性管理器"面板中，将新建一个默认名为"图层 1"的图层，完成创建新图层的操作，如图 9-4 所示。

Step 05 在"名称"列表框中的"图层 1"上单击鼠标右键，在弹出的快捷菜单中选择"重命名图层"选项，如图 9-5 所示。

新手学设计完全精通

图 9-1 打开素材图形

图 9-2 单击"图层特性"按钮

图 9-3 单击"新建图层"按钮

技巧发送

　　除了运用上述方法创建与重命名图层外，还有以下 3 种方法。

　　命令行：在命令行中输入 LAYER（图层）命令，按【Enter】键确认。

　　菜单栏：单击菜单栏中的"格式"｜"图层"命令。

　　按钮法：在"功能区"选项板的"常用"选项卡，单击"图层"面板中的"图层特性"按钮。

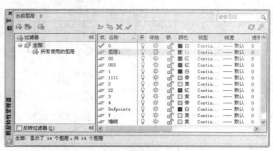

图 9-4 新建图层 1

图 9-5 选择"重命名图层"选项

Step 06 将"图层 1"重命名为"文字说明"，按【Enter】键确认，即可重命名图层，如图 9-6 所示。

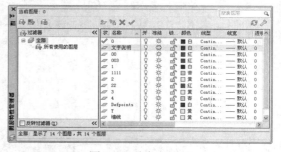

图 9-6 重命名图层

知识链接

　　AutoCAD 自动创建的名称为 0 的特殊图层，在默认情况下，图层将被指定使用 7 号颜色（为白色或黑色，由背景颜色决定，如本书设置绘图区的背景色为白色，则图层颜色为黑色）、Continuous 线型、"默认"线宽及 Normal 打印样式，用户不能删除或重命名该图层。

　　在"图层特性管理器"面板中，选择一个图层并按【Enter】键，也可以新建图层；在"名称"列表框中，双击需要重命名的图层，使其名称呈可编辑状态，也可以对图层进行重命名操作。

9.1.3 新手练兵——置为当前层

在 AutoCAD 2013 中，在绘制图形时，常常需要将图形绘制在不同的图层上，此时需要将需绘制的图层置为当前图层。

实例文件	光盘\素材\第 9 章\圆形窗.dwg
所用素材	光盘\素材\第 9 章\圆形窗.dwg

Step 01 单击快速访问工具栏中的"打开"按钮，在弹出的"选择文件"对话框中打开素材图形，如图 9-7 所示。

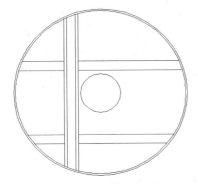

图 9-7 打开删除图形

Step 02 在"功能区"选项板的"常用"选项卡中，单击"图层"面板中的"图层特性"按钮，**1** 弹出"图层特性管理器"面板，**2** 在"名称"列表框中选择"图层 1"图层，**3** 单击"置为当前"按钮，如图 9-8 所示。

Step 03 执行上述操作后，即可将其置为当前图层，如图 9-9 所示。

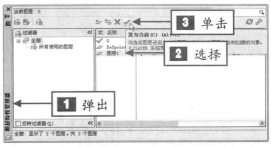

图 9-8 单击"置为当前"按钮

图 9-9 置为当前图层

技巧发送

在"图层 1"图层上，单击鼠标右键，在弹出的快捷菜单中选择"置为当前"选项，也可以将该图层置为当前图层。

9.2 设置图层特性

图形对象的各种特性将由当前图层的默认设置决定，用户可以根据需要对某一图层单独设置图形对象的特性，使用户更加方便地绘制图形对象。图层的设置主要包括图层颜色、图层线宽以及图层线型等。

9.2.1 新手练兵——设置图层颜色

AutoCAD 绘制的图形对象都具有一定的颜色，为使绘制的图形清晰表达，可把同一类的图形对象用相同的颜色绘制，而使不同类的对象具有不同的颜色，以示区分，这样就需要适当地对颜色进行设置。在 AutoCAD 2013 中，提供了 7 种标准颜色，即红色、黄色、绿色、青色、蓝色、紫色和白色，用户可根据需要选择相应的颜色。

实例文件	光盘\实例\第 9 章\操作杆.dwg
所用素材	光盘\素材\第 9 章\操作杆.dwg

Step 01 单击快速访问工具栏中的"打开"按钮，在弹出的"选择文件"对话框中打开素材图形，如图 9-10 所示。

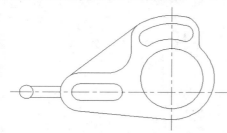

图 9-10　打开素材图形

Step 02 在"功能区"选项板中切换至"视图"选项卡，单击"选项板"面板中的"图层特性"按钮，弹出"图形特性管理器"面板，如图 9-11 所示。

图 9-11　弹出"图形特性管理器"面板

Step 03 在"辅助线"图层上，单击对应的"颜色"列，**1** 弹出"选择颜色"对话框，**2** 在其中选择洋红，如图 9-12 所示。

Step 04 单击"确定"按钮，完成设置图层颜色的操作，并返回"图形特性管理器"

面板，如图 9-13 所示。

图 9-12　选择洋红

图 9-13　"图层特性管理器"面板

Step 05 关闭"图层特性管理器"面板，即可查看更改图层颜色后的图形效果，如图 9-14 所示。

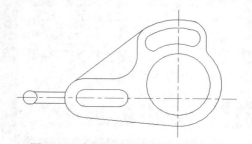

图 9-14　查看更改图层后的图形效果

技巧发送

除了运用上述方法可以设置图层颜色外，用户还可以在"功能区"选项板的"常用"选项卡中，单击"特性"面板中的"对象颜色"下拉列表框，在弹出的列表框中，选择合适的颜色选项。

9.2.2　新手练兵——设置图层线宽

线宽设置就是改变线条的宽度。在 AutoCAD 中，使用不同宽度的线条表现对象的大小或类型，可以提高图形的表达能力和可读性。

	实例文件	光盘\实例\第 9 章\柜子.dwg
	所用素材	光盘\素材\第 9 章\柜子.dwg

Step 01 单击快速访问工具栏中的"打开"按钮，在弹出的"选择文件"对话框中打开素材图形，如图 9-15 所示。

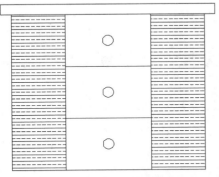

图 9-15　打开素材图形

Step 02 在"功能区"选项板中的"常用"选项卡中，单击"图层"面板中的"图层特性"按钮，**1** 弹出"图层特性管理器"面板，在 0 图层中，**2** 单击"线宽"列，如图 9-16 所示。

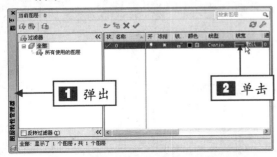

图 9-16　单击"线宽"列

Step 03 **1** 弹出"线宽"对话框，**2** 选择 0.30mm 选项，如图 9-17 所示。

图 9-17　选择"0.30mm"选项

Step 04 单击"确定"按钮，返回到"图层特性管理器"面板，单击"关闭"按钮，即可设置图层的线宽，在状态栏上单击"显示/隐藏线宽"按钮，显示线宽，如图 9-18 所示。

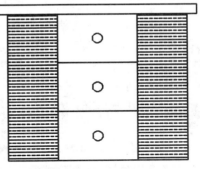

图 9-18　显示线宽

9.2.3　新手练兵——设置图层线型样式

图层线型是指在图层中绘图时所使用的线型，每一个图层都有相应的线型。例如，线型中的"全局比例因子"参数需要与图形比例匹配，以便在图纸上正确地反映该线型。

	实例文件	光盘\实例\第 9 章\装饰物.dwg
	所用素材	光盘\素材\第 9 章\装饰物.dwg

Step 01 单击快速访问工具栏中的"打开"按钮，在弹出的"选择文件"对话框中打开素材图形，如图 9-19 所示。

Step 02 在"功能区"选项板的"常用"选项卡中，单击"图层"面板上的"图层特性"按钮，弹出"图层特性管理器"面板，

01 02 03 04 05 06 07 08 09 10

如图 9-20 所示。

图 9-19　打开素材图形

弹出

图 9-20　"图层特性管理器"面板

Step 03 在"BH"图层上单击"线型"列，**1** 弹出"选择线型"对话框，**2** 单击"加载"按钮，如图 9-21 所示。

1 弹出

2 单击

图 9-21　单击"加载"按钮

Step 04 **1** 弹出"加载或重载线型"对话框，**2** 在"可用线型"下拉列表框中选择 HIDDEN2 选项，如图 9-22 所示。

Step 05 单击"确定"按钮，返回"选择线型"对话框，在"线型"列表框中选择 HIDDEN2 选项，如图 9-23 所示。

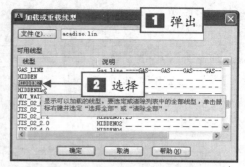

1 弹出

2 选择

图 9-22　选择 HIDDEN2 选项

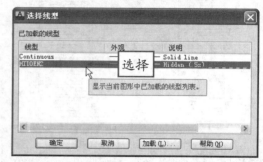

选择

图 9-23　选择 HIDDEN2 选项

Step 06 单击"确定"按钮，并关闭"图层特性管理器"面板，即可查看图层线型样式，如图 9-24 所示。

图 9-24　查看图层线型样式

知识链接

线型是指图形基本元素的组成和显示方式，如点划线和虚线等，在绘制图形时，如果要使用线型来区分图形元素，则需要对线型进行设置。

9.2.4　新手练兵——设置图层线型比例

在 AutoCAD 2013 中，可以设置图形中的线型比例，从而改变非连续线型的外观。

实例文件	光盘\实例\第 9 章\泵盖.dwg
所用素材	光盘\素材\第 9 章\泵盖.dwg

Step 01 单击快速访问工具栏中的"打开"按钮，在弹出的"选择文件"对话框中打开素材图形，如图 9-25 所示。

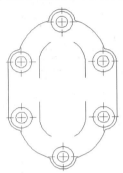

图 9-25　打开素材图形

Step 02 显示菜单栏，单击"格式"|"线型"命令，如图 9-26 所示。

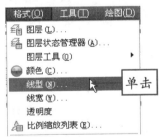

图 9-26　单击相应命令

Step 03 **1** 弹出"线型管理器"对话框，**2** 单击"显示细节"按钮，如图 9-27 所示。

图 9-27　单击"显示细节"按钮

Step 04 **1** 展开"详细信息"选项区，**2** 在"线型"下方的列表中选择合适的线型，**3** 并在"详细信息"选项区中设置"全局比例因子"为 0.4，如图 9-28 所示。

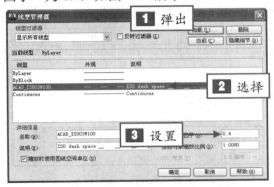

图 9-28　设置参数

Step 05 单击"确定"按钮，即可设置图层的线型比例，效果如图 9-29 所示。

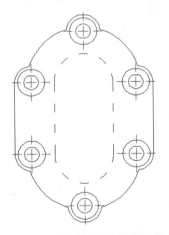

图 9-29　设置图层的线型比例

 高手指引

在命令行中输入 LINETYPE（线型）命令，按【Enter】键确认，也会弹出"线型管理器"对话框。

9.3 使用图层工具管理图层

在图层上绘制图形时，新对象的各种特性将由当前图层的默认设置决定，但也可以单独设置其对象特性，新设置的特性将覆盖原来图层的特性。每个图形都包含名称、打开与关闭、冻结与解冻、锁定与解锁以及线型等特性，用户可以根据需要，通过控制特性来控制图层的整体状态。

9.3.1 新手练兵——显示和隐藏图层

默认情况下图层都处于打开状态，在该状态下图层中的所有图形对象都将显示在绘图区中，用户可以对其进行编辑操作。在"图层特性管理器"面板中，单击"开"列相应的小灯泡图标 ，可以打开或关闭图层。打开状态下，小灯泡颜色为黄色，图层上的图形将显示，并可以在输出设备上打印；关闭状态下，小灯泡颜色为灰色，图层上的图形将不能显示，也不能打印输出。

实例文件	光盘\实例\第 9 章\植物.dwg
所用素材	光盘\素材\第 9 章\植物.dwg

Step 01 单击快速访问工具栏中的"打开"按钮 ，在弹出的"选择文件"对话框中打开素材图形，如图 9-30 所示。

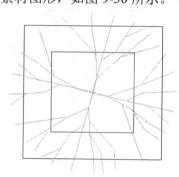

图 9-30　打开素材图形

Step 02 在"功能区"选项板中切换至"常用"选项卡，单击"图层"面板中的"图层特性"按钮 ，弹出"图层特性管理器"面板，如图 9-31 所示。

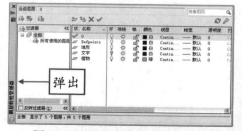

图 9-31　"图层特性管理器"面板

Step 03 单击"文字"图层上"开"列中的 图标，显示"文字"图层，返回绘图窗口，观察显示图层后的效果，如图 9-32 所示。

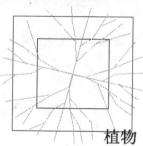

植物

图 9-32　显示"文字"图层

Step 04 再次打开"图层特性管理器"面板，单击"地形"图层上"开"列中的 图标，关闭图层显示，返回绘图窗口，观察隐藏图层后的效果，如图 9-33 所示。

植物

图 9-33　隐藏"地形"图层

技巧发送

除了在"图形特性管理器"面板中隐藏图层外，还可以在"功能区"选项板的"常用"选项卡中，单击"图层"面板中的"关闭"按钮 🔦。

9.3.2　新手练兵——锁定和解锁图层

在"图层特性管理器"面板中，单击"锁定"列对应的关闭小锁 🔒 图标或打开小锁 🔓 图标，可以锁定或解锁图层。图层在锁定状态下不影响该图层中图形对象的显示，也不影响在该图层中绘制新的图形对象，但不能对该图层上已有的图形进行编辑。另外，在锁定的图层上可以使用查询命令和对象捕捉功能。

实例文件	光盘\实例\第 9 章\酒具.dwg
所用素材	光盘\素材\第 9 章\酒具.dwg

Step 01 单击快速访问工具栏中的"打开"按钮 📂，在弹出的"选择文件"对话框中打开素材图形，如图 9-34 所示。

图 9-34　打开素材图形

Step 02 在"功能区"选项板的"常用"选项卡中，单击"图层"面板中的下拉按钮，如图 9-35 所示。

图 9-35　单击相应按钮

Step 03 在弹出的列表框中，单击"文字"图层的打开小锁 🔓 按钮，使其呈锁定状态 🔒，如图 9-36 所示。

Step 04 执行上述操作后，即可锁定图层；返回绘图窗口，被锁定的图层以灰色显示，如图 9-37 所示。

图 9-36　锁定图层

图 9-37　锁定图层以灰色显示

Step 05 在"功能区"选项板的"常用"选项卡中，单击"图层"面板中的下拉按钮，在弹出的列表框中，单击"图层 3"图层呈锁定状态的小锁 🔒 按钮，使其呈开启状态 🔓，即可解锁该图层，效果如图 9-38 所示。

酒具

图 9-38　解锁图层

> **技巧发送**
>
> 　　除了运用上述方法锁定和解锁图层外，还有以下 4 种方法。
>
> 　　✿ 命令行 1：在命令行中输入 LAYULK（解锁图层）命令，按【Enter】键确认。
>
> 　　✿ 命令行 2：在命令行中输入 LAYLCK（锁定图层）命令，按【Enter】键确认。
>
> 　　✿ 菜单栏 1：单击菜单栏中的"格式"｜"图层工具"｜"图层解锁"命令。
>
> 　　✿ 菜单栏 2：单击菜单栏中的"格式"｜"图层工具"｜"图层锁定"命令。

9.3.3　新手练兵——删除图层

　　在 AutoCAD 2013 中，若某个图层或者某些图层不再需要时，使用"删除图层"命令，可以对其进行删除图层操作。

	实例文件	光盘\实例\第 9 章\传真机.dwg
	所用素材	光盘\素材\第 9 章\传真机.dwg

Step 01 单击快速访问工具栏中的"打开"按钮，在弹出的"选择文件"对话框中打开素材图形，如图 9-39 所示。

图 9-40　单击"删除"按钮

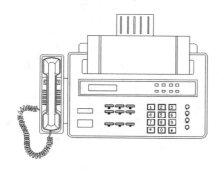

图 9-39　打开素材图形

Step 02 在"功能区"选项板的"常用"选项卡中，单击"图层"面板中的下拉按钮，在展开的面板中单击"删除"按钮，如图 9-40 所示。

Step 03 根据命令行提示进行操作，在绘图区中选择合适的图形为编辑对象，按【Enter】键确认，弹出" AutoCAD 文本窗口-传真机.dwg"文本窗口，如图 9-41 所示。

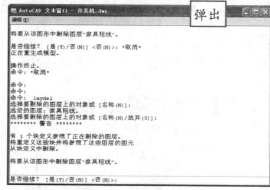

图 9-41　弹出文本窗口

Step 04 输入 Y（是）选项，再按【Enter】键确认，完成删除图层的操作，效果如图 9-42 所示。

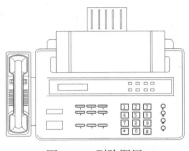

图 9-42 删除图层

技巧发送

除了运用上述方法删除图层外，还有以下两种方法。

🔹 命令行：在命令行中输入 LAYDEL（删除图层）命令，按【Enter】键确认。

🔹 菜单栏：单击菜单栏中的"格式" | "图层工具" | "图层删除"命令。

9.3.4 新手练兵——转换图层

使用"图层转换器"命令可以转换图层，实现图形的标准化和规范化。"图层转换器"命令能够转换当前图形中的图层，使之与其他图层的图形结构或 CAD 标准文件相匹配。

	实例文件	光盘\实例\第 9 章\盆栽.dwg
	所用素材	光盘\素材\第 9 章\盆栽.dwg

Step 01 单击快速访问工具栏中的"打开"按钮📂，在弹出的"选择文件"对话框中打开素材图形，如图 9-43 所示。

图 9-43 打开素材图形

Step 02 在"功能区"选项板的"管理"选项卡中，单击"CAD 标准"面板中的"图层转换器"按钮🔳，**1** 弹出"图层转换器"对话框，**2** 单击"新建"按钮，如图 9-44 所示。

图 9-44 单击"新建"按钮

Step 03 **1** 弹出"新图层"对话框，**2** 在"名称"文本框中输入"植物"，**3** 设置"颜色"为"绿"，如图 9-45 所示。

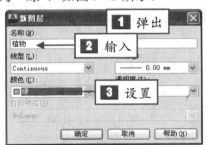

图 9-45 "新图层"对话框

Step 04 单击"确定"按钮，返回"图层转换器"对话框，**1** 选择 0 选项，**2** 选择"植物"选项，**3** 单击"映射"按钮，如图 9-46 所示。

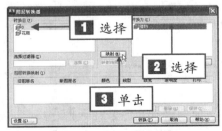

图 9-46 单击"映射"按钮

Step 05 此时，0 图层将映射到"植物"图层中，单击"保存"按钮，**1** 弹出"保存图层映射"对话框，**2** 设置保存路径，如图 9-47 所示。

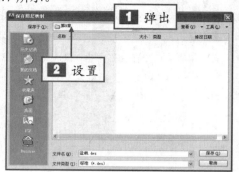

图 9-47　设置保存路径

Step 06 单击"保存"按钮，返回到"图

层转换器"对话框，单击"转换"按钮，即可转换图层，如图 9-48 所示。

图 9-48　转换图层

　技巧发送

除了运用上述方法转换图层外，还有以下两种方法。

❖ 命令行：在命令行中输入 LAYTRANS（图层转换）命令，按【Enter】键确认。

❖ 菜单栏：单击菜单栏中的"工具"｜"CAD 标准"｜"图层转换器"命令。

9.3.5 新手练兵——漫游图层

使用"图层漫游"命令，可以动态地显示在"图层"列表中选择的图层上的对象。

实例文件	光盘\实例\第 9 章\涡轮.dwg
所用素材	光盘\素材\第 9 章\涡轮.dwg

Step 01 单击快速访问工具栏中的"打开"按钮，在弹出的"选择文件"对话框中打开素材图形，如图 9-49 所示。

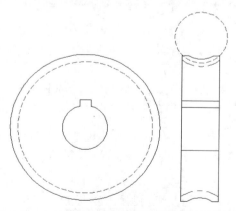

图 9-49　打开素材图形

Step 02 在"功能区"选项板的"常用"选项卡中，单击"图层"面板中间的下拉按钮，

在展开的面板中单击"图层漫游"按钮，如图 9-50 所示。

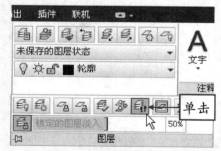

图 9-50　单击"图层漫游"按钮

Step 03 **1** 弹出"图层漫游-图层数：4"对话框，**2** 选择"轮廓"选项，**3** 取消选中"退出时恢复"复选框，如图 9-51 所示。

Step 04 单击"关闭"按钮，**1** 弹出"图层-图层状态更改"对话框，**2** 单击"继续"按钮，如图 9-52 所示。

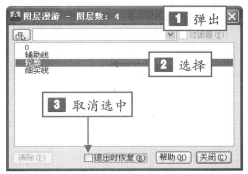

图 9-51　"图层漫游-图层数：4"对话框

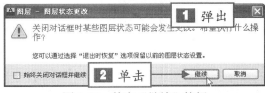

图 9-52　单击"继续"按钮

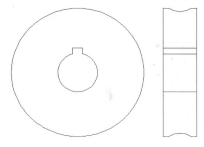

图 9-53　漫游图层

技巧发送

除了运用上述方法漫游图层外，还有以下两种方法。

♻ 命令行：在命令行中输入 LAYWALK（图层漫游）命令，按【Enter】键确认。

♻ 菜单栏：单击菜单栏中的"格式" | "图层工具" | "图层漫游"命令。

Step 05 执行上述操作后，即可漫游图层，效果如图 9-53 所示。

9.3.6　新手练兵——匹配图层

在 AutoCAD 2013 中，图层匹配是指更改选定对象所在的图层，以使其匹配目标图层。

实例文件	光盘\实例\第 9 章\圆柱齿轮.dwg
所用素材	光盘\素材\第 9 章\圆柱齿轮.dwg

Step 01 单击快速访问工具栏中的"打开"按钮，在弹出的"选择文件"对话框中打开素材图形，如图 9-54 所示。

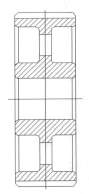

图 9-54　打开素材图形

Step 02 在绘图区中选择合适的直线为编辑对象，如图 9-55 所示。

Step 03 在"功能区"选项板的"常用"选项卡中，单击"图层"面板右侧的下拉按钮，在弹出的列表框中选择"辅助线"图层，如图 9-56 所示。

Step 04 按【Esc】键退出，即可匹配所选的图层，效果如图 9-57 所示。

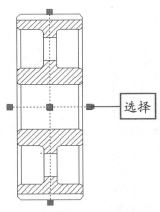

图 9-55　选择编辑对象

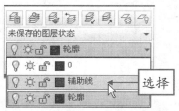

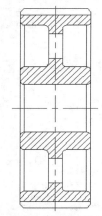

图 9-56 选择"辅助线"图层

 技巧发送

在绘图区中单击鼠标右键，在弹出的快捷菜单中选择"快捷特性"选项，在弹出的面板中可以改变对象所在图层。

图 9-57 匹配图层效果

9.3.7 新手练兵——合并图层

在 AutoCAD 2013 中，用户可根据需要对图层进行合并操作。

实例文件	光盘\实例\第 9 章\空调.dwg
所用素材	光盘\素材\第 9 章\空调.dwg

Step 01 单击快速访问工具栏中的"打开"按钮，在弹出的"选择文件"对话框中打开素材图形，如图 9-58 所示。

图 9-58 打开素材图形

Step 02 在"功能区"选项板中的"常用"选项卡中，单击"图层"面板中间的下拉按钮，在展开的面板上单击"合并"按钮，如图 9-59 所示。

图 9-59 单击"合并"按钮

Step 03 根据命令行提示进行操作，任意选择一条线段为编辑对象，如图 9-60 所示。

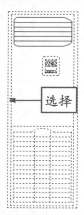

图 9-60 选择编辑对象

Step 04 按【Enter】键确认，在绘图区中选择剩余的直线为目标图层上的对象，输入 Y，如图 9-61 所示，按【Enter】键确认，即可合并图层。

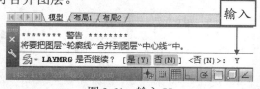

图 9-61 输入 Y

9.3.8　新手练兵——保存图层

恢复图层状态时，将恢复保存图层状态时指定的设置。用户可以指定要在图层状态管理器中恢复的特定设置，未选定的图层特性设置在图形中保持不变。

	实例文件	光盘\实例\第 9 章\阀盖.dwg
	所用素材	光盘\素材\第 9 章\阀盖.dwg

Step 01 单击快速访问工具栏中的"打开"按钮 📂，在弹出的"选择文件"对话框中打开素材图形，如图 9-62 所示。

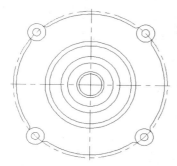

图 9-62　打开素材图形

Step 02 在命令行中输入 LAYERSTATE（图层状态管理器）命令，按【Enter】键确认，弹出"图层状态管理器"对话框，如图 9-63 所示。

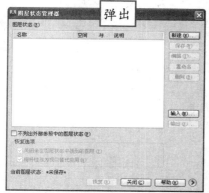

图 9-63　"图层状态管理器"对话框

Step 03 单击"新建"按钮，**1** 弹出"要保存的新图层状态"对话框，**2** 在"新图层状态名"文本框中输入"轮廓"，如图 9-64 所示。

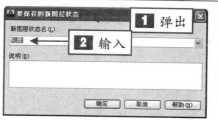

图 9-64　"要保存的新图层状态"对话框

Step 04 单击"确定"按钮，返回"图层状态管理器"对话框，**1** 其中显示了新建的图层状态，**2** 单击"保存"按钮，如图 9-65 所示。

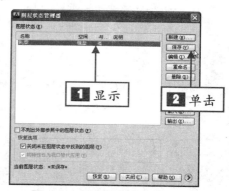

图 9-65　单击"保存"按钮

Step 05 弹出提示信息框，如图 9-66 所示，提示用户是否要覆盖相应图层，单击"是"按钮，关闭提示信息框；再单击"关闭"按钮，关闭"图层状态管理器"对话框，即可完成保存图层状态的操作。

图 9-66　弹出提示信息框

9.3.9　新手练兵——输出图层状态

在 AutoCAD 2013 中，用户还可以根据需要将图层状态输出保存在本地磁盘上，便于以后使用。

	实例文件	光盘\实例\第 9 章\曲柄滑块.dwg
	所用素材	光盘\素材\第 9 章\曲柄滑块.dwg

Step 01 单击快速访问工具栏中的"打开"按钮📂，在弹出的"选择文件"对话框中打开素材图形，如图 9-67 所示。

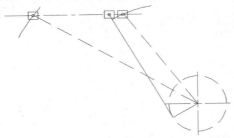

图 9-67　打开素材图形

Step 02 在"功能区"选项板的"常用"选项卡中，单击"图层"面板中的"图层特性"按钮📑，**1** 弹出"图层特性管理器"面板，**2** 单击"图层状态管理器"按钮📑，如图 9-68 所示。

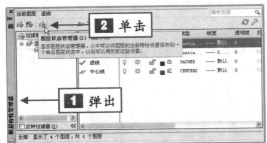

图 9-68　单击"图层状态管理器"按钮

Step 03 弹出"图层状态管理器"对话框，单击"新建"按钮，**1** 弹出"要保存的新图层状态"对话框，**2** 在"新图层状态名"文本框中输入"机械制图"；**3** 在"说明"文本框中输入相应的说明信息，如图 9-69 所示。

Step 04 单击"确定"按钮，返回到"图层状态管理器"对话框，单击"输出"按钮，如图 9-70 所示。

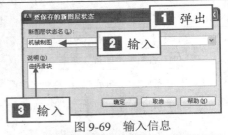

图 9-69　输入信息

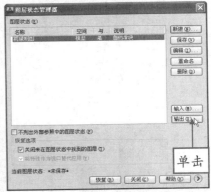

图 9-70　单击"输出"按钮

Step 05 **1** 弹出"输出图层状态"对话框，**2** 设置保存路径，接受默认的文件名，**3** 单击"保存"按钮，如图 9-71 所示。

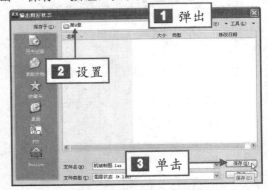

图 9-71　单击"保存"按钮

Step 06 执行上述操作后，即可输出图层状态。

9.4　应用图层过滤器

图层过滤器可控制图层特性过滤器和"图层"工具栏上的"图层"控件中显示的图层名。在大型图形中，可以使用图层过滤器来显示要使用的图层。

9.4.1　新手练兵——设置过滤条件

在 AutoCAD 2013 中，过滤图层之前首先需要设置图层过滤条件。

实例文件	光盘\实例\第 9 章\壁灯.dwg
所用素材	光盘\素材\第 9 章\壁灯.dwg

Step 01 单击快速访问工具栏中的"打开"按钮，在弹出的"选择文件"对话框中打开素材图形，如图 9-72 所示。

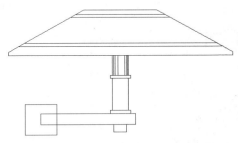

图 9-72　打开素材图形

Step 02 在"功能区"选项板的"常用"选项卡中，单击"图层"面板上的"图层特性"按钮，**1** 弹出"图层特性管理器"面板，**2** 单击"新建特性过滤器"按钮，如图 9-73 所示。

图 9-73　单击相应按钮

Step 03 弹出"图层过滤器特性"对话框，如图 9-74 所示。

Step 04 **1** 在"过滤器定义"列表框中设置"颜色"为"白"，在"过滤器预览"列表框中，**2** 显示符合过滤条件的图层，如图 9-75 所示。

图 9-74　"图层过滤器特性"对话框

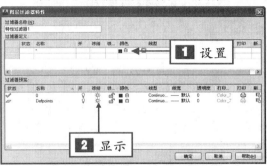

图 9-75　"图层过滤器特性"对话框

Step 05 单击"确定"按钮，返回到"图层特性管理器"面板，显示新创建的"特性过滤器 1"过滤器，如图 9-76 所示，单击"关闭"按钮，即可设置过滤条件。

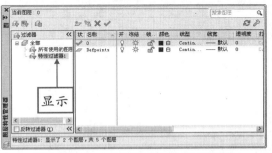

图 9-76　显示"特性过滤器 1"过滤器

9.4.2　新手练兵——重命名图层过滤器

在设置多个过滤器时，为了区分不同的过滤器，通常需要进行重命名图层过滤器操作。

实例文件	光盘\实例\第 9 章\衣服.dwg
所用素材	光盘\素材\第 9 章\衣服.dwg

Step 01 单击快速访问工具栏中的"打开"按钮，在弹出的"选择文件"对话框中打开素材图形，如图 9-77 所示。

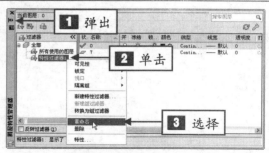

图 9-78　选择"重命名"选项

Step 03 此时名称呈可编辑状态，将其重命名为"轮廓过滤器"，并按【Enter】键确认，即可重命名过滤器图层，如图 9-79 所示。

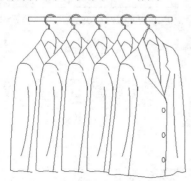

图 9-77　打开素材图形

Step 02 单击"功能区"选项板中的"常用"选项卡，在"图层"面板上单击"图层特性"按钮，❶弹出"图层特性管理器"面板，❷在"过滤器"列表框中的"特性过滤器 1"选项上单击鼠标右键，❸在弹出的快捷菜单中选择"重命名"选项，如图 9-78所示。

图 9-79　重命名过滤器图层

第10章 创建编辑面域图案

学前提示

    在 AutoCAD 2013 中绘制图形时，经常要用到面域和图案填充，它们对图形的表达和辅助绘图起着非常重要的作用。例如，在工程图形中，可以用图案填充表达一个剖切的区域，也可以使用不同的图案填充表达不同的零部件或材料。

本章知识重点

- ▶ 创建面域
- ▶ 创建图案填充
- ▶ 控制图案填充
- ▶ 布尔运算面域
- ▶ 编辑图案填充特性

学完本章后应该掌握的内容

- ▶ 掌握创建面域的方法，如运用边界、面域命令创建面域等
- ▶ 掌握布尔运算面域，如交集、并集、差集运算以及提取面域数据等
- ▶ 掌握创建图案填充，如预定义图案和渐变色填充等
- ▶ 掌握编辑图案填充特性，如分解、修剪、设置角度和比例等

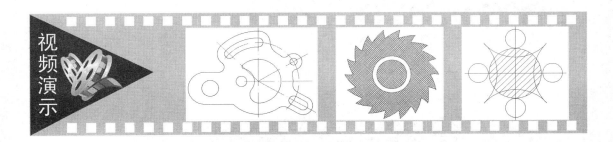

视频演示

10.1 创建面域

在 AutoCAD 2013 中，可以将某些对象组成的封闭区域转换为面域，这些封闭区域可以是圆、椭圆和矩形等对象，也可以是由圆弧、直线、二维多段线、椭圆弧以及样条曲线等对象构成的封闭区域。

10.1.1 面域概述

面域指的是具有物理特性的二维封闭区域，它是一个面的对象，内部可以包含孔。从外观来看，面域和圆、多段线以及多边形等图形都是封闭的，但它们有本质的区别，面域既包含了边的信息，也包含了面的信息，属于实体模型。

10.1.2 新手练兵——"面域"命令创建

使用"面域"命令创建面域时，将用面域创建的对象取代原来的对象，并删除原来对象。如果要保留原对象，可以将系统变量设置为 0。

实例文件	光盘\实例\第 10 章\偏心轮.dwg
所用素材	光盘\素材\第 10 章\偏心轮.dwg

Step 01 单击快速访问工具栏中的"打开"按钮，在弹出的"选择文件"对话框中打开素材图形，如图 10-1 所示。

Step 03 根据命令行提示进行操作，在绘图区中选择需要进行编辑的图形对象，如图 10-3 所示。

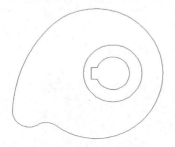

图 10-1 打开素材图形

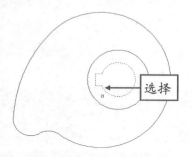

图 10-3 选择需要编辑的对象

Step 02 在"功能区"选项板的"常用"选项卡中，单击"绘图"面板中间的下拉按钮，在展开的面板上单击"面域"按钮，如图 10-2 所示。

Step 04 执行上述操作后，按【Enter】键确认，即可创建面域，效果如图 10-4 所示。

图 10-2 单击"面域"按钮

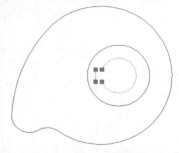

图 10-4 面域效果

技巧发送

除了运用上述方法调用"面域"命令外，还有以下两种方法。

❀ 命令行：在命令行中输入 REGION（面域）命令，并按【Enter】键确认。

❀ 菜单栏：单击菜单栏中的"绘图"｜"面域"命令。

10.1.3　新手练兵——"边界"命令创建

在 AutoCAD 2013 中，使用"边界"命令既可以由任意一个闭合区域创建一个多段线的边界，也可以创建一个面域。与"面域"命令不同，使用"边界"命令不需要考虑对象是共用一个端点，还是出现了自相交。

实例文件	光盘\实例\第 10 章\台灯.dwg
所用素材	光盘\素材\第 10 章\台灯.dwg

Step 01 单击快速访问工具栏中的"打开"按钮📂，在弹出的"选择文件"对话框中打开素材图形，如图 10-5 所示。

图 10-5　打开素材图形

Step 02 在命令行中输入 BOUNDARY（边界）命令，按【Enter】键确认，**1** 弹出"边界创建"对话框，**2** 在"对象类型"列表框中选择"面域"选项，**3** 单击"拾取点"按钮🔲，如图 10-6 所示。

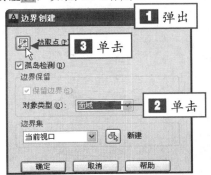

图 10-6　单击"拾取点"按钮

Step 03 根据命令行提示进行操作，在绘图区中拾取需要进行编辑的图形区域，如图 10-7 所示。

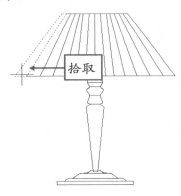

图 10-7　拾取需要编辑的区域

Step 04 按【Enter】键确认，即可运用"边界"命令创建面域，效果如图 10-8 所示。

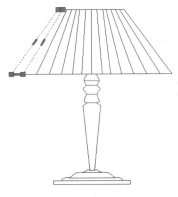

图 10-8　面域效果

高手指引

"边界"命令将分析由对象组成的"边界集",用户可以选择用于定义面域的一个或多个闭合区域创建面域。

10.2 布尔运算面域

在 AutoCAD 2013 中,绘制比较复杂的图形时,可以通过单击菜单栏中"修改"丨"实体编辑"子菜单中的命令,对面域进行差集、并集和交集运算,即布尔运算面域,从而得到需要的图形,布尔运算的对象只包括实体和共面的面域。

10.2.1 新手练兵——并集运算面域

并集运算面域可以将两个或多个面域合并成一个面域,且这些面域可以不相交。在进行并集运算时,如果选择的面域不相交,在执行并集运算操作后,从外观上看并没有什么变化,但实际上已经合并为一个面域了。

实例文件	光盘\实例\第 10 章\操作杆.dwg
所用素材	光盘\素材\第 10 章\操作杆.dwg

Step 01 单击快速访问工具栏中的"打开"按钮,在弹出的"选择文件"对话框中打开素材图形,如图 10-9 所示。

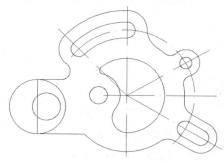

图 10-9 打开素材图形

Step 02 在命令行中输入 UNION(并集)命令,按【Enter】键确认,如图 10-10 所示。

图 10-10 输入 UNION(并集)命令

Step 03 根据命令行提示进行操作,在绘图区内,选择最外侧的面域和最左侧的圆面域为并集对象,如图 10-11 所示。

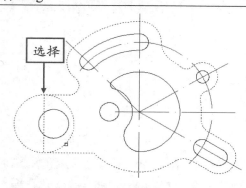

图 10-11 选择并集对象

Step 04 按【Enter】键确认,即可使用"并集"命令对面域进行运算,如图 10-12 所示。

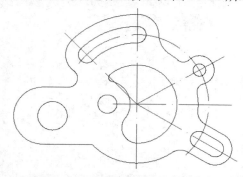

图 10-12 并集运算

技巧发送

除了运用上述方法可以调用"并集"命令外，用户还可以在显示菜单栏后，然后单击"修改"｜"实体编辑"｜"并集"命令。

10.2.2 新手练兵——差集运算

差集运算面域，即从一个面域中减去一个或者多个面域，得到它们相减后的区域。

实例文件	光盘\实例\第 10 章\轴键槽.dwg
所用素材	光盘\素材\第 10 章\轴键槽.dwg

Step 01 单击快速访问工具栏中的"打开"按钮，在弹出的"选择文件"对话框中打开素材图形，如图 10-13 所示。

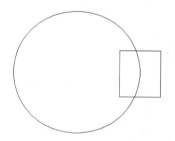

图 10-13 打开素材图形

Step 02 在命令行输入 SUBTRACT（差集）命令，按【Enter】键确认，如图 10-14 所示。

图 10-14 输入命令

Step 03 根据命令行提示进行操作，在绘图区中选择圆为编辑对象，如图 10-15 所示。

Step 04 按【Enter】键确认，再在绘图区中选择矩形为编辑对象，如图 10-16 所示。

Step 05 按【Enter】键确认，即可差集运算面域，效果如图 10-17 所示。

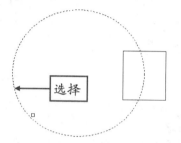

图 10-15 选择圆

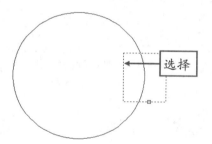

图 10-16 选择矩形

图 10-17 差集运算面域

技巧发送

除了运用上述方法可以调用"差集"命令外，用户还可以在显示菜单栏后，然后单击"修改"｜"实体编辑"｜"差集"命令。

10.2.3　新手练兵——交集运算面域

在 AutoCAD 2013 中，创建多个面域的交集是指各个面域的公共部分，同时选择两个或两个以上面域对象，然后按【Enter】键确认即可对面域进行交集计算。

实例文件	光盘\实例\第 10 章\螺栓.dwg
所用素材	光盘\素材\第 10 章\螺栓.dwg

Step 01 单击快速访问工具栏中的"打开"按钮，在弹出的"选择文件"对话框中打开素材图形，如图 10-18 所示。

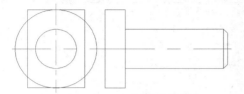

图 10-18　打开素材图形

Step 02 在命令行中输入 INTERSECT（交集）命令，按【Enter】键确认，如图10-19 所示。

图 10-19　输入命令

Step 03 根据命令行提示进行操作，在绘图区内，依次选择左侧矩形面域和大圆面域作为进行交集运算的对象，按【Enter】键确认，即可交集运算面域，如图 10-20 所示。

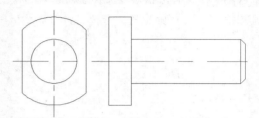

图 10-20　交集运算面域

高手指引

如果在并不重叠的面域上执行了"交集"命令，则将删除面域并创建一个空面域，使用 UNDO（恢复）命令可以恢复图形中原来的面域。

10.2.4　新手练兵——提取面域数据

面域对象除了具有一般图形对象的特性外，还具有面域对象独有的特性，而且可以利用这些信息计算工程属性，如面积、周长等。

实例文件	光盘\实例\第 10 章\阀盖模型.dwg
所用素材	光盘\素材\第 10 章\阀盖模型.dwg

Step 01 单击快速访问工具栏中的"打开"按钮，在弹出的"选择文件"对话框中打开素材图形，如图 10-21 所示。

Step 02 显示菜单栏，单击菜单栏中的"工具"|"查询"|"面域/质量特性"命令，如图 10-22 所示。

Step 03 根据命令行提示进行操作，在绘图区中的右侧图形上，选择合适的面域对象，如图 10-23 所示。

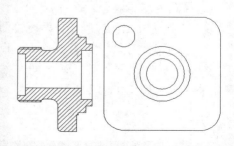

图 10-21　打开素材图形

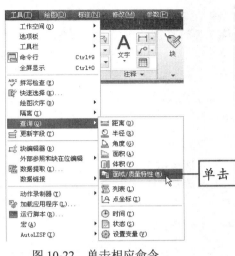

图 10-22 单击相应命令

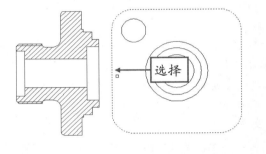

图 10-23 选择合适的面域对象

Step 04 按【Enter】键确认，弹出 AutoCAD 文本窗口，如图 10-24 所示。

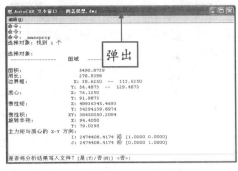

图 10-24 AutoCAD 文本窗口

Step 05 输入 Y（是）选项，按【Enter】键确认，**1** 弹出"创建质量与面积特性文件"对话框，**2** 设置保存路径，接受默认的文件名，如图 10-25 所示，单击"保存"按钮，即可提取面域数据。

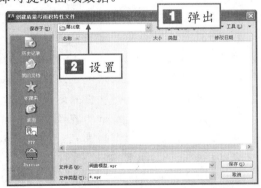

图 10-25 "创建质量与面积特性文件"对话框

知识链接

从表面上看，面域和一般的封闭线框没有区别，就像是没有一张厚度的纸。实际上，面域就是二维实体模型，它不但包含边的信息，还包含边界内的信息。

10.3 创建图案填充

重复绘制某些图案以填充图形中的一个区域，从而表达该区域的特征，这种填充操作称为图案填充。图案填充在工程制图中的应用很广泛。例如，在工程制图中，可以用图案填充表达一个剖面的区域，也可以使用不同图案填充来表达不同的零件或材料。

在 AutoCAD 2013 中，当创建或编辑图案填充时，在"功能区"选项板中将自动弹出"图案填充创建"或"图案填充编辑器"选项卡。

10.3.1 图案填充概述

执行"图案填充"命令后，将弹出"图案填充创建"选项卡，其中包括 6 个面板，分别为"边界"、"图案"、"特性"、"原点"、"选项"和"关闭"面板，如图 10-26 所示。

图 10-26 "图案填充创建"选项卡

在"图案填充创建"选项卡中，各主要选项的含义如下。

❀ "拾取点"按钮：单击该按钮，可以根据围绕指定点构成封闭区域的现有对象来确定边界。指定内部点时，可以随时在绘图区域中单击鼠标右键，以显示包含多个选项的快捷菜单。

❀ "选择边界对象"按钮：单击该按钮，可以根据构成封闭区域的选定对象确定边界。

❀ "删除边界对象"按钮：可以从边界定义中删除之前添加的任何对象。

❀ "重新创建边界"按钮：可以围绕选定的图案填充或填充对象创建多段线或面域，并使其与图案填充对象相关联。

❀ "显示边界对象"按钮 显示边界对象：单击该按钮，可以选择构成选定关联图案填充对象的边界对象。使用显示的夹点可修改图案填充边界。

❀ "保留边界对象"列表框：在该列表框中指定是否创建封闭图案填充的对象。

❀ "指定边界集"列表框：定义在定义边界时分析的对象集。

❀ "图案"面板：显示所有预定义和自定义图案的预览图像。

❀ "图案填充类型"列表框：指定是创建实体填充、渐变填充、预定义填充图案，还是创建用户定义的填充图案。

❀ "图案填充颜色"列表框：替代实体填充和填充图案的当前颜色。

❀ "背景色"列表框：指定填充图案背景的颜色。

❀ "图案填充透明度"选项区：用于设定新图案填充或填充的透明度，替代当前对象的透明度。

❀ "图案填充角度"选项区：指定图案填充或填充的角度。

❀ "图案填充比例"数值框：放大或缩小预定义或自定义填充图案。

❀ "设定原点"按钮：单击该按钮，可以直接指定新的图案填充原点。

❀ "左下"按钮：单击该按钮，可以将图案填充原点设定在图案填充边界矩形范围的左下角。

❀ "右下"按钮：单击该按钮，可以将图案填充原点设定在图案填充边界矩形范围的右下角。

❀ "左上"按钮：单击该按钮，可以将图案填充原点设定在图案填充边界矩形范围的左上角。

❀ "右上"按钮：单击该按钮，可以将图案填充原点设定在图案填充边界矩形范围的右上角。

❀ "中心"按钮：单击该按钮，可以将图案填充原点设定在图案填充边界矩形范围的中心。

◎ "使用当前原点"按钮：单击该按钮，可以将图案填充原点设定在 HPORIGIN 系统变量中存储的默认位置。

◎ "存储为默认原点"按钮 存储为默认原点：单击该按钮，可以将新图案填充原点的值存储在 HPORIGIN 系统变量中。

◎ "注释性"按钮：单击该按钮，可以指定图案填充为注释性。此特性会自动完成缩放注释过程，从而使注释能够以正确的大小在图纸上打印或显示。

◎ "使用源原点"按钮：单击该按钮，可以使用选定图案填充对象（包括图案填充原点）设定图案填充的特性。

◎ "允许的间隙"文本框：设定将对象用作图案填充边界时可以忽略的最大间隙。

◎ "普通孤岛检测"按钮 普通孤岛检测：单击该按钮，可以从外部边界向内填充。

◎ "外部孤岛检测"按钮 外部孤岛检测：单击该按钮，可以从外部边界向内填充。该按钮仅填充指定的区域，不会影响内部孤岛。

◎ "忽略孤岛检测"按钮 忽略孤岛检测：单击该按钮，可以忽略所有内部的对象，填充图案时将通过这些对象。

◎ "关闭图案填充创建"按钮：单击该按钮，可以关闭"图案填充创建"选项卡，完成图案的填充。

10.3.2　新手练兵——预定义图案填充

在 AutoCAD 2013 中，系统提供了常用的预定义图案，用户在进行图案填充操作时，可以根据需要设置填充图案类型，并指定填充区域。

⊙	实例文件	光盘\实例\第 10 章\转阀剖视图.dwg
	所用素材	光盘\素材\第 10 章\转阀剖视图.dwg

Step 01 单击快速访问工具栏中的"打开"按钮，在弹出的"选择文件"对话框中打开素材图形，如图 10-27 所示。

充"按钮，如图 10-28 所示。

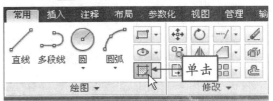

图 10-28　单击"图案填充"按钮

Step 03 弹出"图案填充创建"选项卡，如图 10-29 所示。

图 10-29　"图案填充创建"选项卡

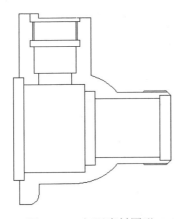

图 10-27　打开素材图形

Step 02 在"功能区"选项板的"常用"选项卡中，单击"绘图"面板中的"图案填

Step 04 ❶在"图案"面板中单击"图案填充图案"下拉按钮，❷在弹出的下拉列表框中选择 ANSI31 填充图案，如图 10-30 所示。

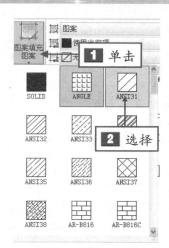

图 10-30　选择 ANSI31 填充图案

Step 05 单击"边界"面板中的"拾取点"按钮 ，如图 10-31 所示。

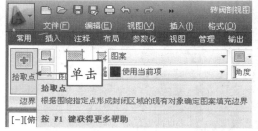

图 10-31　单击"拾取点"按钮

 知识链接

在 AutoCAD 2013 中，填充边界的内部区域即为填充区域，填充区域可以通过拾取封闭区域中的一点或拾取封闭对象两种方法来指定。

Step 06 在绘图区中，依次选择需要填充的区域，如图 10-32 所示。

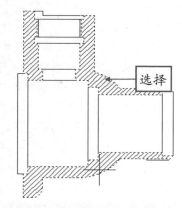

图 10-32　选择需要填充的区域

Step 07 按【Enter】键确认，完成设置预定义图案填充的操作，如图 10-33 所示。

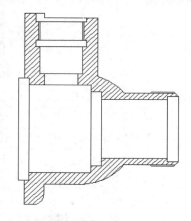

图 10-33　预定义图案填充

 技巧发送

除了运用上述方法进行预定义填充图案外，还有以下两种常用的方法。

❖ 命令行：在命令行中输入 BHATCH（图案填充）命令，按【Enter】键确认。

❖ 菜单栏：单击菜单栏中的"绘图"｜"图案填充"命令。

10.3.3 新手练兵——使用孤岛填充

在 AutoCAD 2013 中进行图案填充时，通常将位于一个已定义好的填充区域内的封闭区域称为孤岛。

实例文件	光盘\实例\第 10 章\棘轮.dwg
所用素材	光盘\素材\第 10 章\棘轮.dwg

Step 01 单击快速访问工具栏中的"打开"按钮 📂，在弹出的"选择文件"对话框中打开素材图形，如图 10-34 所示。

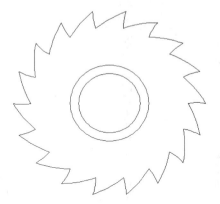

图 10-34　打开素材图形

Step 02 在命令行中输入 HATCH（图案填充）命令，按【Enter】键确认，弹出"图案填充创建"选项卡，如图 10-35 所示。

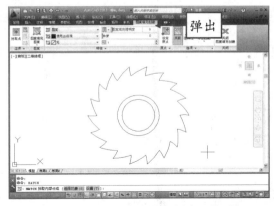

图 10-35　弹出"图案填充创建"选项卡

Step 03 单击"选项"面板中间的下拉按钮，在展开面板中，单击"外部孤岛检测"右侧的下拉按钮，如图 10-36 所示。

图 10-36　单击相应按钮

Step 04 在弹出的列表框中单击"普通孤岛检测"按钮 ⬡，如图 10-37 所示。

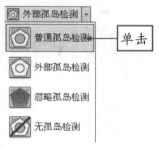

图 10-37　单击"普通孤岛检测"按钮

Step 05 **1** 单击"图案"面板中的"图案填充图案"下方的下拉按钮，**2** 在弹出的下拉列表框中选择 ANSI37 填充图案，如图 10-38 所示。

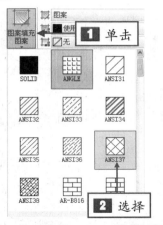

图 10-38　选择 ANSI37 填充图案

Step 06 单击"拾取点"按钮 ➕，在绘图区中选择合适的区域，如图 10-39 所示。

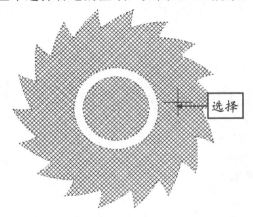

图 10-39　选择合适的区域

163

Step 07 按【Enter】键确认，即可使用孤岛填充，效果如图 10-40 所示。

高手指引

　　在绘图区中选择填充区域时，会自动检测填充区域，无需像预定义图案填充一样在每个封闭的区域内单击鼠标左键。另外，使用"外部孤岛检测"命令填充图案时，仅填充外部图案填充边界和任何内部孤岛之间的区域。

图 10-40　使用孤岛填充

10.3.4　新手练兵——设置渐变色填充

　　在绘制图形的过程中，有些图形在填充时需要用到一种或多种颜色。渐变色填充是在一种颜色的不同灰度之间或两种颜色之间使用过渡，渐变色填充提供光源反射到对象的外观上，可用于增强图形演示效果。

实例文件	光盘\实例\第 10 章\浴霸.dwg
所用素材	光盘\素材\第 10 章\浴霸.dwg

Step 01 单击快速访问工具栏中的"打开"按钮，在弹出的"选择文件"对话框中打开素材图形，如图 10-41 所示。

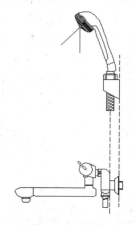

图 10-41　打开素材图形

Step 02 在"功能区"选项板的"常用"选项卡中，**1** 单击"绘图"面板中"图案填充"右侧的下拉按钮，**2** 在弹出的列表框中单击"渐变色"按钮，如图 10-42 所示。

Step 03 在弹出的"图案填充创建"选项卡的"特性"面板中，**1** 单击"渐变色 1"右侧的下拉按钮，**2** 在弹出的列表框中选择

"蓝"选项，如图 10-43 所示。

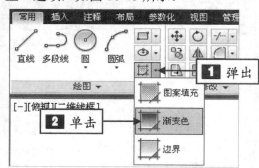

图 10-42　单击"渐变色"按钮

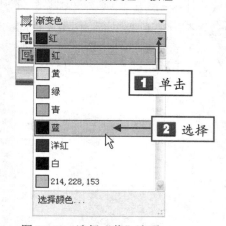

图 10-43　选择"蓝"选项

Step 04 ▌**1** 单击"渐变色 2"右侧的下拉按钮，▌**2** 在弹出的列表框中选择"青"选项，如图 10-44 所示。

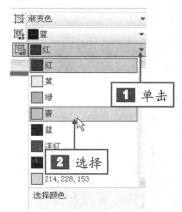

图 10-44 选择"青"选项

Step 05 单击"边界"面板中的"拾取点"按钮，在绘图区中选择需要填充的区域，如图 10-45 所示。

技巧发送

除了运用上述方法设置渐变色填充外，还有以下两种常用的方法。

⚙ 命令行：在命令行中输入 GRADIENT（渐变色）命令，按【Enter】键确认。

⚙ 菜单栏：单击菜单栏中的"绘图"｜"图案填充"命令。

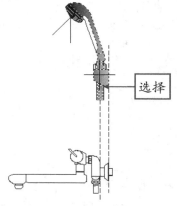

图 10-45 选择填充区域

Step 06 按【Enter】键确认，即可设置渐变色填充，效果如图 10-46 所示。

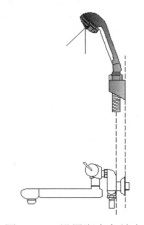

图 10-46 设置渐变色填充

10.4 编辑图案填充特性

执行图案填充后，还可以对填充的图案进行各种修改和编辑，如修改填充的图案、修改填充的图案比例、修剪填充图案和分解填充图案等操作。在编辑图案填充时，只需要选择该图案填充，"功能区"选项板就会弹出"图案填充编辑器"选项卡，然后在其中更改图案填充的特性即可，如图 10-47 所示。

图 10-47 "图案填充编辑器"选项卡

"图案填充编辑器"选项卡和"图案填充创建"选项卡内容相同，只是在该选项卡中"边界"面板上的"删除边界对象"按钮和"重新创建边界"按钮呈可用状态，即可以对填充图案进行删除边界对象和重新创建边界操作应用。在该选项卡中进行图案填充编辑时，任何特性的更改都会立即应用，这比通过对话框操作更加方便快捷。

10.4.1 新手练兵——更改图案填充图案

图案填充可以使图形更加明了、生动，但如果在使用过程中发现填充的图案并非是所需的图案，则可以对图案进行修改。在 AutoCAD 2013 中，提供了多种预定义图案样例，用户可以根据需要更改填充图案。

实例文件	光盘\实例\第 10 章\阀盖剖视图.dwg
所用素材	光盘\素材\第 10 章\阀盖剖视图.dwg

Step 01 单击快速访问工具栏中的"打开"按钮，在弹出的"选择文件"对话框中打开素材图形，如图 10-48 所示。

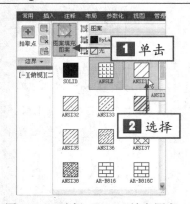

图 10-49 选择 ANSI31 填充图案

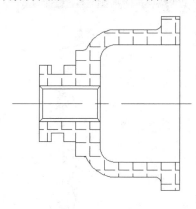

图 10-48 打开素材图形

Step 02 在绘图区需要更改的图案填充对象上单击鼠标左键，弹出"图案填充编辑器"选项卡，**1** 在"图案"面板中单击"图案填充图案"下拉按钮，**2** 在弹出的列表框中选择 ANSI31 填充图案，如图 10-49 所示。

Step 03 按【Esc】键退出，即可更改图案填充图案，如图 10-50 所示。

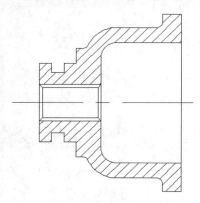

图 10-50 更改图案填充图案

技巧发送

除了运用上述方法更改图案填充图案外，还可以在命令行中输入 HATCHEDIT（更改图案）命令，按【Enter】键确认。

10.4.2 新手练兵——调整图案填充比例

填充图案的比例因子是放大或缩小图案阴影线的间距、短划线及其间距的长度，由此控制填充图案的疏密程度，使一种图案填充样式能够适用于不同的区域。在设置图案填充的图案比例时，每种图案默认比例为 1，用户可以根据实际需要放大或者缩小填充图案的比例，以满足设计的需求。

	实例文件	光盘\实例\第 10 章\轴套.dwg
	所用素材	光盘\素材\第 10 章\轴套.dwg

Step 01 单击快速访问工具栏中的"打开"按钮，在弹出的"选择文件"对话框中打开素材图形，如图 10-51 所示。

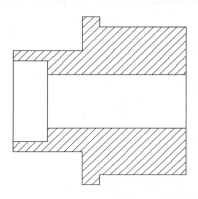

图 10-51　打开素材图形

Step 02 在"功能区"选项板的"常用"选项卡中，单击"修改"面板中的下拉按钮，在展开的面板中，单击"编辑图案填充"按钮，如图 10-52 所示。

图 10-52　单击"编辑图案填充"按钮

Step 03 根据命令行提示进行操作，在绘图区单击鼠标左键选择填充图案，弹出"图案填充编辑"对话框，如图 10-53 所示。

Step 04 在"角度和比例"选项区的"比例"文本框中，**1** 输入比例值为 1，**2** 单击

"确定"按钮，如图 10-54 所示。

图 10-53　"图案填充编辑"对话框

图 10-54　单击"确定"按钮

Step 05 执行上述操作后，即可调整图案填充比例，效果如图 10-55 所示。

高手指引

用户在填充图案时，如果选择的是"用户自定义"填充选项，则不能更改图案填充比例。

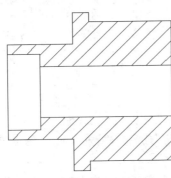

图 10-55　调整图案填充比例

技巧发送

除了运用上述方法调整图案填充比例外，还有以下 3 种常用的方法。

❀ 按钮法：在绘图区需要更改的图案填充对象上单击鼠标左键。

❀ 菜单栏：单击菜单栏中的"修改" | "对象" | "图案填充"命令。

❀ 命令行：在命令行中输入 HATCHEDIT（更改图案）命令，按【Enter】键确认。

知识链接

在"图案填充编辑"对话框中，各主要选项的含义如下。

❀ "类型"下拉列表框：用于设置填充的图案类型，包括"预定义"、"用户定义"和"自定义"3个选项。

❀ "图案"下拉列表框：用于设置填充的图案，当在"类型"下拉列表框中选择"预定义"选项时该选项可用。在该下拉列表框中，可以根据图案名称选择图案，也可以单击其后的 ▦ 按钮，在打开的"填充图案选项板"对话框中进行选择。

❀ "样例"预览窗口：用于显示当前选中的图案样例，单击所选的样例图案，也可打开"填充图案选项板"对话框选择图案。

❀ "自定义图案"下拉列表框：用于选择自定义图案，在"类型"下拉列表框中选择"自定义"选项时该选项可用。

❀ "角度"下拉列表框：用于设置填充图案的旋转角度，每种图案在定义时旋转角度都为零。

❀ "比例"下拉列表框：用于设置图案填充时的比例值。每种图案在定义时的初始比例为 1，可以根据需要放大或缩小。

❀ "双向"复选框：当在"图案填充"选项卡的"类型"下拉列表框中选择"用户定义"选项时，选中该复选框，可以使用相互垂直的两组平行线填充图形；否则为一组平行线。

❀ "相对图纸空间"复选框：用于设置比例因子是否为相对于图纸空间的比例。

❀ "间距"文本框：用于设置填充平线之间的距离，当在"类型"下拉列表框中选择"用户定义"选项时，该选项才可用。

❀ "ISO 笔宽"下拉列表框：用于设置笔的图案，当填充图案采用 ISO 图案时，该选项才可用。

❀ "使用当前原点"单选钮：使用当前 UCS 的原点（0，0）作为图案填充原点。

❀ "指定新的原点"单选钮：通过指定点作为图案填充原点。

❀ "添加：拾取点"按钮 ▦：以拾取点的形式来指定填充区域的边界。

❀ "添加：选择对象"按钮 ▦：单击该按钮将切换到绘图窗口，可以通过选择对象的方式来定义填充区域的边界。

10.4.3　新手练兵——设置图案填充角度

在 AutoCAD 2013 中，可以设置填充时的旋转角度，每种图案在定义时的旋转角度都是

0，在应用某些图案填充时，经常需要进行调整图案填充角度。

实例文件	光盘\实例\第 10 章\地毯.dwg
所用素材	光盘\素材\第 10 章\地毯.dwg

Step 01 单击快速访问工具栏中的"打开"按钮，在弹出的"选择文件"对话框中打开素材图形，如图 10-56 所示。

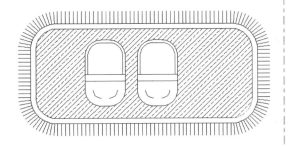

图 10-56　打开素材图形

Step 02 在绘图区中需要编辑的图形区域上，单击鼠标左键，如图 10-57 所示。

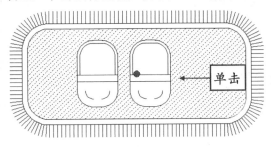

图 10-57　单击鼠标左键

Step 03 在弹出的"图案填充与创建"选项卡的"特性"面板中，设置"角度"为 90，如图 10-58 所示。

图 10-58　设置参数

Step 04 按【Enter】键确认，单击"关闭"面板中的"关闭图案图层编辑器"按钮，即可应用所设置的图案填充角度，效果如图 10-59 所示。

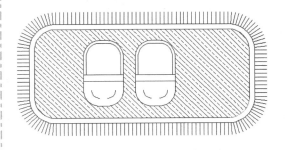

图 10-59　设置图案填充角度厚的效果

高手指引

用户在设置填充角度时，可以直接在"角度"文本框中单击鼠标左键的同时，向左或右拖曳鼠标，调整角度的参数值。

10.4.4　新手练兵——修剪图案填充

创建图案填充后，当图案填充出现重叠和错误等情况时，可以使用"修剪"命令修剪相应的填充图案。使用"修剪"命令，可以像修剪其他对象一样对填充图案进行修剪。

实例文件	光盘\实例\第 10 章\亭子.dwg
所用素材	光盘\素材\第 10 章\亭子.dwg

Step 01 单击快速访问工具栏中的"打开"按钮，在弹出的"选择文件"对话框中打开素材图形，如图 10-60 所示。

Step 02 在命令行中输入 TRIM（修剪）命令，按【Enter】键确认，根据命令行提示进行操作，选择所有填充图案为修剪对象，按【Enter】键确认，在需要修剪的图案填充上单击鼠标左键，修剪填充图案，如图 10-61 所示。

Step 03 继续在要修剪的图案上单击鼠标左键，按【Enter】键确认，即可修剪图案填充，效果如图 10-62 所示。

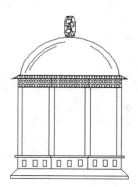

图 10-60　打开素材图形

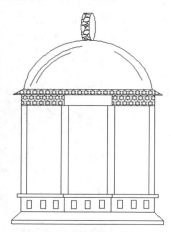

图 10-62　修剪其他填充图案

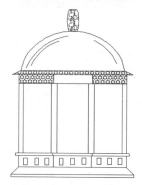

图 10-61　修剪填充图案

技巧发送

除了运用上述方法修剪图案填充外，还有以下两种常用的方法。

❂ 按钮法：在"常用"选项卡中，单击"修改"面板中的"修剪"按钮。

❂ 菜单栏：单击菜单栏中的"修改"｜"修剪"命令。

知识链接

执行"修剪"命令后，命令提示行中各选项的含义如下。

❂ 栏选（F）：选择与栅格线相交的所有对象，需要指定栏选点。

❂ 窗交（C）：选择矩形区域内部或与之相交的对象。

❂ 投影（P）：用于指定修剪的空间，主要用于三维空间中的两个对象，可以将对象投影到某一平面上执行修剪操作。

❂ 删除：选择该选项，将删除选定的图形对象。

❂ 放弃：选择该选项，取消上一次操作。

10.4.5　新手练兵——分解图案填充

图案填充是一种特殊的块，称之为"匿名"块，无论形状多么复杂，它都是一个单独的对象。在需要对不同区域进行操作时，可以对其进行分解处理。图案填充被分解后，它将不再是一个单一的对象，而是一组组成图案的线条，同时分解后图案填充也失去了与图形的关联性，因此将无法编辑图案填充。使用"分解"命令，可以像分解其他对象一样对填充图案进行分解。

实例文件	光盘\实例\第 10 章\地砖.dwg
所用素材	光盘\素材\第 10 章\地砖.dwg

Step 01 单击快速访问工具栏中的"打开"按钮，在弹出的"选择文件"对话框中打开素材图形，如图 10-63 所示。

图 10-63 打开素材图形

Step 02 在命令行中输入 EXPLODE（分解）命令，按【Enter】键确认，根据命令行提示进行操作，选择填充图案为分解对象，如图 10-64 所示。

选择

图 10-64 选择分解对象

高手指引

执行"分解"命令后，绘图区中将会出现多个小矩形方框，其主要用于选择需要分解的填充图案。

Step 03 按【Enter】键确认，完成分解图案填充的操作，任意选择分解后的图案填充查看效果，效果如图 10-65 所示。

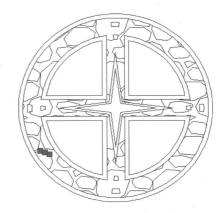

图 10-65 查看分解效果

技巧发送

除了运用上述方法分解图案填充外，还有以下两种常用的方法。

❋ 按钮法：在"常用"选项卡的"修改"面板中单击"分解"按钮。

❋ 菜单栏：单击菜单栏中的"修改"|"分解"命令。

10.5 控制图案填充

在 AutoCAD 2013 中，当用户创建图案填充后，还可以根据需要控制图案填充对象的显示状态。

10.5.1 新手练兵——使用 FILL 命令变量控制填充

在 AutoCAD 2013 中，使用 FILL 命令，可以控制诸如图案填充、二维实体和宽多段线等对象的填充。在绘制比较大的图形时，往往需要花很长的时间来等待图形中的填充图形生成，关闭"填充"模式后，从而提高显示速度。

	实例文件	光盘\实例\第 10 章\灯具.dwg
	所用素材	光盘\素材\第 10 章\灯具.dwg

Step 01 单击快速访问工具栏中的"打开"按钮，在弹出的"选择文件"对话框中打开素材图形，如图 10-66 所示。

Step 02 在命令行中输入 FILL（控制填充）命令，按【Enter】键确认，如图 10-67 所示。

Step 03 根据命令行提示进行操作，**1** 输入 ON，按【Enter】键确认，**2** 在命令行中输入 REGEN 命令，如图 10-68 所示。

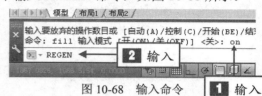

图 10-68　输入命令

Step 04 按【Enter】键确认，即可使用 FILL 命令变量控制填充，如图 10-69 所示。

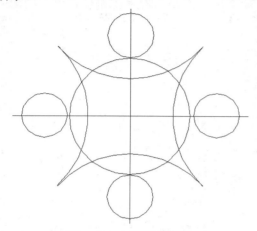

图 10-66　打开素材图形

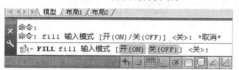

图 10-67　输入"控制填充"命令

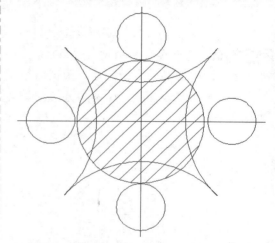

图 10-69　使用 FILL 命令变量控制填充

 知识链接

FILL 命令行中各选项的含义如下。

✛ 开（ON）：打开"填充"模式，要使三维对象的填充可见，其拉伸方向必须平行于当前观察方向，而且必须显示隐藏线。

✛ 关（OFF）：关闭"填充"模式，仅显示并打印对象的轮廓。

10.5.2 新手练兵——使用图层控制填充

在 AutuCAD 2013 中，用户可以使用图层控制填充。使用图层功能，可将图案单独放在一个图层上；当不需要显示该图案填充时，将图案所在图层关闭或者冻结即可。

	实例文件	光盘\实例\第 10 章\餐桌.dwg
	所用素材	光盘\素材\第 10 章\餐桌.dwg

Step 01 单击快速访问工具栏中的"打开"按钮，在弹出的"选择文件"对话框中打开素材图形，如图 10-70 所示。

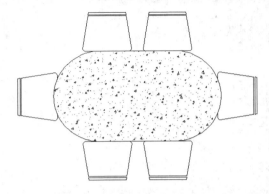

图 10-70　打开素材图形

Step 02 在"功能区"选项板的"常用"选项卡中，单击"图层"面板上的"图层特性"按钮，如图 10-71 所示。

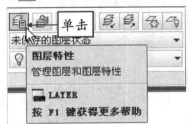

图 10-71　单击"图层特性"按钮

Step 03 1弹出"图层特性管理器"面板，2在"填充图案"图层上，单击"开"图标，如图 10-72 所示。

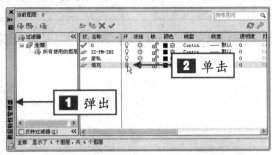

图 10-72　单击"开"图标

Step 04 执行上述操作后，即可使用图层控制填充，如图 10-73 所示。

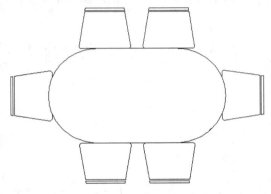

图 10-73　使用图层控制填充

173

第11章 | 应用块和外部参照

学前提示

　　在绘制图形时，如果图形中有大量相同或相似的内容，可以把需要重复绘制的图形创建为块，并根据需要为块创建属性，指定图块的名称及设计者等信息，以便在需要时直接插入块，从而提高绘图效率。或者利用外部参照将已有的图形文件以图块的形式插入到需要的图形文件中，从而减小图形文件容量，节省存储空间。

本章知识重点

- ▶ 创建与编辑块
- ▶ 使用外部参照
- ▶ 编辑与管理块属性
- ▶ 管理外部参照

学完本章后应该掌握的内容

- ▶ 掌握图块的创建与编辑，如创建内部图块、插入图块以及分解图块等
- ▶ 掌握块属性的编辑与管理，如创建块属性、修改属性定义以及提取属性数据等
- ▶ 掌握外部参照的使用，如附着 DWG 参照、附着图像参照以及附着 PDF 参照等
- ▶ 掌握外部参照的管理，如编辑、裁剪、拆离以及绑定外部参照等

视频演示

11.1　创建与编辑图块

图块是一个或多个对象组成的对象集合，如果将一组对象组合成图块，那么可以根据作图需要将这一组对象插入到绘图文件中的指定位置，并可以将块作为单个对象来处理。例如在绘制图形时，将经常使用的图形和标准件（如螺栓和螺母等）建立成图库，不但可以简化绘图过程，还能节省磁盘空间。

11.1.1　图块的特点

在 AutoCAD 2013 中，使用块可以提高绘图速度，节省存储空间，便于修改图形并能够为其添加属性。总的来说，AutoCAD 中的块具有以下特点。

1. 提高绘图效率

在 AutoCAD 中绘图时，常常要绘制一些重复出现的图形。如果把这些图形做成图块保存起来，绘制它们时就可以用插入块的方法实现，即把绘图变成了拼图，从而避免了大量的重复性工作，提高了绘图效率。

2. 节省存储空间

AutoCAD 要保存图形中每一个对象的相关信息，如对象的类型、位置、图层、线型及颜色等，需要占据较大的磁盘空间。但如果把相同的图形事先定义成一个块，绘制它们时就可以直接把块插入到图形中的各个相应位置。这样既满足了绘图要求，又可以节省磁盘空间。因为虽然在块的定义中包含了图形的全部对象，但系统只需要一次这样的定义。对块的每次插入，AutoCAD 仅需要记住这个块对象的有关信息（如块名、插入点坐标及插入比例等）。对于复杂但需要多次绘制的图形，这一优点显得更为明显。

3. 便于修改图形

一张工程图纸往往需要多次修改。如在建筑设计中，旧的国家标准用虚线表示建筑剖面、新的国家标准则用细实线表示。如果对旧图纸上的每一处按新国家标准修改，既费时又不方便。但如果原来剖面图是通过块的方法绘制的，那么只要简单地对块进行再定义，就可以对图形中的所有剖面进行修改。

4. 添加属性

许多块还要求有文字信息以进一步解释其用途。AutoCAD 允许用户为块创建这些文字属性，并可以在插入的块中指定是否显示这些属性。此外，还可以从图形中提取信息并将它们传送到数据库中。

11.1.2　新手练兵——创建内部图块

内部图块跟随定义它的图形文件一起保存，存储在图形文件的内部，因此只能在当前图形文件中调用，而不能在其他图形文件中调用。

	实例文件	光盘\实例\第 11 章\灯箱广告.dwg
	所用素材	光盘\素材\第 11 章\灯箱广告.dwg

Step 01 单击快速访问工具栏中的"打开"按钮 📂，在弹出的"选择文件"对话框中打开素材图形，如图 11-1 所示。

图 11-1　打开素材图形

Step 02 在"功能区"选项板中，**1** 切换至"插入"选项卡，**2** 单击"块"面板中的"创建块"按钮 🖫，如图 11-2 所示。

图 11-2　单击"创建块"按钮

Step 03 **1** 弹出"块定义"对话框，**2** 在"名称"文本框中输入"灯箱广告"，如图 11-3 所示。

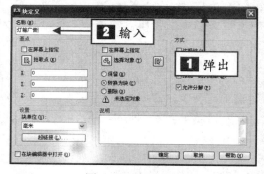

图 11-3　输入文字

Step 04 在"对象"选项区中单击"选择对象"按钮 🖫，在绘图区中选择需要创建为图块的图形对象，如图 11-4 所示。

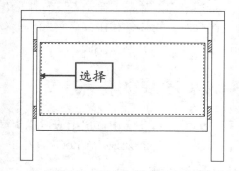

图 11-4　选择创建对象

Step 05 按【Enter】键确认，弹出"块定义"对话框，单击"确定"按钮，即可创建内部图块，移动鼠标指针至图块上，查看图块创建效果，如图 11-5 所示。

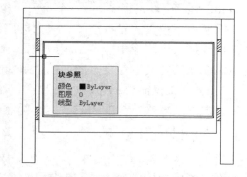

图 11-5　创建内部图块效果

 **技巧发送**

除了运用上述方法创建内部图块外，还有以下两种常用的方法。

❀ 命令行：在命令行中输入 BLOCK（创建块）命令，按【Enter】键确认。

❀ 菜单栏：单击菜单栏中的"绘图"|"块"|"创建"命令。

在"块定义"对话框中，各主要选项的含义如下。

❀ "名称"列表框：用于输入新建块的名称，还可以在下拉列表中选择已有的块。

❀ "基点"选项区：设置块的插入基点位置。用户可以直接在 X、Y、Z 文本框中输入，也可以单击"拾取点"按钮 🖫，切换到绘图窗口并指定基点。一般基点选在块的对称中心、左下角或其他有特征的位置。

✪ "对象"选项区：设置组成块的对象。其中，单击"选择对象"按钮，可切换到绘图窗口选择组成块的各对象；单击"快速选择"按钮，可以在"快速选择"对话框中设置所选择对象的过滤条件；选中"保留"单选按钮，创建块后仍在绘图窗口中保留组成的各对象；选中"转换为块"单选按钮，创建块后将组成块的各对象保留并把它们转换成块；选中"删除"单选按钮，创建块后删除绘图窗口中组成块的源对象。

✪ "方式"选项区：设置组成块的对象显示方式。选中"注释性"复选框，可以将对象设置成注释性对象；通过"按同一比例缩放"复选框，设置对象是否按统一的比例进行缩放；通过"允许分解"复选框，设置对象是否允许被分解。

✪ "设置"选项区：设置块的基本属性值。单击"超链接"按钮，将弹出"插入超链接"对话框，在该对话框中可以插入超链接文档。

✪ "说明"文本框：用来输入当前块的说明部分。

✪ "在块编辑器中打开"复选框：选中该复选框，在"块编辑器"对话框中可以打开当前的块定义。

11.1.3 新手练兵——创建外部图块

外部图块也称为外部图块文件，它以文件的形式保存在本地磁盘中，用户可以根据需要随时将外部图块调用到其他图形文件中。

	实例文件	光盘\实例\第 11 章\液晶电视机.dwg
	所用素材	光盘\素材\第 11 章\液晶电视机.dwg

Step 01 单击快速访问工具栏中的"打开"按钮，在弹出的"选择文件"对话框中打开素材图形，如图 11-6 所示。

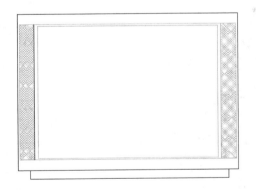

图 11-6 打开素材图形

Step 02 在命令行中输入 WBLOCK（写块）命令，按【Enter】键确认，弹出"写块"对话框，如图 11-7 所示。

Step 03 单击"选择对象"按钮，在绘图区中，选择合适的图形对象为创建对象，如图 11-8 所示。

图 11-7 弹出"写块"对话框

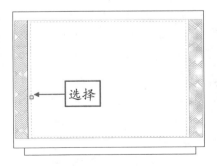

图 11-8 选择创建对象

Step 04 按【Enter】键确认，返回到"写块"对话框，在"目标"选项区中，单击"浏览"按钮 ![ ]，如图 11-9 所示。

框，**2** 设置保存路径，**3** 设置文件名为"液晶电视机"，**4** 单击"保存"按钮，如图 11-10 所示。

图 11-9　单击"浏览"按钮

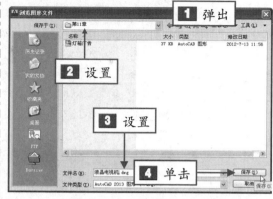

图 11-10　单击"保存"按钮

Step 05 **1** 弹出"浏览图形文件"对话

Step 06 返回到"写块"对话框，单击"确定"按钮，弹出"写块预览"窗口，即可创建外部块。

知识链接

在"写块"对话框中，各主要选项的含义如下。

◆ "源"选项区：该选项区用于指定块和对象，将其另存为文件并指定插入点。

◆ "基点"选项区：该选项区用于设置块的插入基点位置。

◆ "保留"单选按钮：选中该单选按钮，可以将选定的对象另存为文件后，在当前图形中仍保留它们。

◆ "转换为块"单选按钮：选中该单选按钮，可以将选定对象另存为文件后，在当前图形中将它们转换为块。

◆ "目标"选项区：指定文件的新名称和新位置以及插入块时所用的测量单位。

11.1.4　新手练兵——插入单个图块

在 AutoCAD 2013 中，插入块是指将 AutoCAD 中已定义的图块插入到当前的文件中，用户可以根据需要在图形中插入单个图块。

	实例文件	光盘\实例\第 11 章\桌子.dwg
	所用素材	光盘\素材\第 11 章\桌子.dwg、花瓶.dwg

Step 01 单击快速访问工具栏中的"打开"按钮 ![ ]，在弹出的"选择文件"对话框中打开素材图形，如图 11-11 所示。

Step 02 在"功能区"选项板中，**1** 切换至"插入"选项卡，单击"块"面板中的"插入"按钮 ![ ]，如图 11-12 所示。

Step 03 **1** 弹出"插入"对话框，**2** 单击"浏览"按钮，如图 11-13 所示。

Step 04 **1** 弹出"选择图形文件"对话框，**2** 选择相应的图形文件，如图 11-14 所示。

Step 05 单击"打开"按钮，返回到对话框，单击"确定"按钮，如图 11-15 所示。

图 11-11 打开素材图形

图 11-12 单击"插入"按钮

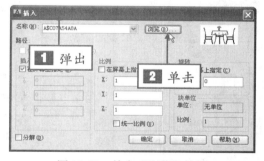

图 11-13 单击"浏览"按钮

 技巧发送

除了运用上述方法插入单个图块外，还有以下两种常用的方法。

🔖 命令行：在命令行中输入 INSERT（插入）命令，按【Enter】键确认。

🔖 菜单栏：单击菜单栏中的"插入"|"块"命令。

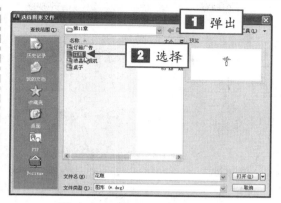

图 11-14 选择相应的图形文件

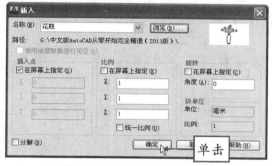

图 11-15 单击"确定"按钮

Step 06 根据命令行提示进行操作，指定任意点为插入基点，插入单个图块，并将其移动至合适的位置，效果如图 11-16 所示。

图 11-16 插入单个图块

在"插入"对话框中，各主要选项的含义如下。

🔖 "名称"文本框：在该文本框中可以输入插入的图块名称。

🔖 "插入点"选项区：在该选项区中，可以确定图块的插入点坐标。

🔖 "比例"选项区：在该选项区中，可以确定图块插入的比例。

新
手
学
设
计
完
全
精
通

● "旋转"选项区：在该选项区中，可以确定图块插入时的旋转角度。

● "块单位"选项组：用于设置块的单位以及比例。

● "分解"复选框：选中该复选框，可以将插入的图块分解，使之还原成单独的图形对象。

11.1.5 新手练兵——插入阵列图块

在 AutoCAD 2013 中，使用"阵列插入块"命令，可以将图块以矩形阵列复制方式插入到当前图形中，并将插入的矩形阵列视为一个实体。

	实例文件	光盘\实例\第 11 章\煤气罐.dwg
	所用素材	光盘\素材\第 11 章\煤气罐.dwg

Step 01 单击快速访问工具栏中的"打开"按钮，在弹出的"选择文件"对话框中打开素材图形，如图 11-17 所示。

图 11-17 打开素材图形

Step 02 ①在命令行中输入 MINSERT（阵列插入块）命令，按【Enter】键确认，根据命令行提示进行操作，②输入文字"矩形"，如图 11-18 所示。

图 11-18 输入文字

Step 03 按【Enter】键确认，输入坐标值（0,0），指定插入点，如图 11-19 所示。

Step 04 按【Enter】键确认，输入 1，指定 X 比例因子，指定对角点，按【Enter】键

确认，继续输入 1，指定 Y 比例因子，如图 11-20 所示。

图 11-19 输入坐标值

图 11-20 指定 Y 比例因子

Step 05 输入 0，指定旋转角度，按【Enter】键确认，输入 2，指定图块阵列行数，按【Enter】键确认，输入 1，指定图块阵列列数，按【Enter】键确认，输入 3，指定阵列行间距，如图 11-21 所示。

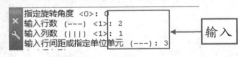

图 11-21 输入 3

Step 06 执行上述操作后，即可阵列图块，效果如图 11-22 所示。

Step 07 在命令行中输入 MOVE（移动）命令，并按【Enter】键确认，根据命令行提示进行操作，选择所有图块为移动对象并确认，在绘图区的右上方图块上单击鼠标左键并拖曳，移动至合适位置后单击鼠标左键，即可移动图形，完成阵列图块的插入，效果如图 11-23 所示。

图 11-22 阵列图块

图 11-23 插入阵列图块效果

11.1.6 新手练兵——分解图块

分解图块可使其变成定义前的各自独立状态，由于插入的图块是一个整体，因此在对图块进行编辑时，必须先将图块分解。图块被分解后，它的各个组成元素都将成为单独的对象，用户可以对各组成元素进行编辑。

实例文件	光盘\实例\第 11 章\圆形床.dwg
所用素材	光盘\素材\第 11 章\圆形床.dwg

Step 01 单击快速访问工具栏中的"打开"按钮，在弹出的"选择文件"对话框中打开素材图形，如图 11-24 所示。

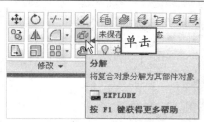

图 11-25 单击"分解"按钮

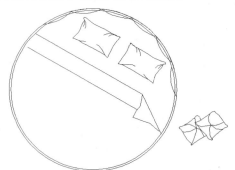

图 11-24 打开素材图形

Step 02 在"功能区"选项板的"常用"选项卡中，单击"修改"面板中"分解"按钮，如图 11-25 所示。

Step 03 根据命令行提示进行操作，在绘图区中选择需要分解的图块对象，如图 11-26 所示。

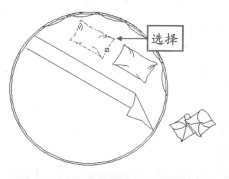

图 11-26 选择需要分解的图形对象

Step 04 按【Enter】键确认，即可分解图块，效果如图 11-27 所示。

新手学设计完全精通

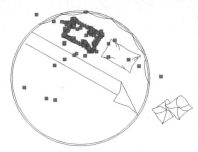

图 11-27　分解图块

 技巧发送

除了运用上述分解图块的方法外，还有以下两种常用的方法。

❂ 命令行：在命令行中输入 EXPLODE（分解）命令，按【Enter】键确认。

❂ 菜单栏：单击菜单栏中的"修改"｜"分解"命令。

高手指引

分解特殊的块对象，分为带有宽度特性的多段线和带有属性的块两种类型。带有宽度特性的多段线被分解后，将转换为宽度为 0 的直线和圆弧，并且分解后相应的信息也将丢失。当块定义中包含属性定义时，属性（名称和数据）作为一种特殊的文本对象也被一同插入。此时包含属性的块被分解时，块中的属性将转换为原来的属性定义状态，即在屏幕上显示属性标记，同时丢失在块插入时指定的属性值。

在分解包含嵌套块和多段线的块参照时，只能分解一层。这是因为最高一层的块参照被分解，而嵌套块或者多段线仍保留其块的特性或多段线特性。只有在它们已处于最高层时，才能被分解。

11.1.7　新手练兵——修改图块插入基点

图块上的任意一点都可以作为该图块的基点，但为了绘图方便，需要根据图形的结构选择基点，一般选择在图块的对称中心、左下角或其他有特征的位置，该基点是图形插入过程中进行旋转或调整比例的基准点。

实例文件	光盘\实例\第 11 章\毛巾架.dwg
所用素材	光盘\素材\第 11 章\毛巾架.dwg

Step 01 单击快速访问工具栏中的"打开"按钮 📂，在弹出的"选择文件"对话框中打开素材图形，如图 11-28 所示。

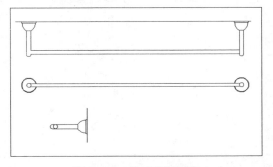

图 11-28　打开素材图形

Step 02 在"功能区"选项板中的"插入"选项卡中，单击"块定义"面板中间的下拉按钮，在展开的面板上单击"设置基点"按

钮 🔲，如图 11-29 所示。

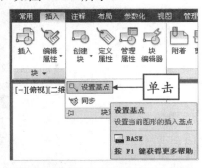

图 11-29　单击"设置基点"按钮

Step 03 根据命令行提示进行操作，在命令行中输入新的基点坐标值（1779.78, 959, 0），如图 11-30 所示。

Step 04 按【Enter】键确认，即可修改图块插入基点。

图 11-30　输入新的基点坐标值

11.1.8　新手练兵——重定义图块

　　如果在一个图形文件中可以多次重复插入一个图块，如需将所有相同的图块统一修改或改变为另一个标准，则可运用图块的重新定义功能来实现。

实例文件	光盘\实例\第 11 章\汽车.dwg
所用素材	光盘\素材\第 11 章\汽车.dwg

Step 01 单击快速访问工具栏中的"打开"按钮，在弹出的"选择文件"对话框中打开素材图形，如图 11-31 所示。

图 11-31　打开素材图形

Step 02 在"功能区"选项板中的"插入"选项卡中，单击"块定义"面板中的"创建块"按钮，**1** 弹出"块定义"对话框，**2** 在"名称"文本框中输入"汽车"，**3** 单击"选择对象"按钮，如图 11-32 所示。

图 11-32　单击"选择对象"按钮

Step 03 在绘图区中选择所有图形为重定义对象，如图 11-33 所示。

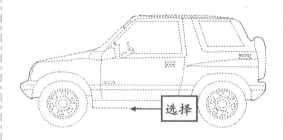

图 11-33　选择重定义对象

Step 04 按【Enter】键确认，返回到"块定义"对话框，单击"确定"按钮，弹出"块-重定义块"对话框，如图 10-34 所示。

图 11-34　弹出"块-重定义块"对话框

Step 05 单击"重定义"按钮，即可重新定义图块，将鼠标指针移至图块上，查看重定义图块效果，如图 11-35 所示。

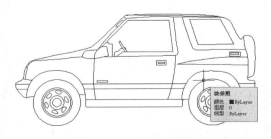

图 11-35　重新定义图块

11.2 编辑与管理块属性

块属性是附属于块的非图形信息，是块的组成部分，是特定的可包含在块定义中的文字对象。在定义一个块时，属性必须预先定义然后才能被选定，通常属性用于在块的插入过程中进行自动注释。

11.2.1 块属性的特点

在 AutoCAD 2013 中，用户可以在图形绘制完成后，使用 ATTEXT 命令将属性块的数据从图形中提取出来，并将这些数据写入到一个文件中，这样就可以从图形数据库文件中获得块的数据信息。属性块具有以下特点。

❀ 属性块由属性标记名和属性值两部分组成。

❀ 定义块前，应先定义该块的每个属性，即规定每个属性的标记名、属性提示、属性默认值、属性的显示格式（可见或可不见）及属性在图形中的位置等。一旦定义了属性，该属性将以其标记名在块中显示出来，并保存有关的信息。

❀ 定义块时，应将图形对象和表示属性定义的属性标记名一起用来定义块对象。

❀ 插入带有属性的块时，系统将提示用户输入需要的属性值，插入后，属性用它的值来表示。因此，同一个块在不同的点插入时，可以有不同的属性值。如果属性值在属性定义时设置为常量，系统将不再询问它的属性值。

❀ 插入块后，用户可以改变属性的显示可见性，对属性作修改以及把属性单独提取出来写入文件，以供统计和制表使用，还可以与其他高级语言（如 BASIC、FORTRAN、C 语言）或数据库（如 dBASE、FoxBASE、FoxPro 等）进行数据通信。

 高手指引

块的属性值除了可以固定变化外，还可以设置为可见或不可见，不可见的属性不显示也不能输出。但不管使用哪种方式，属性值一直保留在图形中，并且在提取时都可以输出到文件中。当用户插入一个带有属性的块时，命令行中的提示与插入一个不带有属性的块的命令提示完全相同，只是在后面增加了属性输入提示。

11.2.2 新手练兵——创建块属性

属性是将数据附着到块上的标签或标记。在 AutoCAD 2013 中，使用属性前，首先需要对其属性进行创建。

	实例文件	光盘\实例\第 11 章\女装.dwg
	所用素材	光盘\素材\第 11 章\女装.dwg

Step 01 单击快速访问工具栏中的"打开"按钮，在弹出的"选择文件"对话框中打开素材图形，如图 11-36 所示。

Step 02 在"功能区"选项板中，切换至"插入"选项卡，单击"块定义"面板中的"定义属性"按钮，如图 11-37 所示。

Step 03 ① 弹出"属性定义"对话框，② 在"标记"文本框中输入"女装"，③ 在"文字高度"文本框中输入 40，如图 11-38 所示。

Step 04 单击"确定"按钮，根据命令行提示进行操作，在绘图区中的合适位置单击鼠标左键，即可创建块属性，效果如图 11-39 所示。

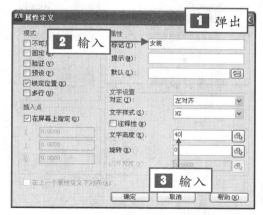

图 11-38　"属性定义"对话框

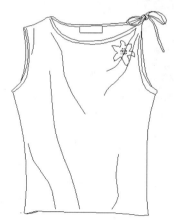

图 11-36　打开素材图形

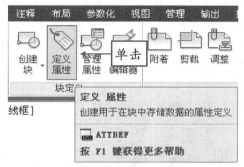

图 11-37　单击"定义属性"按钮

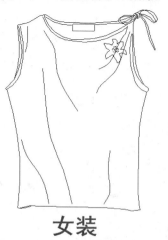

图 11-39　创建块属性

 技巧发送

除了运用上述方法创建属性块外，还有以下两种常用的方法。

➕ 命令行：在命令行中输入 ATTDEF（定义属性）命令，按【Enter】键确认。

➕ 菜单栏：单击菜单栏中的"绘图"｜"块"｜"定义属性"命令。

11.2.3　新手练兵——插入带有属性的块

在创建完带有附加属性的图块后，用户可以使用"插入"命令，将属性图块插入到图形对象中。

	实例文件	光盘\实例\第 11 章\定位套.dwg
	所用素材	光盘\素材\第 11 章\定位套.dwg、1.dwg

Step 01 单击快速访问工具栏中的"打开"按钮，在弹出的"选择文件"对话框中打开素材图形，如图 11-40 所示。

Step 02 在"功能区"选项板中，**1**切换至"插入"选项卡，**2**单击"块"面板中的"插入"按钮，如图 11-41 所示。

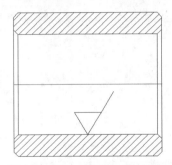

图 11-40　打开素材文件

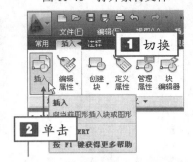

图 11-41　单击"插入"按钮

Step 03 ◢1弹出"插入"对话框，◢2单击"浏览"按钮，如图 11-42 所示。

图 11-42　单击"浏览"按钮

Step 04 ◢1弹出"选择图形文件"对话框，◢2在其中选择需要插入的素材文件，如图 11-43 所示。

Step 05 单击"打开"按钮，返回到"插入"对话框，单击"确定"按钮，根据命令行提示进行操作，捕捉合适的中点对象，如图 11-44 所示。

图 11-43　选择需要插入的素材文件

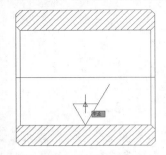

图 11-44　捕捉合适的中点

Step 06 在"动态输入"模式下，输入3.2，如图 11-45 所示。

图 11-45　输入 3.2

Step 07 按【Enter】键确认，即可插入带有属性的块，调整大小和位置，效果如图11-46 所示。

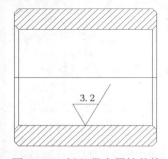

图 11-46　插入带有属性的块

11.2.4　新手练兵——修改属性定义

当属性定义完成后，如果希望修改定义中的属性标记名、提示和默认值，则可以通过"修改属性"命令进行修改。

	实例文件	光盘\实例\第 11 章\西服.dwg
	所用素材	光盘\素材\第 11 章\西服.dwg

Step 01 单击快速访问工具栏中的"打开"按钮，在弹出的"选择文件"对话框中打开素材图形，如图 11-47 所示。

图 11-47　打开素材图形

Step 02 在需要修改的属性块上双击鼠标左键，弹出"编辑属性定义"对话框，如图 11-48 所示。

图 11-48　弹出"编辑属性定义"对话框

Step 03 在"标记"文本框中输入"男士西服"，如图 11-49 所示。

图 11-49　输入"男士西服"

Step 04 单击"确定"按钮，并按【Enter】键确认，即可修改属性定义，效果如图 11-50 所示。

图 11-50　修改属性定义

11.2.5　新手练兵——编辑块属性

通过对属性的编辑可以对其进行各种修改，分单个编辑和多个编辑两种形式。单个编辑是逐个对属性进行修改，它可以改变一个属性的值以及该属性的位置和方向等特性，而不改变其他属性，此方式只限于对当前屏幕上可见的属性进行编辑；多个编辑允许在规定属性编辑范围后，对各种属性同时进行编辑，多个编辑只能改变属性的值，但它既可以编辑屏幕可见的属性，也可以编辑不可见属性和当时不在屏幕上的属性。

	实例文件	光盘\实例\第 11 章\花草.dwg
	所用素材	光盘\素材\第 11 章\花草.dwg

Step 01 单击快速访问工具栏中的"打开"按钮，在弹出的"选择文件"对话框中打开素材图形，如图 11-51 所示。

Step 02 1 在"功能区"选项板中切换至"插入"选项卡，2 单击"块"面板中的"编辑属性"按钮，如图 11-52 所示。

图 11-51   打开素材图形

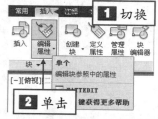

图 11-52   单击"编辑属性"按钮

Step 03 根据命令行提示进行操作，选择属性块对象，弹出"增强属性编辑器"对话框，如图 11-53 所示。

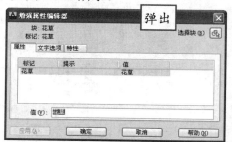

图 11-53   弹出"增强属性编辑器"对话框

Step 04 ①切换至"文字选项"选项卡，②在"高度"文本框中输入 40，③在"倾斜角度"文本框中输入 15，如图 11-54 所示。

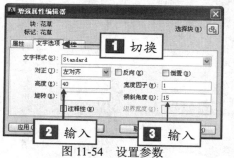

图 11-54   设置参数

Step 05 单击"确定"按钮，即可编辑块属性，效果如图 11-55 所示。

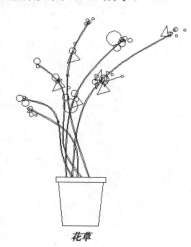

图 11-55   编辑块属性

知识链接

在"增强属性编辑器"对话框中，各主要选项的含义如下。

❖ "块"选项区：用于显示正在编辑属性的块名称。

❖ "标记"选项区：用于显示标识属性的标记。

❖ "选择块"按钮：单击该按钮，可以在使用定点设备选择块时，临时关闭"增强属性编辑器"对话框。

❖ "应用"按钮：单击该按钮，可以更新已更改属性的图形，且"增强属性编辑器"对话框保持打开状态。

❖ "属性"选项卡：该选项卡显示了块中每个属性的标记、提示和值，在列表框中选择某一属性后，在"值"文本框中将显示出该属性对应的属性值，可以通过它来修改属性值。

❖ "文字选项"选项卡：该选项卡用于修改属性文字的格式，在其中可以设置文字样式、对齐方式、高度、旋转角度、宽度因子和倾斜角度等。

❖ "特性"选项卡：该选项卡用于修改属性文字的图层、线宽、线型、颜色及打印样式等。

11.2.6 新手练兵——提取属性数据

在 AutoCAD 2013 中，通过提取数据信息，用户可以轻松地直接使用图形数据来生成清单或明细表。如果每个块都具有标识设备型号和制造商的数据，就可以生成用于估算设备价格的报告。

实例文件	光盘\实例\第 11 章\电视组合.dwg
所用素材	光盘\素材\第 11 章\电视组合.dwg

Step 01 单击快速访问工具栏中的"打开"按钮，在弹出的"选择文件"对话框中打开素材图形，如图 11-56 所示。

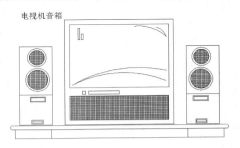

图 11-56 打开素材图形

Step 02 在命令行中输入 ATTEXT（提取属性）命令，按【Enter】键确认，弹出"属性提取"对话框，如图 11-57 所示。

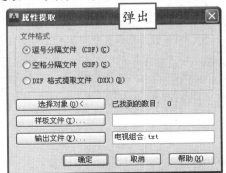

图 11-57 弹出"属性提取"对话框

知识链接

AutoCAD 图块属性中包含有大量数据，如块名、块的插入点坐标、插入比例以及各个属性值等。

Step 03 单击"选择对象"按钮，根据命令行提示进行操作，在绘图区中选择所有图形，如图 11-58 所示。

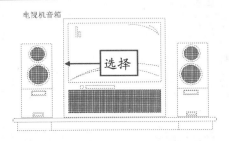

图 11-58 选择所有图形

Step 04 按【Enter】键确认，返回到"属性提取"对话框，单击"样板文件"按钮，如图 11-59 所示。

图 11-59 单击"样板文件"按钮

Step 05 **1** 弹出"样板文件"对话框，**2** 设置文件保存路径，并在"名称"列表框中单击鼠标右键，**3** 在弹出的快捷菜单中选择"新建"│"文本文档"选项，如图 11-60 所示。

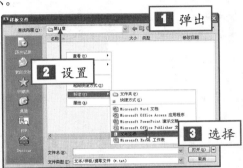

图 11-60 选择相应选项

Step 06 **1** 将其命名为"电视组合属性提取",再选择刚新建的"电视组合属性提取"文本文档,单击鼠标右键,**2** 在弹出的快捷菜单中选择"打开"选项,如图 11-61 所示。

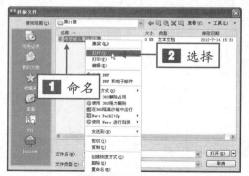

图 11-61　选择"打开"选项

Step 07 **1** 打开"电视组合属性提取"文本文档,**2** 输入相关的内容,如图 11-62 所示。

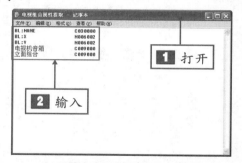

图 11-62　输入相关内容

Step 08 单击"文件"｜"保存"命令,保存文件内容,单击"打开"按钮,返回

到"属性提取"对话框,单击"输出文件"按钮,**1** 弹出"输出文件"对话框,**2** 设置保存路径,**3** 在"文件名"文本框中输入"电视组合属性提取结果",设置文件名,如图 11-63 所示。

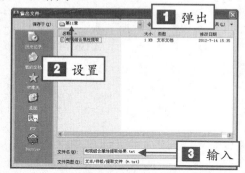

图 11-63　"输出文件"对话框

Step 09 单击"保存"按钮,返回到"属性提取"对话框,单击"确定"按钮,完成保存属性数据的操作。

知识链接

在"属性提取"对话框中,各主要选项的含义如下。

❀ "文件格式"选项区:用于设定存放提取出来的属性数据的文件格式。

❀ "样板文件"按钮:用于指定 CDF 和 SDF 格式的样板提取文件。

❀ "输出文件"按钮:用于指定要保存提取的属性数据的文件名和位置。

技巧发送

除了运用上述方法提取属性数据外,还可以单击菜单栏中的"工具"｜"数据提取"命令。

11.3　使用外部参照

外部参照是指一幅图形对另一幅图形的引用,在绘制图形时,如果一个图形文件需要参照其他图形或图像来绘制,而又不希望占用太多的存储空间,就可以使用 AutoCAD 的外部参照功能。

11.3.1　外部参照与块的区别

如果把图形作为块插入另一个图形,块定义和所有相关联的几何图形都将存储在当前图形数据库中。修改原图形后，块不会随之更新。插入的块如果被分解，则同其他图形没有本质区别，相当于将一个图形文件中的图形对象复制和粘贴到另一个图形文件中。而外部参照提供了另一种更为灵活的图形引用方法。使用外部参照可以将多个图形链接到当前图形中，并且作为外部参照的图形会随原图形的修改而更新。

当一个图形文件被作为外部参照插入到当前图形时，外部参照中每个图形的数据仍然分别保存在各自的源图形文件中，当前图形中所保存的只是外部参照的名称和路径。因此，外部参照不会明显地增加当前图形的文件大小，从而可以节省磁盘空间，也利于保持系统的性能。无论一个外部参照文件多么复杂，AutoCAD 都会把它作为一个单一对象来处理，而不允许进行分解。用户可对外部参照进行比例缩放、移动、复制、镜像或旋转等操作，还可以控制外部参照的显示状态，但这些操作都不会影响到源图形文件。

11.3.2　新手练兵——附着 DWG 参照

外部参照是把已有的图形文件以参照的形式插入到当前图形中。将图形作为外部参照附着时，会将该参照图形链接到当前图形，打开或重载外部参照时，对参照图形所作的任何修改都会显示在当前图形中。

实例文件	光盘\实例\第 11 章\机械零件.dwg
所用素材	光盘\素材\第 11 章\机械零件.dwg、俯视图.dwg

Step 01 单击快速访问工具栏中的"打开"按钮，在弹出的"选择文件"对话框中打开素材图形，如图 11-64 所示。

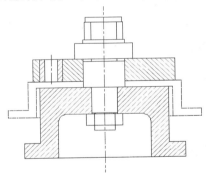

图 11-64　打开素材图形

Step 02 在命令行中输入 XATTACH（DWG 参照）命令，如图 11-65 所示。

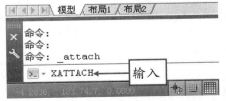

图 11-65　输入命令

Step 03 按【Enter】键确认，**1** 弹出"选择参照文件"对话框，**2** 选择参照文件"俯视图.dwg"，如图 11-66 所示。

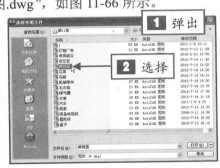

图 11-66　选择参照文件

Step 04 单击"打开"按钮，弹出"附着外部参照"对话框，如图 11-67 所示。

图 11-67　弹出"附着外部参照"对话框

Step 05 保持默认设置，单击"确认"按钮，根据命令行提示进行操作，在绘图区合适位置处单击鼠标左键，指定端点，并调整其位置，即可附着 DWG 参照，如图 11-68 所示。

 知识链接

"附着外部参照"对话框中，各主要选项的含义如下。

⊕ "参照类型"选项区：指定外部参照是附着型还是覆盖型。

⊕ "附着型"单选按钮：在图形中附着型的外部参照时，如果其中嵌套有其他外部参照，则将嵌套的外部参照包括在内。

⊕ "覆盖型"单选按钮：在图形中附着覆盖外部参照时，则任何嵌套在其中的覆盖外部参照都将被忽略，而且其本身也不能显示。

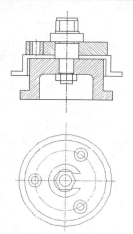

图 11-68　附着 DWG 参照

 高手指引

在"附着外部参照"对话框中，取消选中"在屏幕指定"复选框后，在绘图区中可以直接指定插入点。

 技巧发送

除了运用上述方法附着 DWG 参照外，还有以下两种常用的方法。

⊕ 在"功能区"选项板中，切换至"插入"选项卡，单击"参照"面板中的"附着"按钮。

⊕ 菜单栏：单击菜单栏中的"插入"｜"DWG 参照"命令。

11.3.3　新手练兵——附着图像参照

在 AutoCAD 2013 中，附着图像参照与附着外部参照都一样，其图像由一些称为像素的小方块或点的矩形栅格组成，附着后的图形像图块一样作为一个整体，用户可以对其进行多次重新附着。

	实例文件	光盘\实例\第 11 章\客厅.dwg
	所用素材	光盘\素材\第 11 章\客厅.bmp

Step 01 单击快速访问工具栏中的"新建"按钮，新建一幅空白的图形文件；在命令行中输入 IMAGEATTACH（光栅图像参照）命令，如图 11-69 所示。

Step 02 按【Enter】键确认，**1** 弹出"选择参照文件"对话框，**2** 选择合适的参照文件，如图 11-70 所示。

Step 03 单击"打开"按钮，弹出"附着图像"对话框，如图 11-71 所示。

 技巧发送

除了运用上述方法附着图像参照外，还有以下两种常用的方法。

⊕ 在"功能区"选项板中，切换至"插入"选项卡，单击"参照"面板中的"附着"按钮。

⊕ 菜单栏：单击菜单栏中的"插入"｜"光栅图像参照"命令。

Step 04 单击"确定"按钮，根据命令行提示进行操作，捕捉合适的端点，即可附着图像参照，效果如图 11-72 所示。

图 11-69 输入命令

图 11-71 弹出"附着图像"对话框

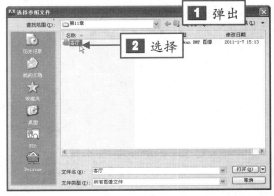

图 11-70 选择合适的参照文件

图 11-72 附着图像参照

 高手指引

在 AutoCAD 2013 中，每个插入的图像参照都可以剪裁边界，也可以对亮度、对比度、褪色度和透明度进行设置。

11.3.4 新手练兵——附着 DWF 参照

DWF 格式文件是一种从 DWG 格式文件创建的高度压缩的文件格式，可以将 DWF 文件作为参考底图附着到图形文件上，通过附着 DWF 文件，用户可以参照该文件而不增加图形文件的大小。

实例文件	光盘\实例\第 11 章\家庭影院.dwg
所用素材	光盘\素材\第 11 章\家庭影院.dwf

Step 01 单击快速访问工具栏中的"新建"按钮，新建一幅空白的图形文件；在命令行中输入 DWFATTACH（DWF 参考底图）命令，如图 11-73 所示。

图 11-73 输入命令

Step 02 按【Enter】键确认，**1** 弹出"选择参照文件"对话框，**2** 选择合适的参照文件，如图 11-74 所示。

Step 03 单击"打开"按钮，弹出"附着 DWF 参考底图"对话框，保持默认选项，如图 11-75 所示。

Step 04 单击"确定"按钮，根据命令行提示进行操作，输入（0,0），按两次【Enter】

键确认，即可附着DWF参考底图，如图11-76所示。

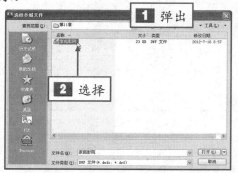

图11-74 选择合适的参照文件

图11-75 "附着 DWF 参考底图"对话框

 技巧发送

除了运用上述方法附着 DWF 参考底图外，还可以单击菜单栏中的"插入"｜"DWF 参考底图"命令。

图11-76 附着 DWF 参考底图

11.3.5 新手练兵——附着DGN参照

DGN 格式文件是 MicroStation 绘图软件生成的文件，该文件格式对精度、层数以及文件和单元的大小并不限制。另外，该文件中的数据都是经过快速优化、检验并压缩的，有利于节省存储空间。

实例文件	光盘\实例\第 11 章\裤型设计.dwg
所用素材	光盘\素材\第 11 章\裤型设计.dgn

Step 01 单击快速访问工具栏中的"新建"按钮□，新建一幅空白的图形文件；在命令行中输入 DGNATTACH（DGN 参考底图）命令，如图 11-77 所示。

图11-77 输入命令

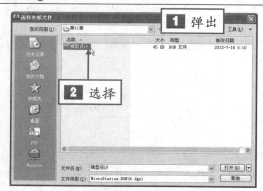

图11-78 选择合适的参照文件

Step 02 按【Enter】键确认，按【Enter】键确认，**1** 弹出"选择参照文件"对话框，**2** 选择合适的参照文件，如图11-78所示。

Step 03 单击"打开"按钮，并弹出"附着 DGN 参考底图"对话框，保持默认选项，如图11-79所示。

 技巧发送

除了运用上述方法附着 DGN 参考底图外，还可以单击菜单栏中的"插入"｜"DGN 参考底图"命令。

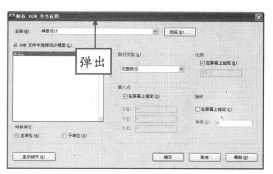

图 11-79　"附着 DGN 参考底图"对话框

Step 04 单击"确定"按钮，根据命令行
提示进行操作，输入（0, 0），按两次【Enter】
键确认，即可附着 DGN 参考底图，如图 11-80

所示。

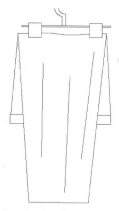

图 11-80　附着 DGN 参考底图

11.3.6　新手练兵——附着 PDF 参照

在 AutoCAD 2013 中，用户可以附着 PDF 参照进行辅助绘图，对多页 PDF 文件一次可
附着一页。此外，PDF 文件中的超文本链接将被转换为纯文字，并且不支持数字签名。

实例文件	光盘\实例\第 11 章\通盖轴测图.dwg
所用素材	光盘\素材\第 11 章\通盖轴测图.pdf

Step 01 单击快速访问工具栏中的"新建"
按钮，新建一幅空白的图形文件；在命令
行中输入 PDFATTACH（PDF 参考底图）命
令，如图 11-81 所示。

图 11-81　输入命令

Step 02 按【Enter】键确认，❶弹出"选
择参照文件"对话框，❷选择合适的参照文
件，如图 11-82 所示。

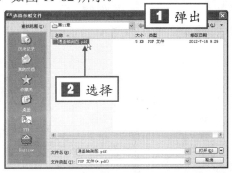

图 11-82　选择合适的参照文件

Step 03 单击"打开"按钮，弹出"附着
PDF 参考底图"对话框，保持默认选项，如
图 11-83 所示。

图 11-83　"附着 PDF 参考底图"对话框

Step 04 单击"确定"按钮，根据命令行
提示进行操作，输入（0, 0），按两次【Enter】
键确定，即可附着 PDF 参考底图，效果如图
11-84 所示。

技巧发送

　　除了运用上述方法附着 PDF 参考底图外，还
可以单击菜单栏中的"插入"｜"PDF 参考底图"
命令。

新手学设计完全精通

将 PDF 文件附着为参考底图时，可以将该参考文件链接到当前图形中。打开或重新加载参照文件时，当前图形中将显示对该文件所作的所有更改。如果包含参照文件的图形被移动或保存到另一路径、另一本地磁盘驱动器或者另一个网络服务器中时，就必须编辑所有的相对路径，使其使用源图形文件的新位置，或者重新定位参照文件。

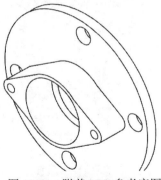

图 11-84　附着 PDF 参考底图

11.4　管理外部参照

在图形中加入外部参照后，还可以根据需要对外部参照进行管理，如编辑、剪裁、拆离和卸载等。

11.4.1　新手练兵——编辑外部参照

在 AutoCAD 2013 中，可以使用"在位编辑参照"命令编辑当前图形中的外部参照，也可以重新定义当前图形中的块定义。

	实例文件	光盘\实例\第 11 章\躺椅立面图.dwg
	所用素材	光盘\素材\第 11 章\躺椅立面图.dwg、躺椅 dwg

 01 单击快速访问工具栏中的"打开"按钮，在弹出的"选择文件"对话框中打开素材图形，如图 11-85 所示。

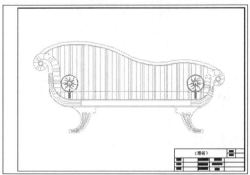

图 11-85　打开素材图形

 02 在命令行中输入 REFEDIT（编辑参照）命令，按【Enter】键确认，如图 11-86 所示。

 03 根据命令行提示进行操作，在绘图区中的外部参照图形上，单击鼠标左键，

■1 弹出"参照编辑"对话框，■2 选中"提示选择嵌套的对象"单选按钮，如图 11-87 所示。

图 11-86　输入"编辑参照"命令

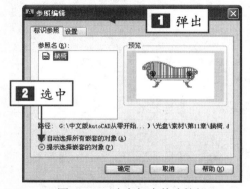

图 11-87　选中相应单选按钮

Step 04 单击"确定"按钮，在绘图区中，选择合适的嵌套对象，如图 11-88 所示。

辑参照"面板，单击"编辑参照"面板中的"保存修改"按钮，如图 11-90 所示。

图 11-90　单击"保存修改"按钮

Step 07 弹出提示信息框，如图 11-91 所示，单击"确定"按钮，即可保存编辑外部参照。

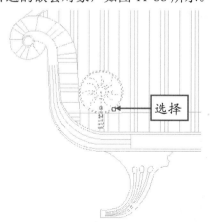

图 11-88　选择嵌套对象

Step 05 按【Enter】键确认，即可编辑外部参照，如图 11-89 所示。

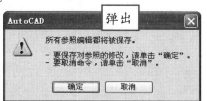

图 11-91　弹出提示信息框

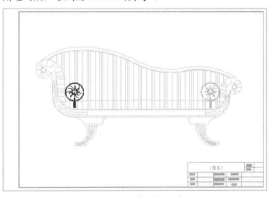

图 11-89　编辑外部参照

Step 06 在"功能区"选项板中将弹出"编

技巧发送

除了运用上述方法编辑外部参照外，还有以下 3 种常用的方法。

❀ 按钮法：在"功能区"选项板中，切换至"插入"选项卡，单击"参照"面板中的"编辑参照"按钮。

❀ 菜单栏：单击菜单栏中的"工具"|"外部参照和块在位编辑"|"在位编辑参照"命令。

❀ 快捷菜单：在绘图区中选择外部参照图形，单击鼠标右键，在弹出的快捷菜单中，选择"在位编辑参照"选项。

11.4.2　新手练兵——裁剪外部参照

在 AutoCAD 2013 中，"剪裁"命令用于定义外部参照的剪裁边界、设置前后剪裁面，这样就可以只显示剪裁范围以内的外部参照对象（即将剪裁范围以外的外部参照从当前显示图形中裁掉）。

	实例文件	光盘\实例\第 11 章\饮水机.dwg
	所用素材	光盘\素材\第 11 章\饮水机.dwg、饮水机 01

Step 01 单击快速访问工具栏中的"打开"按钮，在弹出的"选择文件"对话框中打开素材图形，如图 11-92 所示。

Step 02 在命令行中输入 XCLIP（裁剪）命令，按【Enter】键确认，在命令行提示下，选择外部参照对象，如图 11-93 所示。

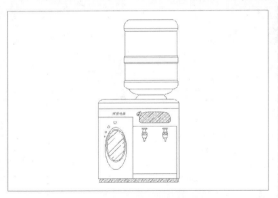

图 11-92　打开素材图形

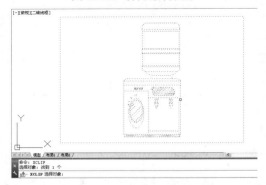

图 11-93　选择外部参照对象

Step 03 连续按 3 次【Enter】键确认，在绘图区中捕捉合适的点，如图 11-94 所示。

Step 04 在右下方合适位置处单击鼠标左键，即可裁剪外部参照对象，效果如图 11-95 所示。

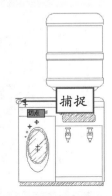

图 11-94　捕捉合适的点

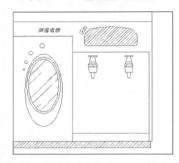

图 11-95　裁剪外部参照对象

技巧发送

除了运用上述方法裁剪外部参照外，还有以下 3 种常用的方法。

◈ **菜单栏**：单击菜单栏中的"修改"｜"剪裁"｜"外部参照"命令。

◈ **按钮法**：在"功能区"选项板中，切换至"插入"选项卡，单击"参照"面板中的"剪裁"按钮。

◈ **快捷菜单**：在绘图区中，选择外部参照图形，单击鼠标右键，在弹出的快捷菜单中，选择"剪裁外部参照"选项。

11.4.3　新手练兵——拆离外部参照

在附着外部参照后，用户可以根据需要拆离外部参照，拆离外部参照可以从当前图形中删除不需要的外部参照文件。

实例文件	光盘\实例\第 11 章\飞轮平面图.dwg
所用素材	光盘\素材\第 11 章\飞轮平面图.dwg、飞轮.dwg

Step 01 单击快速访问工具栏中的"打开"按钮，在弹出的"选择文件"对话框

中打开素材图形，如图 11-96 所示。

Step 02 在命令行中输入 XREF（外部参

照）命令，按【Enter】键确认，弹出"外部参照"面板，如图 11-97 所示。

图 11-98 所示。

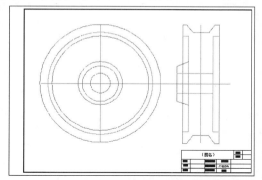

图 11-96　打开素材图形

图 11-97　弹出"外部参照"面板

Step 03 在"飞轮"选项上单击鼠标右键，在弹出的快捷菜单中选择"拆离"选项，如

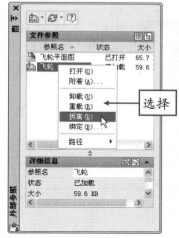

图 11-98　设置参数

Step 04 执行上述操作后，在"参照名"列表框中将不显示"飞轮"选项，即可拆离外部参照，效果如图 11-99 所示。

图 11-99　拆离外部参照

知识链接

在"外部参照"面板中，各主要选项的含义如下。

❖ "附着 DWG"按钮：单击该按钮右侧的下拉按钮，用户可以从弹出的下拉列表中选择附着 DWG、DWF、DGN、PDF 或图像。

❖ "刷新"按钮：单击该按钮右侧的下拉按钮，用户可以从弹出的下拉列表中选择"刷新"或"重载所有参照"选项。

❖ "文件参照"列表框：在该列表框中，显示了当前图形中的各个外部参照的名称，可以将显示设置为以列表图或树状图结构显示模式。

11.4.4　新手练兵——卸载外部参照

使用卸载外部参照并不删除外部参照的定义，而仅仅取消外部参照的图形显示（包括其所有的副本）。

实例文件	光盘\实例\第 11 章\影碟机.dwg
所用素材	光盘\素材\第 11 章\影碟机.dwg、外部参照.dwg

Step 01 单击快速访问工具栏中的"打开"按钮 📂，在弹出的"选择文件"对话框中打开素材图形，如图 11-100 所示。

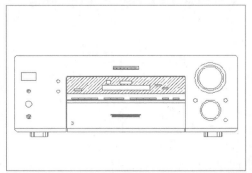

图 11-100　打开素材图形

Step 02 在命令行中输入 XREF 命令，**1** 弹出"外部参照"面板，**2** 选择合适的外部参照对象，如图 11-101 所示。

图 11-101　选择合适的外部参照

Step 03 单击鼠标右键，在弹出的快捷菜单中，选择"卸载"选项，如图 11-102 所示。

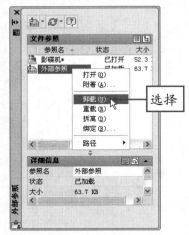

图 11-102　选择"卸载"选项

Step 04 执行上述操作后，将"状态"设置为"已卸载"，即可卸载外部参照，如图 11-103 所示。

图 11-103　卸载外部参照

11.4.5　新手练兵——重载外部参照

重载外部参照可以在卸载外部参照文件后，在不退出当前图形的情况下，重载更新外部参照文件。

实例文件	光盘\实例\第 11 章\手模型.dwg
所用素材	光盘\素材\第 11 章\手模型.dwg、手像.dwg

Step 01 单击快速访问工具栏中的"打开"按钮 📂，在弹出的"选择文件"对话框中打开素材图形，如图 11-104 所示。

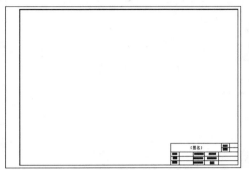

图 11-104　打开素材图形

Step 02 在命令行中输入 XREF 命令，**1** 弹出"外部参照"面板，**2** 选择合适的外部参照对象，如图 11-105 所示。

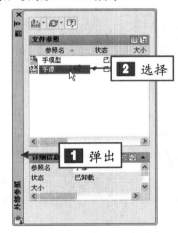

图 11-105　选择外部参照

Step 03 单击鼠标右键，在弹出的快捷菜单中，选择"重载"选项，如图 11-106 所示。

图 11-106　选择"重载"选项

Step 04 执行上述操作后，即可重载外部参照，效果如图 11-107 所示。

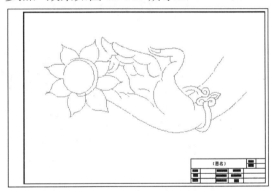

图 11-107　重载外部参照

 高手指引

　　AutoCAD 在打开一个附着有外部参照的图形文件时，将自动重载所有附着的外部参照，但是在编辑该文件的过程中则不能实时地反映原图形文件的改变。因此，利用重载功能可以在任何时候对卸载的外部参照进行重载，对指定的外部参照进行更新。

11.4.6　新手练兵——绑定外部参照

　　使用"绑定"参照功能可以将外部参照绑定到图形上，使外部参照成为图形中的固有部分，不再是外部参照文件。

	实例文件	光盘\实例\第 11 章\纸扇平面图.dwg
	所用素材	光盘\素材\第 11 章\纸扇平面图.dwg、纸扇.dwg

Step 01 单击快速访问工具栏中的"打开"按钮 📂，在弹出的"选择文件"对话框中打开素材图形，如图 11-108 所示。

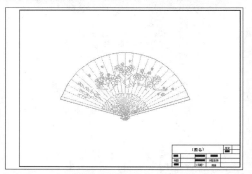

图 11-108　打开素材图形

Step 02 在命令行中输入 XBIND（绑定）命令，按【Enter】键确认，弹出"外部参照绑定"对话框，如图 11-109 所示。

图 11-109　弹出"外部参照绑定"对话框

Step 03 在左侧的列表框中，**1** 选择合适的选项，**2** 单击"添加"按钮，如图 11-110 所示。

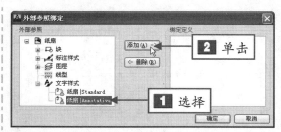

图 11-110　单击"添加"按钮

Step 04 执行上述操作后，在"绑定定义"列表框中，将显示添加的绑定对象，如图 11-111 所示，单击"确定"按钮，即可绑定外部参照。

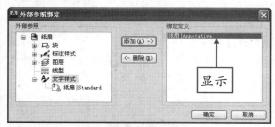

图 11-111　显示添加的绑定对象

 高手指引

在打开一个附着外部参照的图形文件时，对其使用绑定外部参照功能，可以断开指定的外部参照与源图形文件的链接，并转换为块对象，将所参照的图形文件永久地插入到当前图形中，即外部参照将成为当前图形的永久组成部分。

知识链接

在"外部参照绑定"对话框中，各选项的含义如下。

✪ "外部参照"列表框：在该列表框中列出当前附着在图形中的外部参照。

✪ "绑定定义"列表框：在该列表框中列出依赖外部参照的命名对象定义以绑定到宿主图形。

✪ "添加"按钮：单击该按钮，可以将"外部参照"列表中选定的命名对象定义移动到"绑定定义"列表中。

✪ "删除"按钮：单击该按钮，可以将"绑定定义"列表中选定的依赖外部参照的命名对象定义移回到它的依赖外部参照的定义表中。

第**12**章 | 应用软件设计中心

学前提示

　　AutoCAD 设计中心提供了一个直观高效的工具，它同 Windows 资源管理器相似。利用设计中心，不仅可以浏览、查找、预览和管理 AutoCAD 图形、图块、外部参照及光栅图形等不同的资源文件，还可以通过简单的拖放操作，将位于本地计算机、局域网或 Internet 上的图块、图层以及外部参照等内容插入到当前图形中。

本章知识重点

▶ AutoCAD 设计中心　　　　　　　▶ 插入设计中心内容

▶ 使用 AutoCAD 设计中心　　　　　▶ 使用 CAD 标准

▶ 使用图纸集

学完本章后应该掌握的内容

▶ 掌握 AutoCAD 设计中心的基本知识以及启用 AutoCAD 设计中心的方法

▶ 掌握 AutoCAD 设计中心的使用，如观察、预览以及收藏图形等

▶ 掌握 AutoCAD 设计中心的应用，如插入图块以引用外部参照等

▶ 掌握 CAD 标准和图纸集的相关知识

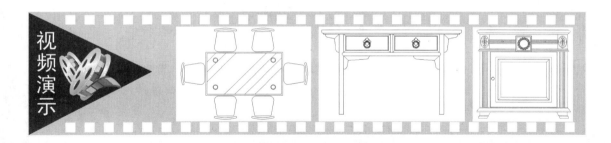

视频演示

12.1 AutoCAD 设计中心

AutoCAD 设计中心（AutoCAD Design Center，简称 ADC）是 AutoCAD 中的一个非常有用的工具。在进行图形设计时，特别是需要编辑多个图形对象，调用不同驱动器甚至不同计算机内的文件，引用已创建的图层、图块以及样式等时，使用 AutoCAD 设计中心将帮助用户提高绘图效率。

12.1.1 新手练兵——启用 AutoCAD 设计中心

AutoCAD 设计中心的功能非常强大，在进行机械设计时，特别是需要同时编辑多个图形文件时，使用设计中心可以提高绘图效率。

Step 01 在"功能区"选项板中，切换至"视图"选项卡，单击"选项板"面板中的"设计中心"按钮，如图 12-1 所示。

Step 02 弹出"设计中心"面板，即可启动 AutoCAD 设计中心，如图 12-2 所示。

图 12-1 单击"设计中心"按钮

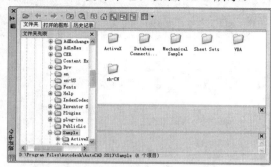

图 12-2 启动 AutoCAD 设计中心

 技巧发送

除了运用上述方法启动 AutoCAD 设计中心外，还有以下两种常用的方法。

✿ 命令行：在命令行中输入 ADCENTER 命令，按【Enter】键确认。

✿ 菜单栏：单击菜单栏中的"工具"｜"选项板"｜"设计中心"命令。

"设计中心"面板中，各主要选项的含义如下。

✿ "加载"按钮❑：使用该按钮可以通过桌面、收藏夹等路径加载图形文件。单击该按钮将弹出"加载"对话框，在该对话框中按照指定路径选择图形，将其载入到当前图形中。

✿ "搜索"按钮❑：用于快速查找图形对象。

✿ "收藏夹"按钮❑：通过收藏夹来标记存放的本地硬盘和网络中常用的文件。

✿ "主页"按钮❑：将设计中心返回到默认的文件夹，选择专用设计中心图形文件加载到当前图形中。

✿ "树状图切换"按钮❑：单击该按钮可以打开或关闭树状视图窗口。

✿ "预览"按钮❑：单击该按钮打开或关闭选项卡右下侧窗格。

✿ "说明"按钮❑：打开或关闭说明窗格，以确定是否显示说明窗格内容。

✿ "视图"按钮❑▾：用于确定控制显示内容的格式，单击该按钮将弹出一个下拉列表，可以在该下拉列表中选择内容的显示格式。

❂　"文件夹"选项卡：该选项卡显示设计中心的资源，包括显示计算机或网络驱动器中文件和文件夹的层次结构。可将设计中心内容设置为本计算机或网络信息。要使用该选项卡调出文件，可指定文件夹列表框中的文件路径（包括网络路径），右侧将显示图形信息。

❂　"打开的图形"选项卡：该选项卡显示当前已打开的所有图形，并在右下方的列表框中显示图形中的块、图层、线型、文字样式、标注样式和打印样式。单击某个图形文件，然后单击列表中的一个定义表，可以将图形文件的内容加载到内容区域中。

❂　"历史记录"选项卡：该选项卡中显示了最近在设计中心打开的文件列表，双击列表中的某个图形文件，可以在"文件夹"选项卡的树状视图中定位此图形文件，并将其内容加载到内容区域。

12.1.2　AutoCAD 设计中心的功能

AutoCAD 设计中心为用户提供了更直观且高效的管理工具，它与 Windows 资源管理器类似。在 AutoCAD 2013 中，使用 AutoCAD 设计中心通过进行以下操作来提高图形管理和图形设计的效率。

❂　为频繁访问的图形、文件夹和 Web 站点创建快捷方式。

❂　根据不同的查询条件在本地计算机和网络上查找图形文件，找到后可以将它们直接加载到绘图区域或设计中心。

❂　浏览不同的图形文件，包括当前的图形和 Web 站点上的图形库。

❂　查看块、图层和其他图形文件的定义，并将这些图形定义插入到当前图形文件中。

❂　通过控制显示方式来控制"设计中心"面板的显示效果，还可以在面板中显示与图形文件相关的描述信息和预览图像。

12.2　使用 AutoCAD 设计中心

在 AutoCAD 2013 中，AutoCAD 设计中心相当于一个资源共享中心，利用它可以访问图形、块、图案填充和其他图形内容，可以将原图形中的任何内容拖曳到当前图形中。另外，如果打开了多个图形，则可以通过设计中心，在图形之间复制和粘贴其他内容，如图层定义、布局和文字样式来简化绘图过程。

12.2.1　新手练兵——观察图形信息

在 AutoCAD 2013 的"设计中心"面板中，可以非常方便地查看图形文件的标注样式、块、图层以及外部参照等信息。

	实例文件	光盘\实例\第 12 章\无
	所用素材	光盘\素材\第 12 章\餐桌平面.dwg

Step 01　单击快速访问工具栏中的"打开"按钮🖻，在弹出的"选择文件"对话框中打开素材图形，如图 12-3 所示。

Step 02　在命令行中输入 ADCENTER

（设计中心）命令，按【Enter】键确认，弹出"设计中心"面板，如图 12-4 所示。

Step 03　在"文件夹列表"下拉列表框中，单击素材文件夹左侧的"＋"图标，展开文件夹的子层级，如图 12-5 所示。

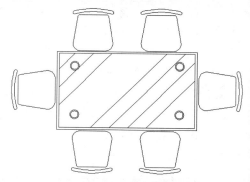

图 12-3　打开素材图像

图 12-5　展开文件夹子层级

Step 04 在需要查看的信息图标上单击鼠标左键，即可观察图形的相应信息，如图 12-6 所示。

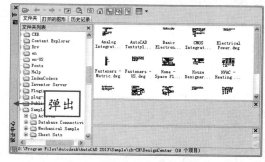

图 12-4　弹出"设计中心"面板

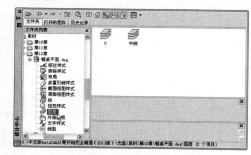

图 12-6　观察图形信息

12.2.2　打开/关闭树状图

在"设计中心"面板中，用户还可以根据需要打开或关闭树状视图窗口。在"设计中心"面板中，单击"树状图切换"按钮，如图 12-7 所示，即可关闭树状图窗口，如图 12-8 所示。再次单击"树状图切换"按钮，即可打开树状图窗口。

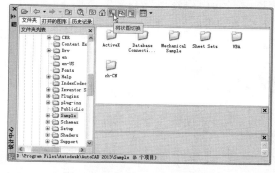

图 12-7　单击"树状图切换"按钮

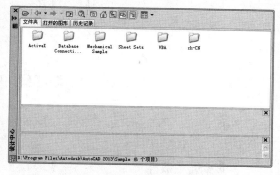

图 12-8　关闭树状图窗口

12.2.3　查看历史记录

使用设计中心的历史记录功能，可以查看最近访问过的图形。打开"设计中心"面板，如图 12-9 所示，在"设计中心"面板中切换到"历史记录"选项卡，即可查看历史记录，如

图 12-10 所示。

图 12-9　打开"设计中心"面板

图 12-10　查看历史记录

12.2.4　新手练兵——预览

在 AutoCAD 2013 中，使用 AutoCAD 设计中心的预览功能，可以显示图形的预览效果。

	实例文件	光盘\实例\第 12 章\无
	所用素材	光盘\素材\第 12 章\鼠标.dwg

Step 01 单击快速访问工具栏中的"打开"按钮，在弹出的"选择文件"对话框中打开素材图形，如图 12-11 所示。

图 12-11　打开素材图形

Step 02 在"功能区"选项板中，切换至"视图"选项卡，单击"选项板"面板中的"设计中心"按钮，如图 12-12 所示。

图 12-12　单击"设计中心"按钮

Step 03 在右侧的控制板中，选择需要预览的文件，如图 12-13 所示。

图 12-13　选择需要预览的文件

Step 04 单击"预览"按钮，即可"预览"图形文件，如图 12-14 所示。

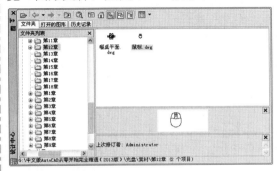

图 12-14　预览图形文件

12.2.5 新手练兵——收藏

在 AutoCAD 2013 中，利用 AutoCAD 设计中心的收藏功能，可将常用的文件收集在一起，以便以后的使用。

实例文件	光盘\实例\第 12 章\无
所用素材	光盘\素材\第 12 章\雨伞.dwg

Step 01 单击快速访问工具栏中的"打开"按钮，在弹出的"选择文件"对话框中打开素材图形，如图 12-15 所示。

图 12-15　打开素材图形

Step 02 在命令行中输入 ADCENTER（设计中心）命令，按【Enter】键确认，**1** 弹出"设计中心"面板，**2** 单击"收藏夹"按钮，如图 12-16 所示。

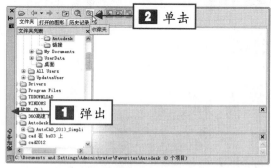

图 12-16　单击"收藏夹"按钮

Step 03 在"文件夹列表"模型树中，选择需要添加到收藏夹的素材图形，如图 12-17 所示。

Step 04 单击鼠标右键，在弹出的快捷菜

单中选择"添加到收藏夹"选项，如图 12-18 所示。

图 12-17　选择素材图形

图 12-18　选择"添加到收藏夹"选项

Step 05 执行上述操作后，即可收藏图形对象，单击面板上方的"收藏夹"按钮，即可显示已收藏的素材图形，如图 12-19 所示。

图 12-19　显示已收藏的素材图形

12.2.6 新手练兵——查找对象

使用设计中心的查找功能，可以方便地查找出需要的文件。

实例文件	光盘\实例\第 12 章\无
所用素材	光盘\素材\第 12 章\书桌.dwg

Step 01 单击快速访问工具栏中的"打开"按钮，在弹出的"选择文件"对话框中打开素材图形，如图 12-20 所示。

图 12-20 打开素材图形

Step 02 在"功能区"选项板中，切换至"视图"选项卡，单击"选项板"面板中的"设计中心"按钮，**1** 弹出"设计中心"面板，**2** 单击"搜索"按钮，如图 12-21 所示。

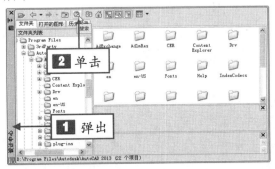

图 12-21 单击"搜索"按钮

Step 03 **1** 弹出"搜索"对话框，**2** 单击"于"下拉按钮，在弹出的列表框中，**3** 选择"书稿（G）"选项，如图 12-22 所示。

Step 04 **1** 在"搜索文字"文本框中输入"书桌"，在对话框中，**2** 单击"立即搜索"按钮，如图 12-23 所示。

Step 05 执行上述操作后，即可开始搜

索，搜索完成后，在"名称"列表框中将显示搜索结果，如图 12-24 所示。

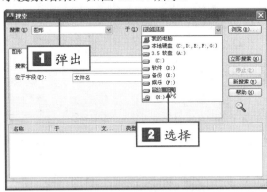

图 12-22 选择"书稿（G）"选项

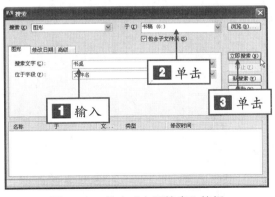

图 12-23 单击"立即搜索"按钮

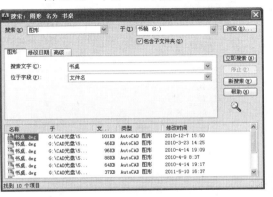

图 12-24 显示搜索结果

12.3 插入设计中心内容

使用 AutoCAD 的设计中心可以方便、快捷地插入各种图形文件，根据插入内容类型的不同，对应插入设计中心图形的方法也不相同。

12.3.1 新手练兵——插入图块

在 AutoCAD 2013 中，用户可以通过使用 AutoCAD 设计中心，方便、快捷地将图块插入到绘图区中。

实例文件	光盘\实例\第 12 章\柜子.dwg
所用素材	光盘\素材\第 12 章\柜子.dwg

Step 01 单击快速访问工具栏中的"新建"按钮，新建一幅空白的图形文件；在"功能区"选项板中，切换至"视图"选项卡，单击"选项板"面板中的"设计中心"按钮，弹出"设计中心"面板，如图 12-25 所示。

图 12-25 弹出"设计中心"面板

Step 02 在"文件夹列表"下拉列表框中展开相应的选项，单击素材文件夹左侧的"＋"号图标，在展开的列表框中，选择"块"选项，如图 12-26 所示。

图 12-26 选择"块"选项

Step 03 在控制板中，选择合适的选项为

插入块，单击鼠标右键，在弹出的快捷菜单中，选择"插入块"选项，如图 12-27 所示。

图 12-27 选择"插入块"选项

Step 04 ①弹出"插入"对话框，接受默认的参数，②单击"确定"按钮，如图 12-28 所示。

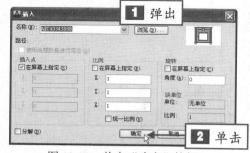

图 12-28 单击"确定"按钮

 高手指引

由于利用自动换算比例方式插入块容易造成块内尺寸错误，因此可以采用指定插入点、插入比例和旋转角度的方式插入块。另外，一次只能插入一个块，插入块后，块定义的说明部分也插入到图形中，并复制到图形库。

Step 05 在绘图区中的合适位置上单击鼠标左键，即可插入图块，如图 12-29 所示。

图 12-29 插入图块

11
12
13
14
15
16
17
18
19
20

技巧发送

除了运用上述方法插入图块外，还有以下两种常用的方法。

❀ 直接插入：当从"设计中心"面板中选择要插入的块，并拖到绘图区中适当位置，释放鼠标时，命令行将提示指定插入点、输入比例因子、旋转角度，用户可以根据需要进行设置。

❀ 插入时确定插入点、插入比例和旋转角度：从"设计中心"面板中选择要插入的块，单击鼠标右键将该图块拖到绘图区后释放鼠标，此时将弹出一个快捷菜单，选择"插入为块"选项，弹出"插入"对话框，在该对话框中可以确定插入点、插入比例及旋转角度。

12.3.2 新手练兵——附着光栅图像

在 AutoCAD 2013 中，用户可以插入图像文件，作为参考之用。

实例文件	光盘\实例\第 12 章\工作服.jpg
所用素材	光盘\素材\第 12 章\工作服.dwg

Step 01 单击快速访问工具栏中的"新建"按钮□，新建一幅空白的图形文件；在"功能区"选项板中，切换至"视图"选项卡，单击"选项板"面板中的"设计中心"按钮，**1**弹出"设计中心"面板，**2**单击"加载"按钮，如图 12-30 所示。

图 12-30 单击"加载"按钮

Step 02 **1**弹出"加载"对话框，**2**单击"文件类型"右侧的下拉按钮，在弹出的列表框中，**3**选择合适的选项，如图 12-31所示。

Step 03 在"名称"下拉列表框中，**1**选

择"工作服.jpg"文件，**2**单击"打开"按钮，如图 12-32 所示。

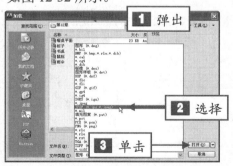

图 12-31 选择合适的选项

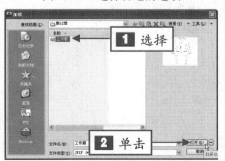

图 12-32 单击"打开"按钮

Step 04 加载图像文件，在控制板中，选择"工作服.jpg"文件，单击鼠标右键，在弹出的快捷菜单中，选择"附着图像"选项，如图 12-33 所示。

图 12-33　选择"附着图像"选项

Step 05 **1** 弹出"附着图像"对话框，**2** 单击"确定"按钮，如图 12-34 所示。

Step 06 根据命令行提示进行操作，在绘图区中的合适的位置上，单击鼠标左键，输入 15，按【Enter】键确认，即可附着光栅图像，效果如图 12-35 所示。

图 12-34　单击"确定"按钮

图 12-35　附着光栅图像

12.3.3　新手练兵——插入图形文件

在 AutoCAD 2013 中，用户可以根据需要插入合适的图形文件。

实例文件	光盘\实例\第 12 章\会议桌.dwg
所用素材	光盘\素材\第 12 章\会议桌.dwg

Step 01 单击快速访问工具栏中的"新建"按钮，新建一幅空白的图形文件；在"功能区"选项板中，切换至"视图"选项卡，单击"选项板"面板中的"设计中心"按钮，弹出"设计中心"面板，如图 12-36 所示。

Step 02 在"文件夹列表"下拉列表框中展开相应的选项，在控制板中，选择合适的文件，单击鼠标右键，在弹出的快捷菜单中，选择"在应用程序窗口中打开"选项，如图 12-37 所示。

图 12-36　弹出"设计中心"面板

图 12-37　选择相应选项

Step 03 执行上述操作后，即可插入图形文件，效果如图 12-38 所示。

 高手指引

　　插入图形文件与插入图块不同，插入图形文件不需要指定插入点，也不需要进行比例的缩放，选择"在应用程序窗口中打开"选项后，就可以在绘图区中插入图形文件，最后关闭"设计中心"面板。

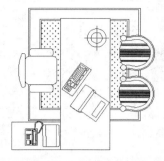

图 12-38　插入图形文件

12.3.4　新手练兵——引用外部参照

　　在 AutoCAD 2013 中，用户可以根据需要引用合适的外部参照。

实例文件	光盘\实例\第 12 章\电话机.dwg
所用素材	光盘\素材\第 12 章\电话机.dwg

Step 01 单击快速访问工具栏中的"新建"按钮，新建一幅空白的图形文件；在"功能区"选项板中，切换至"视图"选项卡，单击"选项板"面板中的"设计中心"按钮，弹出"设计中心"面板，如图 12-39 所示。

图 12-39　弹出"设计中心"面板

Step 02 在"文件夹列表"下拉列表框中展开相应的选项，在控制板中，选择合适的文件，单击鼠标右键，在弹出的快捷菜单中，选择"附着为外部参照"选项，如图 12-40 所示。

Step 03 ■ 弹出"附着外部参照"对话框，接受默认的参数，■ 单击"确定"按钮，如图 12-41 所示。

Step 04 根据命令行提示进行操作，输入 S，按【Enter】键确认，输入 5，如图 12-42

所示。

图 12-40　选择"附着为外部参照"选项

图 12-41　单击"确定"按钮

```
命令: acdcdwgasxref
附着 外部参照 "电话机": G:\中文版AutoCAD从零开始
完全精通（2013版）\光盘\素材\第12章\电话机.dwg
"电话机"已加载。
  ▼ ACDCDWGASXREF 指定插入点或 [比例(S) X Y Z
旋转(R) 预览比例(PS) PX PY PZ 预览旋
: s 指定 XYZ 轴比例因子: 5           输入
```

图 12-42　输入 5

高手指引

在弹出的"附着外部参照"对话框中，用户可以设置参照类型、比例以及旋转角度等。

Step 05 按【Enter】键确认，在绘图区合适位置处单击鼠标左键，即可引用外部参照，效果如图 12-43 所示。

知识链接

外部参照在图形文件中也可以作为单一对象，在引用时需要确定插入点、缩放比例以及旋转角度等。

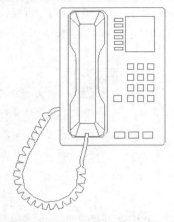

图 12-43　引用外部参照

12.3.5　在图形中复制图层和其他对象

在 AutoCAD 2013 中，为了绘制方便，可以复制图层及其他对象，如通过拖放可以将图层从一个图形复制到另一个图形中，即从"设计中心"面板中选择一个或多个图层并将其拖动到已打开的图形中，然后释放鼠标，即可完成图层的复制。复制图层前，应首先保证要复制图层的图形文件是当前打开的图形，而且还需要解决图层的重名问题。可以按照复制图层的方法通过 AutoCAD 设计中心复制线型、文字样式、尺寸样式、布局及块等内容。

12.4　使用 CAD 标准

在 AutoCAD 2013 中，用户可以将一个标准文件和多个图形文件相关联，从而检查图形文件是否与标准文件一致。

12.4.1　CAD 标准概述

所谓 CAD 标准，其实就是为命名对象定义一个公共特性集。用户可以根据图形中使用的命名对象创建 CAD 标准，例如，图层、文本样式、线型和标注样式等。为它定义一个标准之后，可以使用样板文件的形式来存储这个标准，并且能够将一个标准文件和多个图形文件相关联，从而检查 CAD 图形文件是否与标准文件一致。

当用户使用 CAD 标准文件来检查图形文件是否标准时，图形中前面提到的所有命名对象都将被检查到。如果用户在确定一个对象时，使用了非标准文件中的名称，那么这个非标准文件将会被清除，任何一个非标准对象都会被转换为标准对象。

12.4.2　新手练兵——创建 CAD 标准文件

要创建 CAD 标准，首先要新建一个图形文件或直接打开一个图形文件，按照约定的标准创建图层、标注样式、线型和文字样式，然后以样板的形式保存起来，CAD 标准文件的扩展名为 dws。

	实例文件	光盘\实例\第 12 章\吊灯.dws
	所用素材	光盘\素材\第 12 章\吊灯.dwg

Step 01 单击快速访问工具栏中的"打开"按钮，在弹出的"选择文件"对话框中打开素材图形，如图 12-44 所示。

接受默认的文件名，**2** 设置保存路径，如图 12-46 所示。

图 12-45 单击相应命令

图 12-44 打开素材图形

Step 02 单击"菜单浏览器"按钮，在弹出的下拉菜单中，单击"另存为" | "图形标准"命令，如图 12-45 所示。

  技巧发送

除了运用上述方法创建 CAD 标准文件外，还有以下两种常用的方法。

✪ 菜单栏：单击菜单栏中的"文件" | "另存为"命令。

✪ 快速访问工具栏：单击快速访问工具栏中的"另存为"按钮。

Step 03 **1** 弹出"图形另存为"对话框，

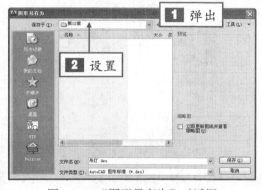

图 12-46 "图形另存为"对话框

Step 04 单击对话框中的"保存"按钮，即可生成一个与当前文件同名且扩展名为 dws 的标准文件。

12.4.3 新手练兵——配置 CAD 标准文件

在 AutoCAD 2013 中，在使用 CAD 标准文件进行图形文件检查之前，需要将要检查的图形文件设置为当前图形文件。

  技巧发送

除了运用以下方法配置 CAD 标准文件外，还有两种常用的方法。

✪ 菜单栏：单击菜单栏中的"工具" | "CAD 标准" | "配置"命令。

✪ 命令行：在命令行中输入 STANDARDS 命令，按【Enter】键确认。

新手学设计完全精通

	实例文件	光盘\实例\第 12 章\指示路牌.dwg
	所用素材	光盘\素材\第 12 章\指示路牌.dwg、指南针.dws

Step 01 单击快速访问工具栏中的"打开"按钮 📂，在弹出的"选择文件"对话框中打开素材图形，如图 12-47 所示。

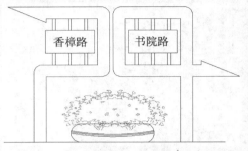

图 12-47　打开素材图形

Step 02 在"功能区"选项板的"管理"选项卡中，单击"CAD 标准"面板中的"配置"按钮 🖼配置，如图 12-48 所示。

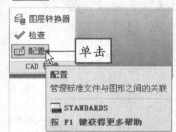

图 12-48　单击"配置"按钮

Step 03 1 弹出"配置标准"对话框，2 单击"添加标准文件"按钮 ⊕，如图 12-49 所示。

图 12-49　单击"添加标准文件"命令

Step 04 1 弹出"选择标准文件"对话框，2 选择"指南针.dws"文件，3 单击"打开"按钮，如图 12-50 所示。

Step 05 返回到"配置标准"对话框，在

"与当前图形关联的标准文件"列表框中将显示配置的标准文件，如图 12-51 所示。

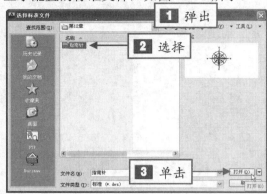

图 12-50　单击"打开"按钮

图 12-51　"配置标准"对话框

Step 06 单击"确定"按钮，即可配置 CAD 标准文件。

 知识链接

在"配置标准"对话框中，各主要选项的含义如下。

◈ "与当前图形关联的标准文件"列表框：该列表框中列出了与当前图形相关联的所有标准（DWS）文件。如果此列表中的多个标准之间发生冲突，则该列表中首先显示的标准文件优先。

◈ "添加标准文件"按钮 ⊕：单击该按钮，可以使标准（DWS）文件与当前图形相关联。

◈ "删除标准文件"按钮 ⊠：单击该按钮，可以从列表中删除某个标准文件。

◈ "插件"选项卡：在该选项卡中，将为每一个命名对象安装标准插件，可为这些命名对象定义标准。

12.4.4　新手练兵——检查图形

在 AutoCAD 2013 中，使用 CAD 标准文件可以检查图形文件是否与 CAD 标准文件有冲突，然后解决冲突。

实例文件	光盘\实例\第 12 章\无
所用素材	光盘\素材\第 12 章\止动垫圈.dwg、平垫圈.dws

Step 01 单击快速访问工具栏中的"打开"按钮，在弹出的"选择文件"对话框中打开素材图形，如图 12-52 所示。

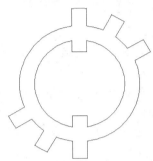

图 12-52　打开素材图形

Step 02 在"功能区"选项板中，切换至"管理"选项卡，单击"CAD 标准"面板中的"检查"按钮，如图 12-53 所示。

图 12-53　单击"检查"按钮

Step 03 **1** 弹出"检查标准"对话框，**2** 单击"下一个"按钮，如图 12-54 所示。

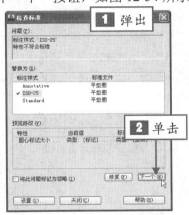

图 12-54　单击"下一个"按钮

Step 04 检查完成后，弹出"检查标准-检查完成"对话框，即可查看检查图形结果，如图 12-55 所示。

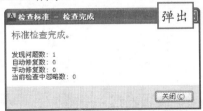

图 12-55　查看检查结果

知识链接

在"检查标准"对话框中，各选项的主要含义如下。

❂ "问题"列表框：该列表框用于显示当前图形中的非标准文件的对象，单击"下一个"按钮，该列表框将显示下一个非标准文件的对象。

❂ "替换为"列表框：该列表框列出了 CAD 标准文件中的所有对象，用户可以从中选择一个对象来取代列表框中出现的有问题的非标准对象。

❂ "预览修改"列表框：该列表框中列出了要被改变的非标准对象的特性。

❂ "将此问题标记为忽略"复选框：选中该复选框后，可以忽略出现的问题。

新手学设计完全精通

12.5 使用图纸集

图纸集是由多个图形文件的图纸组成的图纸集合，每个图纸引用到一个图形文件的布局，可以从任意图形中将一种布局导入到一个图纸集中，作为一个编号的图纸。

12.5.1 "图纸集管理器"面板

图纸集是一系列图纸的有序命名集合，在图纸集中，可以按照总项目、子项目、专业图纸和文档等逻辑关系分级设置图纸子集，以安排各种图纸的摆放位置。同时，还可以创建包含图纸清单的标题图纸，以便在添加、删除或修改图纸编号时能够同步更新图纸清单。

在"功能区"选项板中，切换至"视图"选项卡，单击"选项板"面板中的"图纸集管理器"按钮，弹出"图纸集管理器"面板，如图 12-56 所示。

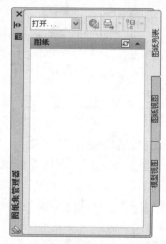

图 12-56 "图纸集管理器"面板

在"图纸集管理器"面板中，各主要选项的含义如下。

❀ "打开..."选项：显示"打开图纸集"对话框。

❀ "最近使用的文件"选项：显示近期打开的图纸集列表。

❀ "图纸列表"选项卡：显示按顺序排列的图纸列表。可以将这些图纸组织到用户创建的名为"子集"的标题下。

❀ "图纸视图"选项卡：显示了当前图纸集使用的、按顺序排列的视图列表。可以将这些视图组织到用户创建的名为"类别"的标题下方。

❀ "模型视图"选项卡：显示可用于当前图纸集的文件夹、图形文件以及模型空间视图的列表。可以添加和删除文件夹位置，以控制哪些图形文件与当前图纸集相关联。

技巧发送

除了运用上述调用"图纸集"命令的方法外，还有以下两种方法。

❀ 菜单栏：单击菜单栏中的"工具"｜"选项板"｜"图纸集管理器"命令。

❀ 命令行：在命令行中输入 SHEETSET 命令，按【Enter】键确认。

12.5.2 新手练兵——创建图纸集

在 AutoCAD 2013 中，用户可以使用"创建图纸集"向导来创建图纸集。在向导中，既可以基于现有图形从头开始创建图纸集，也可以使用图纸集样例作为样板进行创建。

Step 01 单击快速访问工具栏中的"新建"按钮，新建一幅空白的图形文件；单击"菜单浏览器"按钮，在弹出的下拉菜单中单击"新建"｜"图纸集"命令，如图 12-57 所示。

Step 02 1 弹出"创建图纸集-开始"对

话框，**2**在其中选中"样例图纸集"单选按钮，如图 12-58 所示。

图 12-57　单击相应命令

图 12-58　选中"样例图纸集"单选按钮

Step 03 单击"下一步"按钮，**1**弹出"创建图纸集-图纸集样例"对话框，**2**在列表框中选择一个图纸集作为样例，如图 12-59 所示。

图 12-59　选择一个图纸集作为样例

Step 04 单击"下一步"按钮，**1**弹出"创建图纸集-图纸集详细信息"对话框，**2**在"新图纸集的名称"文本框中输入"工程

设计图纸"，如图 12-60 所示。

图 12-60　输入"工程设计图纸"

Step 05 单击"下一步"按钮，弹出"创建图纸集-确认"对话框，在"图纸集预览"列表框中显示了创建图纸集的相关信息，如图 12-61 所示。

图 12-61　显示相关信息

Step 06 单击"完成"按钮，弹出"图纸管理器"面板，在"图纸"列表框中显示了新建的图纸集，即可完成图纸集的创建，如图 12-62 所示。

图 12-62　创建图纸集

12.5.3 新手练兵——编辑图纸集

在 AutoCAD 2013 中，完成图纸集的创建后，就可以创建和修改图纸了。"图纸集管理器"面板中有多个用于创建图纸和添加视图的选项，这些选项可以通过在选择的某个项目上单击鼠标右键，在弹出的快捷菜单中选择一个选项进行访问。

Step 01 在"功能区"选项板的"视图"选项卡中，单击"选项板"面板上的"图纸集管理器"按钮，如图 12-63 所示。

图 12-63　单击相应按钮

Step 02 弹出"图纸集管理器"面板，在"图纸"列表框中选择"工程设计图纸"选项，单击鼠标右键，在弹出的快捷菜单中选择"特性"选项，如图 12-64 所示。

图 12-64　选择"特性"选项

Step 03 **1** 弹出"图纸集特性-工程设计图纸"对话框，**2** 在"名称"文本框中输入

"工程图纸集"，如图 12-65 所示。

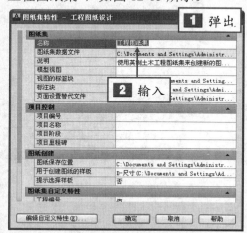

图 12-65　输入"工程设计集"

Step 04 单击"确定"按钮，返回"图纸集管理器"面板，在"图纸"列表框中即可显示已更改名称的图纸集，如图 12-66 所示。

图 12-66　显示已更改名称的图纸集

12.5.4 新手练兵——归档图纸集

在 AutoCAD 2013 中，完成图纸集的创建后，可以对图纸集进行归档。

	实例文件	光盘\实例\第 12 章\工程图纸集.zip
	所用素材	光盘\素材\第 12 章\无

Step 01 在命令行中输入 ARCHIVE（归档图纸集）命令，如图 12-67 所示。

图 12-67　输入命令

Step 02 按【Enter】键确认，**1** 弹出"归档图纸集"对话框，**2** 单击"修改归档设置"按钮，如图 12-68 所示。

图 12-68　单击相应按钮

Step 03 **1** 弹出"修改归档设置"对话框，**2** 选中"包含字体"复选框，**3** 单击"归档文件夹"按钮，如图 12-69 所示。

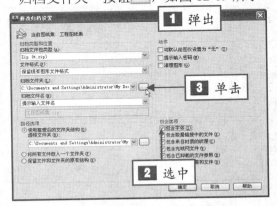

图 12-69　单击"归档文件夹"按钮

Step 04 弹出"指定文件夹位置"对话框，在其中设置保存路径，如图 12-70 所示

Step 05 单击"打开"按钮，返回"修改归档设置"对话框，在"归档文件夹"下方

将显示已更改的保存路径，如图 12-71 所示。

图 12-70　"指定文件夹位置"对话框

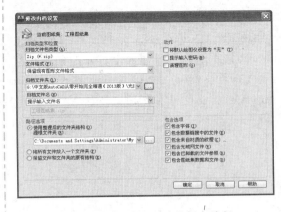

图 12-71　显示已更改的保存路径

Step 06 单击"确定"按钮，返回"归档图纸集"对话框，单击"确定"按钮，**1** 弹出"指定 Zip 文件"对话框，**2** 设置保存路径，**3** 单击"保存"按钮，如图 12-72 所示。

图 12-72　单击"保存"按钮

Step 07 弹出"正在创建归档文件包"对话框，即可归档图纸集，打开归档图纸集，

即可查看图纸集，如图 12-73 所示。

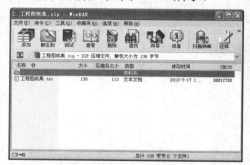

图 12-73　查看图纸集

在"归档图纸集"对话框中，各主要选项的含义如下。

❂　"图纸"选项卡：按照图纸顺序和子集组织列出要包含在归档文件包中的图纸。必须在图纸集管理器中打开图纸集。

❂　"文件树"选项卡：以层次结构树的形式列出要包含在归档文件包中的文件。

默认情况下，将列出与当前图形相关的所有文件（例如，相关的外部参照、打印样式和字体），用户可以向归档文件包中添加文件或删除现有的文件，归档文件包不包含由 URL 引用的相关文件。

❂　"文件表"选项卡：以表格的形式显示要包含在归档文件包中的文件。默认情况下，将列出与当前图形相关的所有文件（例如，相关的外部参照、打印样式和字体）。用户可以向归档文件包中添加文件或删除现有的文件。归档文件包不包含由 URL 引用的相关文件。

❂　"输入要包含在此归档文件中的说明"文本框：用户可以在此处输入与归档文件包相关的说明。

❂　"查看报告"按钮：单击该按钮，将弹出"查看归档报告"对话框。

第13章 创建编辑尺寸标注

学前提示

尺寸是工程图中的一项重要内容，它描述了对象各组成部分的大小及相对位置，是实际生产中的重要依据。尺寸标注在图纸设计中是一个重要环节，图纸中各图形对象的大小和位置是通过尺寸标注来体现的。

本章知识重点

▶ 创建和设置标注样式　　　　　▶ 创建尺寸标注

▶ 创建其他尺寸标注　　　　　　▶ 编辑与管理尺寸标注

学完本章后应该掌握的内容

▶ 掌握标注样式的创建和设置，如创建和设置标注样式以及替代标注样式等

▶ 掌握尺寸标注的创建，如线性尺寸、对齐尺寸以及半径尺寸的标注等

▶ 掌握其他尺寸标注的创建，如快速尺寸和折弯标注的创建等

▶ 掌握尺寸标注的编辑与管理，如编辑标注文字的角度以及关联尺寸标注等

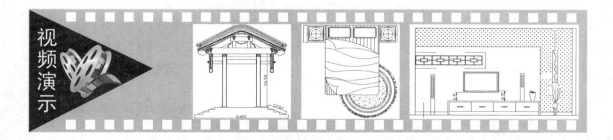

视频演示

13.1 创建和设置标注样式

标注样式可以控制标注格式的外观，如箭头、文字位置和尺寸公差等。为了便于使用和维护标注标准，可以将这些设置存储在标注样式中。建立和强制执行图表的绘制标注，有利于对标注格式进行修改，也可以更新由该样式创建的所有标注以反映新设置。

13.1.1 尺寸标注基础

尺寸标注对表达有关设计元素的尺寸、材料等信息有着非常重要的作用。在对图形进行尺寸标注之前，需要对标注的基础（组成、规则、类型及步骤等知识）有一个初步的了解与认识。

1. 尺寸标注的组成

通常情况下，一个完整的尺寸标注是由尺寸线、尺寸界线、尺寸文字以及尺寸箭头组成的，有时还要用到圆心标记和中心线，如图 13-1 所示。

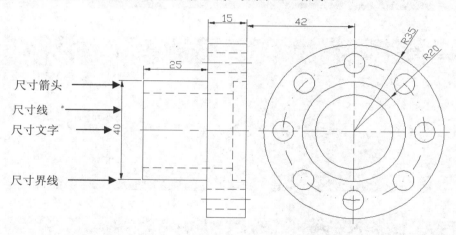

图 13-1　尺寸标注的组成

标注主要组成部分的含义如下。

❖ 尺寸线：用于表明标注的范围。AutoCAD 通常将尺寸线放置在测量区域内。如果空间不足，则可将尺寸线或文字移到测量区域的外部，这取决于标注样式的放置规则。对于角度标注，尺寸线是一段圆弧。尺寸线应使用细实线绘制。

❖ 尺寸界线：应从图形的轮廓线、轴线以及对称中心线引出。同时，轮廓线、轴线和对称中心线也可以作为尺寸界线。尺寸界线也应使用细实线绘制。

❖ 尺寸文字：用于标明机件的测量值。尺寸文字应按标准字体书写，在同一张图纸上的字体高度要一致。尺寸文字在图纸中遇到图线时，需将图线断开，如果图线断开影响图形表达时，需调整尺寸标注的位置。

❖ 尺寸箭头：尺寸箭头显示在尺寸线的端部，用于指出测量的开始和结束位置。AutoCAD 默认使用闭合的填充箭头符号。此外，系统还提供了多种箭头符号，如建筑标记、小斜线箭头、点和斜杠等。

2．尺寸标注的规则

在 AutoCAD 2013 中，对绘制的图形进行尺寸标注时，应遵守以下规则。

❀ 对象的实际大小应以图形上所标注的尺寸数值为依据，与图形的大小及绘图的准确无关。

❀ 如果图形中的尺寸是以毫米（mm）为单位，不需要标注计量单位的代号或名称。若采用其他单位，则必须注明计量单位代号或名称，如 60°（度）、m（米）等。

❀ 图形中标注的所有尺寸应当是该图形所表示的最后完工尺寸，如果不是，需要另加说明。

❀ 对象的每一个尺寸一般只标注一次，并且标注在最能反映该对象最清晰的位置上。

3．尺寸标注的类型

尺寸标注分为线性标注、对齐尺寸标注、坐标尺寸标注、弧长尺寸标注、半径尺寸标注、折弯尺寸标注、直径尺寸标注、角度尺寸标注、引线标注、基线标注以及连续标注等。其中，线性尺寸标注又分为水平标注、垂直标注和旋转标注 3 种。在 AutoCAD 2013 中，提供了各类尺寸标注的工具按钮与命令。

4．创建尺寸标注的步骤

在 AutoCAD 2013 中，对图形进行尺寸标注时，通常按如下步骤进行操作。

❀ 为所有尺寸标注建立单独的图层，以便于管理图形。

❀ 专门为尺寸文本创建文本样式。

❀ 创建合适的尺寸标注样式。还可以为尺寸标注样式创建子标注样式或替代标注样式，以标注一些特殊尺寸。

❀ 设置并打开对象捕捉模式，利用各种尺寸标注命令标注尺寸。

13.1.2　新手练兵——创建标注样式

标注样式可以控制尺寸标注的格式和外观，在进行标注创建时，可以使用默认的标注样式，也可以创建新的标注样式。

	实例文件	光盘\实例\第 13 章\创建标注样式.dwg
	所用素材	光盘\素材\第 13 章\无

Step 01 在"功能区"选项板的"常用"选项卡中，单击"注释"面板中间的下拉按钮，在展开的面板中，单击"标注样式"按钮 ，如图 13-2 所示。

Step 02 ❶弹出"标注样式管理器"对话框，❷单击"新建"按钮，如图 13-3 所示。

Step 03 ❶弹出"创建新标注样式"对话框，❷设置"新样式名"为"图形标注"，如图 13-4 所示。

图 13-2　单击"标注样式"按钮

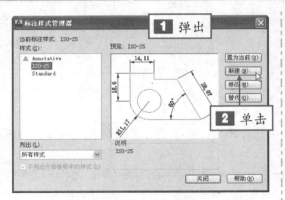

图 13-3 单击"新建"按钮

图 13-4 "创建新标注样式"对话框

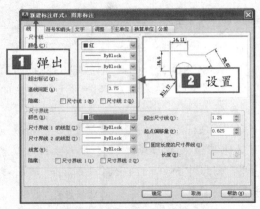

图 13-5 "新建标注样式:图形标注"对话框

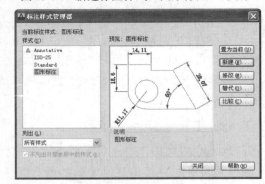

图 13-6 显示新创建的样式

Step 04 单击"继续"按钮,**1**弹出"新建标注样式:图形标注"对话框,**2**设置"尺寸线"和"尺寸界线"的"颜色"均为"红",如图 13-5 所示。

Step 05 单击"确定"按钮,返回到"标注样式管理器"对话框,即可创建标注样式,并在"样式"列表框中将显示新建的标注样式,如图 13-6 所示。

高手指引

标注样式是决定尺寸标注形成的尺寸变量设置的集合。通过创建标注样式,可以设置尺寸标注的系统变量,并控制任何类型的尺寸标注的布局及形成。

技巧发送

除了运用上述方法创建标注样式外,还有以下 3 种常用的方法。

🔘 命令行:在命令行中输入 DIMSTYLE(标注样式)命令,按【Enter】键确认。

🔘 菜单栏:单击菜单栏中的"插入"|"标注样式"命令。

🔘 按钮法:切换至"注释"选项卡,单击"标注"面板中的"标注样式"按钮。

13.1.3 新手练兵——设置标注样式

在 AutoCAD 2013 中,在创建标注样式后可以设置和修改标注样式的各种参数,以满足标注的需要。

实例文件	光盘\实例\第 13 章\垂花门.dwg
所用素材	光盘\素材\第 13 章\垂花门.dwg

Step 01 单击快速访问工具栏中的"打开"按钮，在弹出的"选择文件"对话框中打开素材图形，如图 13-7 所示。

图 13-7　打开素材图形

Step 02 在命令行中输入 D（标注样式）命令，按【Enter】键确认，**1** 弹出"标注样式管理器"对话框，**2** 选择相应的标注样式，**3** 单击"修改"按钮，如图 13-8 所示。

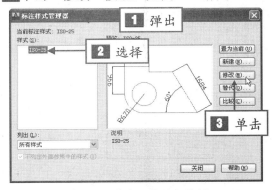

图 13-8　单击"修改"按钮

Step 03 **1** 弹出"修改标注样式"对话框，**2** 切换至"文字"选项卡，**3** 设置"文字颜色"为"黑"、"文字高度"为 200，**4** 设置"从尺寸线偏移"为 1，如图 13-9 所示。

Step 04 **1** 切换至"符号和箭头"选项卡，**2** 设置"箭头大小"为 80，如图 13-10 所示。

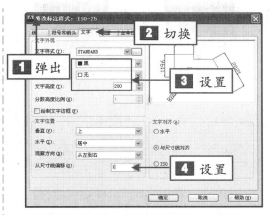

图 13-9　设置参数

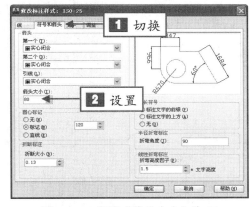

图 13-10　设置"箭头大小"为 80

Step 05 依次单击"确定"和"关闭"按钮，完成标注样式的设置，如图 13-11 所示。

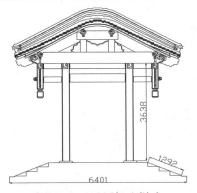

图 13-11　设置标注样式

在"修改标注样式"对话框中，各选项卡的含义如下。

❀ "线"选项卡：用于设定尺寸线、尺寸界线、箭头和圆心标记的格式以及特性等。

❀ "符号和箭头"选项卡：用于设定箭头、圆心标记、弧长符号和折弯半径标注的格式和位置。

❀ "文字"选项卡：用于设定标注文字的外观、位置和对齐方式。

❀ "调整"选项卡：用于控制标注文字、箭头、引线和尺寸线的位置。

❀ "主单位"选项卡：用于设定主标注单位的格式和精度，并设定标注文字的前缀和后缀。

❀ "换算单位"选项卡：用于设置标注测量值中换算单位的显示，并设定相应的格式和精度。

❀ "公差"选项卡：用于指定标注文字中公差的显示及格式。

13.1.4 新手练兵——替代标注样式

在 AutoCAD 2013 中，可以对尺寸标注进行修改，并可以按修改后的设置替代尺寸标注。该操作只可对指定的尺寸对象进行修改，修改后并不影响原系统变量的设置。

实例文件	光盘\实例\第 13 章\V 带轮.dwg
所用素材	光盘\素材\第 13 章\V 带轮.dwg

Step 01 单击快速访问工具栏中的"打开"按钮，在弹出的"选择文件"对话框中打开素材图形，如图 13-12 所示。

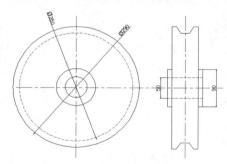

图 13-12　打开素材图形

Step 02 在命令行中输入 D（标注样式）命令，按【Enter】键确认，**1** 弹出"标注样式管理器"对话框，**2** 选择相应的标注样式，**3** 单击"替代"按钮，如图 13-13 所示。

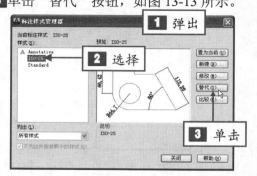

图 13-13　单击"替代"按钮

Step 03 **1** 弹出"替代当前样式：ISO-

25"对话框，在"线"选项卡中，**2** 设置"尺寸线"和"尺寸界线"的"颜色"均为"蓝"，如图 13-14 所示。

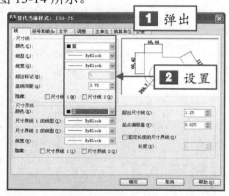

图 13-14　设置颜色

Step 04 在"文字"选项卡中，**1** 设置"文字高度"为 20，**2** 设置"从尺寸线偏移"为 2，如图 13-15 所示。

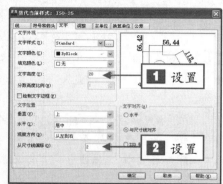

图 13-15　设置参数

Step 05 单击"确定"按钮，返回到"标注样式管理器"对话框，选择"样式替代"选项，单击鼠标右键，在弹出的快捷菜单中选择"保存到当前样式"选项，如图 13-16 所示。

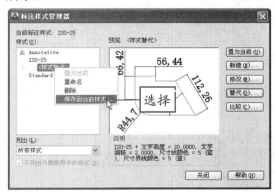

图 13-16 选择"保存到当前样式"选项

Step 06 执行上述操作后，即可替代标注样式，并关闭"标注样式管理器"对话框，在绘图区中查看替代标注样式的效果，如图 13-17 所示。

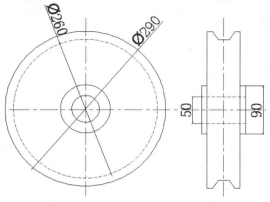

图 13-17 替代标注样式效果

高手指引

使用替代标注样式，可以为单独的标注或当前的标注样式定义替代标注样式。对于个别尺寸标注，可能需要在不创建其他标注样式的情况下创建替代样式，以便不显示标注的尺寸界线，或者修改文字和箭头的位置使它们不与图形中的几何图形重叠。

 知识链接

在"标注样式管理器"对话框中，各选项的含义如下。

❖ "当前标注样式"显示区：显示出当前的标注样式名称。

❖ "样式"列表框：在该列表框中，列出了图形中所包含的所有标注样式，当前样式被亮显。当选择某一个样式名后，并单击鼠标右键，在弹出的快捷菜单中可以设置当前标注样式、重命名样式和删除样式。

❖ "列出"下拉列表框：用于选择列出标注样式的形式。一般有两种选项，即"所有样式"和"正在使用的样式"选项。

❖ "预览"选项区：该区域用于显示"样式"列表框中选的标注样式。

❖ "说明"显示区：用于说明"样式"列表框中与当前样式相关的选定样式。

❖ "置为当前"按钮：单击该按钮，可以将在"样式"列表框中选定的标注样式设置为当前标注样式。

❖ "新建"按钮：单击该按钮，弹出"创建新标注样式"对话框，在该对话框中可以创建新标注样式。

❖ "修改"按钮：弹出"修改标注样式：ISO-25"对话框，在该对话框中可以修改标注样式。

❖ "替代"按钮：单击该按钮，弹出"替代当前样式"对话框，在该对话框中，可以设置标注样式的临时替代样式，对同一个对象可以标注两个以上的尺寸和公差。

❖ "比较"按钮：单击该按钮，弹出"比较标注样式"对话框，在该对话框中，可以比较两个标注样式或列出一个标注样式的所有特性。

13.2 创建尺寸标注

尺寸标注的正确性直接影响图纸的正确性，甚至会导致整个工程失败，尺寸标注在建筑制图中十分有用。因此在设置好尺寸标注样式后，就可以利用相应的标注命令对图形对象进行尺寸标注了。在 AutoCAD 中，要标注长度、弧长以及半径等不同类型的尺寸，应使用不同的标注命令。

13.2.1 新手练兵——标注线性尺寸

线性标注是尺寸标注中最常用、最基本的标注方式，用户可以直接指定标注定义点，也可以通过指定标注对象的方法来定义标注点。线性尺寸标注用于对水平尺寸、垂直尺寸及旋转尺寸等长度类尺寸进行标注，这些尺寸标注方法基本类似。

	实例文件	光盘\实例\第 13 章\床平面图.dwg
	所用素材	光盘\素材\第 13 章\床平面图.dwg

Step 01 单击快速访问工具栏中的"打开"按钮🖝，在弹出的"选择文件"对话框中打开素材图形，如图 13-18 所示。

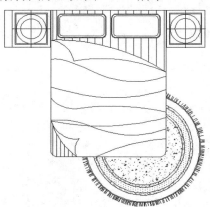

图 13-18　打开素材图形

Step 02 在"功能区"选项板中，切换至"常用"选项卡，单击"注释"面板中的"线性"按钮⊢，如图 13-19 所示。

图 13-19　单击"线性"按钮

Step 03 根据命令行提示进行操作，依次

捕捉绘图区中图形上端的两个端点，并向上引导光标，在绘图区合适位置处，单击鼠标左键，完成线性尺寸标注，效果如图 13-20 所示。

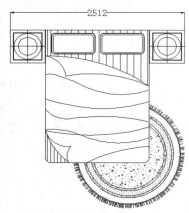

图 13-20　标注线性尺寸

 技巧发送

除了运用上述方法标注线性尺寸外，还有以下两种常用的方法。

❖ **命令行**：在命令行中输入 DIMLINEAR 命令，按【Enter】键确认。

❖ **菜单栏**：单击菜单栏中的"标注"|"线性"命令。

❖ **按钮法**：切换至"注释"选项卡，单击"标注"面板中的"线性"按钮⊢。

13.2.2 新手练兵——标注对齐尺寸

在机械制图过程中，经常需要标注倾斜线段的实际长度，当用户需要得到线段的实际长度时，需要使用"对齐"命令进行标注。

实例文件	光盘\实例\第 13 章\三角板.dwg
所用素材	光盘\素材\第 13 章\三角板.dwg

Step 01 单击快速访问工具栏中的"打开"按钮，在弹出的"选择文件"对话框中打开素材图形，如图 13-21 所示。

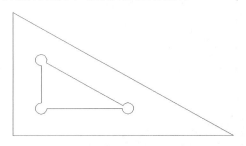

图 13-21　打开素材图形

Step 02 在"功能区"选项板中切换至"注释"选项卡，**1** 单击"标注"面板中"标注"下方的下拉按钮，**2** 在弹出的列表框中单击"对齐"按钮，如图 13-22 所示。

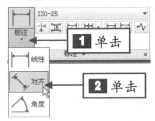

图 13-22　单击"对齐"按钮

Step 03 根据命令行提示进行操作，依次捕捉最外端倾斜直线的两个端点，并向右上方引导光标，在绘图区合适位置处，单击鼠标左键，即可标注对齐尺寸，效果如图 13-23 所示。

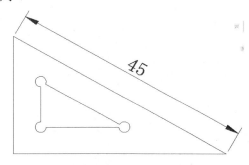

图 13-23　标注对齐尺寸

技巧发送

除了运用上述方法标注对齐尺寸外，还有以下两种常用的方法。

✧ 命令行：在命令行中输入 DIMALIGNED 命令，按【Enter】键确认。

✧ 菜单栏：单击菜单栏中的"标注"|"对齐"命令。

13.2.3 新手练兵——标注角度尺寸

在工程图中常常需要标注两条直线或三个点之间的夹角，此时用户可以使用"角度"命令进行角度尺寸标注。

实例文件	光盘\实例\第 13 章\指北针.dwg
所用素材	光盘\素材\第 13 章\指北针.dwg

Step 01 单击快速访问工具栏中的"打开"按钮，在弹出的"选择文件"对话框中打开素材图形，如图 13-24 所示。

Step 02 在"功能区"选项板的"注释"选项卡中，**1** 单击"标注"面板中"标注"下方的下拉按钮，**2** 在弹出的列表框中单击

"角度"按钮 △，如图 13-25 所示。

下引导光标，在绘图区中合适的位置上，单击鼠标左键，即可标注角度尺寸，效果如图 13-26 所示。

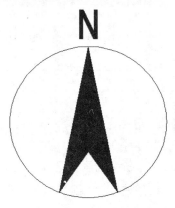

图 13-24　打开素材文件

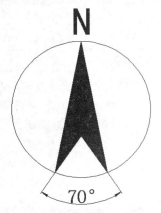

图 13-26　标注角度尺寸

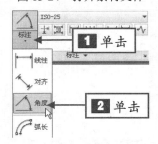

图 13-25　单击"角度"按钮

Step 03 根据命令行提示进行操作，在绘图区中选择需要创建角度尺寸的直线，并向

　技巧发送

除了运用上述方法标注角度尺寸外，还有以下两种常用的方法。

❀ **命令行**：在命令行中输入 DIMANGULAR 命令，按【Enter】键确认。

❀ **菜单栏**：单击菜单栏中的"标注"|"角度"命令。

13.2.4　新手练兵——标注弧长尺寸

弧长标注用于测量圆弧或多段线弧线上的距离。弧长标注的典型用法包括测量围绕凸轮的距离或表示电缆的长度。为区别它们是线性标注还是角度标注，在默认情况下，弧长标注将显示一个圆弧号。

实例文件	光盘\实例\第 13 章\柜子立面图.dwg
所用素材	光盘\素材\第 13 章\柜子立面图.dwg

Step 01 单击快速访问工具栏中的"打开"按钮 ⬚，在弹出的"选择文件"对话框中打开素材图形，如图 13-27 所示。

Step 02 在命令行中输入 DIMARC（弧长标注）命令，按【Enter】键确认，如图 13-28 所示。

　技巧发送

除了运用以下方法标注弧长尺寸外，还有两种常用的方法。

❀ **按钮法**：切换至"常用"选项卡，在"注释"面板上单击"线性"右侧的下拉按钮，在弹出的列表框中，单击"弧长"按钮 ⬚。

❀ **菜单栏**：单击菜单栏中的"标注"|"弧长"命令。

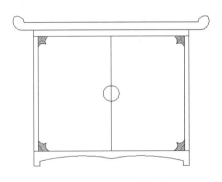

图 13-27　打开素材图形

图 13-28　输入"弧长"命令

Step 03 根据命令行提示进行操作，选择绘图区中图形下方的圆弧为标注对象，并向下引导光标，在绘图区合适位置处，单击鼠标左键，即可标注弧长尺寸，效果如图 13-29 所示。

图 13-29　标注弧长尺寸

13.2.5　新手练兵——标注半径尺寸

标注圆或弧的半径时，只需要选择圆或弧，以及确定尺寸线位置即可。在输入尺寸时，如果选用 AutoCAD 的默认值，那么半径的符号 R 系统会自动标注。

	实例文件	光盘\实例\第 13 章\手轮.dwg
	所用素材	光盘\素材\第 13 章\手轮.dwg

Step 01 单击快速访问工具栏中的"打开"按钮 ，在弹出的"选择文件"对话框中打开素材图形，如图 13-30 所示。

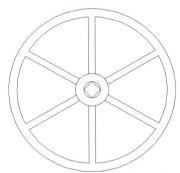

图 13-30　打开素材图形

Step 02 在"功能区"选项板中切换至"注释"选项卡，**1** 单击"标注"面板中"标注"下方的下拉按钮，**2** 在弹出的列表框中单击"半径"按钮 ，如图 13-31 所示。

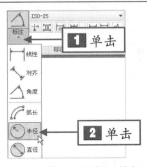

图 13-31　单击"半径"按钮

技巧发送

除了运用上述标注半径尺寸的方法外，还有以下两种常用的方法。

❀ 命令行：在命令行中输入 DIMRADIUS 命令，按【Enter】键确认。

❀ 菜单栏：单击菜单栏中的"标注"|"半径"命令。

03 根据命令行提示进行操作，在绘图区中的大圆上单击鼠标左键，并向左下方引导光标，在合适位置处，单击鼠标左键，即可标注半径尺寸，效果如图 13-32 所示。

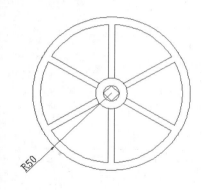

图 13-32　标注半径尺寸

　高手指引

对圆弧进行标注时，如果标注位于圆弧末尾之后，则将沿进行标注的圆弧路径绘制尺寸界线，或者不绘制尺寸界线。取消（关闭）尺寸界线后，半径标注的尺寸线将通过圆弧圆心（而不是按照尺寸界线）进行绘制。

13.3　创建其他尺寸标注

在 AutoCAD 2013 中，除了前面所介绍的几种常用的尺寸标注方法外，用户还可以进行快速标注、引线标注、形位公差标注以及折弯线性尺寸等尺寸标注。

13.3.1　新手练兵——快速标注尺寸

在 AutoCAD 2013 中，将一些常用标注综合成了一个方便的"快速标注"命令。执行该命令后，只需要选择需要标注的图形对象，AutoCAD 就针对不同的标注对象自动选择合适的标注类型，并快速标注尺寸。

实例文件	光盘\实例\第 13 章\梳妆镜.dwg
所用素材	光盘\素材\第 13 章\梳妆镜.dwg

Step 01 单击快速访问工具栏中的"打开"按钮，在弹出的"选择文件"对话框中打开素材图形，如图 13-33 所示。

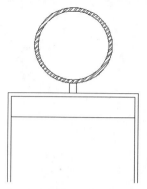

图 13-33　打开素材图形

Step 02 在"功能区"选项板中，切换至"注释"选项卡，单击"标注"面板中的"快速

标注"按钮，如图 13-34 所示。

图 13-34　单击"快速标注"按钮

　技巧发送

除了运用上述方法快速标注尺寸外，还有以下两种常用的方法。

◆ 命令行：在命令行中输入 QDIM 命令，按【Enter】键确认。

◆ 菜单栏：单击菜单栏中的"标注"|"快速标注"命令。

Step 03 根据命令行提示进行操作，在绘图区中选择合适的标注对象，向右上引导光标，在绘图区中合适的位置上，单击鼠标左键，快速标注尺寸，如图 13-35 所示。

Step 04 用与上述相同的方法，快速标注其他的尺寸，效果如图 13-36 所示。

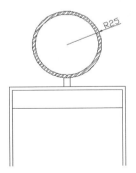

图 13-35　快速标注尺寸

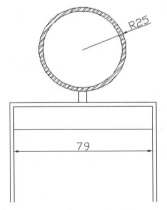

图 13-36　快速标注其他的尺寸

13.3.2　新手练兵——标注连续尺寸

连续标注是首尾相连的多个标注，又称为链式标注或尺寸链，是多个线性尺寸的组合。在创建连续标注前，必须已有线性、对齐或角度标注，只有在它们的基础上才能进行此标注。

	实例文件	光盘\实例\第 13 章\床头背景.dwg
	所用素材	光盘\素材\第 13 章\床头背景.dwg

Step 01 单击快速访问工具栏中的"打开"按钮，在弹出的"选择文件"对话框中打开素材图形，如图 13-37 所示。

标，如图 13-39 所示。

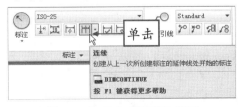

图 13-38　单击"连续"按钮

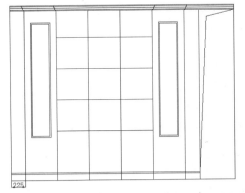

图 13-37　打开素材图形

Step 02 在"功能区"选项板中，切换至"注释"选项卡，单击"标注"面板中的"连续"按钮，如图 13-38 所示。

Step 03 根据命令行提示进行操作，选择最下方的尺寸标注为连续标注，向右引导光

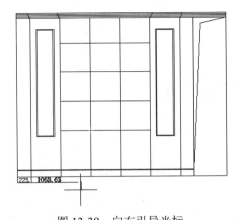

图 13-39　向右引导光标

Step 04 在绘图区最下方的直线的各个端点上，依次单击鼠标左键，按【Enter】键确认，即可标注连续尺寸，如图 13-40 所示。

 技巧发送

除了运用上述方法标注连续尺寸外，还有以下两种常用的方法。

❀ 命令行：在命令行中输入 DCO 命令，按【Enter】键确认。

❀ 菜单栏：单击菜单栏中的"标注"|"连续"命令。

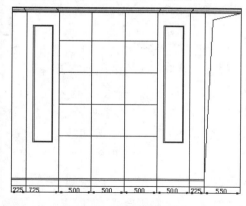

图 13-40　标注连续尺寸

13.3.3　新手练兵——标注引线标注

引线标注中的引线是一条带箭头的直线，箭头指向被标注的对象，直线的尾部带有文字注释或图形，使用引线标注可以标注一些注释、说明等内容。

	实例文件	光盘\实例\第 13 章\基板俯视图.dwg
	所用素材	光盘\素材\第 13 章\基板俯视图.dwg

Step 01 单击快速访问工具栏中的"打开"按钮，在弹出的"选择文件"对话框中打开素材图形，如图 13-41 所示。

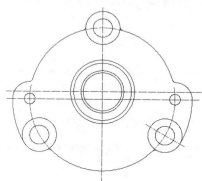

图 13-41　打开素材图形

Step 02 在"功能区"选项板中切换至"常用"选项卡，单击"注释"面板中的"引线"按钮，如图 13-42 所示。

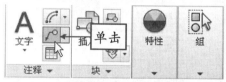

图 13-42　单击"引线"按钮

Step 03 根据命令行提示进行操作，在绘图区中选择图形右侧的小圆圆心，向右引导光标，指定引线基线位置，如图 13-43 所示。

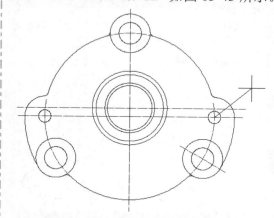

图 13-43　指定引线基线位置

Step 04 在合适位置处，单击鼠标左键，❶弹出文本框和"文字编辑器"选项卡，❷设置文字高度为 3，❸在文本框中输入"通孔与泵体同钻铰"，如图 13-44 所示。

Step 05 在绘图区空白位置处单击鼠标左键，即可标注引线标注，效果如图 13-45所示。

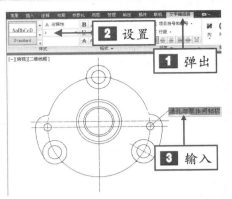

图 13-44 输入文字

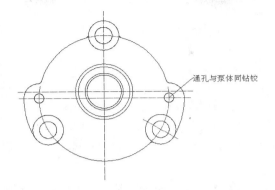

图 13-45 标注引线标注

技巧发送

除了运用上述方法标注引线外，用户还可以在"功能区"选项板中，切换至"注释"选项卡，然后单击"引线"面板中的"多重引线"按钮 🖊️。

13.3.4 新手练兵——标注基线标注

在 AutoCAD 2013 中，基线尺寸标注是指当以同一个面（线）为工作基准，标注多个图形的位置尺寸时，使用"线性"或"角度"命令标注完第一个尺寸标注后，以此标注为基准，调用"基线"标注命令继续标注其他图形的位置尺寸。

实例文件	光盘\实例\第 13 章\曲轴.dwg
所用素材	光盘\素材\第 13 章\曲轴.dwg

Step 01 单击快速访问工具栏中的"打开"按钮 📂，在弹出的"选择文件"对话框中打开素材图形，如图 13-46 所示。

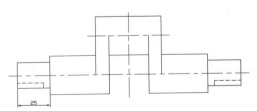

图 13-46 打开素材图形

Step 02 在"功能区"选项板中，切换至"注释"选项卡，在"标注"面板中，**1** 单击"连续"右侧的下拉按钮，**2** 在弹出的列表框中，单击"基线"按钮 🖃，如图 13-47 所示。

Step 03 根据命令行提示进行操作，选择最下方的尺寸标注为基准标注，向右引导光

标，在绘图区中的右下方的端点上，依次单击鼠标左键，如图 13-48 所示。

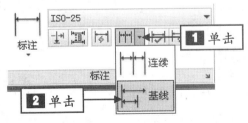

图 13-47 单击"基线"按钮

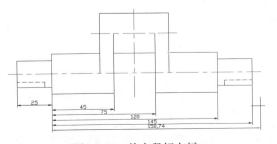

图 13-48 单击鼠标左键

Step 04 连续按两次【Enter】键确认，即可标注基线标注，效果如图 13-49 所示。

 知识链接

使用"基线标注"命令可以创建自相同基线测量的一系列相关标注，AutoCAD 2013 使用基线增量值偏移每一条新的尺寸线并避免覆盖上一条尺寸线。

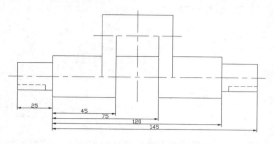

图 13-49　标注基线标注

13.3.5　新手练兵——标注形位公差

形位公差尺寸包括基准和特征控制框两部分，尺寸基准用于定义属性图块，当需要时可以快速插入该图块。

实例文件	光盘\实例\第 13 章\零件.dwg
所用素材	光盘\素材\第 13 章\零件.dwg

Step 01 单击快速访问工具栏中的"打开"按钮，在弹出的"选择文件"对话框中打开素材图形，如图 13-50 所示。

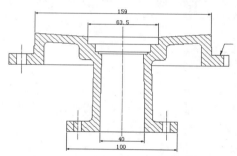

图 13-50　打开素材图形

Step 02 在"功能区"选项板中切换至"注释"选项卡，单击"标注"面板中的下拉按钮，在展开的面板中单击"公差"按钮，如图 13-51 所示。

图 13-51　单击"公差"按钮

Step 03 ① 弹出"形位公差"对话框，② 在"公差 1"文本框中输入 0.05，③ 在"基准 1"文本框中输入 A，如图 13-52 所示。

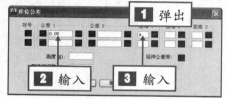

图 13-52　设置相应参数

Step 04 单击"确定"按钮，在绘图区右侧的引线端点上单击鼠标左键，指定标注位置，即可标注形位公差，如图 13-53 所示。

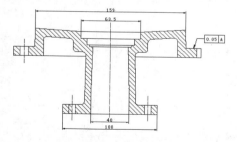

图 13-53　标注形位公差

 技巧发送

除了运用上述方法标注形位公差外，还可以在命令行中输入 TOLERANCE 命令，按【Enter】键确认。

知识链接

形位公差在机械图形中非常重要，其重要性具体表现在：一方面，如果形位公差不能完全配合，装配件就不能正确装配；另一方面，过度吻合的形位公差又会由于额外的制造费用而产生浪费。但对大多数的建筑图形而言，形位公差可以说是不存在的。

13.3.6　新手练兵——标注折弯标注

标注中的折弯线表示所标注对象中的折断，其中标注值表示实际距离，而不是图形中测量的距离。

实例文件	光盘\实例\第 13 章\打印机.dwg
所用素材	光盘\素材\第 13 章\打印机.dwg

Step 01　单击快速访问工具栏中的"打开"按钮📂，在弹出的"选择文件"对话框中打开素材图形，如图 13-54 所示。

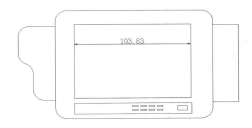

图 13-54　打开素材图形

Step 02　在"功能区"选项板中，切换至"注释"选项卡，单击"标注"面板中的"标注，折弯标注"按钮，如图 13-55 所示。

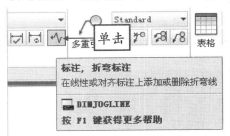

图 13-55　单击"标注，折弯标注"按钮

Step 03　根据命令行提示进行操作，在绘图区中的线性标注上，单击鼠标左键，移动光标至线性尺寸标注的合适位置上，如图 13-56 所示。

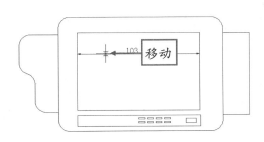

图 13-56　移动光标

Step 04　单击鼠标左键，即可标注折弯标注，效果如图 13-57 所示。

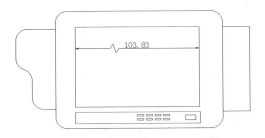

图 13-57　标注折弯标注

　技巧发送

除了运用上述方法标注折弯标注外，还有以下两种常用的方法。

⚙ **命令行**：在命令行输入 DIMJOGLINE 命令，按【Enter】键确认。

⚙ **菜单栏**：单击菜单栏中的"标注"｜"折弯"命令。

13.4 编辑与管理尺寸标注

在 AutoCAD 2013 中，用户可用编辑标注的命令，编辑各类尺寸标注的标注内容与位置，并可对尺寸标注进行关联、打断和检验等操作。

13.4.1 新手练兵——编辑标注文字的角度

在 AutoCAD 2013 中，使用 DIMEDIT 或 DED 命令可以编辑标注尺寸，使用该命令可以将尺寸标注中的数值按一定的角度进行旋转、倾斜等操作。

实例文件	光盘\实例\第 13 章\电饭煲.dwg
所用素材	光盘\素材\第 13 章\电饭煲.dwg

Step 01 单击快速访问工具栏中的"打开"按钮，在弹出的"选择文件"对话框中打开素材图形，如图 13-58 所示。

图 13-58 打开素材图形

Step 02 在命令行中输入 DIMEDIT（编辑尺寸）命令，如图 13-59 所示，按【Enter】键确认。

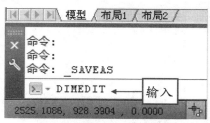

图 13-59 输入命令

Step 03 输入 R，按【Enter】键确认，输入 0，如图 13-60 所示。

Step 04 按【Enter】键确认，根据命令行提示进行操作，在绘图区中选择尺寸标注，如图 13-61 所示。

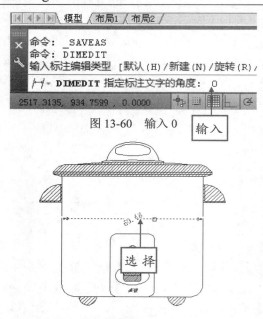

图 13-60 输入 0

图 13-61 选择尺寸标注

Step 05 按【Enter】键确认，即可编辑标注文字角度，效果如图 13-62 所示。

图 13-62 编辑标注文字角度

技巧发送

除了运用上述方法编辑标注文字外，还有以下两种常用的方法。

✪ 菜单栏：单击菜单栏中"标注"|"对齐文字"|"角度"命令。

✪ 按钮法：在"功能区"选项板中，切换至"注释"选项卡，单击"标注"面板中的"文字角度"按钮。

13.4.2 新手练兵——编辑标注文字位置

在 AutoCAD 2013 中，用户可根据需要移动标注文字的位置。

实例文件	光盘\实例\第 13 章\杠杆.dwg
所用素材	光盘\素材\第 13 章\杠杆.dwg

Step 01 单击快速访问工具栏中的"打开"按钮，在弹出的"选择文件"对话框中打开素材图形，如图 13-63 所示。

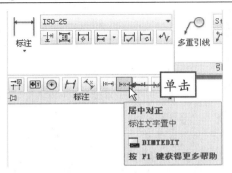

图 13-64 单击"居中对正"按钮

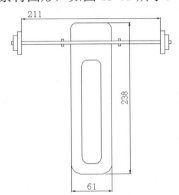

图 13-63 打开素材图形

Step 02 在"功能区"选项板中的"注释"选项卡中，单击"标注"面板中间的下拉按钮，在展开的面板上单击"居中对正"按钮，如图 13-64 所示。

Step 03 根据命令行提示进行操作，在绘图区中的需要对正的尺寸标注上单击鼠标左键，即可编辑标注文字位置，效果如图 13-65 所示。

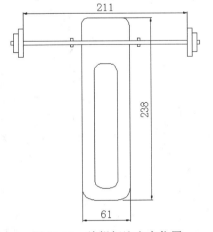

图 13-65 编辑标注文字位置

13.4.3 新手练兵——编辑标注文字内容

在"特性"面板中的"文字替代"中输入新的文字，即可以编辑标注文字内容。

实例文件	光盘\实例\第 13 章\桌球台.dwg
所用素材	光盘\素材\第 13 章\桌球台.dwg

Step 01 单击快速访问工具栏中的"打开"按钮，在弹出的"选择文件"对话框中打开素材图形，如图 13-66 所示。

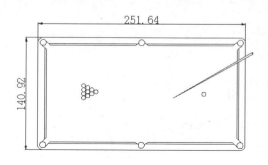

图 13-66　打开素材图形

Step 02 在"功能区"选项板的"视图"选项卡中，单击"选项板"面板上的"特性"按钮，如图 13-67 所示。

图 13-67　单击"特性"按钮

Step 03 弹出"特性"面板，在绘图区的线性尺寸上单击鼠标左键，选择需要编辑标注文字的对象，如图 13-68 所示。

Step 04 在"特性"面板上的"文字替代"文本框中，输入 260，如图 13-69 所示。

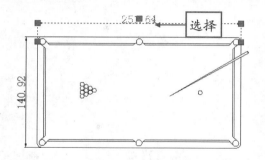

图 13-68　选择需要编辑的对象

图 13-69　输入 30

Step 05 执行上述操作后，按【Enter】键确认，即可编辑标注文字内容，效果如图 13-70 所示。

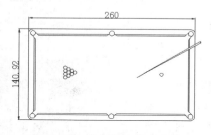

图 13-70　编辑标注文字内容

13.4.4　新手练兵——关联尺寸标注

关联尺寸标注是指所标注尺寸与被标注对象有关联关系。若标注的尺寸值是按自动测量值标注，则尺寸标注是按尺寸关联模式标注的，如果改变被标注对象的大小后，相应的标注尺寸也将发生改变，尺寸界线和尺寸线的位置都将改变到相应的新位置，尺寸值也改变成新测量值；反之，改变尺寸界线起始点位置，尺寸值也会发生相应的变化。使用"重新关联标注"命令，可对非关联标注的尺寸标注进行关联。

	实例文件	光盘\实例\第 13 章\双人床.dwg
	所用素材	光盘\素材\第 13 章\双人床.dwg

Step 01 单击快速访问工具栏中的"打开"按钮，在弹出的"选择文件"对话框中打开素材图形，如图 13-71 所示。

标注，效果如图 13-74 所示。

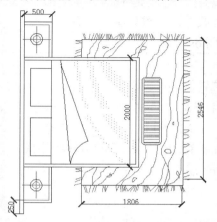

图 13-71 打开素材图形

Step 02 在命令行中输入 DIMREASSO-CIATE 命令，按【Enter】键确认，根据命令行提示进行操作，在绘图区中，选择最左侧的尺寸标注，如图 13-72 所示。

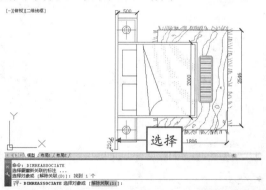

图 13-72 选择最左侧的尺寸标注

Step 03 按【Enter】键确认，捕捉绘图区中左下方的端点，向上引导光标，如图 13-73 所示。

Step 04 捕捉左上方端点，即可关联尺寸

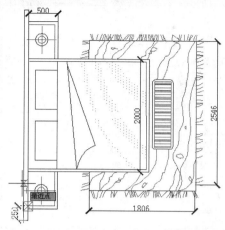

图 13-73 向上引导光标

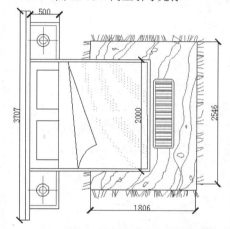

图 13-74 关联尺寸标注

知识链接

在执行"关联尺寸"标注时，每个关联点提示旁边都显示一个标记，其标记含义有如下两种。

❀ 如果当前标注的定义点与几何对象无关联，则标记将显示为×。

❀ 如果定义点与几何图像相关联，则标记将显示为框内的×。

技巧发送

除了运用上述方法关联尺寸标注外，还有以下两种常用的方法。

❀ 菜单栏：单击菜单栏中"标注"｜"重新关联标注"命令。

❀ 按钮法：在"功能区"选项板中，切换至"注释"选项卡，单击"标注"面板中的"重新关联"按钮。

13.4.5 新手练兵——调整标注间距

使用"调整间距"命令，可以自动调整图形中现有的平行线性标注和角度标注之间的距离，或者根据指定的间距进行调整，以使其间距相等或在尺寸线处相互对齐。

实例文件	光盘\实例\第 13 章\客厅立面图.dwg
所用素材	光盘\素材\第 13 章\客厅立面图.dwg

Step 01 单击快速访问工具栏中的"打开"按钮，在弹出的"选择文件"对话框中打开素材图形，如图 13-75 所示。

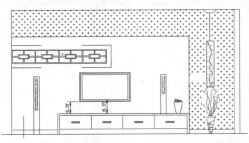

图 13-75　打开素材图形

Step 02 在"功能区"选项板中，切换至"注释"选项卡，单击"标注"面板中的"调整间距"按钮，图 13-76 所示。

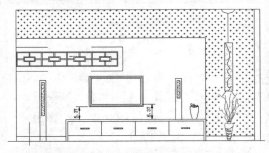

图 13-76　单击"调整间距"按钮

Step 03 根据命令行提示进行操作，依次选择标注为 5.37 和 6.37 的线性尺寸标注，按【Enter】键确认，输入间距值为 30，按【Enter】键确认，即可调整标注间距，效果如图 13-77 所示。

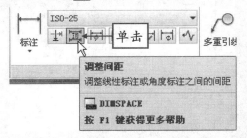

图 13-77　调整标注间距

技巧发送

除了运用上述方法调整标注间距外，还有以下两种常用的方法。

❖ 命令行：在命令行中输入 DIMSPACE 命令，按【Enter】键确认。

❖ 菜单栏：单击菜单栏中的"标注"|"标注间距"命令。

13.4.6 新手练兵——打断尺寸标注

使用折断标注可以使标注、尺寸延伸线或引线不显示，它们也是设计工作的一部分。

实例文件	光盘\实例\第 13 章\基米螺丝.dwg
所用素材	光盘\素材\第 13 章\基米螺丝.dwg

技巧发送

除了运用以下打断尺寸标注的方法外，还有两种常用的方法。

❖ 命令行：在命令行中输入 DIMSPACE（标注间距）命令，按【Enter】键确认。

❖ 菜单栏：单击菜单栏中的"标注"|"标注打断"命令。

Step 01 单击快速访问工具栏中的"打开"按钮📂，在弹出的"选择文件"对话框中打开素材图形，如图 13-78 所示。

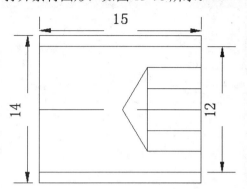

图 13-78　打开素材图形

Step 02 在"功能区"选项板中，切换至"注释"选项卡，单击"标注"面板中的"打断"按钮，如图 13-79 所示。

图 13-79　单击"打断"按钮

Step 03 根据命令行提示进行操作，在绘图区中的右侧尺寸标注上，单击鼠标左键，如图 13-80 所示。

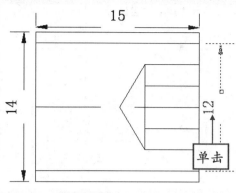

图 13-80　单击鼠标左键

Step 04 输入 M，按【Enter】键确认，在尺寸标注的上方合适的端点上，单击鼠标左键并拖曳，在下方合适的端点上单击鼠标左键，即可打断尺寸标注，如图 13-81 所示。

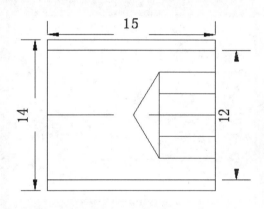

图 13-81　打断尺寸标注

13.4.7　新手练兵——检验尺寸标注

检验尺寸可以有效地传达检查所制造的部件的频率，以确保标注值和部件公差位于指定范围内。

实例文件	光盘\实例\第 13 章\洗衣机.dwg
所用素材	光盘\素材\第 13 章\洗衣机.dwg

Step 01 单击快速访问工具栏中的"打开"按钮📂，在弹出的"选择文件"对话框中打开素材图形，如图 13-82 所示。

Step 02 在"功能区"选项板中，切换至"注释"选项卡，单击"标注"面板中的"检验"按钮，如图 13-83 所示。

Step 03 ❶弹出"检验标注"对话框，❷选中"角度"单选按钮，❸单击"选择标注"按钮，如图 13-84 所示。

Step 04 选择最上方的尺寸标注为检验对象，按【Enter】键确认，弹出"检验标注"对话框，单击"确定"按钮，即可检验尺寸标注，效果如图 13-85 所示。

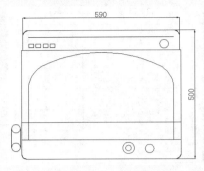

图 13-82　打开素材图形

图 13-83　单击"检验"按钮

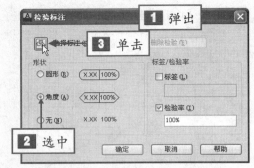

图 13-84　单击"选择标注"按钮

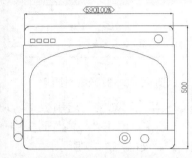

图 13-85　检验尺寸标注

 技巧发送

除了运用上述方法检验尺寸标注外，还有以下两种常用的方法。

- 命令行：在命令行中输入 DIMINSPECT（检验）命令，按【Enter】键确认。
- 菜单栏：单击菜单栏中的"标注" | "检验"命令。

第**14**章 创建三维实体对象

学前提示

　　在三维空间中，用户可以创建 3 种三维图形，分别是线框图形、曲面图形和三维实体图形。在进行三维绘图之前，需要了解设置三维坐标系和视点、使用三维导航的方法、创建简单实体模型、通过二维图形创建三维实体以及创建三维网格等内容。

本章知识重点

▶ 设置三维坐标系和视点　　　　　　　▶ 使用三维导航工具

▶ 创建简单实体模型　　　　　　　　　▶ 通过二维图形创建三维实体

▶ 创建三维网格

学完本章后应该掌握的内容

▶ 掌握三维坐标系和视点的设置，如创建世界坐标系和用户坐标系等

▶ 掌握三维导航工具的使用方法，如使用相机观察和使用飞行观察等

▶ 掌握简单实体模型的创建，如创建长方体、球体以及圆环体等

▶ 掌握三维网格的创建，如创建直纹网格、旋转网格以及偏移网格等

视频演示

14.1 设置三维坐标系和视点

在 AutoCAD 2013 中，二维空间坐标的所有的变换和使用方法在三维空间中同样适用。三维设计需要在三维坐标系中进行，因此为了能更准确地绘制、编辑和观察三维图形对象，必须先创建三维坐标系。三维坐标系在平面坐标的基础上增加了 Z 轴，Z 轴以垂直屏幕向外为正方向。视点就是指观察图形的方向。例如，绘制三维模型时，如果使用平面坐标系，即 Z 轴垂直于屏幕，此时仅能看到模型在 XY 平面上的投影。

14.1.1 新手练兵——创建世界坐标系

世界坐标系也称为通用坐标系，它的原点和方向始终保持不变。三维世界坐标系是在二维世界坐标系的基础上增加 Z 轴而形成的，三维世界坐标系是其他三维坐标系的基础，不能对其进行重新定义。

实例文件	光盘\实例\第 14 章\玻璃窗格.dwg
所用素材	光盘\素材\第 14 章\玻璃窗格.dwg

Step 01 单击快速访问工具栏中的"打开"按钮 📂，在弹出的"选择文件"对话框中打开素材图形，如图 14-1 所示。

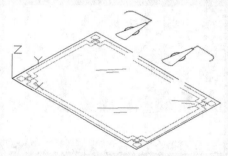

图 14-1 打开素材图形

Step 02 单击"状态栏"上的"切换工作空间"按钮 ⚙，在弹出的列表框中，选择"三维建模"选项，如图 14-2 所示。

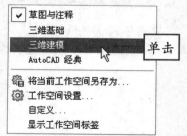

图 14-2 选择"三维建模"选项

Step 03 在"功能区"选项板的"常用"选项卡中，单击"坐标"面板中的"UCS,

世界"按钮 🗺，如图 14-3 所示。

图 14-3 单击"UCS，世界"按钮

Step 04 执行上述操作后，即可创建世界坐标系，效果如图 14-4 所示。

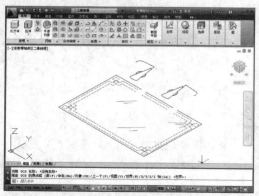

图 14-4 创建世界坐标系

技巧发送

除了运用上述方法创建世界坐标系外，还可以单击菜单栏中的"工具" | "新建 UCS" | "世界"命令。

14.1.2 新手练兵——创建用户坐标系

用户坐标系为坐标输入、操作界面和观察提供一种可变动的坐标系，定义一个用户坐标系即可改变原点的位置以及 X、Y 平面和 Z 轴的方向。在 AutoCAD 中，用户可以根据需要创建用户坐标系。

实例文件	光盘\实例\第 14 章\轴支架.dwg
所用素材	光盘\素材\第 14 章\轴支架.dwg

Step 01 单击快速访问工具栏中的"打开"按钮，在弹出的"选择文件"对话框中打开素材图形，如图 14-5 所示。

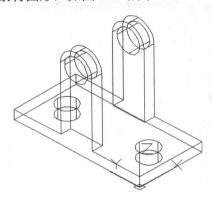

图 14-5　打开素材图形

Step 02 在"功能区"选项板中，切换至"视图"选项卡，单击"坐标"面板中的"原点"按钮，如图 14-6 所示。

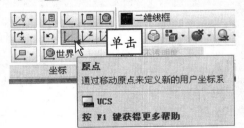

图 14-6　单击"原点"按钮

Step 03 根据命令行提示进行操作，在绘图区中的任意位置单击鼠标左键并确认，即可创建用户坐标系，如图 14-7 所示。

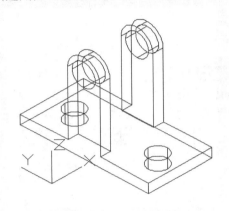

图 14-7　创建用户坐标系

技巧发送

除了运用上述方法创建用户坐标系外，还有以下 3 种常用的方法。

⊕ **命令行：**在命令行中输入 UCS（坐标系）命令，按【Enter】键确认。

⊕ **菜单栏：**单击菜单栏中的"工具"|"新建 UCS"|"原点"命令。

⊕ **按钮法：**切换至"常用"选项卡，单击"坐标"面板中的"原点"按钮。

14.1.3 新手练兵——使用对话框设置视点

在 AutoCAD 2013 中，用户可以使用"视点预设"命令和"视点"命令等多种方法来设置视点。

实例文件	光盘\实例\第 14 章\支座.dwg
所用素材	光盘\素材\第 14 章\支座.dwg

Step 01 单击快速访问工具栏中的"打开"按钮，在弹出的"选择文件"对话框中打开素材图形，如图 14-8 所示。

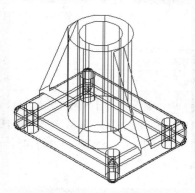

图 14-8 打开素材图形

Step 02 在命令行中输入 DDVPOINT（视点预设）命令，按【Enter】键确认，弹出"视点预设"对话框，如图 14-9 所示。

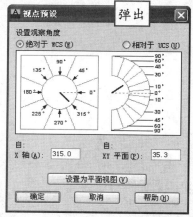

图 14-9 弹出"视点预设"对话框

Step 03 ■选中"相对于 UCS（U）"单选按钮；②设置"X 轴"为 60、"XY 平面"

为 120，③单击"设置为平面视图"按钮，如图 14-10 所示。

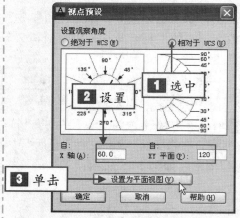

图 14-10 单击相应按钮

Step 04 单击"确定"按钮，即可使用对话框完成视点设置，如图 14-11 所示。

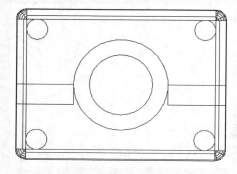

图 14-11 使用对话框设置视点

 技巧发送

除了运用上述方法可以调用"视点预设"命令外，用户还可以单击"视图"｜"三维视图"｜"视点预设"命令。

 知识链接

在"视点预设"对话框中，左侧的图形用于设置原点和视点之间的连线，并显示 XY 平面的投影与 X 轴正方向的夹角；右侧的半圆图形用于设置连线与投影之间的夹角，可以在绘图区中直接单击鼠标左键拾取点，也可以在下方的"X 轴"和"XY 平面"两个文本框内输入相应的数值。

14.1.4 新手练兵——使用"视点"命令设置视点

在 AutoCAD 2013 中，使用"视点"命令可以为当前视口设置视点，该视点均是相对于

WCS 坐标系的。

	实例文件	光盘\实例\第 14 章\棘轮.dwg
	所用素材	光盘\素材\第 14 章\棘轮.dwg

Step 01 单击快速访问工具栏中的"打开"按钮，在弹出的"选择文件"对话框中打开素材图形，如图 14-12 示。

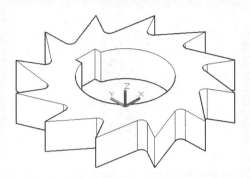

图 14-12　打开素材图形

Step 02 在命令行中输入 VPOINT（视点）命令，按【Enter】键确认，根据命令行提示进行操作，输入（0，0），如图 14-13 所示。

Step 03 按【Enter】键确认，即可使用"视点"命令设置视点，如图 14-14 所示。

 知识链接

在视点空间中，包含十字光标、指南针和三轴架 3 个要素。指南针是球体的二维表现方式，移动十字光标时，三轴架根据指南针指示的观察方向旋转，要选择观察方向，可以将光标移动到某个位置上单击鼠标左键，也可以输入相应数值确定观察方向。

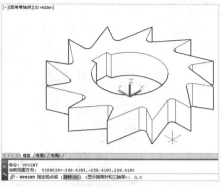

图 14-13　输入（0，0）

图 14-14　使用"视点"命令设置视点

 高手指引

在建模过程中，一般仅使用三维动态观察器来观察方向，而在最终输入渲染或着色模型时，使用 DDVPOINT 命令或 VOPINT 命令指定精确的查看方向。

14.2　使用三维导航工具

在 AutoCAD 2013 中，使用三维导航工具可以以不同形式对图形进行观察。观察三维模型的方式很多，动态观察器可以动态、交互且直观地显示三维模型；相机观察可以在弹出的"相机预览"对话框中观察模型；使用运动路径动画观察可以向用户形象地演示模型，可以录制和回放导航过程，以动态传达设计意图。

14.2.1　新手练兵——受约束的动态观察

受约束的动态观察器用于在当前视口中通过拖曳鼠标动态观察模型。在观察时目标位置保持不动，相机位置（或观察点）围绕目标移动。

	实例文件	光盘\实例\第 14 章\螺杆.dwg
	所用素材	光盘\素材\第 14 章\螺杆.dwg

Step 01 单击快速访问工具栏中的"打开"按钮 ，在弹出的"选择文件"对话框中打开素材图形，如图 14-15 所示。

用受约束动态观察三维模型，效果如图 14-18 所示。

图 14-15　打开素材图形

图 14-17　动态观察光标

Step 02 在"功能区"选项板，切换至"视图"选项卡，在"导航"面板中，**1** 单击"动态观察"右侧的下拉按钮，在弹出的下拉列表中，**2** 单击"动态观察"按钮 ，如图 14-16 所示。

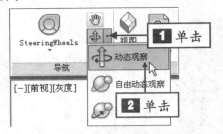

图 14-16　单击"动态观察"按钮

图 14-18　观察三维模型

 技巧发送

　　除了运用上述方法动态观察三维模型外，还有以下两种常用的方法。

　　◎ 命令行：在命令行中输入 3DORBIT（动态观察）命令，按【Enter】键确认。

Step 03 根据命令行提示进行操作，在绘图区中出现受约束的动态观察光标 ，如图 14-17 所示。

Step 04 单击鼠标左键并拖曳至合适位置，释放鼠标，并按【Esc】键退出，即可使

　　◎ 菜单栏：单击菜单栏中的"视图" | "动态视察" | "受约束的动态观察"命令。

知识链接

　　受约束的动态观察可以查看整个图形，进入受约束的动态观察状态时，光标在视图中显示为两条线围绕着的小球体，拖曳鼠标可以沿 X 轴、Y 轴和 Z 轴约束三维动态观察。

14.2.2 新手练兵——自由动态观察

自由动态观察器与受约束的动态观察器相类似，但是观察点不会约束为沿着 XY 平面或 Z 轴移动。

实例文件	光盘\实例\第 14 章\O 型密封垫圈.dwg
所用素材	光盘\素材\第 14 章\O 型密封垫圈.dwg

Step 01 单击快速访问工具栏中的"打开"按钮 🗁，在弹出的"选择文件"对话框中打开素材图形，如图 14-19 所示。

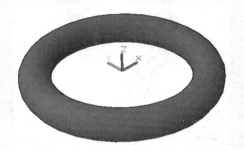

图 14-19　打开素材图形

Step 02 在"功能区"选项板中，切换至"视图"选项卡，在"导航"面板中，**1**单击"动态观察"右侧的下拉按钮，在弹出的列表框中，**2**单击"自由动态观察"按钮 ⌕，如图 14-20 所示。

图 14-20　单击"自由动态观察器"按钮

Step 03 根据命令行提示进行操作，在绘图区出现一个自由动态观察光标，如图 14-21 所示。

Step 04 单击鼠标左键并拖曳至合适位置，释放鼠标，并按【Esc】键退出，即可使用自由动态观察三维模型，如图 14-22 所示。

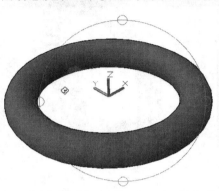

图 14-21　自由动态观察光标

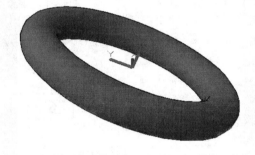

图 14-22　自由动态观察模型

技巧发送

除了运用上述方法自由动态观察外，还有以下两种常用的方法。

✦ 命令行：在命令行中输入 3DFORBIT（自由动态观察）命令，按【Enter】键确认。

✦ 菜单栏：单击"视图"|"动态视察"|"自由动态观察"命令。

14.2.3 新手练兵——连续动态观察

连续动态观察器用于连续动态地观察图形，在绘图区按住鼠标左键并向任何方向拖动鼠标，可以使目标对象以拖动的方向沿着轨道连续旋转。

	实例文件	光盘\实例\第 14 章\弹片.dwg
	所用素材	光盘\素材\第 14 章\弹片.dwg

Step 01 单击快速访问工具栏中的"打开"按钮，在弹出的"选择文件"对话框中打开素材图形，如图 14-23 所示。

图 14-23 打开素材文件

Step 02 在"功能区"选项板中，切换至"视图"选项卡，在"导航"面板中，**1**单击"动态观察"右侧的下拉按钮，在弹出的列表框中，**2**单击"连续动态观察"按钮，如图 14-24 所示。

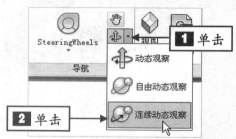

图 14-24 单击"连续动态观察"按钮

Step 03 根据命令行提示进行操作，在绘

图区出现连续动态观察光标，如图 14-25 所示。

图 14-25 连续动态观察光标

Step 04 单击鼠标左键并拖曳至合适位置，释放鼠标，并按【Esc】键退出，即可使用连续动态观察三维模型，效果如图 14-26 所示。

图 14-26 观察三维模型

 技巧发送

除了运用上述方法连续动态观察外，还有以下两种常用的方法。

⊕ 命令行：在命令行中输入 3DCORBIT（连续动态观察）命令，按【Enter】键确认。

⊕ 菜单栏：单击菜单栏中的"视图"｜"动态视察"｜"连续动态观察"命令。

14.2.4 新手练兵——使用相机观察

在 AutoCAD 2013 中，通过在模型空间中放置相机和根据需要调整相机位置，可以定义三维视图。相机有以下 4 个属性。

- 位置：定义要观察的三维模型的起点。
- 目标：通过指定视图中心的坐标来定义要观察的点。
- 焦距：定义相机镜头的比例特性。焦距越大，视野越窄。
- 前向和后向剪裁平面：指定剪裁平面的位置。剪裁平面是定义（或剪裁）视图的边界。在相机视图中，将隐藏相机与前向剪裁平面之间的所有对象，同样也可以隐藏后向剪裁平面与目标之间的所有对象。

实例文件	光盘\实例\第 14 章\柜子立面图.dwg
所用素材	光盘\素材\第 14 章\柜子立面图.dwg

Step 01 单击快速访问工具栏中的"打开"按钮，在弹出的"选择文件"对话框中打开素材图形，如图 14-27 所示。

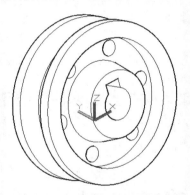

图 14-27　打开素材图形

Step 02 在"功能区"选项板中，切换至"渲染"选项卡，单击"相机"面板中的"创建相机"按钮，如图 14-28 所示。

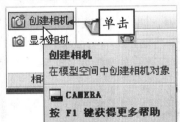

图 14-28　单击"创建相机"按钮

Step 03 根据命令行提示进行操作，在绘图区右下方合适位置上单击鼠标左键，指定相机位置，然后引导光标，指定目标位置，如图 14-29 所示。

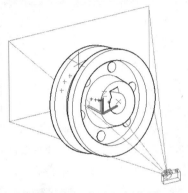

图 14-29　指定目标位置

Step 04 单击鼠标左键，按【Enter】键确认，即可创建相机，在相机图形上单击鼠标左键，弹出"相机预览"对话框，即可使用相机观察模型，效果如图 14-30 所示。

图 14-30　使用相机观察模型

14.2.5　新手练兵——使用运动路径动画观察

使用运动路径动画可以向用户形象地演示模型，可以录制和回放导航过程，以动态传达设计意图。可以通过将相机及其目标链接到点或路径来控制相机运动，从而控制动画。

实例文件	光盘\实例\第 14 章\写字桌.dwg、写字桌.wmv
所用素材	光盘\素材\第 14 章\写字桌.dwg

Step 01 单击快速访问工具栏中的"打开"按钮，在弹出的"选择文件"对话框中打开素材图形，如图 14-31 所示。

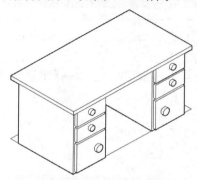

图 14-31 打开素材图形

Step 02 在"功能区"选项板中，切换至"渲染"选项卡，单击"动画"面板中的"动画运动路径"按钮，如图 14-32 所示。

图 14-32 单击"动画运动路径"按钮

Step 03 **1** 弹出"运动路径动画"对话框，在"相机"选项区中 **2** 选中"点"单选按钮，**3** 单击"选择相机所在位置的点或沿相机运动的路径"按钮，如图 14-33 所示。

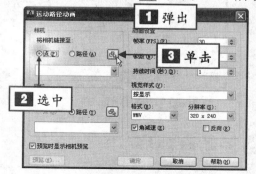

图 14-33 单击相应按钮

Step 04 根据命令行提示进行操作，拾取原点（0，0，0）为相机目标点，单击鼠标左键，弹出"点名称"对话框，保持默认名称，如图 14-34 所示。

图 14-34 "点名称"对话框

Step 05 单击"确定"按钮，返回到"运动路径动画"对话框，在"目标"选项区中，单击"选择目标的点或路径"按钮，如图 14-35 所示。

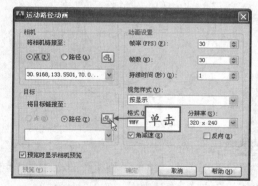

图 14-35 单击相应按钮

Step 06 切换到绘图区窗口，在绘图区中最下方的矩形上，单击鼠标左键，弹出"路径名称"对话框，保持默认名称，如图 14-36 所示。

图 14-36 "路径名称"对话框

Step 07 单击"确定"按钮，返回到"运动路径动画"对话框，单击"预览"按钮，弹出"动画预览"对话框，在"动画预览"窗口中自动播放动画，如图 14-37 所示。

图 14-37　"动画预览"对话框

Step 08　单击"关闭"按钮 ✕，返回到"运动路径动画"对话框，单击"确定"按钮，**1** 弹出"另存为"对话框，**2** 设置保存路径，

3 设置文件名为"写字桌.wmv"，如图 14-38 所示。

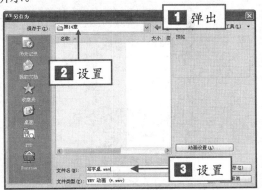

图 14-38　"另存为"对话框

Step 09　单击"保存"按钮，弹出"正在创建视频"对话框，即可保存运动动画。

14.2.6　新手练兵——使用漫游观察

漫游工具可以动态地改变观察点相对于观察对象之间的视距和回旋角度。

实例文件	光盘\实例\第 14 章\亭子.dwg
所用素材	光盘\素材\第 14 章\亭子.dwg

Step 01　单击快速访问工具栏中的"打开"按钮，在弹出的"选择文件"对话框中打开素材图形，如图 14-39 所示。

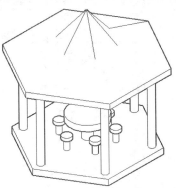

图 14-39　打开素材文件

Step 02　在"功能区"选项板中，切换至"渲染"选项卡，单击"动画"面板中的"漫游"按钮，如图 14-40 所示。

Step 03　弹出"漫游和飞行–更改为透视视图"对话框，单击"修改"按钮，弹出"定

位器"面板，该面板上显示漫游的路径图形，如图 14-41 所示。

图 14-40　单击"漫游"按钮

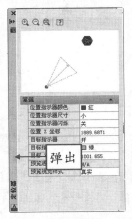

图 14-41　"定位器"面板

Step 04 在"定位器"面板中的指示器上，单击鼠标左键并向右拖曳，如图 14-42 所示。

图 14-42　拖曳鼠标

Step 05 在合适位置上释放鼠标，绘图区中的三维图形跟随鼠标移动，即可使用漫游观察三维模型，效果如图 14-43 所示。

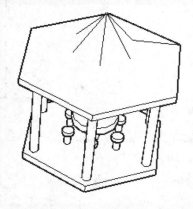

图 14-43　使用漫游观察模型

14.2.7　新手练兵——使用飞行观察

使用"飞行"命令能够指定任意距离和角度对模型进行观察。

实例文件	光盘\实例\第 14 章\阀芯.dwg
所用素材	光盘\素材\第 14 章\阀芯.dwg

Step 01 单击快速访问工具栏中的"打开"按钮 📂，在弹出的"选择文件"对话框中打开素材图形，如图 14-44 所示。

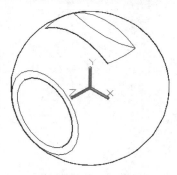

图 14-44　打开素材图形

Step 02 在"功能区"选项板中，切换至"渲染"选项卡，**1** 单击"动画"面板中"漫游"右侧的的下拉按钮，**2** 在弹出的列表框中单击"飞行"按钮 ✈，如图 14-45 所示。

Step 03 弹出"漫游和飞行-更改为透视视图"对话框，单击"修改"按钮，弹出"定

位器"面板，该面板上显示飞行的路径图形，如图 14-46 所示。

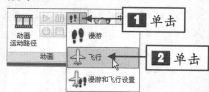

图 14-45　单击"飞行"按钮

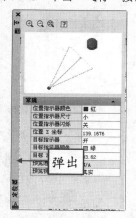

图 14-46　"定位器"面板

Step 04 在"定位器"面板中的指示器上，单击鼠标左键并向右拖曳，如图 14-47 所示。

图 14-47 拖曳鼠标

Step 05 在合适位置上释放鼠标，绘图区中的三维图形跟随鼠标移动，即可使用飞行观察三维模型，效果如图 14-48 所示。

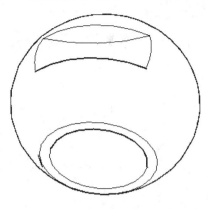

图 14-48 使用飞行观察模型

14.3 创建简单实体模型

在 AutoCAD 2013 中，用户可以方便地创建出三维实体对象，主要包括长方体、多段体、楔体、球体、圆柱体和圆锥体等，这些实体都是三维绘图中的基本要素。

14.3.1 新手练兵——创建长方体

使用"长方体"命令，可以创建具有规则实体模型形状的长方体或正方体等实体，如创建零件的底座、支撑板、建筑墙体及家具等。

实例文件	光盘\实例\第 14 章\书桌.dwg
所用素材	光盘\素材\第 14 章\书桌.dwg

Step 01 单击快速访问工具栏中的"打开"按钮，在弹出的"选择文件"对话框中打开素材图形，如图 14-49 所示。

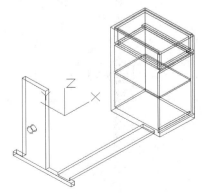

图 14-49 打开素材图形

Step 02 在"功能区"选项板的"常用"选项卡中，单击"建模"面板中的"长方体"按钮，如图 14-50 所示。

图 14-50 单击"长方体"按钮

Step 03 根据命令行提示进行操作，输入 (0, 0, 0), 按【Enter】键确认，接着输入 L 并确认，向右上方引导光标，输入 1300，如图 14-51 所示。

图 14-51 输入 1300

Step 04 按【Enter】键确认，输入 700 并确认，向上引导光标，接着输入 30 并确认，即可使用"长方体"命令创建长方体，效果如图 14-52 所示。

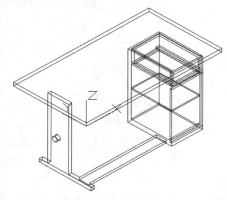

图 14-52 创建长方体

技巧发送

除了运用上述方法创建长方体外，还有以下两种常用的方法。

✿ 命令行：在命令行中输入 BOX 命令，按【Enter】键确认。

✿ 菜单栏：单击菜单栏中的"绘图"|"建模"|"长方体"命令。

知识链接

在 AutoCAD 2013 中，绘制的长方体的各边应分别与当前 UCS 的 X、Y 和 Z 轴方向平行，在命令行提示信息下输入长度、宽度及高度，输入的值可正、可负，正值表示沿相应坐标轴的正方向创建长方体；负值则表示沿相应坐标轴的负方向创建长方体。

14.3.2 新手练兵——创建球体

球体是在三维空间中，到一个点（即球心）距离相等的所有点的集合形成的实体，它广泛应用于机械、建筑等制图中，如创建挡位控制杆、建筑物的球形屋顶等。

实例文件	光盘\实例\第 14 章\地球仪.dwg
所用素材	光盘\素材\第 14 章\地球仪.dwg

Step 01 单击快速访问工具栏中的"打开"按钮，在弹出的"选择文件"对话框中打开素材图形，如图 14-53 所示。

Step 02 在"功能区"选项板的"常用"选项卡中，**1**单击"建模"面板中的"长方体"下方的下拉按钮，**2**在弹出的列表框中单击"球体"按钮，如图 14-54 所示。

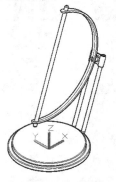

图 14-53 打开素材图形

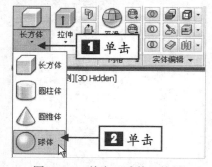

图 14-54 单击"球体"按钮

Step 03 根据命令行提示进行操作，输入（2.5，0，124），按【Enter】键确认，确定球体中心点，输入 70，如图 14-55 所示。

图 14-55　输入 70

 知识链接

在命令行中各主要选项的含义如下。

❂ 中心点：用于指定球体的圆心。

❂ 三点（3P）：通过在三维空间的任意位置指定三个点来定义球体的圆周。三个指定点也可以定义圆周平面。

❂ 两点（2P）：通过在三维空间的任意位置指定两个点来定义球体的圆周。第一点的 Z 值定义圆周所在平面。

❂ 切点、切点、半径（T）：通过指定半径定义可与两个对象相切的球体。指定的切点将投影到当前 UCS。

Step 04 按【Enter】键确认，即可创建球体，如图 14-56 所示。

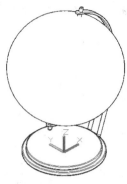

图 14-56　创建球体

 技巧发送

除了运用上述方法创建球体外，还有以下两种常用的方法。

❂ 命令行：在命令行中输入 SPHERE（球体）命令，按【Enter】键确认。

❂ 菜单栏：单击菜单栏中的 "绘图" | "建模" | "球体" 命令。

14.3.3 新手练兵——创建圆柱体

在 AutoCAD 2013 中，要构造具有特定细节的圆柱体，需要指定圆柱体底面中心点的位置、半径和高度来绘制圆柱体。

	实例文件	光盘\实例\第 14 章\支撑板.dwg
	所用素材	光盘\素材\第 14 章\支撑板.dwg

Step 01 单击快速访问工具栏中的 "打开" 按钮 ，在弹出的 "选择文件" 对话框中打开素材图形，如图 14-57 所示。

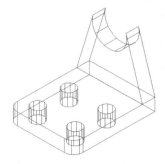

图 14-57　打开素材图形

Step 02 在 "功能区" 选项板的 "常用" 选项卡中，**1** 单击 "建模" 面板中 "长方体" 下方的下拉按钮，在弹出的列表框中，**2** 单击 "圆柱体" 按钮 ，如图 14-58 所示。

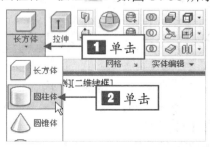

图 14-58　单击 "圆柱体" 按钮

Step 03 根据命令行提示进行操作，输入（0,0,0），按【Enter】键确认，输入 10.5 并确认，输入 20 并确认，即可绘制圆柱体，如图 14-59 所示。

 技巧发送

除了运用上述方法创建圆柱体外，还有以下 3 种常用的方法。

⚙ 命令行：在命令行中输入 CYLINDER（圆柱体）命令，按【Enter】键确认。

⚙ 菜单栏：单击菜单栏中的 "绘图" | "建模" | "圆柱体" 命令。

⚙ 按钮法：在 "功能区" 选项板中，切换至 "实体" 选项卡，单击 "图元" 面板中的 "圆柱体" 按钮▢。

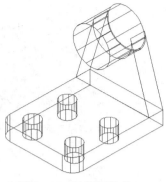

图 14-59　绘制圆柱体

 知识链接

圆柱体是在一个平面绕着一条指定边线旋转一周所形成的旋转体。圆柱体常用于创建房屋基柱、旗杆等柱状物体。

14.3.4　新手练兵——创建圆锥体

在创建圆锥体时，底面半径的默认值始终是先前输入的任意实体的底面半径值。用户可以通过在命令行中选择相应的选项，来定义圆锥面的底面。

实例文件	光盘\实例\第 14 章\零件.dwg
所用素材	光盘\素材\第 14 章\零件.dwg

Step 01 单击快速访问工具栏中的 "打开" 按钮▷，在弹出的 "选择文件" 对话框中打开素材图形，如图 14-60 所示。

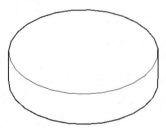

图 14-60　打开素材图形

Step 02 在 "功能区" 选项板的 "常用" 选项卡中，**1** 单击 "建模" 面板中的 "长方体" 下方的下拉按钮，**2** 在弹出的列表框中单击 "圆锥体" 按钮△，如图 14-61 所示。

Step 03 根据命令行提示进行操作，在绘图区中最上方的圆心上单击鼠标左键，指定底面的中心点；再输入圆锥体底面半径值为

20，按【Enter】键确认；然后输入高度为 10，按【Enter】键确认，完成圆锥体的创建，效果如图 14-62 所示。

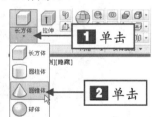

图 14-61　单击 "圆锥体" 按钮

图 14-62　创建圆锥体

技巧发送

除了运用上述方法创建圆锥体外，还有以下两种常用的方法。

❂ 命令行：在命令行中输入 CONE（圆锥体）命令，按【Enter】键确认。

❂ 菜单栏：单击菜单栏中的 "绘图" | "建模" | "圆锥体" 命令。

14.3.5 新手练兵——创建圆环体

在 AutoCAD 2013 中，用户可以根据需要使用 "圆环体" 命令绘制出与轮胎相类似的环形实体。

实例文件	光盘\实例\第 14 章\救生圈.dwg
所用素材	光盘\素材\第 14 章\无

Step 01 单击快速访问工具栏中的 "新建" 按钮，新建一副空白的图形文件，在 "功能区" 选项板中，切换至 "视图" 选项卡，设置 "视图" 为 "西南等轴测"，并设置 "视觉样式" 为 "隐藏"。

Step 02 在 "功能区" 选项板的 "常用" 选项卡中，**1** 单击 "建模" 面板中的 "长方体" 下方的下拉按钮，**2** 在弹出的列表框中单击 "圆环体" 按钮，如图 14-63 所示。

图 14-63 单击 "圆环体" 按钮

Step 03 在绘图区任意位置处单击鼠标左键，确定圆环体的中心点，输入 100，按【Enter】键确认，输入 20，如图 14-64 所示。

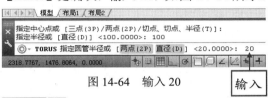

图 14-64 输入 20

Step 04 按【Enter】键确认，即可创建圆环体，如图 14-65 所示。

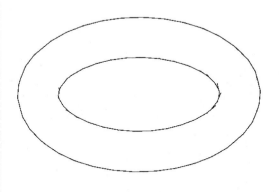

图 14-65 创建圆环体

技巧发送

除了运用上述方法创建圆环体外，还有以下 3 种常用的方法。

❂ 命令行：在命令行中输入 TORUS（圆环体）命令，按【Enter】键确认。

❂ 菜单栏：单击菜单栏中的 "绘图" | "建模" | "圆环体" 命令。

❂ 按钮法：在 "功能区" 选项板的 "实体" 选项卡中，在 "图元" 面板中，单击 "多段体" 下方的下拉按钮，在弹出的列表框中，单击 "圆环体" 按钮。

14.4 通过二维图形创建三维实体

在 AutoCAD 2013 中，用户可以通过绘制二维图形来创建三维实体对象，将二维图形转换为三维实体的方法主要是通过旋转、放样、扫掠和拉伸 4 种方式创建实体。

14.4.1 新手练兵——创建旋转实体

使用"旋转"命令，可以通过绕轴旋转开放或闭合对象来创建三维实体或曲面，以旋转对象定义实体或曲面。

	实例文件	光盘\实例\第 14 章\内胎.dwg
	所用素材	光盘\素材\第 14 章\内胎.dwg

Step 01 单击快速访问工具栏中的"打开"按钮 ，在弹出的"选择文件"对话框中打开素材图形，如图 14-66 所示。

图 14-66 打开素材图形

Step 02 在"功能区"选项板的"常用"选项卡中，**1** 单击"建模"面板中的"拉伸"下方的下拉按钮，**2** 在弹出的列表框中单击"旋转"按钮 ，如图 14-67 所示。

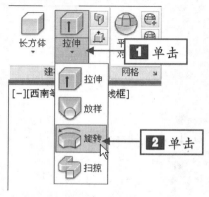

图 14-67 单击"旋转"按钮

Step 03 根据命令行提示进行操作，在绘图区选择右侧需要旋转的对象，按【Enter】键确认，在左侧直线的两个端点上，依次单击鼠标左键，指定旋转轴，输入旋转角度为 360，按【Enter】键确认，创建旋转实体，如图 14-68 所示。

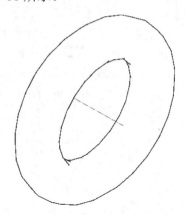

图 14-68 旋转实体

技巧发送

除了运用上述方法创建旋转实体外，还有以下 3 种常用的方法。

✿ 命令行：在命令行中输入 REVOLVE（旋转）命令，按【Enter】键确认。

✿ 菜单栏：单击菜单栏中的"绘图"|"建模"|"旋转"命令。

✿ 按钮法：在"功能区"选项板中，切换至"实体"选项卡，单击"实体"面板中的"旋转"按钮 。

14.4.2　新手练兵——创建放样实体

放样实体是指在数个横截面之间的空间中创建三维实体或曲面，在放样时选择的横截面不能少于两个。

实例文件	光盘\实例\第 14 章\瓶子.dwg
所用素材	光盘\素材\第 14 章\瓶子.dwg

Step 01 单击快速访问工具栏中的"打开"按钮 ，在弹出的"选择文件"对话框中打开素材图形，如图 14-69 所示。

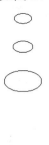

图 14-69　打开素材图形

Step 02 在"功能区"选项板的"常用"选项卡中，**1** 单击"建模"面板中的"拉伸"下方的下拉按钮，**2** 在弹出的列表框中单击"放样"按钮 ，如图 14-70 所示。

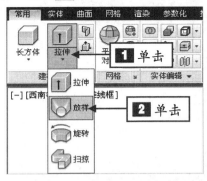

图 14-70　单击"放样"按钮

Step 03 根据命令行提示进行操作，在绘图区中从上往下依次选择圆为放样对象，连续按两次【Enter】键确认，即可创建放样实体，效果如图 14-71 所示。

图 14-71　创建放样实体

技巧发送

除了运用上述方法创建放样实体外，还有以下 3 种常用的方法。

❀ **命令行**：在命令行中输入 LOFT（放样）命令，按【Enter】键确认。

❀ **菜单栏**：单击菜单栏中的"绘图"｜"建模"｜"放样"命令。

❀ **按钮法**：在"功能区"选项板中，切换至"实体"选项卡，单击"实体"面板中"扫掠"下方的下拉按钮，在弹出的列表框中单击"放样"按钮 。

14.4.3　新手练兵——创建扫掠实体

使用"扫掠"命令可以沿开放或闭合的二维或三维路径扫掠开放或闭合的平面曲线（轮廓），以创建新实体或曲面。

新手学设计完全精通

	实例文件	光盘\实例\第 14 章\弹簧.dwg
	所用素材	光盘\素材\第 14 章\弹簧.dwg

Step 01 单击快速访问工具栏中的"打开"按钮，在弹出的"选择文件"对话框中打开素材图形，如图 14-72 所示。

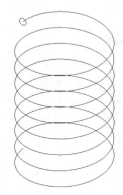

图 14-72　打开素材图形

Step 02 在"功能区"选项板中切换至"常用"选项卡，**1** 单击"建模"面板中的"拉伸"下方的下拉按钮，**2** 在弹出的列表框中单击"扫掠"按钮，如图 14-73 所示。

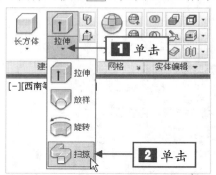

图 14-73　单击"扫掠"按钮

Step 03 根据命令行提示进行操作，在绘

图区选择左上角的圆为扫掠对象，如图 14-74 所示。

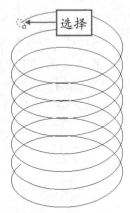

图 14-74　选择扫掠对象

Step 04 按【Enter】键确认，在绘图区中的曲线上单击鼠标左键，即可创建扫掠实体，效果如图 14-75 所示。

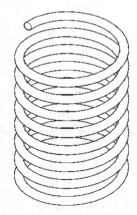

图 14-75　创建扫掠实体

 技巧发送

> 除了可以运用上述方法调用"扫掠"命令外，用户还可以在命令行中输入 SWEEP（扫掠）命令，按【Enter】键确认。

14.4.4　新手练兵——创建拉伸实体

　　使用"拉伸"命令可以将二维图形对象沿 Z 轴或某个方向拉伸成实体对象，拉伸的对象被称为断面。

	实例文件	光盘\实例\第 14 章\垫圈.dwg
	所用素材	光盘\素材\第 14 章\垫圈.dwg

Step 01 单击快速访问工具栏中的"打开"按钮，在弹出的"选择文件"对话框中打开素材图形，如图 14-76 所示。

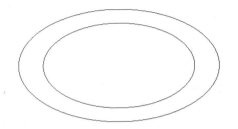

图 14-76　打开素材图形

Step 02 在"功能区"选项板的"常用"选项卡中，单击"建模"面板中的"拉伸"按钮，如图 14-77 所示。

图 14-77　单击"拉伸"按钮

Step 03 根据命令行提示进行操作，选择需要拉伸的对象，按【Enter】键确认，向上引导光标，设置拉伸高度为 10，按【Enter】键确认，即可创建拉伸实体，效果如图 14-78 所示。

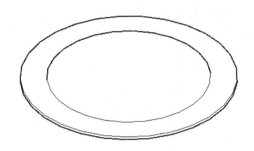

图 14-78　创建拉伸实体

 高手指引

在拉伸对象时，如果倾斜角度或拉伸角度比较大，将导致拉伸对象或拉伸对象上的一部分在未达到拉伸高度之前就已经汇聚为一点，此时将无法进行拉伸操作。

 技巧发送

除了运用上述方法创建拉伸实体外，还有以下 3 种常用的方法。

- 命令行：在命令行中输入 EXTRUDE（拉伸）命令，按【Enter】键确认。
- 菜单栏：单击菜单栏中的 "绘图" | "建模" | "拉伸" 命令。
- 按钮法：在"功能区"选项板的"实体"选项卡中，单击"实体"面板中的"拉伸"按钮。

14.5　创建三维网格

在三维模型空间中可以创建三维网格图形，该网格主要在三维空间中使用。网格使用镶嵌面来表示对象的网格，不仅定义了三维对象的边界，而且还定义了表面，类似于使用行和列组成的栅格。常见的网格模型有旋转网格、直纹网格、边界网格和平移网格。

14.5.1　新手练兵——创建直纹网格

直纹网格是在两条直线或曲面之间创建一个多边形网格，在创建直纹网格时，选择对象的不同边创建的网格也不同。

实例文件	光盘\实例\第 14 章\灯罩.dwg
所用素材	光盘\素材\第 14 章\灯罩.dwg

Step 01 单击快速访问工具栏中的"打开"按钮，在弹出的"选择文件"对话框中打开素材图形，如图 14-79 所示。

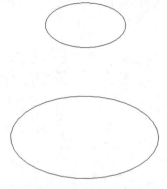

图 14-79　打开素材图形

Step 02 在"功能区"选项板中，切换至"网格"选项卡，单击"图元"面板中的"建模，网格，直纹曲面"按钮，如图 14-80 所示。

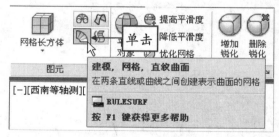

图 14-80　单击相应按钮

Step 03 根据命令行提示进行操作，在绘图区中选择上方的小圆对象作为第一条定义曲线，如图 14-81 所示。

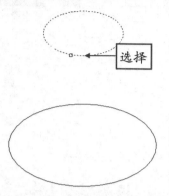

图 14-81　选择小圆

Step 04 再选择下方的大圆对象，作为第二条定义曲线，即可完成直纹网格的创建，如图 14-82 所示。

图 14-82　创建直纹网格

技巧发送

除了运用上述方法创建直纹网格外，还有以下两种常用的方法。

✣ **命令行**：在命令行中输入 RULESURF（直纹网格）命令，按【Enter】键确认。

✣ **菜单栏**：单击菜单栏中的 "绘图"｜"建模"｜"网格"｜"直纹网格"命令。

14.5.2　新手练兵——创建旋转网格

使用"旋转网格"命令可以将曲线或轮廓（如直线、圆弧、椭圆、椭圆弧、多边形和闭合多段线等）绕指定的旋转轴旋转一定的角度，从而创建出旋转网格。旋转轴可以是直线，也可以是开放的二维或三维多段线。

实例文件	光盘\实例\第 14 章\杠杆.dwg
所用素材	光盘\素材\第 14 章\杠杆.dwg

Step 01 单击快速访问工具栏中的"打开"按钮 ，在弹出的"选择文件"对话框中打开素材图形，如图 14-83 所示。

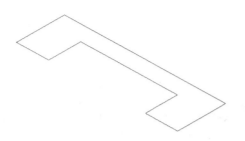

图 14-83 打开素材图形

Step 02 在"功能区"选项板中，切换至"网格"选项卡，单击"图元"面板中的"建模，网格，旋转曲面"按钮 ，如图 14-84 所示。

图 14-84 单击相应按钮

Step 03 根据命令行提示进行操作，在绘图区中选择除右上侧直线外的所有图形为旋转对象，再选择右上侧直线为旋转轴，输入旋转角度为 360，连续按两次【Enter】键确认，即可创建旋转网格，如图 14-85 所示。

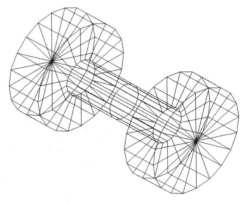

图 14-85 创建旋转网格

 知识链接

执行"旋转网格"命令后，命令行提示如下。

✿ 起点角度：如果设定为非零值，将以生成路径曲线的某个偏移开始网格旋转。

✿ 指定包含角：用于指定网格绕旋转轴延伸的距离。

 技巧发送

除了运用上述方法创建旋转网格外，还有以下两种常用的方法。

✿ 命令行：在命令行中输入 REVSURF（旋转网格）命令，按【Enter】键确认。

✿ 菜单栏：单击菜单栏中的"绘图"｜"建模"｜"网格"｜"旋转网格"命令。

14.5.3 新手练兵——创建边界网格

边界网格是指创建一个多边形网格，该多边形网格近似于一个由 4 条连接边定义的孔曲面网格。

实例文件	光盘\实例\第 14 章\垫铁轴测图.dwg
所用素材	光盘\素材\第 14 章\垫铁轴测图.dwg

Step 01 单击快速访问工具栏中的"打开"按钮 ，在弹出的"选择文件"对话框 中打开素材图形，如图 14-86 所示。

Step 02 在"功能区"选项板中，切换至

"网格"选项卡,单击"图元"面板中的"建模,网格,边界曲面"按钮，如图 14-87 所示。

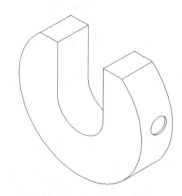

图 14-86　打开素材图形

图 14-87　单击相应按钮

 Step 03 根据命令行提示进行操作,在绘图区中选择最左侧的直线对象作为边界的第一条边,如图 14-88 所示。

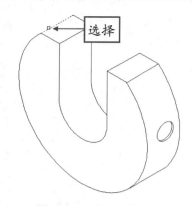

图 14-88　选择直线对象

Step 04 在绘图区中依次选择最左侧直线所在面的其他 3 条直线对象作为边界,即可创建边界网格,如图 14-89 所示。

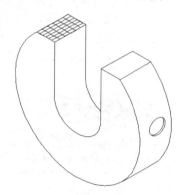

图 14-89　创建边界网格

 技巧发送

除了运用上述方法创建边界网格外,还有以下两种常用的方法。

🔹 命令行: 在命令行中输入 EDGESURF（边界网格）命令,按【Enter】键确认。

🔹 菜单栏: 单击菜单栏中的 "绘图" | "建模" | "网格" | "边界网格"命令。

14.5.4 新手练兵——创建平移网格

使用"平移网格"命令可以创建多边形网格,该网格表示通过指定的方向和距离（方向矢量）拉伸直线或曲面（路径曲线）定义的常规平移曲面。

	实例文件	光盘\实例\第 14 章\齿轮.dwg
	所用素材	光盘\素材\第 14 章\齿轮.dwg

Step 01 单击快速访问工具栏中的"打开"按钮，在弹出的"选择文件"对话框中打开素材图形,如图 14-90 所示。

Step 02 在"功能区"选项板中切换至"网格"选项卡,单击"图元"面板中的"建模,网格,平移曲面"按钮，如图 14-91 所示。

图 14-90　打开素材图形

图 14-91　单击相应按钮

Step 03 根据命令行提示进行操作，在绘图区中选择多段线为轮廓对象，选择直线为方向矢量对象，然后在绘图区中选择水平的直线，按【Delete】键删除，即可创建平移网格，如图 14-92 所示。

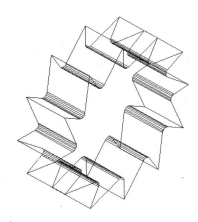

图 14-92　创建平移网格

 技巧发送

除了运用上述方法创建平移网格外，还有以下两种常用的方法。

✥ **命令行**：在命令行中输入 TABSURF（平移网格）命令，按【Enter】键确认。

✥ **菜单栏**：单击菜单栏中的 "绘图" | "建模" | "网格" | "平移网格" 命令。

第15章 | 修改渲染三维模型

学前提示

　　在 AutoCAD 2013 中，用户可以使用三维修改命令来对三维实体、边或面进行相应修改。渲染是指给三维图形对象加上颜色和材质因素，再配以灯光、背景和场景等辅助因素，更加真实地表达图形的外观和纹理。渲染图形后，三维图形表面将会显示出明暗色彩和光照效果等。

本章知识重点

- ▶ 修改三维对象
- ▶ 修改实体边和面
- ▶ 应用视觉样式和光源
- ▶ 三维材质和贴图
- ▶ 渲染三维模型

学完本章后应该掌握的内容

- ▶ 掌握三维对象的修改，如移动、镜像以及剖切等
- ▶ 掌握实体边和面的修改，如复制和提取三维边以及拉伸三维面等
- ▶ 掌握视觉样式和光源的应用，如设置和管理视觉样式以及创建光源等
- ▶ 掌握渲染三维模型的知识，如赋予材质、设置漫射贴图以及渲染模型等

视频演示

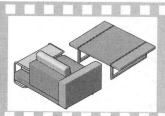

15.1　修改三维对象

与修改二维图形对象一样，用户也可以修改三维对象，AutoCAD 2013 提供了专业的三维对象编辑工具，如三维移动、三维旋转、三维阵列和三维镜像等，从而为创建出更加复杂的三维实体模型提供了条件。

15.1.1　新手练兵——三维移动图形

三维模型的移动是指调整模型在三维空间中的位置，使用三维移动工具能将指定模型沿 X 轴、Y 轴、Z 轴或其他任意方向，通过指定基点和移动距离对三维对象进行移动操作，从而获得模型在视图中的准确位置。

实例文件	光盘\实例\第 15 章\桌椅.dwg
所用素材	光盘\素材\第 15 章\桌椅.dwg

Step 01 单击快速访问工具栏中的"打开"按钮，在弹出的"选择文件"对话框中打开素材图形，如图 15-1 所示。

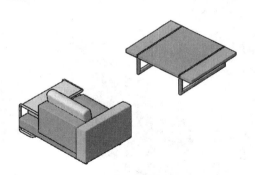

图 15-1　打开素材图形

Step 02 在"功能区"选项板的"常用"选项卡中，单击"修改"面板中的"三维移动"按钮，如图 15-2 所示。

图 15-2　单击"三维移动"按钮

Step 03 根据命令行提示进行操作，选择右上方的所有图形对象为移动对象，如图 15-3 所示。

Step 04 按【Enter】键确认，在绘图区中，显示移动夹点工具，如图 15-4 所示。

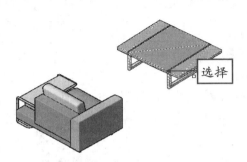

图 15-3　选择移动对象

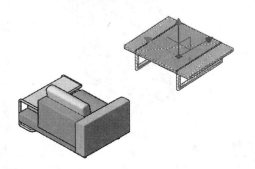

图 15-4　显示移动夹点工具

Step 05 捕捉移动夹点工具中心点，向左下方引导光标，输入 800，按【Enter】键确认，即可三维移动图形，如图 15-5 所示。

 高手指引

执行"三维移动"命令后，在三维视图中显示三维移动小控件，以便将三维对象在指定方向上移动指定距离。

技巧发送

除了运用上述方法进行三维移动图形外，还有以下两种常用的方法。

❂ 命令行：在命令行中输入 3DMOVE 命令，按【Enter】键确认。

❂ 菜单栏：单击菜单栏中的"修改"｜"三维操作"｜"三维移动"命令。

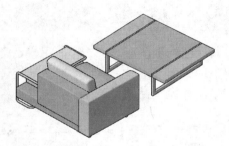

图 15-5　三维移动图形

15.1.2　新手练兵——三维旋转图形

使用"三维旋转"命令可以自由地旋转三维对象或将旋转约束到轴，三维旋转工具可将选取的三维对象和子对象，沿指定旋转轴（X 轴、Y 轴和 Z 轴）进行自由旋转。

	实例文件	光盘\实例\第 15 章\凸轮传动轮.dwg
	所用素材	光盘\素材\第 15 章\凸轮传动轮.dwg

Step 01 单击快速访问工具栏中的"打开"按钮 ，在弹出的"选择文件"对话框中打开素材图形，如图 15-6 所示。

图 15-6　打开素材图形

Step 02 在"功能区"选项板的"常用"选项卡中，单击"修改"面板中的"三维旋转"按钮 ，如图 15-7 所示。

图 15-7　单击"三维旋转"按钮

Step 03 根据命令行提示进行操作，在绘图区中选择所有图形为旋转对象，按【Enter】

键确认，在绘图区中任取一点为旋转基点，如图 15-8 所示。

图 15-8　指定旋转基点

Step 04 在旋转控件上单击蓝色圆圈，指定 Z 轴为旋转轴，输入旋转角度为 180，按【Enter】键确认，即可三维旋转图形，如图 15-9 所示。

图 15-9　三维旋转图形

技巧发送

除了运用上述方法进行三维旋转图形外，还有以下两种常用的方法。

✤ 命令行：在命令行中输入 3DROTATE 命令，按【Enter】键确认。

✤ 菜单栏：单击菜单栏中的"修改" | "三维操作" | "三维旋转"命令。

15.1.3　新手练兵——三维阵列图形

使用三维阵列工具可以在三维空间中按矩形阵列或环形阵列的方式，创建指定对象的多个副本。

三维矩形阵列在指定间距值时，可以分别输入间距值或在绘图区域任意选取两个点，AutoCAD 将自动测量两点之间的距离值，并以此作为间距值。若间距值为正，将沿 X 轴、Y 轴和 Z 轴的正方向生成阵列；若间距值为负，将沿 X 轴、Y 轴和 Z 轴的负方向生成阵列。

在执行三维环形阵列时，需要指定阵列的数目、阵列的角度、旋转轴的起点和终点以及对象在阵列后是否绕着阵列中心旋转。

	实例文件	光盘\实例\第 15 章\珠环.dwg
	所用素材	光盘\素材\第 15 章\珠环.dwg

Step 01 单击快速访问工具栏中的"打开"按钮 🖻，在弹出的"选择文件"对话框中打开素材图形，如图 15-10 所示。

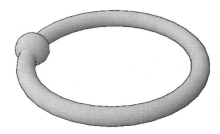

图 15-10　打开素材图形

Step 02 在"功能区"选项板的"常用"选项卡中，**1** 单击"修改"面板中"矩形阵列"按钮 ▦▾ 右侧的下拉按钮，**2** 在弹出的列表框中单击"环形阵列"按钮 ⬚⬚环形阵列，如图 15-11 所示。

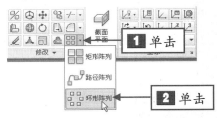

图 15-11　单击"环形阵列"按钮

Step 03 根据命令行提示进行操作，在绘图区中选择合适的图形为阵列对象，按【Enter】键确认，指定圆环体的中心点为阵列中心点，如图 15-12 所示。

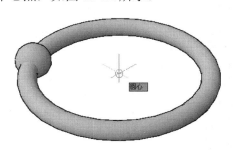

图 15-12　指定阵列中心点

Step 04 弹出"阵列创建"选项卡，在"项目"面板的"项目数"文本框中输入 6，如图 15-13 所示。

图 15-13　设置参数

Step 05 按【Enter】键确认，输入旋转角度为 360，按【Enter】键确认，单击"关闭"

面板中的"关闭阵列"按钮 ，即可三维阵列图形，效果如图 15-14 所示。

📖 **技巧发送**

除了运用上述方法三维移动图形外，还有以下两种常用的方法。

✿ 命令行：在命令行中输入 3DARRAY 命令，按【Enter】键确认。

✿ 菜单栏：单击菜单栏中的"修改"｜"三维操作"｜"三维阵列"命令。

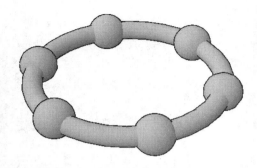

图 15-14 三维阵列图形

15.1.4 新手练兵——三维镜像图形

镜像面可以通过三点确定，可以是对象、最近定义的面、Z 轴、视图、XY 平面、YZ 平面和 ZX 平面。其中镜像平面可以是平面对象所在的平面，可以通过指定点且与当前 UCS 的 XY、YZ 或 XZ 平面平行的平面，也可以是由三个指定点定义的平面。

	实例文件	光盘\实例\第 15 章\泵盖.dwg
	所用素材	光盘\素材\第 15 章\泵盖.dwg

Step 01 单击快速访问工具栏中的"打开"按钮 📂，在弹出的"选择文件"对话框中打开素材图形，如图 15-15 所示。

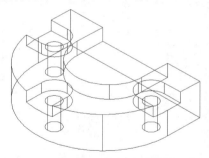

图 15-15 打开素材图形

Step 02 在"功能区"选项板的"常用"选项卡中，单击"修改"面板中的"三维镜像"按钮 %，如图 15-16 所示。

图 15-16 单击"三维镜像"按钮

Step 03 根据命令行提示进行操作，在绘图区中选择实体为镜像对象，按【Enter】键确认，输入 ZX，如图 15-17 所示。

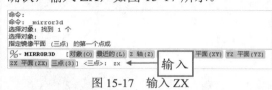

图 15-17 输入 ZX

Step 04 按【Enter】键确认，在绘图区实体对象右上角点（即镜像平面上的一点）上单击鼠标左键，如图 15-18 所示。

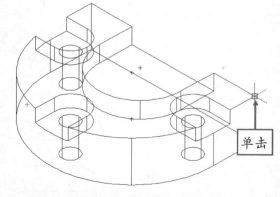

图 15-18 单击鼠标左键

Step 05 按【Enter】键确认，即可三维镜像图形，效果如图 15-19 所示。

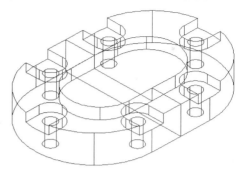

图 15-19　三维镜像图形

 技巧发送

除了运用上述方法三维镜像图形外，还有以下两种常用的方法。

❖ 命令行：在命令行中输入 MIRROR3D（三维镜像）命令，按【Enter】键确认。

❖ 菜单栏：单击菜单栏中的"修改"｜"三维操作"｜"三维镜像"命令。

知识链接

命令行中各选项的含义如下。

❖ 对象（O）：将指定对象所在的平面作为镜像平面对象。

❖ 最近的（L）：将前一次使用过的镜像平面作为当前镜像面。

❖ Z 轴（Z）：通过指定镜像平面的法线方向确定镜像平面。

❖ 视图（V）：镜像平面平行于当前视图所观测的平面，并且通过一个指定点。使用该选项镜像物体时，用户无法通过当前视图直接观察到镜像结果，需改变视点后才能进行观察。

❖ XY 平面（XY）：以平行于 XY 平面的一个平面作为镜像平面，然后要求指定一个点确定镜像平面的位置。

❖ YZ 平面（YZ）：以平行于 YZ 平面的一个平面作为镜像平面，然后要求指定一个点确定镜像平面的位置。

❖ ZX 平面（ZX）：以平行于 ZX 平面的一个平面作为镜像平面，然后要求指定一个点确定镜像平面的位置。

❖ 三点（3）：指定三个点确定一个平面作为镜像平面。

15.1.5　新手练兵——三维对齐图形

在 AutoCAD 2013 中，使用"三维对齐"命令，可以通过移动、旋转或倾斜对象来使该对象与另一个对象对齐。

实例文件	光盘\实例\第 15 章\茶几.dwg
所用素材	光盘\素材\第 15 章\茶几.dwg

Step 01 单击快速访问工具栏中的"打开"按钮，在弹出的"选择文件"对话框中打开素材图形，如图 15-20 所示。

Step 02 在"功能区"选项板的"常用"选项卡中，单击"修改"面板中的"三维对齐"按钮，如图 15-21 所示。

 技巧发送

除了运用上述方法三维对齐图形外，还有以下两种常用的方法。

❖ 命令行：在命令行中输入 3DALIGN（三维对齐）命令，按【Enter】键确认。

❖ 菜单栏：单击菜单栏中的"修改"｜"三维操作"｜"三维对齐"命令。

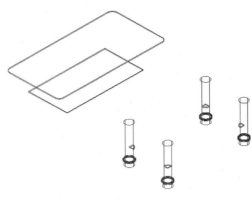

图 15-20 打开素材图形

图 15-21 单击"三维对齐"按钮

Step 03 根据命令行提示进行操作，选择右下方图形为对齐对象，按【Enter】键确认，捕捉选择对象的右上方圆心点，如图 15-22 所示。

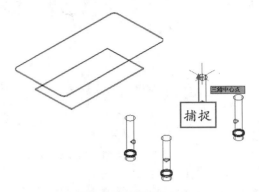

图 15-22 捕捉圆心点

Step 04 按【Enter】键确认，捕捉左上方图形最上方合适端点并确认，即可对齐三维实体，效果如图 15-23 所示。

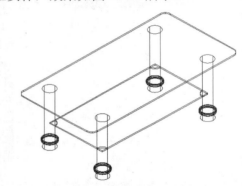

图 15-23 对齐三维模型

15.1.6 新手练兵——剖切三维实体

使用"剖切"命令，可以剖切现有实体以此来创建新实体。在绘图过程中，为了表达实体内部的结构特征，可假想一个与指定对象相交的平面或曲面将该实体剖切，从而创建新的对象，可根据设计需要通过指定点、选择曲面或平面对象来定义剖切平面。

	实例文件	光盘\实例\第 15 章\链轮.dwg
	所用素材	光盘\素材\第 15 章\链轮.dwg

Step 01 单击快速访问工具栏中的"打开"按钮，在弹出的"选择文件"对话框中打开素材图形，如图 15-24 所示。

Step 02 在"功能区"选项板的"常用"选项卡中，单击"实体编辑"面板中的"剖切"按钮，如图 15-25 所示。

 技巧发送

除了运用上述方法剖切三维实体外，还有以下两种常用的方法。

⚙ 命令行：在命令行中输入 SLICE（剖切）命令，按【Enter】键确认。

⚙ 菜单栏：单击菜单栏中的"修改"｜"三维操作"｜"剖切"命令。

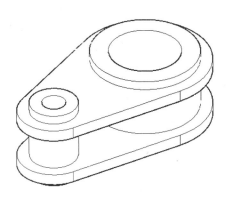

图 15-24　打开素材图形

图 15-25　单击"剖切"按钮

Step 03 根据命令行提示进行操作，在绘图区中，选择所有对象为剖切对象，按【Enter】键确认，再输入 ZX，按【Enter】键确认，捕捉绘图区中的任一圆心，如图15-26 所示。

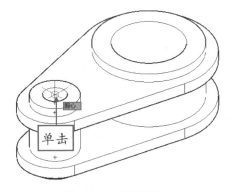

图 15-26　捕捉圆心

Step 04 在需要保留的一侧上单击鼠标左键，即可剖切三维实体，如图 15-27 所示。

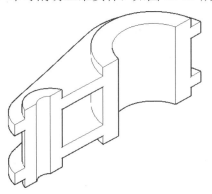

图 15-27　剖切三维实体

 高手指引

　当捕捉圆心后，若想将两部分实体都保留，可以直接按【Enter】键确认。

15.1.7　新手练兵——抽壳三维实体

使用"抽壳"命令，可将实体以指定的厚度，形成一个空的薄层，同时还允许将某些指定面排除在壳外。指定正值将从圆周外开始抽壳；指定负值将从圆周内开始抽壳。

实例文件	光盘\实例\第 15 章\瓶子.dwg
所用素材	光盘\素材\第 15 章\瓶子.dwg

Step 01 单击快速访问工具栏中的"打开"按钮，在弹出的"选择文件"对话框中打开素材图形，如图 15-28 所示。

Step 02 在"功能区"选项板的"常用"选项卡中，■ 单击"实体编辑"面板中"分割"按钮右侧的下拉按钮，■ 在弹出的列表

框中单击"抽壳"按钮，如图 15-29 所示。

Step 03 根据命令行提示进行操作，在绘图区中，选择所有实体为抽壳对象，如图15-30 所示。

Step 04 在实体对象的上表面上，单击鼠标左键，确定抽壳面，按【Enter】键确认，

输入 2，按【Enter】键确认，即可抽壳三维
实体，效果如图 15-31 所示。

选择

图 15-30　选择抽壳对象

图 15-28　打开素材图形

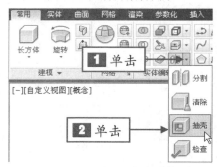

图 15-29　单击"抽壳"按钮

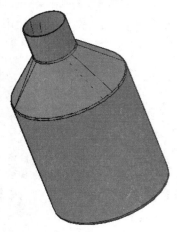

图 15-31　抽壳三维实体

　　技巧发送

除了运用上述方法抽壳三维实体外，还有以下两种常用的方法。

◎ 菜单栏：单击菜单栏中的"修改"｜"三维操作"｜"抽壳"命令。

◎ 按钮法：切换至"实体"选项卡，单击"实体编辑"面板中的"抽壳"按钮 ◙。

15.1.8　新手练兵——加厚三维实体

使用"加厚"命令可以为平面网格和三维网格等曲面添加厚度。

实例文件	光盘\实例\第 15 章\椅子.dwg
所用素材	光盘\素材\第 15 章\椅子.dwg

Step 01 单击快速访问工具栏中的"打开"按钮 ☞，在弹出的"选择文件"对话框中打开素材图形，如图 15-32 所示。

Step 02 在"功能区"选项板的"常用"选项卡中，单击"实体编辑"面板中的"加

厚"按钮 ◙，如图 15-33 所示。

Step 03 根据命令行提示进行操作，选择绘图区中的网格对象为加厚对象，如图 15-34 所示。

Step 04 按【Enter】键确认，**1** 弹出"网

格转换为三维实体或曲面"对话框，**2**单击相应的按钮，如图 15-35 所示。

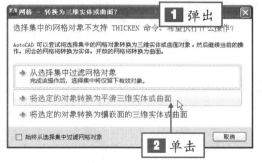

图 15-35　单击相应按钮

图 15-32　打开素材图形

图 15-33　单击"加厚"按钮

Step 05 输入"厚度"为 35，按【Enter】键确认，即可加厚三维实体，效果如图 15-36 所示。

图 15-36　加厚三维实体

技巧发送

除了运用上述方法加厚三维实体外，还有以下两种常用的方法。

❖ 命令行：在命令行中输入 THICKEN（加厚）命令，按【Enter】键确认。

❖ 菜单栏：单击菜单栏中的"修改" | "三维操作" | "加厚"命令。

图 15-34　选择加厚对象

15.2　修改实体边和面

在 AutoCAD 2013 中，使用"实体编辑"命令可以修改三维实体的边和面，包括复制三维边、提取三维边、拉伸三维面、着色三维面和删除实体面等。

15.2.1　新手练兵——复制三维边

使用"复制边"命令可以复制三维实体对象的各条边，复制的边可以为直线、圆弧、圆、椭圆或样条曲线对象，执行复制边操作，可将现有实体模型上单条或多条边偏移到其他位置，从而运用这些边线创建出新的图形对象。

	实例文件	光盘\实例\第 15 章\锥齿轮.dwg
	所用素材	光盘\素材\第 15 章\锥齿轮.dwg

Step 01 单击快速访问工具栏中的"打开"按钮，在弹出的"选择文件"对话框中打开素材图形，如图 15-37 所示。

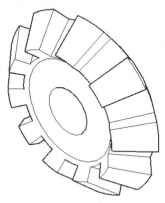

图 15-37　打开素材图形

Step 02 在"功能区"选项板的"常用"选项卡中，**1** 单击"实体编辑"面板中"提取边"按钮右侧的下拉按钮，**2** 在弹出的列表框中单击"复制边"按钮，如图 15-38 所示。

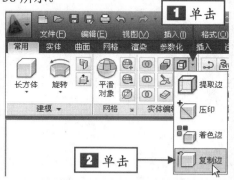

图 15-38　单击"复制边"按钮

Step 03 根据命令行提示进行操作，在绘

图区中选择三维实体左侧圆为复制对象，按【Enter】键确认，指定圆心为复制点，如图 15-39 所示。

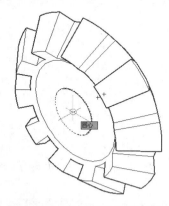

图 15-39　指定圆心为复制点

Step 04 开启正交模式，向左下方引导光标，输入位移的第二点距离为 25，然后连续按 3 次【Enter】键确认，即可复制三维边，效果如图 15-40 所示。

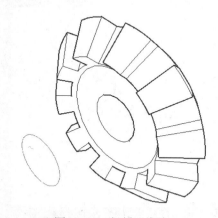

图 15-40　复制三维边

 技巧发送

除了运用上述方法复制三维边外，还有以下两种常用的方法。

◆ **命令行**：在命令行中输入 SOLIDEDIT（实体编辑）命令，按【Enter】键确认。

◆ **菜单栏**：单击菜单栏中的"修改"|"实体编辑"|"复制边"命令。

15.2.2　新手练兵——提取三维边

使用"提取边"命令，可以通过从三维实体、曲面、网格、面域或子对象中提取所有边，创建线框几何图形。

	实例文件	光盘\实例\第 15 章\三角带轮.dwg
	所用素材	光盘\素材\第 15 章\三角带轮.dwg

Step 01 单击快速访问工具栏中的"打开"按钮，在弹出的"选择文件"对话框中打开素材图形，如图 15-41 所示。

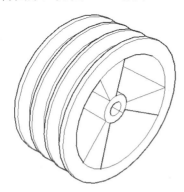

图 15-41　打开素材图形

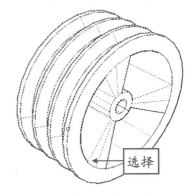

图 15-42　选择提取边对象

Step 02 在命令行中输入 XEDGES（提取边）命令，按【Enter】键确认，根据命令行提示进行操作，在绘图区中选择三维实体为提取边对象，如图 15-42 所示。

Step 03 按【Enter】键确认，完成提取三维边的操作，移动三维模型，便可观察到提取的三维边，如图 15-43 所示。

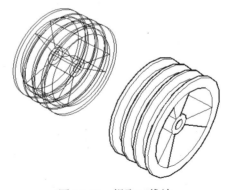

图 15-43　提取三维边

 技巧发送

除了运用上述方法提取三维边外，还有以下两种常用的方法。

❖ 命令行：在命令行中输入 XEDGES（提取边）命令，按【Enter】键确认。

❖ 菜单栏：单击菜单栏中的"修改"｜"实体编辑"｜"提取边"命令。

15.2.3　新手练兵——拉伸三维面

使用"拉伸面"命令，可以将选定的三维实体对象表面拉伸到指定高度，或沿一条路径进行拉伸。此外，还可以将实体对象面按一定的角度进行拉伸。

	实例文件	光盘\实例\第 15 章\端盖.dwg
	所用素材	光盘\素材\第 15 章\端盖.dwg

Step 01 单击快速访问工具栏中的"打开"按钮 ，在弹出的"选择文件"对话框中打开素材图形，如图 15-44 所示。

图 15-44　打开素材文件

Step 02 在"功能区"选项板的"常用"选项卡中，**1** 单击"实体编辑"面板中"拉伸面"按钮右侧的下拉按钮，**2** 在弹出的列表框中单击"拉伸面"按钮 ，如图 15-45 所示。

图 15-45　单击"拉伸面"按钮

Step 03 根据命令行提示进行操作，在绘图区中选择端盖的顶面为拉伸对象，按【Enter】键确认，选择其圆心为拉伸点，如图 15-46 所示。

 知识链接

在 AutoCAD 2013 中进行拉伸操作时，开放的曲线创建曲面，闭合的曲线创建实体或曲面（具体取决于指定的模式）。

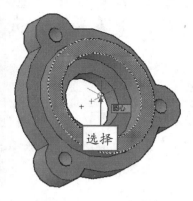

图 15-46　选择圆心为拉伸点

Step 04 开启正交模式，向右上方引导光标，输入拉伸距离为 15，然后连续按 3 次【Enter】键确认，即可拉伸三维面，效果如图 15-47 所示。

图 15-47　拉伸三维面

 **技巧发送**

除了运用上述方法拉伸三维面外，用户还可以单击菜单栏中的"修改"｜"实体编辑"｜"拉伸面"命令。

15.2.4　新手练兵——着色三维面

执行实体面着色操作可修改单个或多个实体面的颜色，以取代该实体对象所在图层的颜色，可以更方便地查看这些表面。

	实例文件	光盘\实例\第 15 章\方墩.dwg
	所用素材	光盘\素材\第 15 章\方墩.dwg

Step 01 单击快速访问工具栏中的"打开"按钮 📂，在弹出的"选择文件"对话框中打开素材图形，如图 15-48 所示。

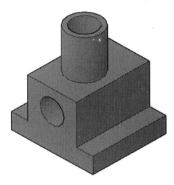

图 15-48　打开素材图形

Step 02 在"功能区"选项板的"常用"选项卡中，**1** 单击"实体编辑"面板中"拉伸面"按钮右侧的下拉按钮，**2** 在弹出的列表框中单击"着色面"按钮 🔲，如图 15-49 所示。

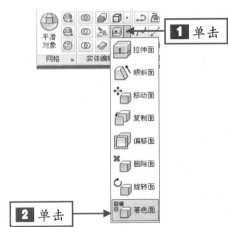

图 15-49　单击"着色面"按钮

Step 03 根据命令行提示进行操作，在绘图区中需要着色的表面上单击鼠标左键，确定着色面，按【Enter】键确认，**1** 弹出"选择颜色"对话框，**2** 选择"蓝"颜色，如图 15-50 所示。

图 15-50　"选择颜色"对话框

Step 04 单击"确定"按钮，连续按两次【Enter】键确认，即可着色三维面，效果如图 15-51 所示。

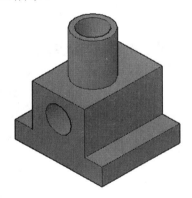

图 15-51　着色三维面

　技巧发送

　　除了运用上述方法着色三维面外，用户还可以单击菜单栏中的"修改"｜"实体编辑"｜"着色面"命令。

15.2.5　新手练兵——倾斜三维面

　　在 AutoCAD 2013 中，倾斜三维面是指通过将实体对象上的一个或多个表面按指定的角度、方向进行倾斜而得到的三维面。

| 实例文件 | 光盘\实例\第 15 章\方凳.dwg |
| 所用素材 | 光盘\素材\第 15 章\方凳.dwg |

Step 01 单击快速访问工具栏中的"打开"按钮，在弹出的"选择文件"对话框中打开素材图形，如图 15-52 所示。

图 15-52　打开素材图形

Step 02 在"功能区"选项板的"常用"选项卡中，**1** 单击"实体编辑"面板中的"拉伸面"按钮右侧的下拉按钮，在弹出的列表框中，**2** 单击"倾斜面"按钮，如图 15-53 所示。

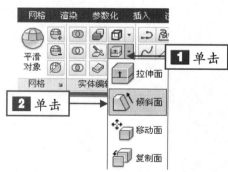

图 15-53　单击"倾斜面"按钮

Step 03 根据命令行提示进行操作，在绘图区中合适的面上，单击鼠标左键，确定倾斜面，如图 15-54 所示。

Step 04 按【Enter】键确认，在倾斜面的下方中心点上，单击鼠标左键，如图 15-55 所示。

Step 05 在上方的中心点上，单击鼠标左键，输入-30，按【Enter】键确认，即可倾斜三维面，效果如图 15-56 所示。

图 15-54　确定倾斜面

图 15-55　单击鼠标左键

图 15-56　倾斜三维面

 技巧发送

　　除了运用上述方法倾斜三维面外，用户还可以单击菜单栏中的"修改"｜"实体编辑"｜"倾斜面"命令。

15.2.6 新手练兵——删除三维面

使用"删除面"命令可以从选择集中删除选择的面。

	实例文件	光盘\实例\第 15 章\接头弯管.dwg
	所用素材	光盘\素材\第 15 章\接头弯管.dwg

Step 01 单击快速访问工具栏中的"打开"按钮 ，在弹出的"选择文件"对话框中打开素材图形，如图 15-57 所示。

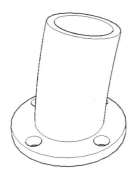

图 15-57 打开素材文件

Step 02 在"功能区"选项板的"常用"选项卡中，**1**单击"实体编辑"面板中的"拉伸面"按钮右侧的下拉按钮，在弹出的列表框中，**2**单击"删除面"按钮，如图 15-58 所示。

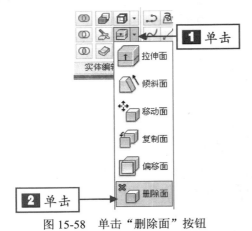

图 15-58 单击"删除面"按钮

Step 03 根据命令行提示进行操作，在绘图区中的圆柱体上，单击鼠标左键，确定删除面，如图 15-59 所示。

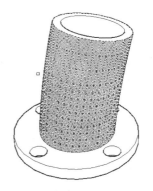

图 15-59 确定删除面

Step 04 连续按 3 次【Enter】键确认，即可删除三维面，效果如图 15-60 所示。

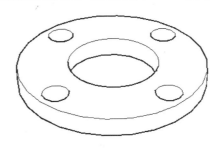

图 15-60 删除三维面

技巧发送

除了运用上述方法删除三维面外，用户还可以单击菜单栏中的"修改"|"实体编辑"|"删除面"命令。

15.2.7 新手练兵——偏移三维面

使用"偏移面"命令，可以按指定的距离均匀地偏移面。通过将现有的面从原始位置向内或向外偏移指定的距离可以创建面。

实例文件	光盘\实例\第 15 章\小提琴.dwg
所用素材	光盘\素材\第 15 章\小提琴.dwg

Step 01 单击快速访问工具栏中的"打开"按钮 ，在弹出的"选择文件"对话框中打开素材图形，如图 15-61 所示。

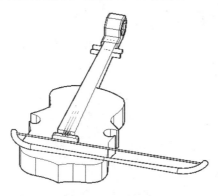

图 15-61　打开素材文件

Step 02 在"功能区"选项板的"常用"选项卡中，**1** 单击"实体编辑"面板中的"拉伸面"按钮右侧的下拉按钮，**2** 在弹出的列表框中，单击"偏移面"按钮 ，如图 15-62 所示。

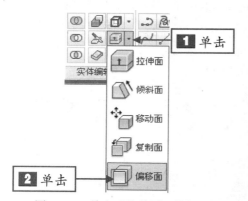

图 15-62　单击"偏移面"按钮

Step 03 根据命令行提示进行操作，在绘图区中选择合适的面为偏移面，如图 15-63

所示。

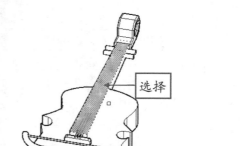

图 15-63　选择偏移面

Step 04 按【Enter】键确认，输入-1，按【Enter】键确认，即可偏移三维面，效果如图 15-64 所示。

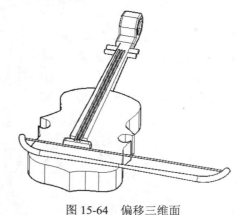

图 15-64　偏移三维面

技巧发送

　　除了运用上述方法偏移三维面外，用户还可以单击菜单栏中的"修改"｜"实体编辑"｜"偏移面"命令。

15.3　应用视觉样式和光源

　　视觉样式是一组用来设置控制视口中边和着色的显示命令。使用"视觉样式"命令来处理实体模型，不仅可以实现模型的消隐，还能够给实体模型的表面着色。光源功能在渲染三维实体对象时经常用到，它由强度和颜色两个因素决定，其主要作用是照亮模型，使三维实体在渲染过程中显示出光照效果，从而充分体现出立体感。在 AutoCAD 中，不仅可以使用自然光，还可以使用点光源、平行光光源以及聚光灯光源。

15.3.1　新手练兵——设置和管理视觉样式

视觉样式用来控制视口中模型的显示效果。用户可以通过更改视觉样式的特性控制其效果，应用了视觉样式或更改了其设置时，关联的视口会自动更新以反映这些更改。"视觉样式管理器"面板能显示图形中可用的所有视觉样式。

1. 使用二维线框样式显示

在 AutoCAD 2013 中，用户可以使用"二维线框"命令，"二维线框"命令是用直线和曲线表示边界的对象，光栅、OLE 对象、线型和线宽均是可见的。

	实例文件	光盘\实例\第 15 章\轴底座.dwg
	所用素材	光盘\素材\第 15 章\轴底座.dwg

Step 01 单击快速访问工具栏中的"打开"按钮，在弹出的"选择文件"对话框中打开素材图形，如图 15-65 所示。

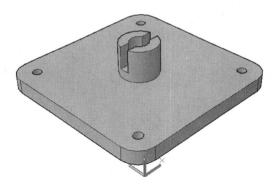

图 15-65　打开素材图形

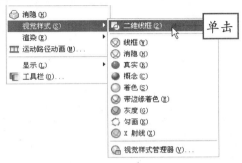

图 15-66　单击相应命令

Step 02 显示菜单栏，单击菜单栏中的"视图"｜"视觉样式"｜"二维线框"命令，如图 15-66 所示。

Step 03 执行上述操作后，即可以二维线框样式显示模型，如图 15-67 所示。

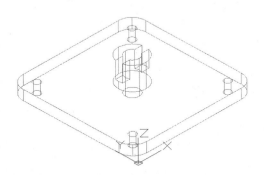

图 15-67　以二维线框样式显示模型

技巧发送

除了运用上述方法以二维线框显示模型外，还有以下两种常用的方法。

❖ 按钮法 1：切换至"常用"选项卡，单击"视图"面板中"二维线框"右侧的下拉按钮，在弹出的列表框中单击"二维线框"按钮██。

❖ 按钮法 2：切换至"视图"选项卡，单击"视觉样式"面板中"二维线框"右侧的下拉按钮，在弹出的列表框中单击"二维线框"按钮██。

2. 使用概念样式显示

在 AutoCAD 2013 中，使用"概念"命令可以着色多边形平面间的对象，并使对象的边平滑化。

实例文件	光盘\实例\第 15 章\床.dwg
所用素材	光盘\素材\第 15 章\床.dwg

Step 01 单击快速访问工具栏中的"打开"按钮 ，在弹出的"选择文件"对话框中打开素材图形，如图 15-68 所示。

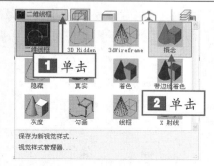

图 15-69　单击"二维线框"按钮

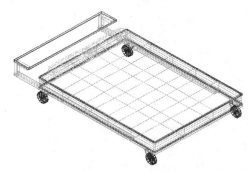

图 15-68　打开素材图形

Step 02 在"功能区"选项板的"常用"选项卡中，**1** 单击"视图"面板中"二维线框"右侧的下拉按钮，**2** 在弹出的列表框中单击"概念"按钮 ，如图 15-69 所示。

Step 03 执行上述操作后，即可以概念样式显示模型，如图 15-70 所示。

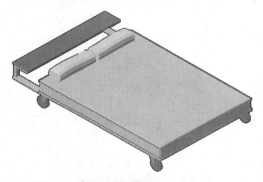

图 15-70　以概念样式显示模型

　技巧发送

除了运用上述方法以概念显示模型外，还有以下两种常用的方法。

⊕ 按钮法：切换至"视图"选项卡，单击"视觉样式"面板中"二维线框"右侧的下拉按钮，在弹出的列表框中单击"概念"按钮 。

⊕ 菜单栏：单击菜单栏中的"视图" | "视觉样式" | "概念"命令。

3. 使用隐藏样式显示

使用"隐藏"命令，可以显示用线框表示的对象并隐藏表示后面的直线。

实例文件	光盘\实例\第 15 章\桌子.dwg
所用素材	光盘\素材\第 15 章\桌子.dwg

Step 01 单击快速访问工具栏中的"打开"按钮 ，在弹出的"选择文件"对话框中打开素材图形，如图 15-71 所示。

Step 02 在"功能区"选项板中切换至"视

图"选项卡，**1** 单击"视觉样式"面板中"二维线框"右侧的下拉按钮，**2** 在弹出的列表框中单击"隐藏"按钮 ，如图 15-72 所示。

Step 03 执行上述操作后，即可以隐藏样式显示模型，效果如图 15-73 所示。

图 15-71　打开素材图形

图 15-73　以隐藏样式显示模型

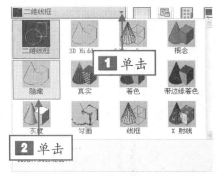

图 15-72　单击"隐藏"按钮

 技巧发送

除了运用上述方法以隐藏样式显示模型外，还有以下两种常用的方法。

❖ **按钮法**：切换至"常用"选项卡，单击"视图"面板中"二维线框"右侧的下拉按钮，在弹出的列表框中单击"隐藏"按钮。

❖ **菜单栏**：单击菜单栏中的"视图" | "视觉样式" | "概念"命令。

4. 使用真实样式显示

"真实"命令是指着色多边形平面间的对象，使对象的边平滑化，并显示已附着到对象的材质。

实例文件	光盘\实例\第 15 章\推车.dwg	
所用素材	光盘\素材\第 15 章\推车.dwg	

Step 01 单击快速访问工具栏中的"打开"按钮，在弹出的"选择文件"对话框中打开素材图形，如图 15-74 所示。

Step 02 在"功能区"选项板中切换至"视图"选项卡，❶单击"视觉样式"面板中"二维线框"右侧的下拉按钮，❷在弹出的列表框中单击"真实"按钮，如图 15-75 所示。

图 15-74　打开素材图形

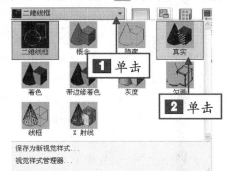

图 15-75　单击"真实"按钮

291

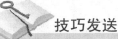 执行上述操作后，即可以真实样式显示模型，效果如图 15-76 所示。

技巧发送

除了运用上述方法以隐藏样式显示模型外，还有以下两种常用的方法。

✿ 按钮法：切换至"常用"选项卡，单击"视图"面板中"二维线框"右侧的下拉按钮，在弹出的列表框中单击"真实"按钮。

✿ 菜单栏单击菜单栏中的"视图" | "视觉样式" | "真实"命令。

图 15-76　以真实样式显示模型

5. 视觉样式管理器

在 AutoCAD 2013 中，用户可以通过"视觉样式管理器"面板，设置选定样式的面、环境和边等参数的相关信息，以进一步对视觉样式进行管理。

在"功能区"选项板中，切换至"视图"选项卡，单击"视觉样式"面板中的"视觉样式管理器"按钮，弹出"视觉样式管理器"面板，如图 15-77 所示，在其中可以对视觉样式进行管理设置。

图 15-77　"视觉样式管理器"面板

在"图形中的可用视觉样式"列表框中显示了图形中的可用视觉样式的样例图像。当选定某一视觉样式时，该视觉样式显示黄色边框，选定的视觉样式的名称显示在面板的底部。在"视觉样式管理器"面板的下部，将显示该视觉样式的面设置、环境设置和边设置。

在"视觉样式管理器"面板中，使用工具条中的工具按钮，可以创建新的视觉样式、将选定的视觉样式应用于当前视口、将选定的视觉样式输出到工具选项板以及删除选定的视觉样式。

在"图形中的可用视觉样式"列表框中选择的视觉样式不同，设置区中的参数选项也不同，用户可以根据需要在面板中进行相关设置。

15.3.2 新手练兵——创建光源

添加光源可为场景提供真实外观，光源可增强场景的清晰度和三维性，可以创建点光源、聚光灯和平行光以达到想要的效果。

1. 创建点光源

点光源是从光源处发射的呈辐射状的光束，它可以用于在场景中添加充足光照效果或者模拟真实世界的点光源照明效果，一般用作辅光源。

实例文件	光盘\实例\第 15 章\水桶.dwg
所用素材	光盘\素材\第 15 章\水桶.dwg

Step 01 单击快速访问工具栏中的"打开"按钮 📂，在弹出的"选择文件"对话框中打开素材图形，如图 15-78 所示。

图 15-78 打开素材图形

Step 02 在"功能区"选项板中，切换至"渲染"选项卡，在"光源"面板中，单击"点光源"按钮 💡，如图 15-79 所示。

图 15-79 单击"点光源"按钮

Step 03 **1** 弹出"光源-视口光源模式"对话框，**2** 单击"关闭默认光源（建议）"按钮，如图 15-80 所示。

Step 04 在绘图区的合适位置处单击鼠标左键，按【Enter】键确认，即可创建点光源，效果如图 15-81 所示。

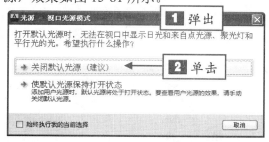

图 15-80 单击相应按钮

图 15-81 创建点光源

 技巧发送

除了运用上述方法创建点光源外，还有以下两种常用的方法。

❖ **命令行**：在命令行中输入 POINTLIGHT（点光源）命令，按【Enter】键确认。

❖ **菜单栏**：单击菜单栏中的"视图"|"渲染"|"光源"|"新建点光源"命令。

2. 创建聚光灯

聚光灯发射定向锥形光，可以控制光源的方向和圆锥体的尺寸。聚光灯的强度随着距离的增加而减弱，可以用聚光灯制作建筑模型中的壁灯、高射灯来显示特定特征和区域。

实例文件	光盘\实例\第 15 章\摩天轮.dwg
所用素材	光盘\素材\第 15 章\摩天轮.dwg

Step 01 单击快速访问工具栏中的"打开"按钮📂，在弹出的"选择文件"对话框中打开素材图形，如图 15-82 所示。

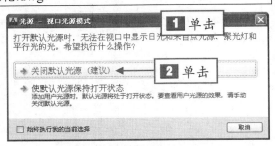

图 15-84　单击相应按钮

Step 04 根据命令行提示进行操作，在绘图区中的合适位置处单击鼠标左键，按【Enter】键确认，即可创建聚光灯，效果如图 15-85 所示。

图 15-82　打开素材图形

Step 02 在"功能区"选项板中，切换至"渲染"选项卡，在"光源"面板中，**1**单击"创建光源"右侧的下拉按钮，在弹出列表框中，**2**单击"聚光灯"按钮🔦，如图 15-83 所示。

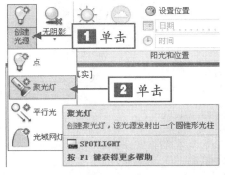

图 15-83　单击"聚光灯"按钮

Step 03 **1**弹出"光源-视口光源模式"对话框，**2**单击"关闭默认光源（建议）"按钮，如图 15-84 所示。

图 15-85　创建聚光灯

 技巧发送

除了运用上述方法创建聚光灯外，还有以下两种常用的方法。

🔧 命令行：在命令行中输入 SPOTLIGHT（聚光灯）命令，按【Enter】键确认。

🔧 菜单栏：单击菜单栏中的"视图"｜"渲染"｜"光源"｜"新建聚光灯"命令。

3. 创建平行光

平行光可以在一个方向上发射平行的光线，就像太阳光照射在地球表面上一样，平行光主要用于模拟太阳光的照射效果。

	实例文件	光盘\实例\第 15 章\气灯.dwg
	所用素材	光盘\素材\第 15 章\气灯.dwg

Step 01 单击快速访问工具栏中的"打开"按钮 📂，在弹出的"选择文件"对话框中打开素材图形，如图 15-86 所示。

图 15-86　打开素材图形

Step 02 在"功能区"选项板中，切换至"渲染"选项卡，在"光源"面板中，**1** 单击"创建光源"右侧的下拉按钮，在弹出列表框中，**2** 单击"平行光"按钮 🔦，如图 15-87 所示。

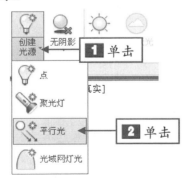

图 15-87　单击"平行光"按钮

Step 03 根据命令行提示进行操作，在绘图区的合适位置单击鼠标左键，指定光源的来向和去向，如图 15-88 所示。

Step 04 按【Enter】键确认，即可创建

平行光，效果如图 15-89 所示。

图 15-88　指定光源的来向和去向

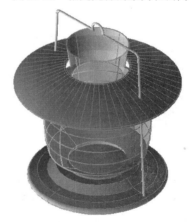

图 15-89　创建平行光

 技巧发送

除了运用上述方法创建平行光外，还有以下两种常用的方法。

✿ 命令行：在命令行中输入 DISTANTLIGHT（平行光）命令，按【Enter】键确认。

✿ 菜单栏：单击菜单栏中的"视图"|"渲染"|"光源"|"新建平行光"命令。

15.4 三维材质和贴图

将材质添加到图形对象上，可以展现对象的真实效果。在材质的选择过程中，不仅要了解模型本身的材质属性，还需要配合场景的实际用途、采光条件等。贴图是增加材质复杂性的一种方式，贴图使用多种级别的贴图设置和特性。附着带纹理的材质后，可以调整对象或面上纹理贴图的方向。

15.4.1 新手练兵——创建并赋予材质

使用"材质编辑器"面板可以创建材质，并可以将新创建的材质赋予图形对象，在任何渲染视图中提供逼真效果。

实例文件	光盘\实例\第 15 章\手轮.dwg
所用素材	光盘\素材\第 15 章\手轮.dwg

Step 01 单击快速访问工具栏中的"打开"按钮，在弹出的"选择文件"对话框中打开素材图形，如图 15-90 所示。

图 15-90 打开素材图形

Step 02 在"功能区"选项板中切换至"渲染"选项卡，单击"材质"面板中的"材质浏览器"按钮，如图 15-91 所示。

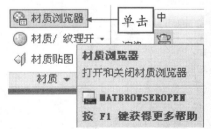

图 15-91 单击"材质浏览器"按钮

Step 03 ①弹出"材质浏览器"面板，②单击"创建新材质"下拉按钮，如图 15-92

所示。

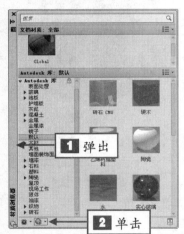

图 15-92 单击"创建新材质"下拉按钮

Step 04 在弹出的列表框中选择"金属"选项，效果如图 15-93 所示。

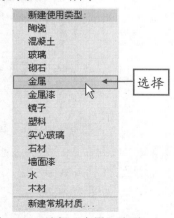

图 15-93 选择"金属"选项

在"材质浏览器"面板中，各主要选项的含义如下。

◎　"搜索"文本框：在该文本框中输入相应的名称，可以在多个库中搜索材质外观。

◎　"文档材质"下拉列表框：显示随打开的图形保存的材质。

◎　"Autodesk 库"下拉列表框：由 Autodesk 提供的包含 Autodesk 材质的标准系统库，可供所有应用程序使用。

◎　"创建材质"下拉按钮：可以创建或复制材质。

◎　"管理"下拉按钮：允许用户创建、打开或编辑用户定义的库。

◎　"视图"下拉按钮：可以控制库内容的详细视图显示。

Step 05　**1** 弹出"材质编辑器"面板，**2** 在"指定材质名称"文本框中输入"金属材质"，**3** 在"金属"选项区的"类型"列表框中选择"不锈钢"选项，如图 15-94 所示。

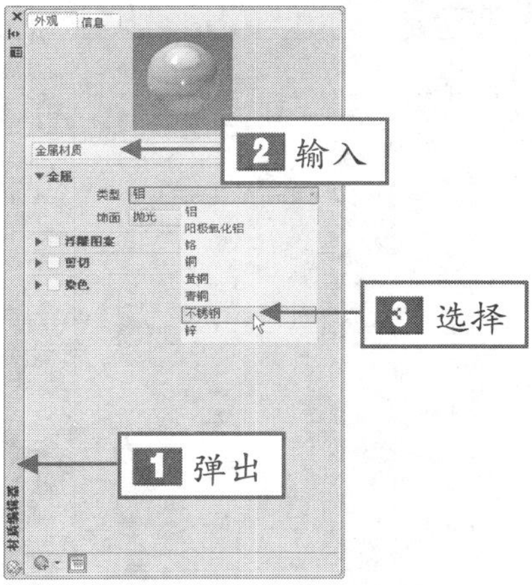

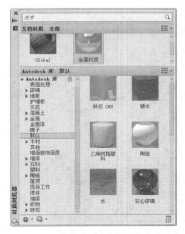

图 15-94　选择"不锈钢"选项

Step 06　单击"关闭"按钮，返回到"材质浏览器"面板，即可创建新材质，如图 15-95 所示。

图 15-95　创建新材质

Step 07　在绘图区中选择所有图形对象，在新建的材质球上单击鼠标右键，在弹出的快捷菜单中选择"指定给当前选择"选项，如图 15-96 所示。

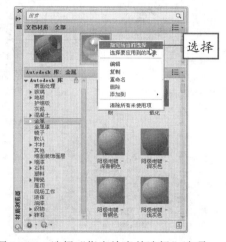

图 15-96　选择"指定给当前选择"选项

Step 08　单击"关闭"按钮，即可为所选模型对象赋予新创建的材质，效果如图 15-97 所示。

图 15-97　赋予材质效果

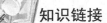

新
手
学
设
计
完
全
精
通

知识链接

　　材质库集中了 AutoCAD 2013 的所有材质，是用来控制材质操作的设置选项板，可执行多个模型的指定操作，并包含相关材质操作的所有工具。

　　创建并赋予材质后，用户还可以根据需要对材质的相关特性（高光、反射率、透明度、凹凸和自发光等）进行编辑，更改材质的类型，或者从对象中删除材质等。

15.4.2　新手练兵——设置漫射贴图

　　漫射贴图为材质提供了多种颜色的图案，用户可选择将图像文件作为纹理贴图或程序贴图，为材质的漫射颜色指定图案或纹理。贴图的颜色将替换或局部替换"材质浏览器"面板中的漫射颜色分量，这是最常用的一种贴图。

	实例文件	光盘\实例\第 15 章\木盒.dwg
	所用素材	光盘\素材\第 15 章\木盒.dwg

Step 01 单击快速访问工具栏中的"打开"按钮，在弹出的"选择文件"对话框中打开素材图形，如图 15-98 所示。

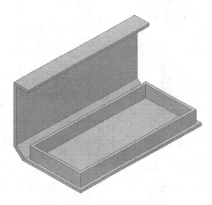

图 15-98　打开素材图形

Step 02 在命令行输入 MATERIALS（材质浏览器）命令，按【Enter】键确认，弹出"材质浏览器"面板，如图 15-99 所示。

技巧发送

　　除了运用上述方法调用"材质浏览器"命令外，用户还可以单击菜单栏中的"视图"|"渲染"|"材质浏览器"命令。

Step 03 在 Global 材质球上单击鼠标右键，在弹出的快捷菜单中选择"编辑"选项，图 15-100 所示。

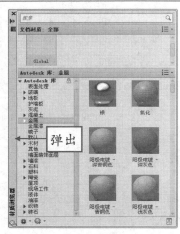

图 15-99　"材质浏览器"面板

图 15-100　选择"编辑"选项

Step 04 1 弹出"材质编辑器"面板，2 并在面板中"图像"右侧的空白处单击鼠标左键，如图 15-101 所示。

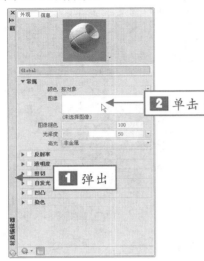

图 15-101　单击鼠标左键

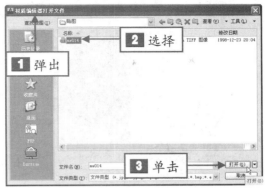

图 15-102　单击"打开"按钮

Step 05 1 弹出"材质编辑器打开文件"对话框，2 选择合适的文件，3 单击"打开"按钮，如图 15-102 所示。

Step 06 执行上述操作后，依次关闭"材质编辑器"和"材质浏览器"面板，即可设置漫射贴图，效果如图 15-103 所示。

图 15-103　设置漫射贴图

15.4.3　新手练兵——调整贴图

贴图可模拟纹理、反射、折射和其他效果，与材质一起使用时，贴图可添加细节而不会增加对象几何图形的复杂性。材质被映射后，可调整材质适应对象的形状，将合适的材质贴图类型应用到对象上，使之更加适合对象。

实例文件	光盘\实例\第 15 章\三通接头.dwg
所用素材	光盘\素材\第 15 章\三通接头.dwg

Step 01 单击快速访问工具栏中的"打开"按钮，在弹出的"选择文件"对话框中打开素材图形，如图 15-104 所示。

Step 02 在"功能区"选项板中切换至"渲染"选项卡，1 单击"材质"面板中"材质贴图"按钮右侧的下拉按钮，在弹出的列表框中，2 单击"柱面"按钮，如图 15-105 所示。

技巧发送

除了运用上述方法调整贴图外，还有以下两种常用的方法。

❂ 命令行：在命令行中输入 MATERIALMAP（材质贴图），按【Enter】键确认。

❂ 单击菜单栏中的"视图" | "渲染" | "贴图"命令。

新
手
学
设
计
完
全
精
通

图 15-104　打开素材图形

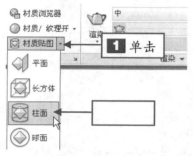

图 15-105　单击"柱面"按钮

Step 03 根据命令行提示进行操作，在绘图区中选择模型对象，并按两次【Enter】键确认，即可调整贴图，效果如图 15-106 所示。

图 15-106　调整贴图效果

 **高手指引**

除了可以调整为柱面外，还可以调整为平面、长方体以及球面等，调整贴图只是将贴图的纹路进行了改变。

15.5　渲染三维模型

渲染是指运用几何图形、光源和材质将模型渲染为具有真实感效果的图形，与线框模型、曲面模型相比，渲染出来的实体能够更好地表达出三维对象的形状和大小，并且更容易表达其设计思想。

15.5.1　设置渲染环境

在 AutoCAD 2013 中，通过渲染可以将物体的光照效果、材质效果以及环境效果等都完美地表现出来。通过设置渲染环境可以增强渲染效果，一系列标准渲染预设、可重复使用的渲染参数均可以使用，某些预设适用于相对快速的预览渲染，而其他预设则适用于质量较高的渲染。

用户可以使用环境功能来设置雾化效果或背景图像，通过雾化效果（如雾化和背景效果处理）或将位图图像添加为背景来增强图像渲染。

在"功能区"选项板中切换至"渲染"选项卡，单击"渲染"面板中的下拉按钮，在展开的面板上单击"环境"按钮，弹出"渲染环境"对话框，如图 15-107 所示，在其中进行设置即可。

使用 RPREF（高级渲染环境）命令可以设置高级渲染环境，执行该命令后系统将弹出"高级环境设置"面板，如图 15-108 所示，"高级环境设置"面板中包含渲染器的主要控件，可以从预定义的渲染设置中选择，也可以进行自定义设置。

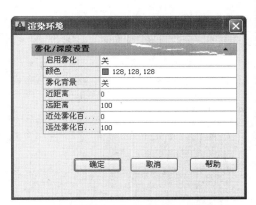

图 15-107　"渲染环境"对话框　　　　图 15-108　"高级环境设置"面板

15.5.2　新手练兵——渲染并保存模型

设置完光源、贴图以及渲染环境等因素后，可以根据已选择的渲染设置，使用"渲染"命令进行图形渲染。对实体进行渲染后，还可以将其渲染的结果保存为图片文件，以便进一步处理。

	实例文件	光盘\实例\第 15 章\工字钉.bmp
	所用素材	光盘\素材\第 15 章\工字钉.dwg

Step 01 单击快速访问工具栏中的"打开"按钮，在弹出的"选择文件"对话框中打开素材图形，如图 15-109 所示。

所示。

图 15-110　单击"渲染"按钮

Step 03 ■弹出"渲染"对话框，将在其中渲染模型，模型渲染完成后，■在"渲染"窗口中的菜单栏中单击"文件"｜"保存"命令，如图 15-111 所示。

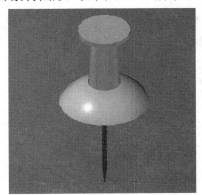

图 15-109　打开素材图形

Step 02 在"功能区"选项板中切换至"渲染"选项卡，■单击"渲染"面板中的"渲染"下拉按钮，■在弹出的列表框中单击"渲染"按钮，如图 15-110 所示。

Step 04 ■弹出"渲染输出文件"对话框，■在其中设置保存路径，■设置文件名为"工字钉"，■单击"保存"按钮，如图 15-112 所示。

Step 05 ■弹出"BMP 图形选项"对话

框，**2** 选中"24 位（16.7 百万色）"单选按钮，如图 15-113 所示。

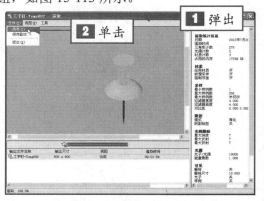

图 15-111　单击"材质浏览器"按钮

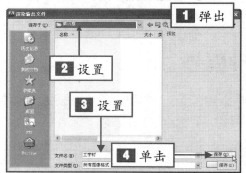

图 15-112　单击"保存"按钮

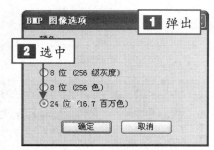

图 15-113　选中相应单选按钮

Step 06 单击"确定"按钮，即可保存渲染图形，并在"渲染"窗口中，查看渲染效果，如图 15-114 所示。

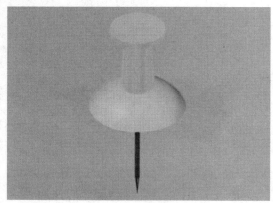

图 15-114　渲染效果

 技巧发送

除了运用上述方法渲染模型外，还有以下两种常用的方法。

✤ 命令行：在命令行中输入 RENDER（渲染），按【Enter】键确认。

✤ 单击菜单栏中的"视图" ｜ "渲染" ｜ "渲染"命令。

第16章 打印图形和网络应用

学前提示

AutoCAD 2013 提供了图形输入与输出接口，不仅可以将其他应用程序中的数据传送给 AutoCAD，还可以将 AutoCAD 中的图形打印出来，或者把信息传送给其他应用程序。此外，为适应互联网的快速发展，使用户能够快速有效地共享设计信息，AutoCAD 2013 强化了其网络功能，使其与互联网相关的操作更加方便、高效。

本章知识重点

▶ 设置打印参数　　　　　　　　　　▶ 在布局空间中打印

▶ AutoCAD 2013 中的网络应用

学完本章后应该掌握的内容

▶ 掌握打印参数的设置，如设置打印设备、图纸尺寸和打印范围等

▶ 掌握在布局空间中打印图纸，如使用样板和向导创建布局等

▶ 掌握图形的网络应用，如电子传递、DWF 及 DXF 文件的输出等

视频演示

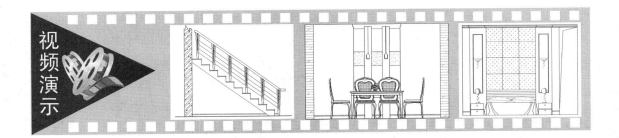

16.1 设置打印参数

创建完图形后，通常要输出打印到图纸上，也可以生成一份电子图纸，以便在互联网上进行访问。打印的图形可以包含图形的单一视图，或者更为复杂的视图排列。根据不同的需要，可以打印一个或多个视口，或设置选项以决定打印的内容和图像在图纸上的布置。

16.1.1 设置打印设备

为了获得更好的打印效果，在打印之前，用户应该对打印设备进行相应设置。

在"功能区"选项板中切换至"输出"选项卡，单击"打印"面板中的"打印"按钮，弹出"打印—模型"对话框，在"打印机/绘图仪"选项区中，可以设置打印设备，用户可以在"名称"下拉列表框中选择需要的打印设备，如图 16-1 所示。单击"特性"按钮，在弹出的"绘图仪配置编辑器"对话框中可以查看或修改打印机的配置信息，如图 16-2 所示。

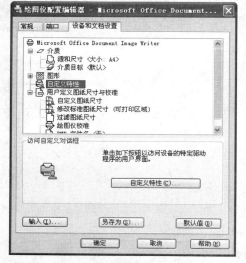

图 16-1　设置打印设备 　　　　　图 16-2　"绘图仪配置编辑器"对话框

"打印—模型"对话框中指定的任何设置都可以通过单击"页面设置"选项区中的"添加"按钮，保存为新的命名页面设置。

无论是应用了"页面设置"列表框中的页面设置，还是单独更改了设置，"打印—模型"对话框中指定的任何设置都可以保存到布局空间中，以供下次打印时使用。

16.1.2 新手练兵——设置图纸尺寸

打开"打印—模型"对话框，在"图纸尺寸"选项区的下拉列表中，用户可以选择标准图纸的大小，还可以根据打印图纸的需要，进行自定义图纸尺寸设置。

Step 01 在"功能区"选项板中切换至"输出"选项卡，单击"打印"面板中的"页面设置管理器"按钮，如图 16-3 所示。

Step 02 ❶弹出"页面设置管理器"对话框，❷单击"修改"按钮，如图 16-4 所示。

Step 03 ❶弹出"页面设置—模型"对话框，在"打印机/绘图仪"选项区中单击"名称"下拉列表框，❷在弹出的下拉列表框中选择合适的打印设备，如图 16-5 所示。

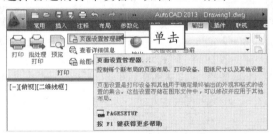

图 16-3　单击"页面设置管理器"按钮

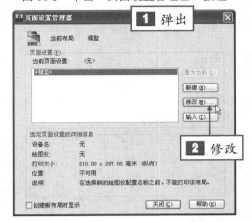

图 16-4　"页面设置管理器"对话框

知识链接

　　"页面设置管理器"对话框可以控制每个新布局的页面布局、打印设备、图纸尺寸以及其他设置。页面设置是打印设备和其他用于确定最终输出的外观和格式的设置集合，这些设置存储在图形文件中，可以修改并应用于其他布局。

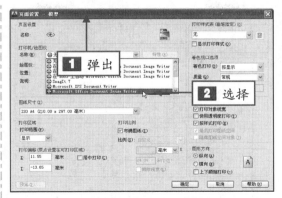

图 16-5　选择合适的打印设备

Step 04 　**1** 单击"图纸尺寸"下拉列表框，**2** 在弹出的列表框中选择"A3"选项，如图 16-6 所示。

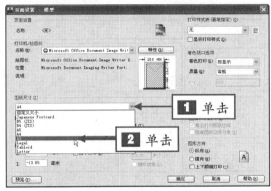

图 16-6　选择"A3"选项

Step 05 　单击"确定"按钮，返回"页面设置管理器"对话框，单击"关闭"按钮，完成图纸尺寸的设置。

16.1.3　新手练兵——设置打印范围

　　由于 AutoCAD 的绘图界限没有限制，所以在打印图形时，必须设置图形的打印范围，这样可以更准确地打印需要的图形。

实例文件	光盘\实例\第 16 章\无
所用素材	光盘\素材\第 16 章\卧室.dwg

Step 01 　单击快速访问工具栏中的"打开"按钮，在弹出的"选择文件"对话框中打开素材图形，如图 16-7 所示。

Step 02 　在"功能区"选项板中切换至"输出"选项卡，单击"打印"面板中的"打印"

按钮，**1** 弹出"打印—模型"对话框，**2** 在"打印区域"选项区中单击"打印范围"下拉列表框，**3** 在弹出的列表框中选择"窗口"选项，如图 16-8 所示。

Step 03 　返回绘图区，在绘图区捕捉图形中的矩形外框，如图 16-9 所示。

图 16-7　打开素材图形

图 16-8　选择"窗口"选项

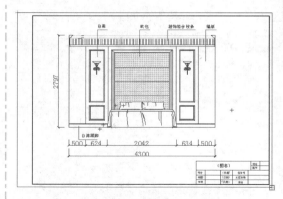

图 16-9　捕捉矩形外框

Step 04 捕捉完成后，返回"打印—模型"对话框，此时即完成打印范围的设置。

知识链接

在"打印区域"选项区的"打印范围"下拉列表框中，包括"窗口"、"范围"、"图形界限"和"显示"4 个选项，各选项的含义如下。

❀ 窗口：打印指定窗口内的图形对象。

❀ 范围：打印包含图形对象的一部分当前空间。

❀ 图形界限：只打印设定的图形界限内的所有对象。

❀ 显示：打印当前显示的图形对象。

16.1.4　设置打印比例

在"打印-模型"对话框的"打印比例"选项区中，可以设置图形的打印比例。用户在绘制图形时一般按 1:1 的比例绘制，打印输出图形时则需要根据图纸尺寸确定打印比例。系统默认的是"布满图纸"选项，即系统自动调整缩放比例，使所绘图形充满图纸。用户还可以直接在"比例"列表框中选择标准比例值，如果需要自己指定打印比例，可选择"自定义"选项，在自定义对应的两个数值框中设置打印比例。其中，第一个文本框表示图纸尺寸单位，第二个文本框表示图形单位。例如，如果设置打印比例为 4:1，即可在第一个文本框内输入 4，在第二个文本框内输入 1，则表示图形中 1 个单位在打印输出后变为 4 个单位。

16.1.5　设置打印偏移

"打印-模型"对话框的"打印偏移（原点设置在可打印区域）"选项区中，可以确定打印区域相对于图纸左下角的偏移量。在该选项区中，各选项的含义如下。

❀ 居中打印：使图形位于图纸中间位置。

- ✦ X：图形沿 X 方向相对于图纸左下角的偏移量。
- ✦ Y：图纸沿 Y 方向相对于图纸左下角的偏移量。

16.1.6　新手练兵——设置打印方向

图纸方向是确定打印图形的位置是横向（图形的较长边位于水平方向）还是纵向（图形的较长边位于竖直方向），这取决于选定的图纸尺寸。此外，还可以设置上下颠倒打印，相当于旋转 180°。

实例文件	光盘\实例\第 16 章\无
所用素材	光盘\素材\第 16 章\泵盖.dwg

Step 01 单击快速访问工具栏中的"打开"按钮，在弹出的"选择文件"对话框中打开素材图形，如图 16-10 所示。

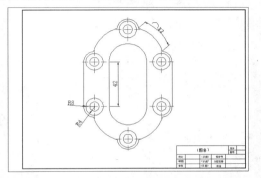

图 16-10　打开素材图形

Step 02 在"功能区"选项板中切换至"输出"选项卡，单击"打印"面板中的"打印"按钮，**1** 弹出"打印—模型"对话框，**2** 单击"更多选项"按钮，如图 16-11 所示。

Step 03 展开"打印—模型"对话框，在"图形方向"选项区中，选中"横向"单选按钮，如图 16-12 所示。

 高手指引

在"打印—模型"对话框中，用户除了可以设置打印设备、图纸尺寸、打印范围、打印比例、打印偏移和打印方向外，还可以设置打印份数。

图 16-11　单击"更多选项"按钮

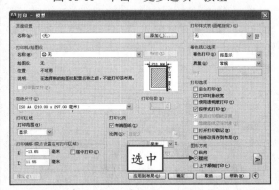

图 16-12　选中"横向"单选按钮

Step 04 执行上述操作后，即可完成打印方向的设置。

16.1.7　新手练兵——打印预览图形

预览就是显示图形在打印时的外观，用户在完成打印设置后，可以预览打印效果，如果不满意可以重新设置。预览基于当前打印配置，它由"页面设置"或"打印—模型"对话框中的设置定义。预览图形在打印时的确切外观，包括线宽、填充图案和其他打印样式选项。

	实例文件	光盘\实例\第 16 章\无
	所用素材	光盘\素材\第 16 章\阀盖.dwg

Step 01 单击快速访问工具栏中的"打开"按钮，在弹出的"选择文件"对话框中打开素材图形，如图 16-13 所示。

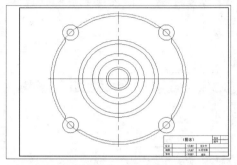

图 16-13 打开素材图形

Step 02 单击快速访问工具栏中的"打印"按钮，如图 16-14 所示。

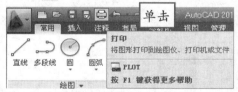

图 16-14 打击"打印"按钮

Step 03 ❶ 弹出"打印－模型"对话框，❷ 设置打印设备及相应的参数，如图 16-15 所示。

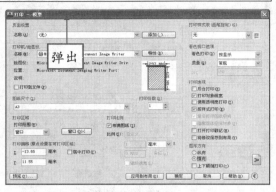

图 16-15 "打印－模型"对话框

Step 04 单击"预览"按钮，即可打印预览图形，如图 16-16 所示。

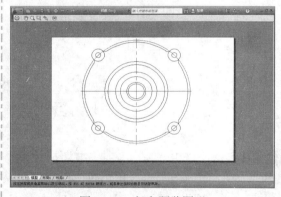

图 16-16 打印预览图形

技巧发送

除了运用上述方法打印预览图形外，还有以下 5 种常用的方法。

⊕ **命令行：** 在命令行中输入 PLOT（打印）命令，按【Enter】键确认。

⊕ **菜单栏：** 显示菜单栏，单击菜单栏中的"文件"｜"打印"命令。

⊕ **按钮法：** 切换至"输出"选项卡，单击"打印"面板中的"打印"按钮。

⊕ **程序菜单：** 单击"菜单浏览器"按钮，在弹出的下拉菜单中单击"打印"｜"打印"命令。

⊕ **快捷键：** 按【Ctrl + P】组合键。

16.2 在布局空间中打印

模型空间是完成绘图和设计的工作空间，在模型空间中建立的模型，可以完成二维或三维图形对象的造型更改，并且可以根据需要用多个二维或三维视图来表示对象，同时配有必要的尺寸标注和注释等来完成所需的全部绘图工作。在模型空间中，可以创建多个不重叠的视口，以展示图形的不同视图。如果从模型空间中绘制和打印，必须在打印前确定并为注释对象应用一个比例因子。

布局空间（即图纸空间）是一种工具，用于设置在模型空间中绘制图形的不同视图，创建图形最终打印输出时的布局。布局空间可以完全模拟图纸布局，在图形输出之前，先在图纸上布局。

16.2.1　新手练兵——切换至布局空间

布局空间可以在图纸中创建多个布局以显示不同的视图，创建图形最终打印输出时的布局。设置了布局之后，就可以为布局的页面设置指定各种设置，其中包括打印设备设置和其他影响输出的外观和格式的设置。页面设置中指定的各种设置和布局一起存储在图形文件中，可以随时修改页面设置中的设置。

实例文件	光盘\实例\第 16 章\铰链座.dwg
所用素材	光盘\素材\第 16 章\铰链座.dwg

Step 01　单击快速访问工具栏中的"打开"按钮，在弹出的"选择文件"对话框中打开素材图形，如图 16-17 所示。

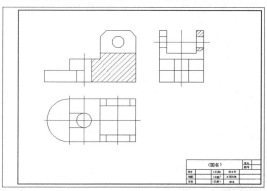

图 16-17　打开素材图形

Step 02　**1** 单击状态栏中的"快速查看布局"按钮，**2** 在弹出的缩略图中选择"布局 1"选项，如图 16-18 所示。

Step 03　执行上述操作后，即可切换至布局空间，效果如图 16-19 所示。

知识链接

　　布局空间可用于图形的排列、绘图布局的缩放以及绘制视图，用户可以通过拖动鼠标来改变视口的显示大小。在布局空间中，视口被看作对象，并且可用 AutoCAD 的标准编辑命令对其进行编辑。

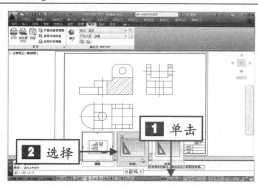

图 16-18　选择"布局 1"选项

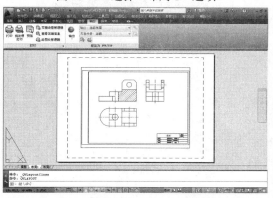

图 16-19　切换至布局空间

技巧发送

　　除了运用上述方法可以切换至布局空间外，用户还可以单击状态栏中的"模型或图纸空间"按钮。

新手学设计完全精通

16.2.2 新手练兵——使用向导创建布局

通过"布局向导"功能,可以很方便地设置和创建布局。运用"布局向导"功能,可以设置打印机、图纸尺寸、视口和标题栏等,完成布局创建后,这些设置将与图形一起保存。

实例文件	光盘\实例\第 16 章\运动服.dwg
所用素材	光盘\素材\第 16 章\运动服.dwg

Step 01 单击快速访问工具栏中的"打开"按钮，在弹出的"选择文件"对话框中打开素材图形，如图 16-20 所示。

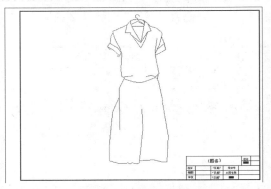

图 16-20 打开素材图形

Step 02 显示菜单栏,在菜单栏中单击"工具"|"向导"|"创建布局"命令,如图 16-21 所示。

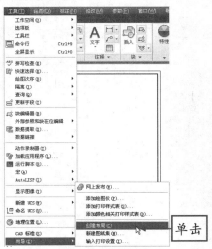

图 16-21 单击相应命令

Step 03 ■1 弹出"创建布局-开始"对话框,■2 在"输入新布局的名称"文本框中输入"运动服",如图 16-22 所示。

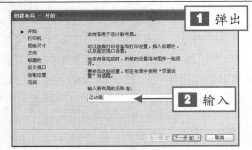

图 16-22 "创建布局-开始"对话框

Step 04 单击"下一步"按钮, ■1 弹出"创建布局-打印机"对话框, ■2 在该对话框中选择合适的打印机,如图 16-23 所示。

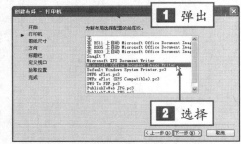

图 16-23 "创建布局-打印机"对话框

Step 05 单击"下一步"按钮, ■1 弹出"创建布局-图纸尺寸"对话框, ■2 单击对话框中的"图纸尺寸"下拉列表框, ■3 在弹出的列表框中选择打印图纸的尺寸,如图 16-24 所示。

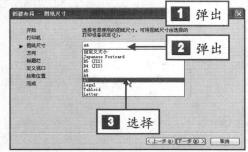

图 16-24 "创建布局-图纸尺寸"对话框

Step 06 单击"下一步"按钮，**1** 弹出"创建布局-方向"对话框，**2** 在该对话框中选中相应单选按钮，确认打印方向，如图16-25所示。

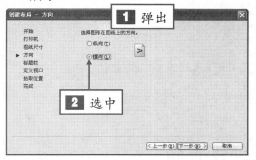

图16-25　"创建布局-方向"对话框

Step 07 单击"下一步"按钮，**1** 弹出"创建布局-标题栏"对话框，**2** 在该对话框中选择合适的图幅和标题栏的格式，并确定标题栏是块还是以外部参照的形式插入，如图16-26所示。

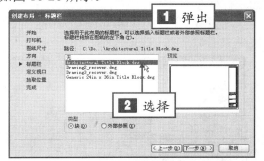

图16-26　"创建布局-标题栏"对话框

Step 08 单击"下一步"按钮，弹出"创建布局-定义视口"对话框，在该对话框中可以设置所添加视口的类型和比例，如图16-27所示。

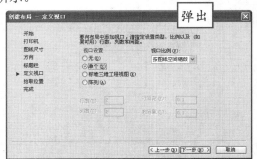

图16-27　"创建布局-定义视口"对话框

Step 09 单击"下一步"按钮，**1** 弹出"创建布局-拾取位置"对话框，**2** 在该对话框中可以通过单击"选择位置"按钮在图纸上确定视口位置，如图16-28所示。

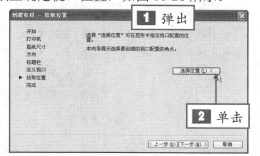

图16-28　"创建布局-拾取位置"对话框

Step 10 返回到绘图窗口中，指定角点和对角点，如图16-29所示。

图16-29　指定角点和对角点

Step 11 **1** 弹出"创建布局-完成"对话框，**2** 单击"完成"按钮，如图16-30所示。

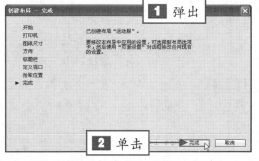

图16-30　"创建布局-完成"对话框

技巧发送

除了运用上述方法使用向导创建布局外，用户还可以单击菜单栏中的"插入"｜"布局"｜"创建布局向导"命令。

Step 12 执行上述操作后，即可使用向导创建布局，效果如图 16-31 所示。

 高手指引

如果需删除已完成的布局，可以在该布局选项卡上单击鼠标右键，在弹出的快捷菜单中选择"删除"选项，此时弹出 AutoCAD 对话框，单击对话框中的"确定"按钮即可完成删除布局操作，单击"取消"按钮，将返回绘图窗口，且不删除布局。

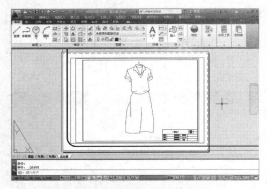

图 16-31　使用向导创建布局

16.2.3　新手练兵——使用样板创建布局

用户可以运用已有的布局样板创建新的布局，根据样板创建布局时，指定样板中的图纸的几何图形及页面设置都将插入到当前图形中。

	实例文件	光盘\实例\第 16 章\座便器.dwg
	所用素材	光盘\素材\第 16 章\座便器.dwg

Step 01 单击快速访问工具栏中的"打开"按钮，在弹出的"选择文件"对话框中打开素材图形，如图 16-32 所示。

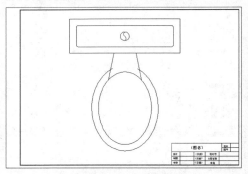

图 16-32　打开素材文件

Step 02 在状态栏中的"快速查看布局"按钮上单击鼠标右键，在弹出的快捷菜单中选择"来自样板"选项，如图 16-33 所示。

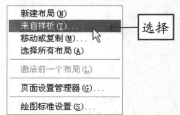

图 16-32　选择"来自样板"选项

Step 03 1 弹出"从文件选择样板"对话框，2 从中选择 Tutorial-mArch.dwt 样板，如图 16-34 所示。

图 16-34　选择相应样板

Step 04 单击"打开"按钮，弹出"插入布局"对话框，如图 16-35 所示。

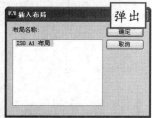

图 16-35　单击"确定"按钮

Step 05 单击对话框中的"确定"按钮，

即可将选择的样板插入到当前图形中，**1** 单击状态栏中的"快速查看布局"按钮，**2** 在弹出的缩略图上选择"ISO A1 布局"样板，如图 16-36 所示。

Step 06 执行上述操作后，AutoCAD 自动切换至新创建的布局空间，完成使用样板创建布局的操作，效果如图 16-37 所示。

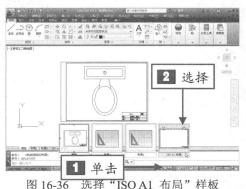

图 16-36　选择"ISO A1 布局"样板

图 16-37　使用样板创建布局

　技巧发送

除了运用上述方法使用样板创建布局外，用户还可以单击菜单栏中的"插入"|"布局"|"来自样板的布局"命令。

16.2.4　新手练兵——在图纸空间中打印

如果图样采用不同的绘制比例，可以在图纸空间中打印图形，在图纸空间的虚拟图纸上，用户可以采用不同的缩放比例布置多个图形，然后按 1:1 的比例输出图形。

实例文件	光盘\实例\第 16 章\钥匙.dwg
所用素材	光盘\素材\第 16 章\钥匙.dwg

Step 01 单击快速访问工具栏中的"打开"按钮，在弹出的"选择文件"对话框中打开素材图形，如图 16-38 所示。

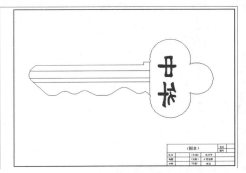

图 16-38　打开素材图形

Step 02 **1** 单击状态栏上的"快速查看布局"按钮，在弹出的缩略图中，**2** 选择"布局 2"选项，如图 16-39 所示。

图 16-39　选择"布局 2"选项

Step 03 按【Ctrl＋P】组合键，弹出"打印-布局 2"对话框，设置打印设备以及相应的打印参数，如图 16-40 所示。

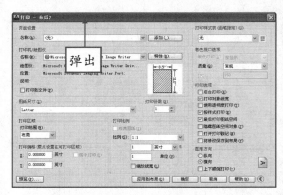

图 16-40　"打印-布局 2"对话框

Step 04 单击"预览"按钮，即可预览在

图纸空间中打印效果，如图 16-41 所示。

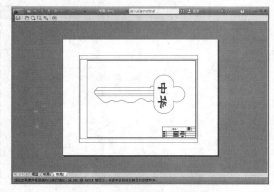

图 16-41　在图纸空间中打印

16.2.5　新手练兵——创建与编辑打印样式

　　AutoCAD 在默认情况下，颜色相关（CTB）打印样式表和命名（STB）存储在 Plot Styles 文件夹中，此文件夹也称为打印样式管理器。打印样式管理器列出了所有可用的打印样式表，用户可以使用打印样式管理器来添加、删除、重命名和编辑打印样式表。双击创建的打印样式表，在弹出的相应对话框中可以对创建的打印样式表进行相应的编辑（设置颜色、线型和线宽等）。

实例文件	光盘\实例\第 16 章\床立面图.dwg
所用素材	光盘\素材\第 16 章\床立面图.dwg

Step 01 单击快速访问工具栏中的"打开"按钮 📂，在弹出的"选择文件"对话框中打开素材图形，如图 16-42 所示。

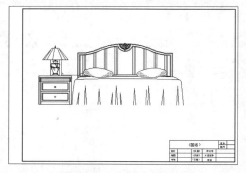

图 16-42　打开素材图形

Step 02 单击"菜单浏览器"按钮 ▲，在弹出的下拉菜单中单击"打印"|"管理打印样式"命令，如图 16-43 所示。

Step 03 ❶弹出 Plot Styles 窗口，❷选择"添加打印样式表向导"选项，如图 16-44 所示。

Step 04 双击鼠标左键，弹出"添加打印样式表"对话框，如图 16-45 所示。

Step 05 单击"下一步"按钮，❶弹出"添加打印样式表—开始"对话框，❷选中"创建新打印样式表（S）"单选按钮，如图 16-46 所示。

图 16-43　单击相应命令

314

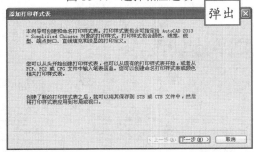

图 16-44　选择相应选项

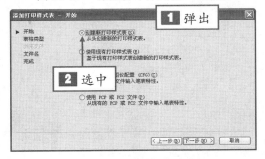

图 16-45　"添加打印样式表"对话框

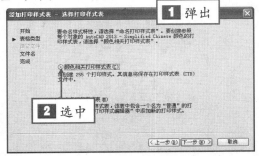

图 16-46　选中相应单选按钮

Step 06 单击"下一步"按钮，**1** 弹出"添加打印样式表－选择打印样式表"对话框，**2** 选中"颜色相关打印样式表"单选按钮，如图 16-47 所示。

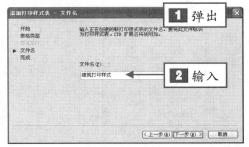

图 16-47　选中相应单选按钮

Step 07 单击"下一步"按钮，**1** 弹出"添加打印样式表－文件名"对话框，**2** 在"文件名"文本框中输入"建筑打印样式"文字，如图 16-48 所示。

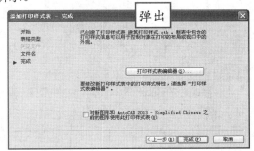

图 16-48　输入文字

Step 08 单击"下一步"按钮，弹出"添加打印样式表－完成"对话框，如图 16-49 所示。

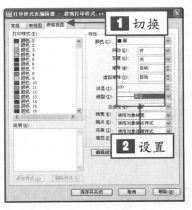

图 16-49　"添加打印样式表－完成"对话框

Step 09 单击"打印样式编辑器"按钮，在弹出的相应对话框中，**1** 切换至"表格视图"选项卡，**2** 在"特性"选项区中设置"颜色"为"黑"、"线型"为"实心"，如图 16-50 所示。

图 16-50　设置相应参数

右侧边栏页码标记：11　12　13　14　15　**16**　17　18　19　20

Step 10 单击对话框中的"保存并关闭"按钮，返回到"添加打印样式表—完成"对话框，然后单击"完成"按钮，即可完成创建与编辑打印样式，此时 Plot Styles 窗口中将出现新建的打印样式，如图 16-51 所示。

高手指引

单击"管理打印样式"命令后，弹出相应窗口，在该窗口中双击需要编辑的打印样式，将弹出"打印样式管理器"对话框，在其中对所选打印样式进行编辑操作。

图 16-51　Plot Styles 窗口

16.2.6　新手练兵——在浮动视口中旋转图形

在布局空间中建立视口时，可以确定视口的大小，并且可以将其定位于布局空间的任意位置。因此，布局空间的视口通常被称为浮动视口。

实例文件	光盘\实例\第 16 章\齿轮轴.dwg
所用素材	光盘\素材\第 16 章\齿轮轴.dwg

Step 01 单击快速访问工具栏中的"打开"按钮 ，在弹出的"选择文件"对话框中打开素材图形，如图 16-52 所示。

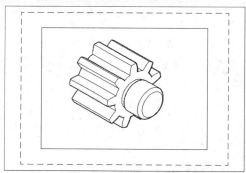

图 16-52　打开素材图形

Step 02 在命令行中输入 MVSETUP（旋转视图）命令，按【Enter】键确认，输入 A，如图 16-53 所示。

图 16-53　输入 A

Step 03 按【Enter】键确认，输入 r，如图 16-54 所示，并确认。

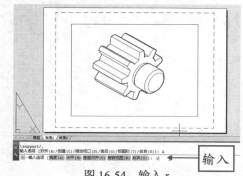

图 16-54　输入 r

Step 04 输入（20,90），按【Enter】键确认，输入 30 并确认，即可在浮动视口中旋转视图，效果如图 16-55 所示。

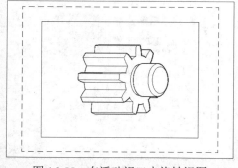

图 16-55　在浮动视口中旋转视图

16.3 AutoCAD 2013 中的网络应用

在完成图形的设计之后，通常需要通过打印机或绘图仪等设备将图形输出到图纸上，以满足工作的需要。在 AutoCAD 2013 中提供了图形输入与输出功能，不仅可以将其他应用程序中处理好的数据传送给 AutoCAD，以显示图形，还可以将在 AutoCAD 中绘制好的图形打印出来，或者把信息传送给其他应用程序。此外，用户还可以在互联网中快速有效地共享设计信息。

16.3.1 新手练兵——电子打印图形

使用 AutoCAD 2013 中的 ePlot 驱动程序，可以发布电子图形到 Internet 上，所创建的文件以 Web 图形格式文件保存。

实例文件	光盘\实例\第 16 章\带肩螺钉-Model.dwf
所用素材	光盘\素材\第 16 章\带肩螺钉.dwg

Step 01 单击快速访问工具栏中的"打开"按钮 📂，在弹出的"选择文件"对话框中打开素材图形，如图 16-56 所示。

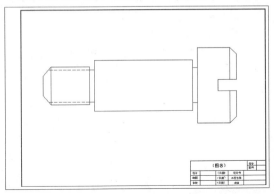

图 16-56　打开素材图形

Step 02 在命令行中输入 PLOT（打印）命令，按【Enter】键确认，弹出"打印-模型"对话框，如图 16-57 所示。

Step 03 ❶单击"名称"下拉列表框，在弹出的列表框中，❷选择 DWF6 eplot.pc3 选项，如图 16-58 所示。

知识链接

在 AutoCAD 2013 中，DWF 文件属于高度压缩的文件，文件较小，传递速度快，用它可以交流丰富的设计数据，而又可节省大型 CAD 图形的相关开销，提高设计的效率。

图 16-57　弹出"打印-模型"对话框

图 16-58　选择 DWF6 eplot.pc3 选项

Step 04 单击"确定"按钮，弹出"浏览打印文件"对话框，2 设置保存路径，接受默认的文件名，如图 16-59 所示。

Step 05 单击"保存"按钮，弹出"打印作业进度"对话框，即可电子打印图形。

高手指引

"打印作业进度"对话框将显示将图纸发送到绘图仪的进度。

图 16-59 "浏览打印文件"对话框

16.3.2 新手练兵——电子发布

在 AutoCAD 2013 中，可以将电子图形集发布为 DWF、DWFx 或 PDF 文件，可以将图纸合并为一个自定义的电子图形集。电子图形集是打印图形集的数字形式，它使用户可以与客户、供应商对图形进行检查或与公司内部人员共享作品。

实例文件	光盘\实例\第 16 章\插座平面图.dwg
所用素材	光盘\素材\第 16 章\插座平面图.dwg

Step 01 单击快速访问工具栏中的"打开"按钮 📂，在弹出的"选择文件"对话框中打开素材图形，如图 16-60 所示。

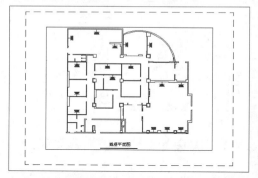

图 16-60 打开素材图形

Step 02 "功能区"选项板中，切换至"输出"选项卡，单击"打印"面板上的"批处理打印"按钮 🖨，如图 16-61 所示。

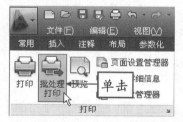

图 16-61 单击"批处理打印"按钮

Step 03 1 弹出"发布"对话框，2 单击"发布选项"按钮，如图 16-62 所示。

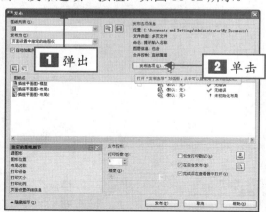

图 16-62 单击"发布选项"按钮

Step 04 1 弹出"发布选项"对话框，在"位置"右侧的文本框中单击鼠标左键，2 然后单击右侧的"浏览"按钮 ⋯，如图 16-63 所示。

Step 05 1 弹出"为生成的文件选择文件夹"对话框，2 设置保存路径，3 单击"选择"按钮，如图 16-64 所示。

Step 06 执行上述操作后，返回到"发布选项"对话框，设置"类型"为"单页文件"，如图 16-65 所示。

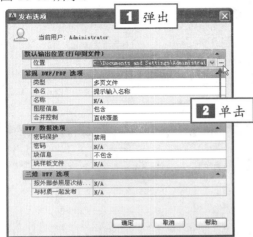

图 16-63　单击"浏览"按钮

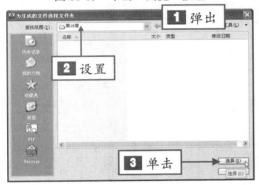

图 16-64　单击"选择"按钮

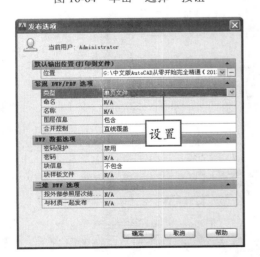

图 16-65　设置参数

Step 07 单击"确定"按钮，返回到"发布"对话框，单击"发布"按钮，如图 16-64

所示。

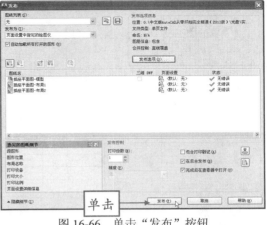

图 16-66　单击"发布"按钮

Step 08 1 弹出"发布-保存图纸列表"提示信息框，2 单击"是"按钮，如图 16-67 所示。

图 16-67　单击"是"按钮

Step 09 1 弹出"输出-更改未保存"对提示信息框，2 单击"关闭"按钮，如图 16-68 所示，即可发布电子图形。

图 16-68　单击"关闭"按钮

技巧发送

除了运用上述方法发布电子图形外，还有以下 3 种常用的方法。

❂ 命令行：在命令行中输入 PUBLISH 命令，按【Enter】键确认。

❂ 菜单栏：选择菜单栏中的"文件"|"发布"命令。

❂ 程序菜单：单击"菜单浏览器"按钮，在弹出的下拉菜单中，单击"打印"|"批处理打印"命令。

16.3.3 新手练兵——电子传递图形

使用"电子传递"命令，可以打包一组文件以用于网络传递。传递包中的图形文件会自动包含所有相关从属文件。

	实例文件	光盘\实例\第 16 章\楼梯剖面图-STANDARD.ZIP
	所用素材	光盘\素材\第 16 章\楼梯剖面图.dwg

Step 01 单击快速访问工具栏中的"打开"按钮，在弹出的"选择文件"对话框中打开素材图形，如图 16-69 所示。

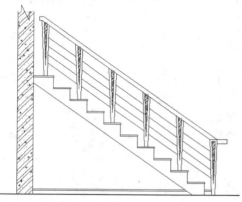

图 16-69　打开素材图形

Step 02 单击"菜单浏览器"按钮，在弹出的下拉菜单中单击"发布"｜"电子传递"命令，如图 16-70 所示。

图 16-70　单击相应按钮

Step 03 弹出"创建传递"对话框，如图 16-71 所示。

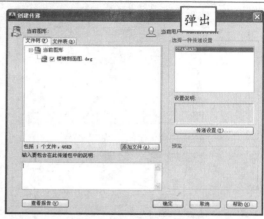

图 16-71　"创建传递"对话框

Step 04 单击"确定"按钮，**1** 弹出"指定 Zip 文件"对话框，**2** 在其中设置保存路径，接受默认的文件名，如图 16-72 所示。

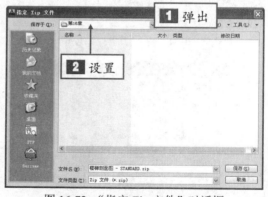

图 16-72　"指定 Zip 文件"对话框

Step 05 单击"保存"按钮，弹出"正在创建归档文件包"对话框，如图 16-73 所示，稍等片刻，完成电子传递图形的操作。

图 16-73　"正在创建归档文件包"对话框

知识链接

将图形文件发送给其他人时，常会忽略包含的相关从属文件（如外部参照文件和字体文件），在某些情况下，收件人会因没有包含的这些文件而无法使用图形文件。使用电子传递，将以追踪和管理光栅图像附件相同的方式追踪和管理 DWF、DXF、PDF 和 DNG 参考底图附件，从而降低了出错的可能性。

16.3.4　新手练兵——输出 DWF 文件

国际上通常采用 DWF（Drawing Web Format，图形网络格式）图形文件格式，DWF 文件可在任何装有网络浏览器和"Autodesk WHIP！"插件的计算机中打开、查看和输出。

DWF 文件支持图形文件的实时移动和缩放，并支持控制图层、命名视图和嵌入链接显示效果。DWF 文件是矢量压缩格式的文件，可提高图形文件打开和传输的速度，缩短下载时间。以矢量格式保存的 DWF 文件，完整地保留了打印输出属性和超链接信息，并且在进行局部放大时，基本能够保持图形的准确性。

实例文件	光盘\实例\第 16 章\餐厅平面图.dwf
所用素材	光盘\素材\第 16 章\餐厅平面图.dwg

Step 01　单击快速访问工具栏中的"打开"按钮，在弹出的"选择文件"对话框中打开素材图形，如图 16-74 所示。

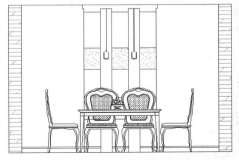

图 16-74　打开素材图形

Step 02　在"功能区"选项板中切换至"输出"选项卡，**1** 单击"输出为 DWF/PDF"面板中的"输出"下拉按钮，**2** 在弹出的列表框中单击 DWF 按钮，如图 16-75 所示。

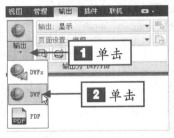

图 16-75　单击 DWF 按钮

Step 03　**1** 弹出"另存为 DWF"对话框，**2** 设置保存路径，接受默认的文件名，**3** 单击"保存"按钮，如图 16-76 所示，即可输出 DWF 文件。

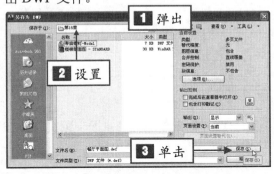

图 16-76　"另存为 DWF"对话框

知识链接

为了能够在 Internet 上显示 AutoCAD 图形，Autodesk 采用了一种名为 DWF 的新文件格式。DWF 文件格式包括图层、超链接、背景颜色、测量距离、线宽和比例等图形特性。用户可以在不损失原始图形文件数据特性的前提下通过 DWF 文件格式共享其数据和文件，要输出 DWF 文件，必须先创建 DWF 文件，在这之前应该创建 ePlot 配置文件。

技巧发送

除了运用上述输出 DWF 文件的方法外，还有以下两种常用的方法。

⊕ 命令行：在命令行中输入 EXPORTDWF 命令，按【Enter】键确认。

⊕ 程序菜单：单击"菜单浏览器"按钮，在弹出的下拉菜单中单击"输出"｜"DWF"命令。

16.3.5 新手练兵——输出 DXF 文件

在 AutoCAD 2013 中，可以将图形输出为 DXF（图形交换格式）文件。DXF 文件是文本或二进制文件，其中包含有其他 CAD 程序可以读取的图形信息。如果其他用户正使用能够识别 DXF 文件的 CAD 程序，那么以 DXF 格式保存的图形文件就可以实现共享。

实例文件	光盘\实例\第 16 章\操作台.dxf
所用素材	光盘\素材\第 16 章\操作台.dwg

Step 01 单击快速访问工具栏中的"打开"按钮，在弹出的"选择文件"对话框中打开素材图形，如图 16-77 所示。

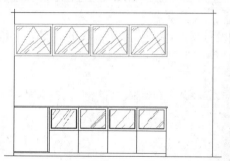

图 16-77　打开素材图形

Step 02 单击"菜单浏览器"按钮，在弹出的下拉菜单中单击"另存为"｜"其他格式"命令，如图 16-78 所示。

图 16-78　单击相应命令

Step 03 1 弹出"图形另存为"对话框，单击"文件类型"下拉列表框，在弹出的下拉列表框中选择" AutoCAD 2013 DXF（*.dxf）"选项，2 设置保存路径，接受默认的文件名，如图 16-79 所示。

图 16-79　"图形另存为"对话框

Step 04 单击"保存"按钮，即可输出 DXF 文件。

知识链接

控制 DXF 格式的浮点精度最多可达 16 位小数，并以 ASCII 格式或二进制格式保存该图形。如果使用 ASCII 格式，将生成可读取和编辑的文本文件；如果使用二进制格式，生成的文件会小很多，且使用该文件时速度较快。如果不希望保存整个图形，可以选择只输出选定对象，使用此选项可以从图形文件中删除无关的材质。

16.3.6 新手练兵——发布三维 DWF 文件

在 AutoCAD 2013 中，用户可以使用三维 DWF 来发布三维模型的 Web 图形格式（DWF）文件。

	实例文件	光盘\实例\第 16 章\别墅结构图.dwg
	所用素材	光盘\素材\第 16 章\别墅结构图.dwg

Step 01 单击快速访问工具栏中的"打开"按钮，在弹出的"选择文件"对话框中打开素材图形，如图 16-80 所示。

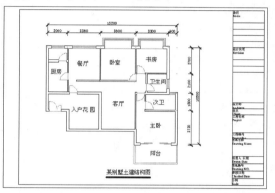

图 16-80 打开素材图形

Step 02 在命令行中输入 3DDWF（三维 DWF）命令，按【Enter】键确认，**1** 弹出"输出三维 DWF"对话框，**2** 设置保存路径，接受默认的文件名，如图 16-81 所示。

 高手指引

用户如果要发布单个三维 DWF 文件，可以使用"EXPORT（输出）"或"3DDWF（三维 DWF）"命令；要一次发布多个三维 DWF 文件，可以使用"PUBLISH（批处理）"命令。图形发布后，可以使用 Autodesk Design Review 查看这些文件。

16.3.7 新手练兵——将图形发布到 Web 页上

在 AutoCAD 2013 中，用户可以以电子格式输出图形文件、进行电子传递，还可以将设计好的作品发布到 Web 供用户浏览。使用 AutoCAD 2013 中的 ePlot 驱动程序，可以发布电子图形到 Internet 上，所创建的文件以 Web 图形格式保存。

AutoCAD 2013 中提供了"网上发布向导"功能，利用此功能可以方便快速地创建格式化的 Web 页，该 Web 页包含 DWF、PNG 或 JPG 格式的图像。一旦创建了 Web 页，就可以

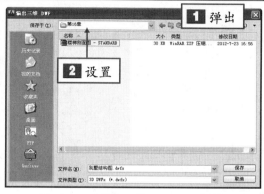

图 16-81 "输出三维 DWF"对话框

技巧发送

除了运用上述方法发布三维 DWF 文件外，用户还可以单击"菜单浏览器"按钮，在弹出的下拉菜单中单击"输出"|"三维 DWF"命令。

Step 03 单击"保存"按钮，弹出"查看三维 DWF"提示信息框，如图 16-82 所示。

图 16-82 "查看三维 DWF"提示信息框

Step 04 单击"否"按钮，即可完成三维 DWF 文件的发布。

将其发布到 Internet。

	实例文件	光盘\实例\第 16 章\卧室立面图.dwg
	所用素材	光盘\素材\第 16 章\卧室立面图.dwg

Step 01 单击快速访问工具栏中的"打开"按钮，在弹出的"选择文件"对话框中打开素材图形，如图 16-83 所示。

图 16-83 打开素材图形

Step 02 显示菜单栏,在菜单栏中单击"文件" | "网上发布"命令,如图 16-84 所示。

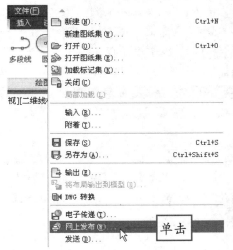

图 16-84 单击相应命令

Step 03 ①弹出"网上发布-开始"对话框，②在该对话框中选中"创建新 Web 页"单选按钮，如图 16-85 所示。

Step 04 单击"下一步"按钮，①弹出"网上发布-创建 Web 页"对话框，②在该对话框中设置 Web 页的名称为 001，③在"提供

显示在 Web 页上的说明"文本框中输入"卧室立面图"，④再设置 Web 页文件夹的目录，如图 16-86 所示。

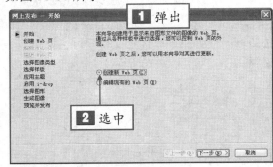

图 16-85 "网上发布-开始"对话框

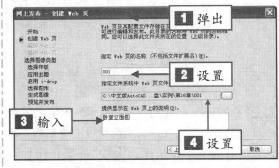

图 16-86 "网上发布-创建 Web 页"对话框

Step 05 单击"下一步"按钮，①弹出"网上发布-选择图像类型"对话框，②在该对话框中设置 Web 页中显示图像的图像类型为 JPEG，如图 16-87 所示。

图 16-87 "网上发布-选择图像类型"对话框

Step 06 单击"下一步"按钮，弹出"网上发布-选择样板"对话框，如图 16-88 所示。

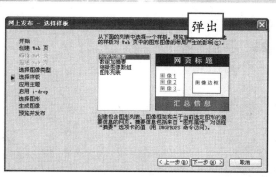

图 16-88 "网上发布-选择样板"对话框

Step 07 单击"下一步"按钮，**1** 弹出"网上发布－应用主题"对话框，**2** 在该对话框中的列表框中选择"多云的天空"选项，如图 16-89 所示。

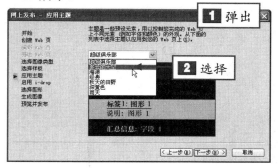

图 16-89 "网上发布-应用主题"对话框

Step 08 单击"下一步"按钮，弹出"网上发布-启用 i-drop"对话框，如图 16-90 所示。

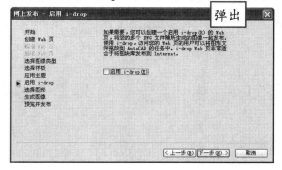

图 16-90 "网上发布-启用 i-drop"对话框

Step 09 单击"下一步"按钮，弹出"网上发布－选择图形"对话框，在该对话框中的"布局"下拉列表框中，依次选择"布局 1"、"布局 2"、"模型"，并依次单击"添加"按钮进行添加，如图 16-91 所示。

Step 10 单击"下一步"按钮，弹出"网

上发布-生成图像"对话框，如图 16-92 所示。

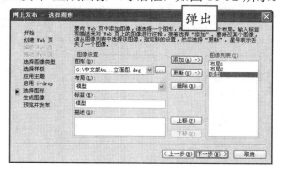

图 16-91 "网上发布-选择图形"对话框

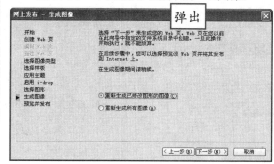

图 16-92 "网上发布-生成图像"对话框"

Step 11 单击"下一步"按钮，弹出"打印作业进度"对话框，然后弹出"网上发布－预览并发布"对话框，如图 16-93 所示。

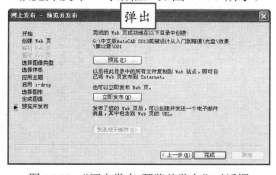

图 16-93 "网上发布-预览并发布"对话框

Step 12 单击"预览"按钮，即可预览所创建的 Web 页，效果如图 16-94 所示。

技巧发送

除了运用上述方法将图形发布到 Web 页上外，用户还可以在命令行中输入 PUBLISHTOWEB（网上发布）命令，按【Enter】键确认。

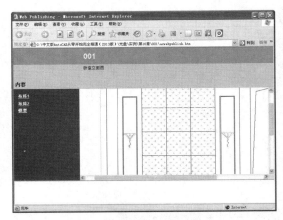

图 16-94　预览创建的 Web 页

按钮，即可创建 Web 页并保存到指定位置。

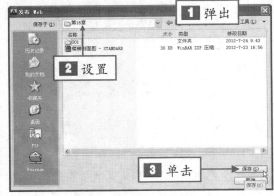

图 16-95　"发布 Web" 对话框

Step 13 单击"立即发布"按钮，**1**弹出"发布 Web"对话框，**2**设定保存路径，**3**单击"保存"按钮，如图 16-95 所示。

Step 14 弹出 AutoCAD 提示信息框，如图 16-96 所示，单击"确定"按钮，单击"完成"

图 16-96　AutoCAD 提示信息框

第**17**章 | 机械设计案例实战

学前提示

在 AutoCAD 2013 中，机械设计的应用呈越来越广泛之势，其中三维模型的设计难度高于相应二维图形的设计，三维模型结构比较复杂。运用 AutoCAD 可以创建各种类型的实体模型，并可以对这些模型进行相应的布尔运算、实体编辑以及渲染等操作。

本章知识重点

- ▶ 绘制肥皂盒
- ▶ 绘制勺子
- ▶ 绘制齿轮

学完本章后应该掌握的内容

- ▶ 掌握肥皂盒的创建方法
- ▶ 掌握勺子的创建方法
- ▶ 掌握齿轮的创建方法

视频演示

新手学设计完全精通

17.1　肥皂盒

　　肥皂盒属于日常生活用品，能摆放肥皂并且占据面积小，从而解决了使用者对肥皂不好摆放的问题，并有利于使用后的肥皂尽快干燥，从而延长肥皂使用时间。

　　本实例效果如图 17-1 所示。

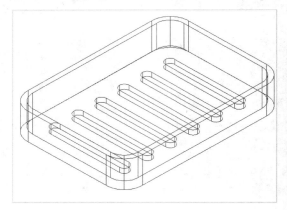
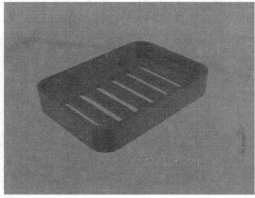

图 17-1　肥皂盒

实例文件	光盘\实例\第 17 章\肥皂盒.dwg
所用素材	光盘\素材\贴图

17.1.1　创建肥皂盒外形

Step 01　单击快速访问工具栏中的"新建"按钮，新建一幅空白的图形文件；再单击快速访问工具栏中"工作空间"下拉列表框，在弹出的列表框中选择"三维建模"选项，切换至"三维建模"工作界面；显示菜单栏，单击菜单栏中的"视图"｜"三维视图"｜"俯视"命令，将视图切换至俯视视图。

Step 02　在命令行中输入 RECTANG（矩形）命令，按【Enter】键确认，根据命令行提示进行操作，依次输入（0，0）和（70，50），每输入一次按【Enter】键确认，创建矩形，如图 17-2 所示。

Step 03　在命令行中输入 FILLET（圆角）命令，按【Enter】键确认，根据命令行提示进行操作，输入 R，按【Enter】键确认，输入 8 并确认，输入 P 并确认，选择新创建矩形对象，对选择图形的各个顶点进行圆角处

理，效果如图 17-3 所示。

图 17-2　创建矩形

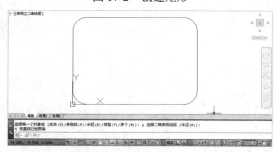

图 17-3　圆角矩形效果

Step 04 切换至西南等轴测视图；在命令行中输入 EXTRUDE（拉伸）命令，按【Enter】键确认，根据命令行提示进行操作，选择所有图形，按【Enter】键确认，输入 12 并确认，拉伸实体，如图 17-4 所示。

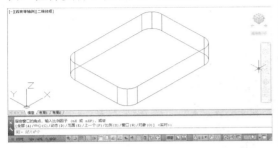

图 17-4　拉伸实体

Step 05 在"功能区"选项板中的"常用"选项卡中，单击"实体编辑"面板中的"分割"右侧的下拉按钮，在弹出的列表框中，单击"抽壳"按钮，如图 17-5 所示。

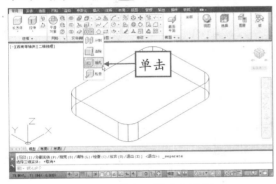

图 17-5　单击"抽壳"按钮

Step 06 根据命令行提示进行操作，选择

拉伸实体为抽壳对象，选择上表面为抽壳面，按【Enter】键确认，输入 2，如图 17-6 所示。

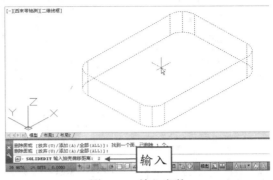

图 17-6　输入参数

Step 07 连续按 3 次【Enter】键确认，即可抽壳实体对象，效果如图 17-7 所示。

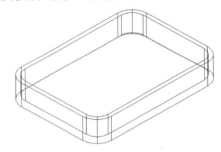

图 17-7　抽壳实体

高手指引

除了运用上述方法进行抽壳外，还可以在命令行中输入 SOLIDEDIT 命令，按【Enter】键确认。另外，进行抽壳时，选择抽壳实体后不需按【Enter】键，直接选择抽壳面。

17.1.2　创建肥皂盒底槽

Step 01 切换至仰视视图；在命令行中输入 LINE（直线）命令，按【Enter】键确认，根据命令行提示进行操作，依次捕捉图形的 4 个中点，创建两条直线，如图 17-8 所示。

Step 02 在命令行中输入 OFFSET（偏移）命令，按【Enter】键确认，根据命令行提示进行操作，设置偏移距离为 15，将水平直线向上进行偏移处理，如图 17-9 所示。

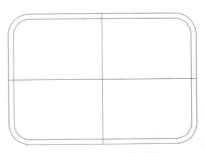

图 17-8　创建两条直线

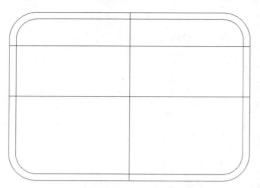

图 17-9　偏移直线

Step 03 重复执行 OFFSET（偏移）命令，根据命令行提示进行操作，设置偏移距离为 25，将垂直直线向左进行偏移处理，效果如图 17-10 所示。

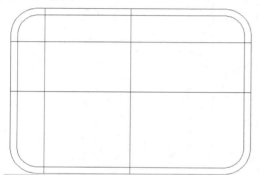

图 17-10　偏移直线

Step 04 在命令行中输入 CIRCLE（圆）命令，按【Enter】键确认，根据命令行提示进行操作，捕捉偏移后两条直线的左上方交点为圆心点，如图 17-11 所示。

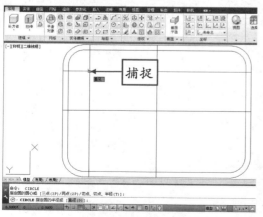

图 17-11　确定圆心点

Step 05 设置圆半径为 2，按【Enter】键确认，创建圆对象，效果如图 17-12 所示。

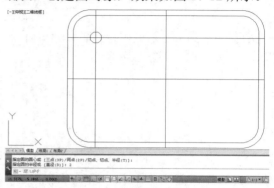

图 17-12　创建圆

Step 06 在命令行中输入 MIRROR（镜像）命令，按【Enter】键确认，根据命令行提示进行操作，选择圆为镜像对象，如图 17-13 所示。

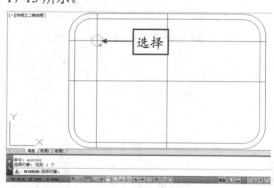

图 17-13　选择圆

Step 07 按【Enter】键确认，依次捕捉中间水平直线的左右端点为镜像点，按【Enter】键确认，镜像圆，效果如图 17-14 所示。

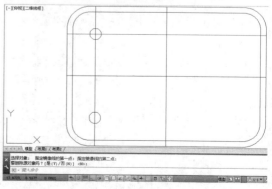

图 17-14　镜像圆

Step 08 在命令行中输入 LINE（直线）命令，按【Enter】键确认，根据命令行提示进行操作，依次捕捉两个圆的左、右圆象限点，创建两条直线，如图 17-15 所示。

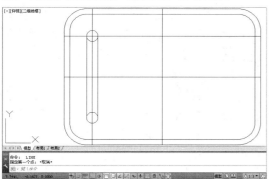

图 17-15 创建两条直线

Step 09 在命令行中输入 TRIM（修剪）命令，按【Enter】键确认，根据命令行提示进行操作，修剪图形；在命令行中输入 ERASE（删除）命令，按【Enter】键确认，根据命令行提示进行操作，删除多余直线，效果如图 17-16 所示。

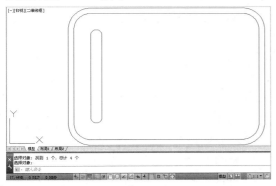

图 17-16 修剪并删除直线

Step 10 在命令行中输入 REGION（面域）命令，按【Enter】键确认，根据命令行提示进行操作，在绘图区中选择合适的图形对象，如图 17-17 所示。

Step 11 按【Enter】键确认，即可创建面域，效果如图 17-18 所示。

Step 12 切换至西南等轴测视图；在命令行中输入 EXTRUDE（拉伸）命令，根据命令行提示进行操作，在绘图区中选择新创建

的面域为拉伸对象，设置拉伸高度为-5，拉伸实体对象，如图 17-19 所示。

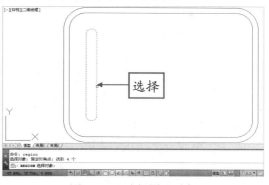

图 17-17 选择图形对象

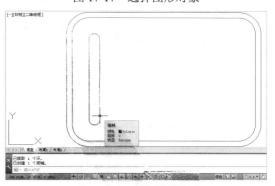

图 17-18 创建面域

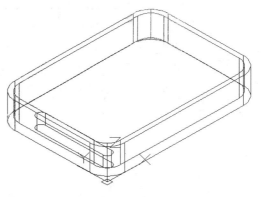

图 17-19 拉伸实体对象

Step 13 在命令行中输入 ARRAY（阵列）命令，按【Enter】键确认，根据命令行提示进行操作，**1** 选择拉伸的实体为阵列对象，按【Enter】键确认，**2** 输入 R，如图 17-20 所示。

Step 14 按【Enter】键确认，**1** 弹出"阵

列创建"选项卡，**2** 设置"列数"为 6、"介于"为 10 以及"行数"为 1，按【Enter】键确认，如图 17-21 所示。

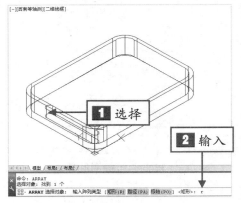

图 17-20 输入 R

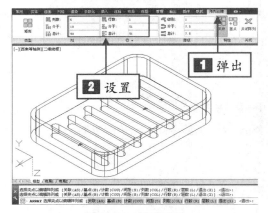

图 17-21 设置参数

Step 15 单击"关闭"面板中的"关闭阵列"按钮✕，即可阵列图形对象，效果如图 17-22 所示。

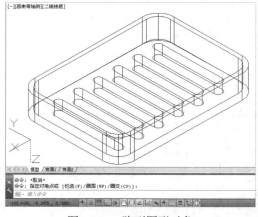

图 17-22 阵列图形对象

**高手指引**

"阵列"操作是按指定方式在矩形或圆形上排列多个对象的副本。要创建多个等间距的对象，阵列比复制要快得多，阵列得到的每个对象都是能单独进行操作的独立对象。

Step 16 在命令行中输入 EXPLODE（分解）命令，按【Enter】键确认，根据命令行提示进行操作，选择阵列后的实体，按【Enter】键确认，分解阵列实体，如图 17-23 所示。

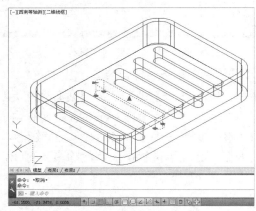

图 17-23 分解阵列实体

Step 17 在命令行中输入 SUBTRACT（差集）命令，按【Enter】键确认，根据命令行提示进行操作，选择抽壳实体，按【Enter】键确认，依次选择分解后的实体并确认，差集运算实体，并以概念样式显示，效果如图 17-24 所示。

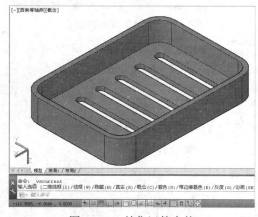

图 17-24 差集运算实体

17.1.3 渲染肥皂盒

Step 01 在命令行中输入 RECTANG（矩形）命令，按【Enter】键确认，根据命令行提示进行操作，在绘图区中绘制一个矩形框，如图 17-25 所示。

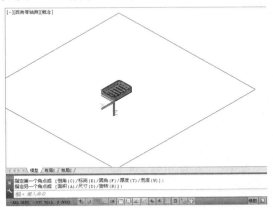

图 17-25 绘制矩形框

Step 02 在命令行中输入 REGION（面域）命令，按【Enter】键确认，根据命令行提示进行操作，选择所绘矩形并按【Enter】键确认，创建面域，如图 17-26 所示。

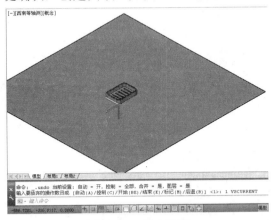

图 17-26 创建面域

Step 03 单击菜单栏中的"视图"｜"视觉样式"｜"真实"命令，将视图转换成真实视觉样式；在命令行中输入 MATERIALS（材质）命令，按【Enter】键确认，弹出"材质浏览器"面板，如图 17-27 所示。

Step 04 单击"材质浏览器"面板下方的

"在文档中创建新材质"下拉按钮，在弹出的列表框中选择"新建常规材质"选项，如图 17-28 所示。

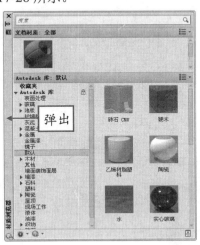

图 17-27 "材质浏览器"按钮

图 17-28 选择"新建常规材质"选项

Step 05 执行上述操作后，在"材质浏览器"面板上将显示新建的材质球，**1** 并弹出"材质编辑器"面板，**2** 在"指定材质名称"文本框中输入"地面材质"，**3** 在"常规"选项区的"图像"选项右侧的空白处单击鼠标左键，如图 17-29 所示。

Step 06 **1** 弹出"材质编辑器打开文件"对话框，在其中打开本书光盘中的"素材"｜"贴图"文件夹，**2** 选择"mw014.TIF"文件，如图 17-30 所示。

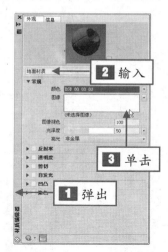

图 17-29 "材质编辑器"面板

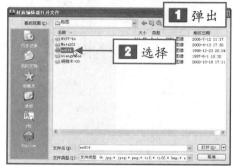

图 17-30 "材质编辑器打开文件"对话框

Step 07 单击"打开"按钮，**1**设置贴图并弹出"纹理编辑器"面板，**2**在"比例"选项区中设置其"样例尺寸"为 800×800，如图 17-31 所示。

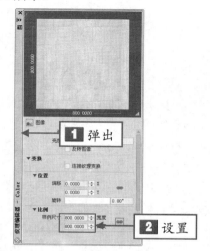

图 17-31 "纹理编辑器"面板

Step 08 关闭"纹理编辑器"面板，然后**1**在"材质编辑器"面板中单击"颜色"下拉列表框，**2**在弹出的列表框中选择"按对象着色"选项，如图 17-32 所示。

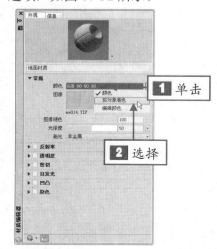

图 17-32 选择"按对象着色"选项

Step 09 关闭"材质编辑器"面板，在绘图区中选择矩形框面域，在"材质浏览器"面板中"文档材质：全部"选项区中新建的"地面材质"球上单击鼠标右键，在弹出的快捷菜单中选择"指定给当前选择"选项，如图 17-33 所示。

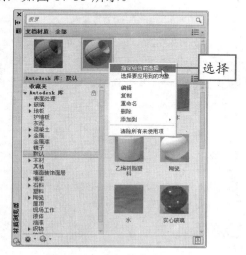

图 17-33 选择相应选项

Step 10 执行上述操作后，即可为地面赋予材质，效果如图 17-34 所示。

Step 11 返回"材质浏览器"面板，单击面板下方的"在文档中创建新材质"下拉按钮 ，在弹出的列表框中选择"塑料"选项，如图 17-35 所示。

图 17-34　为地面赋予材质

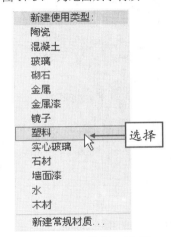

图 17-35　选择"塑料"选项

Step 12 在"材质浏览器"面板上将显示新建的材质球，**1** 并弹出"材质编辑器"面板，**2** 在"指定材质名称"文本框中输入"肥皂盒材质"，**3** 并单击"饰面"右侧的下拉按钮，在弹出的列表框中，**4** 选择"有光泽"选项，如图 17-36 所示。

Step 13 在"材质编辑器"面板中，在"颜色"右侧的文本框中单击鼠标左键，**1** 弹出的"颜色"对话框，**2** 设置颜色为 (205, 74, 198)，如图 17-37 所示。

Step 14 单击"确定"按钮，并关闭相应面板，选择所有图形对象，选择新建材质球，单击鼠标右键，弹出快捷菜单，选择"指定给当前选择"选项，如图 17-38 所示。

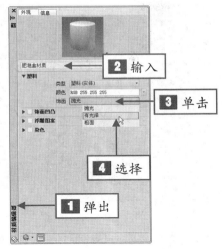

图 17-36　设置各选项

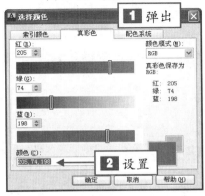

图 17-37　设置参数

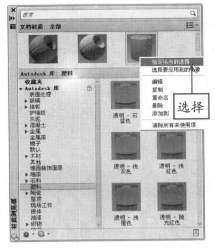

图 17-38　选择"指定给当前选择"选项

Step 15 执行上述操作后，关闭"材质浏览器"面板，即可为合适的实体对象赋予材质，效果如图 17-39 所示。

新手学设计完全精通

图 17-39　赋予材质效果

Step 16 在命令行中输入 VIEW（视图）命令，按【Enter】键确认，**1** 弹出"视图管理器"对话框，**2** 单击"新建"按钮，如图 17-40 所示。

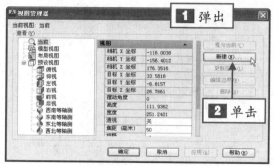

图 17-40　单击"新建"按钮

Step 17 **1** 弹出"新建视图/快照特性"对话框，**2** 在"视图名称"文本框中输入"渲染"，**3** 在"背景"选项区中单击"默认"右侧的下拉按钮，**4** 在弹出的列表框中选择"阳光与天光"选项，如图 17-41 所示。

高手指引

　　阳光与天光是 AutoCAD 中自然照明的主要来源。但是，阳光的光线是平行的且为淡黄色，而大气投射的光线来自所有方向且颜色为明显的蓝色。

Step 18 **1** 弹出"调整阳光与天光背景"对话框，在"常规"选项区中单击"阴影"右侧的下拉按钮，**2** 在弹出的列表框中选择"关"选项，如图 17-42 所示。

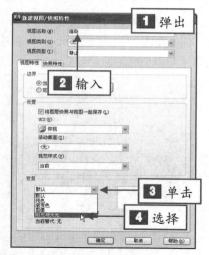

图 17-41　"新建视图/快照特性"对话框

图 17-42　"调整阳光与天光背景"对话框

Step 19 单击"确定"按钮，返回"新建视图/快照特性"对话框；单击"确定"按钮，返回到"视图管理器"对话框，在"视图"选项区中单击"透视"右侧的下拉按钮，在弹出的列表框中选择"开"选项，并依次单击"置为当前"和"应用"按钮，如图 17-43 所示，单击"确定"按钮，即可启用天光背景。

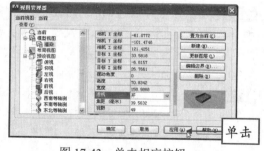

图 17-43　单击相应按钮

Step 20 单击菜单栏中的"视图"|"渲染"|"高级渲染设置"命令，如图 17-44 所示。

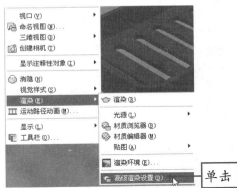

图 17-44　单击相应命令

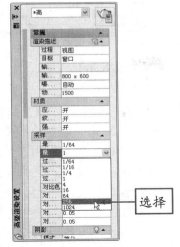

图 17-45　"高级渲染设置"面板

Step 21 弹出"高级渲染设置"面板，单击上方的"渲染预设"下拉列表框，在弹出的列表框中选择"高"选项；在"渲染描述"选项区中单击"输出尺寸"下拉列表框，在弹出的列表框中选择"800×600"选项；在"采样"选项区中，单击"最大样例数"下拉列表框，在弹出的列表框中选择"256"选项，如图 17-45 所示。

Step 22 在命令行中输入 RENDER（渲染）命令，按【Enter】键确认，弹出"渲染"窗口，完成肥皂盒的渲染，如图 17-46 所示。

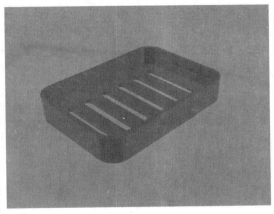

图 17-46　渲染肥皂盒

17.2　勺子

　　勺子是日常生活中最常用的物品，具有体积小、重量轻、美观实用等特性。本案例制作的是勺子的效果，希望读者熟练掌握，举一反三，制作出更多更漂亮的机械产品。

　　本实例效果如图 17-47 所示。

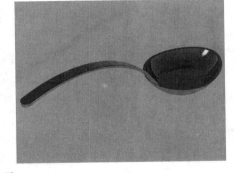

图 17-47　勺子

	实例文件	光盘\实例\第 17 章\勺子.dwg
	所用素材	光盘\素材\贴图

17.2.1 绘制勺身

Step 01 单击快速访问工具栏中的"新建"按钮，新建一幅空白的图形；再单击快速访问工具栏中"工作空间"下拉列表框，在弹出的列表框中选择"三维建模"选项，切换至"三维建模"工作界面；显示菜单栏，单击菜单栏中的"视图"｜"三维视图"｜"俯视"命令，将视图切换至俯视视图。

Step 02 在命令行中输入 RECTANG（矩形）命令，按【Enter】键确认，根据命令行提示进行操作，输入（0,0），按【Enter】键确认，输入（20,15）并确认，绘制矩形，如图 17-48 所示。

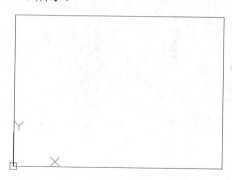

图 17-48　绘制矩形

Step 03 在命令行中输入 EXPLODE（分解）命令，按【Enter】键确认，根据命令行提示进行操作，选择矩形为分解对象，按【Enter】键确认，分解对象，在最上方的直线上，单击鼠标左键，查看分解效果，如图 17-49 勺身。

Step 04 在命令行中输入 OFFSET（偏移）命令，按【Enter】键确认，根据命令行提示进行操作，设置偏移距离为 8，将左侧的垂直直线向右进行偏移处理，如图 17-50 所示。

Step 05 重复执行 OFFSET（偏移）命令，根据命令行提示进行操作，设置偏移距离为 7.5，将上方水平直线向下进行偏移处理，效

果如图 17-51 所示。

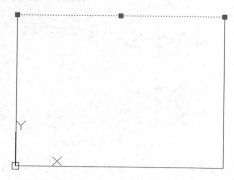

图 17-49　查看分解效果

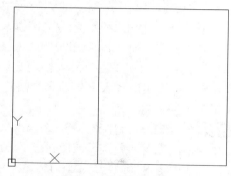

图 17-50　偏移直线

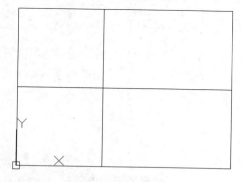

图 17-51　偏移直线

Step 06 在命令行中输入 ARC（圆弧）命令，按【Enter】键确认，根据命令行提示进行操作，依次输入（8,0）、E、（@12,7.5）、R 和 14，每输入一次按【Enter】键确认，绘制圆弧，如图 17-52 所示。

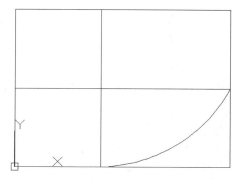

图 17-52　绘制圆弧

Step 07 重复执行 ARC（圆弧）命令，根据命令行提示进行操作，依次输入（0，7.5）、E、（@8，-7.5）、R 和 8，每输入一次按【Enter】键确认，绘制圆弧，如图 17-53 所示。

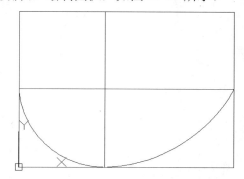

图 17-53　绘制圆弧

Step 08 在命令行中输入 MIRROR（镜像）命令，按【Enter】键确认，根据命令行提示进行操作，选择所有圆弧为镜像对象，如图 17-54 所示。

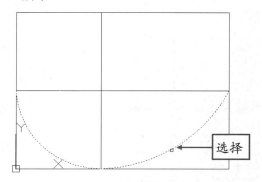

图 17-54　选择镜像对象

Step 09 按【Enter】键确认，依次在中间水平直线的左右端点上，单击鼠标左键并确

认，镜像圆弧对象，如图 17-55 所示。

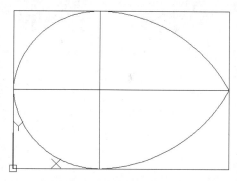

图 17-55　镜像圆弧对象

Step 10 在命令行中输入 FILLET（圆角）命令，按【Enter】键确认，根据命令行提示进行操作，输入 R，按【Enter】键确认，输入 3 并确认，对右侧的两段圆弧进行圆角处理，如图 17-56 所示。

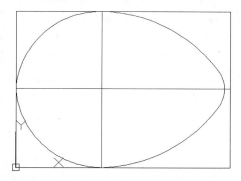

图 17-56　圆角处理

Step 11 在命令行中输入 TRIM（修剪）命令，按【Enter】键确认，根据命令行提示进行操作，修剪绘图区中需要修剪的线段；在命令行中输入 ERASE（删除）命令，按【Enter】键确认，根据命令行提示进行操作，删除多余的线段，效果如图 17-57 所示。

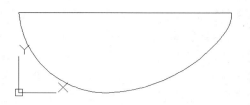

图 17-57　修剪并删除处理

Step 12 在命令行中输入 REGION（面域）命令，按【Enter】键确认，根据命令行提示进行操作，在绘图区中，选择所有对象，按【Enter】键确认，创建面域，效果如图 17-58 所示。

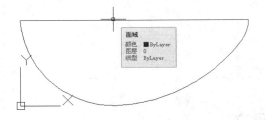

图 17-58 创建面域效果

Step 13 切换至西南等轴测视图；在命令行中输入 REVOLVE（旋转）命令，按【Enter】键确认，根据命令行提示进行操作，拾取多段线为旋转对象，按【Enter】键确认，在直线上的两个端点上，依次单击鼠标左键并确认，输入"旋转角度"为 360，按【Enter】键确认，即可对多段线对象进行旋转处理，效果如图 17-59 所示。

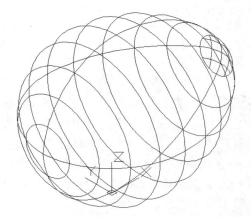

图 17-59 旋转对象修改

Step 14 在命令行中输入 SLICE（剖切）命令，按【Enter】键确认，根据命令行提示进行操作，选择实体为剖切对象，按【Enter】键确认，输入 XY 并确认，输入（0, 0, -6）并确认，在需要保留的一侧上单击鼠标左键，进行剖切处理，效果如图 17-60 所示。

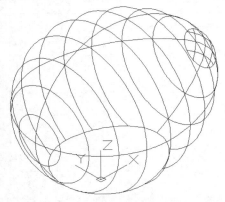

图 17-60 剖切处理

Step 15 重复执行 SLICE（剖切）命令，根据命令行提示进行操作，选择实体为剖切对象，按【Enter】键确认，输入 XY 并确认，输入（0, 0, -3）并确认，输入（0, 0, -4）并确认，对实体对象进行剖切处理，效果如图 17-61 所示。

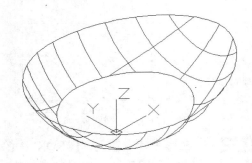

图 17-61 剖切处理

 技巧发送

除了运用上述方法剖切实体外，还有以下两种常用的方法。

❀ 按钮法：在"功能区"选项板的"常用"选项卡中，单击"实体编辑"面板中的"剖切"按钮。

❀ 菜单栏：单击菜单栏中的"修改"|"三维操作"|"剖切"命令。

Step 16 在命令行中输入 FILLET（圆角）命令，按【Enter】键确认，根据命令行提示进行操作，输入 R，按【Enter】键确认，输入 3 并确认，对勺身底面进行圆角处理，效果如图 17-62 所示。

认，选择实体为抽壳对象，拾取实体的上表面为删除面，按【Enter】键确认，输入 0.5 并确认，进行抽壳处理，效果如图 17-63 所示。

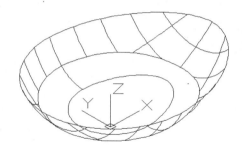

图 17-62　圆角处理

Step 17 在命令行中输入 SOLIDEDIT（抽壳）命令，按【Enter】键确认，根据命令行提示进行操作，输入 B 并确认，输入 S 并确

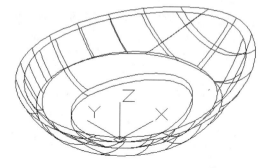

图 17-63　抽壳处理

17.2.2　绘制勺柄

Step 01 在"功能区"选项板中，切换至"视图"选项卡，在"坐标"面板中，**1** 单击 X 下拉按钮，**2** 在弹出的列表框中单击 X 按钮，如图 17-64 所示。

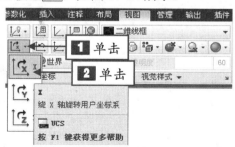

图 17-64　单击 X 按钮

Step 02 根据命令行提示进行操作，输入 90，按【Enter】键确认，将坐标系沿 X 轴进行旋转处理，如图 17-65 所示。

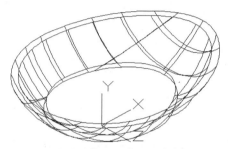

图 17-65　绕 X 轴旋转坐标系

Step 03 在命令行中输入 ARC（圆弧）命令，按【Enter】键确认，根据命令行提示进行操作，依次输入（1.5, -4, -7.5）、（@-10, 9.4）和（@-16, 1），每输入一次按【Enter】键确认，绘制圆弧，如图 17-66 所示。

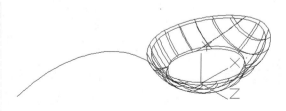

图 17-66　绘制圆弧

Step 04 在命令行中输入 UCS（坐标系）命令，连续按两次【Enter】键确认，恢复世界坐标系，如图 17-67 所示。

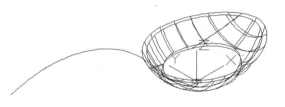

图 17-67　恢复世界坐标系

Step 05 在"功能区"选项板的"视图"选项卡中，**1** 单击"坐标"面板中的 X 下拉按钮 **,2** 在弹出的列表框中单击 Y 按钮 **,** 如图 17-68 所示。

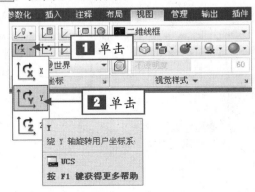

图 17-68　单击 Y 按钮

Step 06 根据命令行提示进行操作，输入 -90，按【Enter】键确认，将坐标系沿 Y 轴进行旋转处理，如图 17-69 所示。

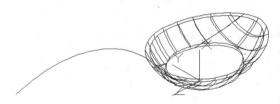

图 17-69　绕 Y 轴旋转坐标系

Step 07 在命令行中输入 RECTANG（矩形）命令，按【Enter】键确认，根据命令行提示进行操作，输入 F，按【Enter】键确认，输入 0.2 并确认，输入（6.4，6.5，24.5）并确认，输入（@0.5，2）并确认，绘制圆角矩形，如图 17-70 所示。

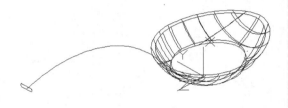

图 17-70　绘制圆角矩形

Step 08 在命令行中输入 EXTRUDE（拉伸）命令，按【Enter】键确认，根据命令行提示进行操作，选择圆角矩形为拉伸对象，如图 17-71 所示。

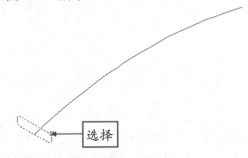

图 17-71　选择拉伸对象

Step 09 按【Enter】键确认，输入 P 并确认，拾取圆弧为拉伸路径，进行拉伸处理，效果如图 17-72 所示。

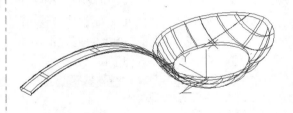

图 17-72　拉伸处理

Step 10 在命令行中输入 FILLET（圆角）命令，按【Enter】键确认，根据命令行提示进行操作，输入 R，按【Enter】键确认，输入 1 并确认，在绘图区中选择要进行圆角处理的对象，如图 17-73 所示。

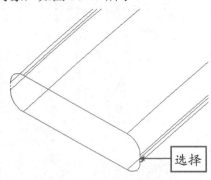

图 17-73　选择要进行圆角处理的对象

Step 11 按【Enter】键确认，即可对勺柄进行圆角处理，效果如图 17-74 所示。

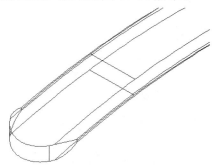

图 17-74 圆角处理

Step 12 在命令行中输入 UNION（并集）

命令，按【Enter】键确认，根据命令行提示进行操作，选择所有实体为并集对象，按【Enter】键确认，进行并集处理，并以概念样式显示，如图 17-75 所示。

图 17-75 并集实体

17.2.3 渲染勺子

Step 01 在坐标系上单击鼠标左键，将其移动至勺子的底部平面，如图 17-76 所示。

图 17-76 移动坐标系

Step 02 关闭 UCS 图标，在命令行中输入 RECTANG（矩形）命令，按【Enter】键确认；根据命令行提示进行操作，在绘图区中绘制一个矩形框，为其赋予地面材质，并切换至真实视觉样式，如图 17-77 所示。

图 17-77 赋予地面材质

Step 03 在命令行中输入 MATERIALS（材质）命令，按【Enter】键确认，弹出"材质浏览器"面板，如图 17-78 所示。

图 17-78 "材质浏览器"面板

Step 04 单击"材质浏览器"面板下方的"在文档中创建新材质"下拉按钮 ，在弹出的列表框中选择"新建常规材质"选项，如图 17-79 所示。

Step 05 在"材质浏览器"面板上显示新建的材质球，**1**并弹出"材质编辑器"面板，**2**在"指定材质名称"文本框中输入"金属材质"，**3**在"常规"选项区"图像"选项右侧的空白处单击鼠标左键,如图 17-80 所示。

Step 07 单击"打开"按钮,**1** 设置贴图并弹出"纹理编辑器"面板,在"变换"选项区下的"比例"选项区中,**2** 设置"样例尺寸"的"宽度"和"高度"均为 0.254,如图 17-82 所示。

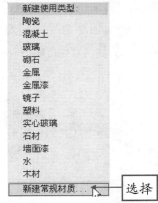

图 17-79 选择"新建常规材质"选项

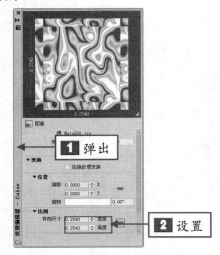

图 17-82 "纹理编辑器"面板

Step 08 关闭"纹理编辑器"面板,切换到"材质编辑器"面板中,**1** 在"常规"选项区中设置"图像褪色"为 83、"光泽度"为 80 以及"高光"为"金属";**2** 在"反射率"选项区中设置"直接"和"倾斜"均为 90,如图 17-83 所示。

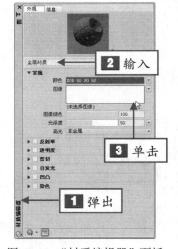

图 17-80 "材质编辑器"面板

Step 06 **1** 弹出"材质编辑器打开文件"对话框,在其中打开本书光盘中的"素材"|"贴图"文件夹,**2** 选择"Metal01.jpg"文件,如图 17-81 所示。

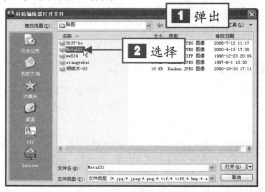

图 17-81 "材质编辑器打开文件"对话框

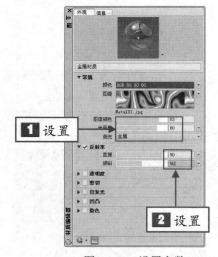

图 17-83 设置参数

Step 09 关闭"材质编辑器"面板,在绘图区中选择所有的图形对象,在"材质浏览器"面板中的"金属材质"球上，单击鼠标右键，在弹出的快捷菜单中选择"指定给当前选择"选项，如图 17-84 所示。

图 17-84　选择"指定给当前选择"选项

Step 10　执行上述操作后，即可赋予勺子材质，效果如图 17-85 所示。

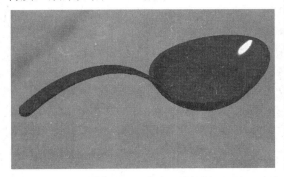

图 17-85　赋予勺子材质

Step 11　在命令行中输入 VIEW（视图）命令，按【Enter】键确认，弹出"视图管理器"对话框，单击"新建"按钮，**1** 弹出"新建视图/快照特性"对话框，**2** 在"视图名称"文本框中输入"渲染"，**3** 在"背景"选项区中单击"默认"右侧的下拉按钮，**4** 在弹出的列表框中选择"阳光与天光"选项，如图17-86 所示。

Step 12　弹出"调整阳光与天光背景"对话框，在"常规"选项区中单击"阴影"右侧的下拉按钮，在弹出的列表框中选择"关"选项，击"确定"按钮，返回"新建视图/

快照特性"对话框；单击"确定"按钮，返回到"视图管理器"对话框，在"视图"选项区中单击"透视"右侧的下拉按钮，在弹出的列表框中选择"开"选项，并依次单击"置为当前"和"应用"按钮，如图 17-87 所示，单击"确定"按钮，即可启用天光背景。

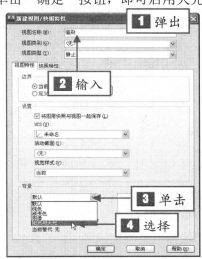

图 17-86　"新建视图/快照特性"对话框

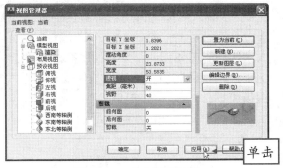

图 17-87　单击相应按钮

Step 13　单击菜单栏中的"视图"｜"渲染"｜"高级渲染设置"命令，弹出"高级渲染设置"面板；单击上方的"渲染预设"下拉列表框，在弹出的列表框中选择"高"选项；在"渲染描述"选项区中单击"输出尺寸"下拉列表框，在弹出的列表框中选择"800×600"选项；在"采样"选项区中单击"最大样例数"下拉列表框，在弹出的列表框中选择"256"选项，如图 17-88 所示。

Step 14　在命令行中输入 RENDER（渲染）命令，按【Enter】键确认，弹出"渲染"窗口，完成勺子的渲染，效果如图 17-89 所示。

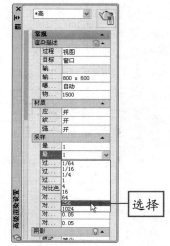

 选择

图 17-88 "高级渲染设置"面板

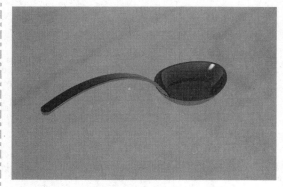

图 17-89 渲染效果

高手指引

渲染图形时，用户还可以使用"渲染面域"，直接进行渲染。

17.3 齿轮

齿轮是有齿的机械零件，它主要将主动轴的转动传送到从动轴上，完成传递功率、变速及换向等。齿轮可按齿形、齿轮外形、齿线形状、轮齿所在的表面和制造方法等分类。齿轮的齿形包括齿廓曲线、压力角、齿高和变位。渐开线齿轮比较容易制造，因此现代使用的齿轮中，渐开线齿轮占绝对多数，而摆线齿轮和圆弧齿轮应用较少。另外，齿轮还可按其外形分为圆柱齿轮、锥齿轮、非圆齿轮、齿条、蜗杆蜗轮；按齿线形状分为直齿轮、斜齿轮、人字齿轮、曲线齿轮；按轮齿所在的表面分为外齿轮、内齿轮；按制造方法可分为铸造齿轮、切制齿轮、轧制齿轮、烧结齿轮等。本节主要介绍齿轮设计的相关知识，使读者可以熟练掌握齿类零件的设计方法。

本实例效果如图 17-90 所示。

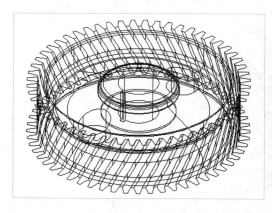

图 17-90 齿轮

	实例文件	光盘\实例\第 17 章\齿轮.dwg
	所用素材	光盘\素材\贴图

17.3.1　创建齿轮孔

Step 01　单击快速访问工具栏中的"新建"按钮▭，新建一幅空白的图形文件；单击快速访问工具栏中"工作空间"下拉列表框，在弹出的列表框中选择"三维建模"选项，切换至"三维建模"工作界面；显示菜单栏，单击菜单栏中的"视图"｜"三维视图"｜"西南等轴测"命令，将视图切换至西南等轴测视图。

Step 02　在命令行中输入 CYLINDER（圆柱体）命令，按【Enter】键确认，根据命令行提示进行操作，以坐标点（0,0,0）为圆柱体底面的中心点，绘制半径为 100、高度为 60 的圆柱体，如图 17-91 所示。

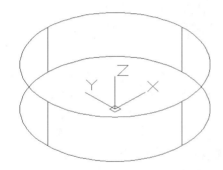

图 17-91　绘制圆柱体

Step 03　重复执行 CYLINDER（圆柱体）命令，根据命令行提示进行操作，以坐标点（0,0,0）为圆柱体底面的中心点，绘制半径为 90、高度为 26 的圆柱体，如图 17-92 所示。

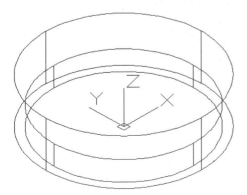

图 17-92　绘制圆柱体

Step 04　在命令行中输入 FILLET（圆角）命令，按【Enter】键确认，根据命令行提示进行操作，输入 R 并确认，设置圆角半径为 20，选择半径为 90 的圆，进行圆角处理，如图 17-93 所示。

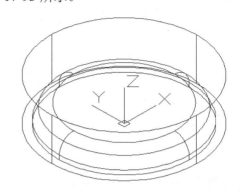

图 17-93　圆角图形

Step 05　在命令行中输入 SUBTRACT（差集）命令，按【Enter】键确认，根据命令行提示进行操作，选择半径为 100 的圆柱体并确认，再选择圆角后的圆柱体并确认，进行差集运算；在命令行中输入 3DFORBIT（三维动态观察）命令，按【Enter】键确认，将视图调整到适当位置；在命令行中输入 HIDE（消隐）命令，按【Enter】键确认，对差集后的实体进行消隐处理，如图 17-94 所示。

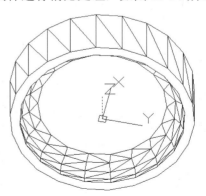

图 17-94　消隐效果

Step 06　在命令行中输入 FILLET（圆角）命令，按【Enter】键确认，根据命令行提示进行操作，设置圆角半径为 6，再选择差集实体底边，对其进行圆角处理；在命令行中输入 HIDE（消隐）命令，按【Enter】键确认，对圆角后的实体进行消隐处理，如图 17-95 所示。

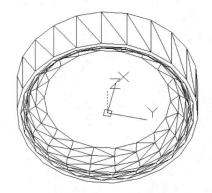

图 17-95　消隐效果

Step 07 将视图切换至西南等轴测视图；在命令行中输入 CYLINDER（圆柱体）命令，按【Enter】键确认，根据命令行提示进行操作，输入圆柱体底面中心点坐标为（0, 0, 30），绘制半径为 90，高度为 40 的圆柱体，如图 17-96 所示。

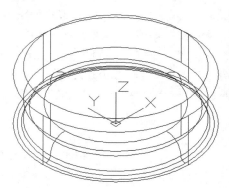

图 17-96　绘制圆柱体

Step 08 在命令行中输入 SUBTRACT（差集）命令，按【Enter】键确认；根据命令行提示，将半径为 90、高为 40 的圆柱体从实体中减去，完成差集运算，如图 17-97 所示。

Step 09 在命令行中输入 CONE（圆锥体）命令，按【Enter】键确认，根据命令行提示进行操作，输入圆锥体底面中心点坐标为

（0, 0, 30），设置底面半径为 90，输入 T 并确认，绘制顶面半径为 40、高度为 20 的圆锥体，如图 17-98 所示。

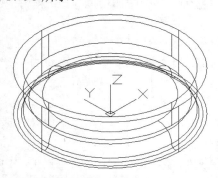

图 17-97　差集实体

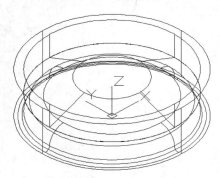

图 17-98　绘制圆锥体

Step 10 在命令行中输入 UNION（并集）命令，按【Enter】键确认，根据命令行提示进行操作，选择所有实体图形，进行并集运算；在命令行中输入 FILLET（圆角）命令，按【Enter】键确认，根据命令行提示进行操作，设置圆角半径为 6，选择圆锥体底面的边，进行圆角处理，如图 17-99 所示。

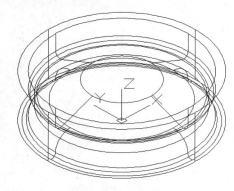

图 17-99　圆角图形

Step 11 在命令行中输入 SOLIDEDIT（编辑三维实体）命令，按【Enter】键确认；根据命令行提示进行操作，输入 F 并确认，再输入 E 并确认，选择圆锥体顶面的面，设置拉伸高度为 7，进行拉伸面处理，如图 17-100 所示。

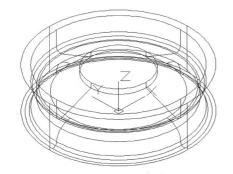

图 17-100　拉伸面

Step 12 在命令行中输入 FILLET（圆角）命令，按【Enter】键确认；根据命令行提示进行操作，设置圆角半径为 0.6，选择实体顶面的边，进行圆角处理，如图 17-101 所示。

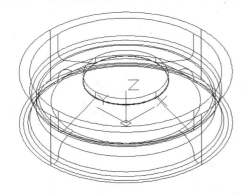

图 17-101　圆角图形

Step 13 在命令行中输入 CYLINDER（圆柱体）命令，按【Enter】键确认，根据命令行提示进行操作，输入圆柱体底面中心点坐标为（0，0，18），绘制半径为 37、高度为 40 的圆柱体，如图 17-102 所示。

Step 14 在命令行中输入 SUBTRACT（差集）命令，按【Enter】键确认，根据命令行提示进行操作，将上一步绘制的圆柱体从实体中减去，进行差集运算，如图 17-103 所示。

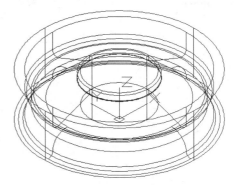

图 17-102　绘制圆柱体

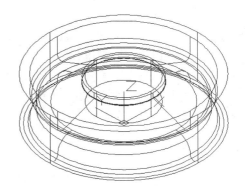

图 17-103　差集实体

Step 15 在命令行中输入 FILLET（圆角）命令，按【Enter】键确认，根据命令行提示进行操作，设置圆角半径为 2，选择差集运算后顶面的边，进行圆角处理，效果如图 17-104 所示。

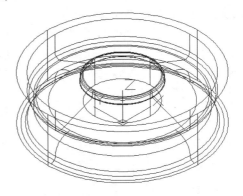

图 17-104　圆角图形

Step 16 在命令行中输入 CYLINDER（圆柱体）命令，按【Enter】键确认，根据命令行提示进行操作，输入圆柱体底面中心点坐标为（0,0,24），绘制半径为 37、高度为 36 的圆柱体，如图 17-105 所示。

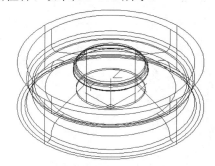

图 17-105　绘制圆柱体

Step 17 在命令行中输入 CHAMFER（倒角）命令，按【Enter】键确认，根据命令行提示进行操作，输入 D 并确认，设置倒角距离均为 2，选择上步绘制的圆柱体表面边，进行倒角处理，如图 17-106 所示。

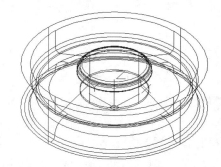

图 17-106　倒角图形

Step 18 在命令行中输入 CYLINDER（圆柱体）命令，按【Enter】键确认，根据命令行提示进行操作，输入圆柱体底面中心点坐标为（0,0,24），绘制半径为 20、高度为 40 的圆柱体，如图 17-107 所示。

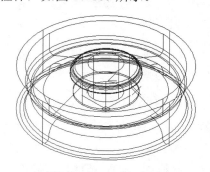

图 17-107　绘制圆柱体

Step 19 在命令行中输入 BOX（长方体）命令，按【Enter】键确认，根据命令行提示进行操作，输入坐标点（-23,-2.6,0）为长方体的角点，输入 L 并确认，指定长方体的长度为 4、宽度为 5、高度为 70，绘制长方体，如图 17-108 所示。

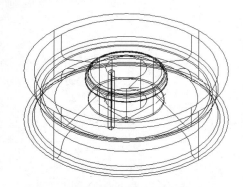

图 17-108　绘制长方体

Step 20 在命令行中输入 SUBTRACT（差集）命令，按【Enter】键确认，根据命令行提示进行操作，将前两步绘制的圆柱体和长方体从倒角的圆柱体中减去，完成差集运算，效果如图 17-109 所示。

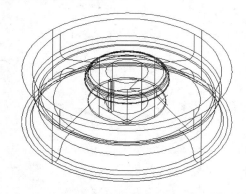

图 17-109　差集实体

Step 21 在命令行中输入 CYLINDER（圆柱体）命令，按【Enter】键确认，根据命令行提示进行操作，输入圆柱体底面中心点坐标为（61,0,0），绘制半径为 16、高度为 70 的圆柱体，如图 17-110 所示。

Step 22 在命令行中输入 MIRROR3D（三维镜像）命令，按【Enter】键确认，根据命令行提示进行操作，选择上步绘制的圆柱体，输入 YZ 并确认，进行图形镜像处理，效果如图 17-111 所示。

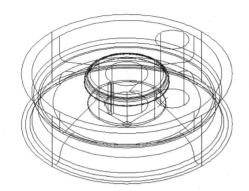

图 17-110　绘制圆柱体

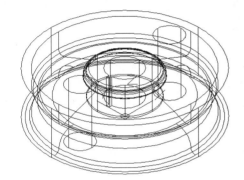

图 17-111　镜像图形

Step 23 在命令行中输入 SUBTRACT（差集）命令，按【Enter】键确认，根据命令行提示进行操作，将前两步绘制的圆柱体从实体中减去，完成差集运算，效果如图 17-112 所示。

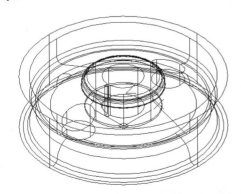

图 17-112　差集实体

Step 24 在命令行中输入 FILLET（圆角）命令，按【Enter】键确认，根据命令行提示进行操作，设置圆角半径为 3，选择实体上端内侧边，进行圆角处理，如图 17-113 所示。

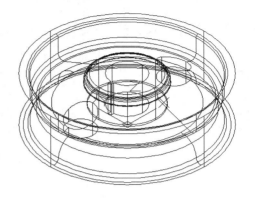

图 17-113　圆角图形

Step 25 在命令行中输入 UNION（并集）命令，按【Enter】键确认，根据命令行提示进行操作，选择所有实体图形，进行并集运算；在命令行中输入 MOVE（移动）命令，按【Enter】键确认，根据命令行提示进行操作，拾取实体为移动对象，在绘图区任取一点为基点，以坐标点（@500,0,0）为目标点，进行移动处理；在命令行中输入 HIDE（消隐）命令，按【Enter】键确认，对实体进行消隐处理，效果如图 17-114 所示。

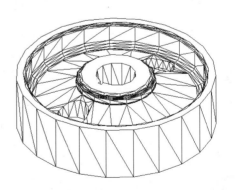

图 17-114　消隐效果

 高手指引

除了运用上述方法移动模型外，用户还可以在"常用"选项卡中的"修改"面板中单击"移动"按钮 ⊕。

17.3.2 创建齿轮齿

Step 01 将视图切换至俯视视图；在命令行中输入 CIRCLE（圆）命令，按【Enter】键确认，根据命令行提示进行操作，以坐标点（0,0,0）为圆心，绘制半径为 100 的圆，如图 17-115 所示。

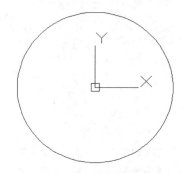

图 17-115 绘制圆

Step 02 在命令行中输入 LINE（直线）命令，按【Enter】键确认，根据命令行提示进行操作，输入坐标点（0,0）和（0,110）为直线的第一点和第二点，绘制直线，如图 17-116 所示。

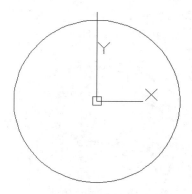

图 17-116 绘制直线

Step 03 在命令行中输入 OFFSET（偏移）命令，按【Enter】键确认；根据命令行提示进行操作，将绘制的直线分别向两侧各偏移两次，每次偏移 2 点，如图 17-117 所示。

Step 04 在命令行中输入 LINE（直线）命令，按【Enter】键确认，根据命令行提示进行操作，捕捉直线与圆的交点以及直线的端点，绘制直线，如图 17-118 所示。

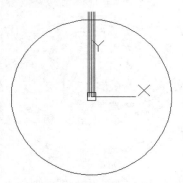

图 17-117 偏移直线

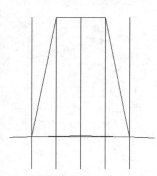

图 17-118 绘制直线

Step 05 在命令行中输入 ERASE（删除）命令，按【Enter】键确认，根据命令行提示进行操作，删除圆和相应的直线，如图 17-119 所示。

图 17-119 删除图形

Step 06 在命令行中输入 FILLET（圆角）命令，按【Enter】键确认，根据命令行提示进行操作，设置圆角半径为 1，对齿进行圆角处理，如图 17-120 所示。

图 17-120　圆角图形

Step 07 在命令行中输入 PEDIT（编辑多段线）命令，按【Enter】键确认，根据命令行提示进行操作，输入 M（多条），选择图形齿并确认，输入 J（合并），将其合并为多段线；将视图切换至东南等轴测视图，如图 17-121 所示。

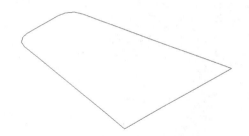

图 17-121　切换视图

Step 08 在命令行中输入 COPY（复制）命令，按【Enter】键确认，根据命令行提示进行操作，选择齿图形，在绘图区任取一点为基点，以坐标点（@0, 0, 60）为目标点进行复制操作，如图 17-122 所示。

图 17-122　复制图形

Step 09 在命令行中输入 ROTATE（旋转）命令，按【Enter】键确认，根据命令行提示进行操作，选择上步复制生成的齿图形，以原点为基点，设置旋转角度为 16，进行旋转处理，如图 17-123 所示。

图 17-123　旋转图形

Step 10 在命令行中输入 LINE（直线）命令，按【Enter】键确认，根据命令行提示进行操作，分别捕捉两个齿的端点绘制直线，如图 17-124 所示。

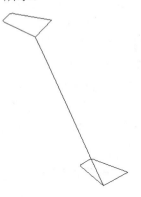

图 17-124　绘制直线

Step 11 在命令行中输入 LOFT（放样）命令，按【Enter】键确认，根据命令行提示进行操作，选择两个齿图形为截面，输入 P 并确认，选择直线为路径，进行放样处理，如图 17-125 所示。

Step 12 在命令行中输入 ARRAYPOLAR（环形阵列）命令，按【Enter】键确认，根据命令行提示进行操作，选择阵列对象，输入中心点坐标为（0, 0, 0），弹出"阵列创建"

选项卡，设置项目数为 56、填充角度为 360，对放样实体进行环形阵列处理，如图 17-126 所示。

图 17-125　放样处理

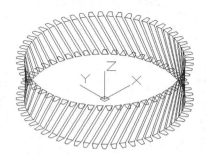

图 17-126　环形阵列

Step 13 在命令行中输入 MOVE（移动）命令，按【Enter】键确认，根据命令行提示进行操作，选择绘制的齿轮齿，在绘图区任取一点为基点，以坐标点（@500，0，0）为目标点，移动图形，如图 17-127 所示。

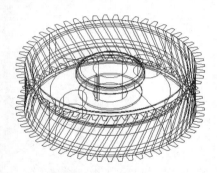

图 17-127　移动图形

Step 14 命令行中输入 EXPLODE（分解）命令，按【Enter】键确认；根据命令行提示进行操作，选择阵列后的齿进行分解处理；在命令行中输入 UNION（并集）命令，按【Enter】键确认，根据命令行提示进行操作，选择所有的实体图形，进行并集运算，如图 17-128 所示。

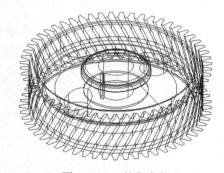

图 17-128　并集实体

17.3.3　渲染齿轮

Step 01 在命令行中输入 RECTANG（矩形）命令，按【Enter】键确认；根据命令行提示进行操作，在绘图区中绘制一个矩形框，为其赋予地面材质，并切换至真实视觉样式，如图 17-129 所示。

Step 02 在命令行中输入 MATERIALS（材质）命令，按【Enter】键确认，弹出"材质浏览器"面板，单击"材质浏览器"面板下方的"在文档中创建新材质"下拉按钮 ，在弹出的列表框中选择"新建常规材质"选项，如图 17-130 所示。

图 17-129　赋予地面材质

新建使用类型:
陶瓷
混凝土
玻璃
砌石
金属
金属漆
镜子
塑料
实心玻璃
石材
墙面漆
水
木材
新建常规材质... ← 选择

图 17-130　选择"新建常规材质"选项

Step 03 在"材质浏览器"面板上将显示新建的材质球,并弹出"材质编辑器"面板,在"指定材质名称"文本框中输入"金属材质",在"常规"选项区的"图像"选项右侧的空白处单击鼠标左键,弹出"材质编辑器打开文件"对话框,在其中打开本书光盘中的"素材"|"贴图"文件夹,选择"Metal01.jpg"文件,单击"打开"按钮,设置贴图并弹出"纹理编辑器"面板,在"变换"选项区下的"比例"选项区中,设置"样例尺寸"的"宽度"和"高度"均为 0.254,如图 17-131 所示。

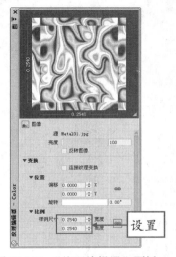

图 17-131　"纹理编辑器"面板

Step 04 关闭"纹理编辑器"面板,切换到"材质编辑器"面板中,在"常规"选项区中设置"图像褪色"为 83、"光泽度"为 80 以及"高光"为"金属";在"反射率"选项区中设置"直接"和"倾斜"均为 90,关闭"材质编辑器"面板,在绘图区中选择所有的图形对象,在"材质浏览器"面板中的"金属材质"球上,单击鼠标右键,在弹出的快捷菜单中选择"指定给当前选择"选项,如图 17-132 所示。

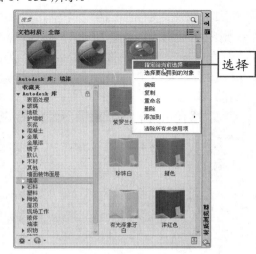

图 17-132　选择"指定给当前选择"选项

Step 05 执行上述操作后,即可赋予齿轮材质,效果如图 17-133 所示。

图 17-133　赋予齿轮材质

Step 06 在命令行中输入 VIEW(视图)命令,按【Enter】键确认,弹出"视图管理器"对话框,单击"新建"按钮,弹出"新建视图/快照特性"对话框,在"视图名称"文本框中输入"渲染",在"背景"选项区中单击"默认"右侧的下拉按钮,在弹出的列表框中选择"阳光与天光"选项,弹出"调整阳光与天光背景"对话框,在"常规"选项区中单击"阴影"右侧的下拉按钮,在弹出的列表框中选择"关"选项,击"确定"按钮,返回"新建视图 / 快照特性"对话框;单击"确定"按钮,返回到"视图管理器"对话框,在"视图"选项区中单击"透视"右侧的下拉按钮,在弹出的列表框中选择"开"选项,并依次单击"置为当前"和"应用"按钮,如图 17-134 所示,单击"确定"按钮,即可启用天光背景。

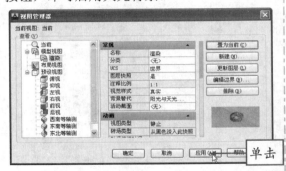

图 17-134 "视图管理器"对话框

Step 07 单击菜单栏中的"视图"|"渲染"|"高级渲染设置"命令,弹出"高级渲染设置"面板;单击上方的"渲染预设"下拉列表框,在弹出的列表框中选择"高"选项;在"渲染描述"选项区中单击"输出尺寸"下拉列表框,在弹出的列表框中选择"800×600"选项;在"采样"选项区中单

击"最大样例数"下拉列表框,在弹出的列表框中选择"256"选项,如图 17-135 所示。

图 17-135 "高级渲染设置"面板

Step 08 在命令行中输入 RENDER(渲染)命令,按【Enter】键确认,弹出"渲染"窗口,完成齿轮模型的渲染,效果如图 17-136 所示。

图 17-136 渲染效果

第18章 电气设计案例实战

学前提示

　　电气设计通过电气工程图描述电气设备或系统的工作原理以及有关组成部分的连接关系，并且在工程图标准中对电气工程图的制图规则作了详细的规定。随着电气技术的发展，电气设计得到了广泛的应用。

本章知识重点

▶ 绘制插座布置图

▶ 绘制别墅灯具布置图

▶ 绘制供电施工图

学完本章后应该掌握的内容

▶ 掌握插座布置图的设计方法

▶ 掌握别墅灯具布置图的设计方法

▶ 掌握供电施工图的设计方法

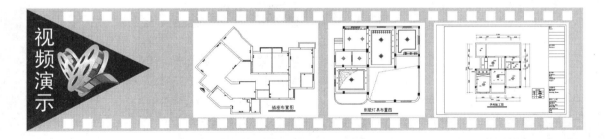

视频演示

18.1　插座布置图

插座包括强电插座、有线电视插座、电话插座等。这些设施的图形都有常规的表示方法。其中强电插座又分为空调插座和其他普通插座，对于空调插座，一般采用单相接地插座，即插座上只有一个三角插孔，用于连接空调；其他普通插座采用单相三联插座，即插座面板上有 3 组插孔，可以连接 3 个用电设备。本节主要介绍插座的布置方法，使读者可以熟悉布置图的设计方法。

本实例效果如图 18-1 所示。

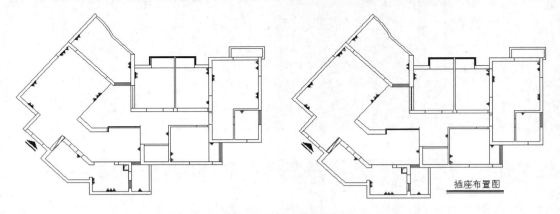

图 18-1　插座布置图

实例文件	光盘\实例\第 18 章\插座布置图.dwg
所用素材	光盘\素材\第 18 章\房间平面图.dwg

18.1.1　创建插座

Step 01 单击快速访问工具栏中的"打开"按钮，在弹出的"选择文件"对话框中打开素材图形，如图 18-2 所示。

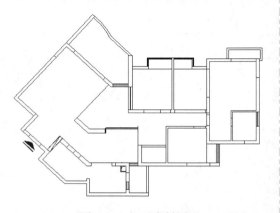

图 18-2　打开素材图形

Step 02 在命令行中输入 LAYER（图层）

命令，按【Enter】键确认，弹出"图层特性管理器"面板，新建一个"插座"图层（蓝色），并将其置为当前图层，如图 18-3 所示。

图 18-3　创建图层

Step 03 关闭面板，在命令行中输入 LINE 命令，按【Enter】键确认，根据命令行提示进行操作，任意捕捉一点，向右引导光标，输入250，并按【Enter】键确认，绘制直线，如图

18-4 所示。

Step 04 重复执行 LINE 命令，根据命令行提示进行操作，捕捉新创建直线的中点，向下引导光标，输入 207，并按【Enter】键确认，绘制直线，如图 18-5 所示。

图 18-4　绘制直线

图 18-5　绘制直线

Step 05 在命令行中输入 OFFSET（偏移）命令，按【Enter】键确认，根据命令行提示进行操作，设置偏移距离为 42，将新创建的直线左右各偏移一次，如图 18-6 所示。

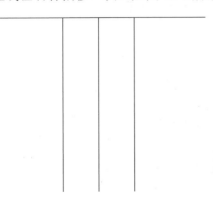

图 18-6　偏移直线

Step 06 在命令行中输入 CIRCLE（圆）命令，按【Enter】键确认，根据命令行提示进行操作，捕捉水平直线的中点，输入 125，按【Enter】键确认，绘制圆，如图 18-7 所示。

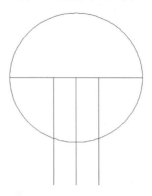

图 18-7　绘制圆

Step 07 在命令行中输入 COPY（复制）命令，按【Enter】键确认，根据命令行提示进行操作，选择新创建图形为复制对象，按【Enter】键确认，捕捉圆心点，如图 18-8 所示。

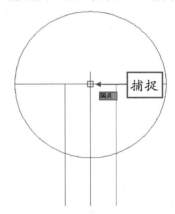

图 18-8　捕捉圆心点

Step 08 向右引导光标，依次输入 300、600 和 900，并按【Enter】键确认，复制图形对象，修改如图 18-9 所示。

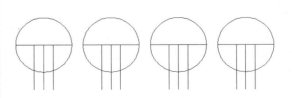

图 18-9　复制图形

Step 09 在命令行中输入 LINE（直线）命令，按【Enter】键确认，根据命令行提示进行操作，输入 FROM，按【Enter】键确认，捕捉左侧图形的左侧垂直直线的上端点，输入（@0, -74）和（@84, 0），绘制直线，如图 18-10 所示。

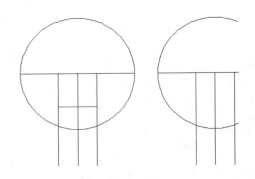

图 18-10　绘制直线

Step 10 在命令行中输入 TRIM（修剪）命令，按【Enter】键确认，根据命令行提示进行操作，修剪绘图区中多余的直线；在命令行中输入 ERASE（删除）命令，按【Enter】键确认，根据命令行提示进行操作，删除多余的直线对象，效果如图 18-11 所示。

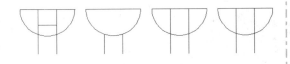

图 18-11　修剪并删除图形

Step 11 在命令行中输入 HATCH（填充）

命令，按【Enter】键确认，弹出"图案填充创建"选项卡，**1** 单击"图案填充图案"右侧下拉按钮，弹出下拉列表框，**2** 选择 SOLID 选项，如图 18-12 所示。

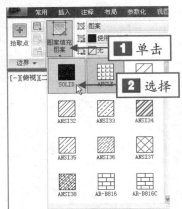

图 18-12　选择 SOLID 选项

Step 12 在"边界"面板中，单击"拾取点"按钮，分别拾取 4 个图形中合适的区域，按【Enter】键确认，分别创建图案填充对象，如图 18-13 所示。

图 18-13　创建图案填充

 高手指引

除了运用上述方法创建图案填充外，还可以单击"绘图"面板中的"图案填充"按钮。

18.1.2　布置插座图形

Step 01 在命令行中输入 MOVE（移动）命令，按【Enter】键确认，根据命令行提示进行操作，选择左侧的图形对象，捕捉其上方中点，将其移至墙体的右下角点处，如图 18-14 所示。

Step 02 在命令行中输入 COPY（复制）命令，按【Enter】键确认，根据命令行提示

进行操作，选择移动后的图形，捕捉上方中点为基点，依次输入（@1380, 4835）和（@7122, 6660），复制图形，效果如图 18-15 所示。

Step 03 在命令行中输入 ROTATE（旋转）命令，按【Enter】键确认，根据命令行提示，捕捉左侧复制图形的上方中点为基点，

输入-90，旋转图形，如图 18-16 所示。

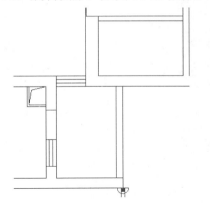

图 18-14 移动图形

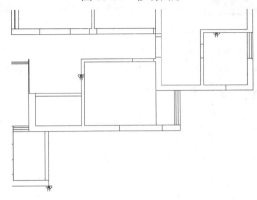

图 18-15 复制图形

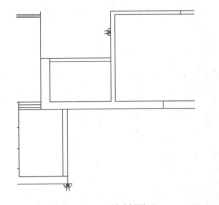

图 18-16 旋转图形

Step 04 在命令行中输入 ERASE（删除）命令，按【Enter】键确认，根据命令行提示进行操作，删除下方移动的图形，如图 18-17 所示。

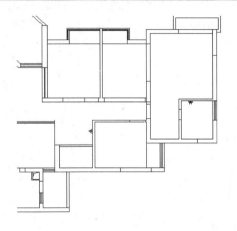

图 18-17 删除图形

Step 05 在命令行中输入 MOVE（移动）命令，按【Enter】键确认，根据命令行提示进行操作，再选择左侧的图形对象，捕捉其上方中点，将其移至墙体的右下角点处，效果如图 18-18 所示。

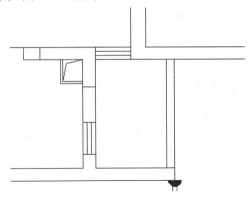

图 18-18 移动图形

Step 06 在命令行中输入 COPY（复制）命令，按【Enter】键确认，根据命令行提示进行操作，选择移动后的图形，捕捉上方中点为基点，依次输入（@-864,240）、（@-3156,240）和（@-3406,240），复制图形，如图 18-19 所示。

Step 07 在命令行中输入 ROTATE（旋转）命令，按【Enter】键确认，根据命令行提示进行操作，分别捕捉复制后图形的上方中点为基点，输入 180，旋转图形，效果如图 18-20 所示。

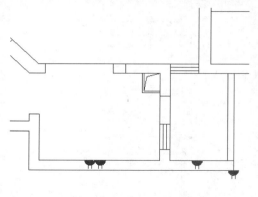

图 18-19　复制图形

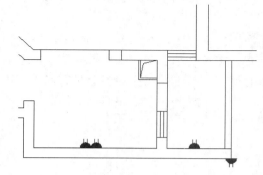

图 18-20　旋转图形

Step 08 在命令行中输入 COPY（复制）命令，按【Enter】键确认，根据命令行提示进行操作，选择旋转后的图形，捕捉相应的点为基点，复制图形，如图 18-21 所示。

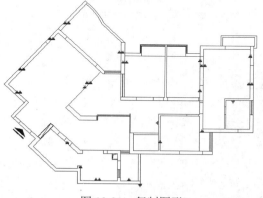

图 18-21　复制图形

Step 09 在命令行中输入 ROTATE（旋转）命令，按【Enter】键确认，根据命令行提示进行操作，分别捕捉复制后图形的相应点为基点，旋转图形，并删除多余的图形，

效果如图 18-22 所示。

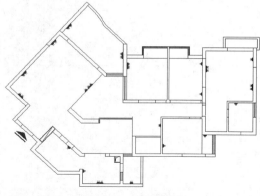

图 18-22　旋转图形

Step 10 在命令行中输入 MOVE（移动）命令，按【Enter】键确认，根据命令行提示进行操作，再次选择左侧的图形对象，捕捉其上方中点，将其移至墙体的右下角点处，如图 18-23 所示。

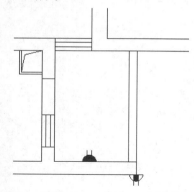

图 18-23　移动图形

Step 11 在命令行中输入 COPY（复制）命令，按【Enter】键确认，根据命令行提示进行操作，选择移动图形，捕捉上方中点，依次输入（@-2896，240）、（@-4610，946）和（@-830，3627），复制图形，效果如图 18-24 所示。

Step 12 在命令行中输入 ROTATE（旋转）命令，按【Enter】键确认，根据命令行提示进行操作，分别捕捉复制后图形的上方中点为基点，设置旋转角度分别为 180、90 和-90，旋转图形，并删除移动的图形，效果如图 18-25 所示。

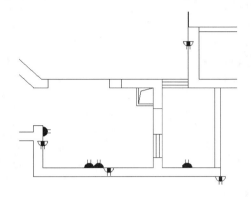

图 18-24 复制图形

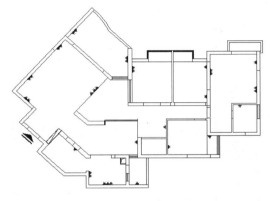

图 18-25 旋转图形

Step 13 在命令行中输入 MOVE（移动）命令，按【Enter】键确认，根据命令行提示进行操作，选择左上方的图形对象，捕捉其上方中点，将其移至墙体的右下角点处，如图 18-26 所示。

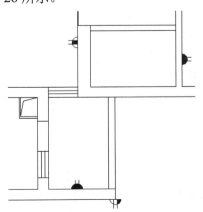

图 18-26 移动图形

Step 14 在命令行中输入 COPY（复制）

命令，按【Enter】键确认，根据命令行提示进行操作，选择移动图形，捕捉上方中点，输入（@1510, 2750），复制图形，如图 18-27 所示。

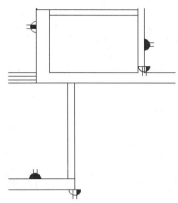

图 18-27 复制图形

Step 15 在命令行中输入 ROTATE（旋转）命令，按【Enter】键确认，根据命令行提示进行操作，捕捉复制后图形的上方中点为基点，设置旋转角度为 90，旋转图形，效果如图 18-28 所示。

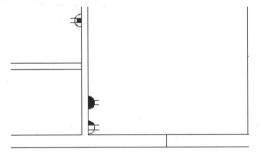

图 18-28 旋转图形

Step 16 在命令行中输入 COPY（复制）命令，按【Enter】键确认，根据命令行提示进行操作，选择旋转后的图形，捕捉相应的点为基点，复制图形，如图 18-29 所示。

Step 17 在命令行中输入 ROTATE（旋转）命令，按【Enter】键确认，根据命令行提示进行操作，分别捕捉复制后图形的相应点为基点，旋转图形，并删除多余的图形，效果如图 18-30 所示。

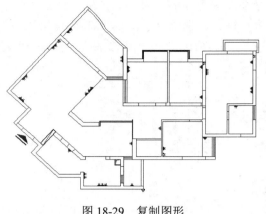

图 18-29　复制图形

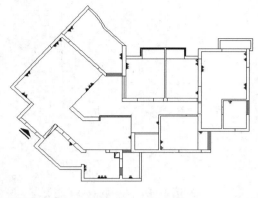

图 18-30　旋转图形

18.1.3　完善插座布置图

Step 01 将 0 图层置为当前；在命令行中输入 MTEXT（多行文字）命令，按【Enter】键确认，根据命令行提示进行操作，捕捉合适角点和对角点，弹出文本框和"文字编辑器"选项卡，输入"插座布置图"文字，如图 18-31 所示。

图 18-31　输入文字

Step 02 选择输入的文字，设置"文字高度"为 500，在绘图区中的空白位置处，单击鼠标左键，创建文字，并调整其至合适的位置，如图 18-32 所示。

Step 03 在命令行中输入 LINE（直线）命令，按【Enter】键确认，根据命令行提示进行操作，捕捉文字下方合适的端点，向右引导光标，输入 4350，并按【Enter】键确认，绘制直线，如图 18-33 所示。

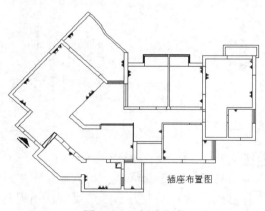

插座布置图

图 18-32　创建文字

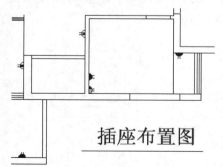

图 18-33　绘制直线

Step 04 在命令行中输入 OFFSET（偏移）命令，按【Enter】键确认，根据命令行提示进行操作，设置偏移距离为 150，将新创建的直线向下进行偏移处理，效果如图 18-

34 所示。

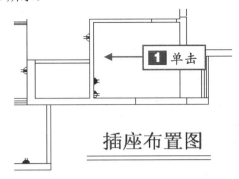

图 18-34　偏移直线

Step 05 在命令行中输入 PLINE（多段线）命令，按【Enter】键确认，根据命令行提示进行操作，捕捉上方直线的左端点，输入 W，按【Enter】键确认，输入 50，连续

按两次按【Enter】键确认，在上方直线的右端点上，单击鼠标左键，并确认，创建多段线，此时即可完成插座布置图的创建，效果如图 18-35 所示。

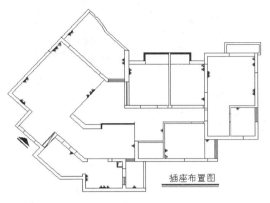

图 18-35　插座布置图效果

18.2　别墅灯具布置图

在进行室内装修时，天棚的装饰是不可缺少的一部分。天棚装饰主要是在天棚中布置各种灯具。在布置灯具时，要考虑室内照明的亮度，不同灯具及层高，都会对亮度有影响。因此，合理地布置室内灯具是天棚装饰的重点。

本实例效果如图 18-36 所示。

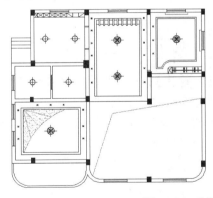 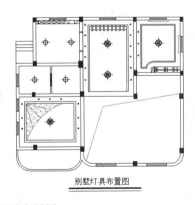

图 18-36　别墅灯具布置图

实例文件	光盘\实例\第 18 章\别墅灯具布置图.dwg
所用素材	光盘\素材\第 18 章\别墅平面图.dwg

18.2.1　创建灯具

Step 01 单击快速访问工具栏中的"打开"按钮，在弹出的"选择文件"对话框中打

开素材图形，如图 18-37 所示。

Step 02 在命令行中输入 LAYER（图层）

命令，按【Enter】键确认，弹出"图层特性管理器"面板，新建一个"灯具"图层（蓝色），并将其置为当前图层，如图 18-38 所示。

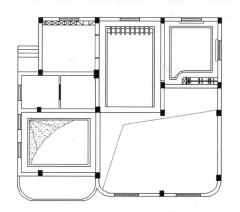

图 18-37　打开素材图形

图 18-38　创建图层

Step 03 关闭面板，在命令行中输入 LINE（直线）命令，按【Enter】键确认，根据命令行提示进行操作，任意捕捉一点，向右引导光标，输入 934，并按【Enter】键确认，绘制直线，如图 18-39 所示。

图 18-39　绘制直线

Step 04 重复执行 LINE（直线）命令，根据命令行提示进行操作，输入 FROM，按【Enter】键确认，捕捉新创建直线左端点，依次输入（@467，-451）和（@0，902）并确认，绘制直线，如图 18-40 所示。

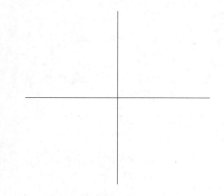

图 18-40　绘制直线

Step 05 在命令行中输入 CIRCLE（圆）命令，按【Enter】键确认，根据命令行提示进行操作，捕捉直线的交点为圆心，输入 280，按【Enter】键确认，绘制圆，效果如图 18-41 所示。

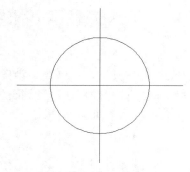

图 18-41　绘制圆

Step 06 重复执行 CIRCLE（圆）命令，根据命令行提示进行操作，捕捉直线的交点，输入 264，按【Enter】键确认，绘制圆，如图 18-42 所示。

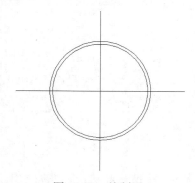

图 18-42　绘制圆

Step 07 在命令行中输入 CIRCLE（圆）命令，按【Enter】键确认，根据命令行提示进行操作，捕捉直线的交点为圆心，依次输入 72 和 24，按【Enter】键确认，绘制两个圆对象，如图 18-43 所示。

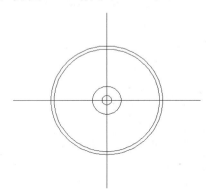

图 18-43　绘制两个圆

Step 08 重复执行 CIRCLE 命令，根据命令行提示进行操作，输入 FROM，按【Enter】键确认，捕捉圆心点，依次输入（@-115,110）和 40 并确认，绘制圆，如图 18-44 所示。

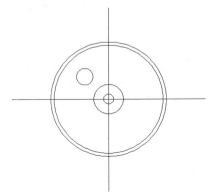

图 18-44　绘制圆

Step 09 在命令行中输入 LINE（直线）命令，按【Enter】键确认，根据命令行提示进行操作，输入 FROM，按【Enter】键确认，捕捉两直线的交点，依次输入（@-164,61）和（@98,101）并确认，绘制直线，如图 18-45 所示。

Step 10 重复执行 LINE（直线）命令，根据命令行提示进行操作，输入 FROM，按【Enter】键确认，捕捉两直线的交点，依次

输入（@-65,61）和（@-98,97）并确认，绘制直线，如图 18-46 所示。

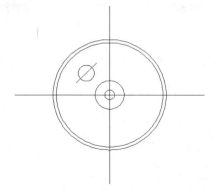

图 18-45　绘制直线

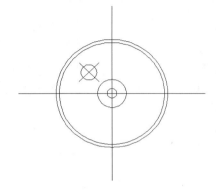

图 18-46　绘制直线

Step 11 在命令行中输入 ARRAYPOLAR（环形阵列）命令，按【Enter】键确认，根据命令行提示进行操作，在绘图区中选择需要阵列的对象，如图 18-47 所示。

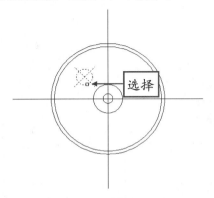

图 18-47　选择阵列对象

Step 12 按【Enter】键确认，捕捉圆心点为阵列中心点，**1** 弹出"阵列创建"选项卡，

2 在"项目数"文本框中输入 4，按【Enter】键确认，如图 18-48 所示。

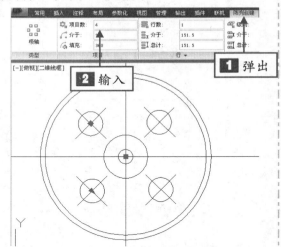

图 18-48　设置参数

Step 13 单击"关闭"面板中的"关闭阵列"按钮，即可阵列图形，如图 18-49 所示。

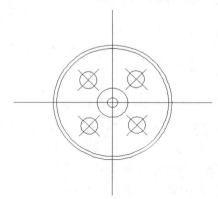

图 18-49　阵列图形

Step 14 在命令行中输入 TRIM（修剪）命令，按【Enter】键确认，根据命令行提示进行操作，修剪绘图区中的多余的直线，如图 18-50 所示。

Step 15 在命令行中输入 EXPLODE（分解）命令，按【Enter】键确认，根据命令行提示进行操作，选择阵列图形，对其进行分解处理，在分解后的图形上单击鼠标左键，查看分解效果，如图 18-51 所示。

Step 16 在命令行中输入 COPY（复制）命令，按【Enter】键确认，根据命令行提示进行操作，选择右上方分解后图形，将其向右进行两次复制处理，如图 18-52 所示。

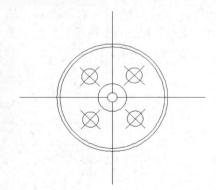

图 18-50　修剪图形

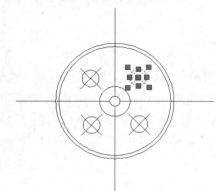

图 18-51　查看分解效果

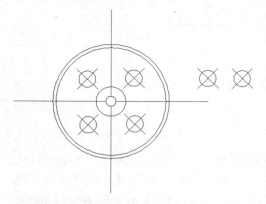

图 18-52　复制图形

Step 17 在命令行中输入 HATCH（图案填充）命令，按【Enter】键确认，弹出"图案填充创建"选项卡，**1** 单击"图案填充图案"右侧下拉按钮，**2** 在弹出的列表框中选择 SOLID 选项，如图 18-53 所示。

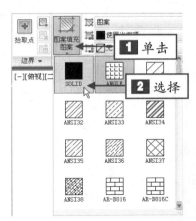

图 18-53 选择 SOLID 选项

Step 18 在"边界"面板中，单击"拾取点"按钮 ➕，拾取右侧复制图形合适的区域为填充区域，按【Enter】键确认，创建图案填充，如图 18-54 所示。

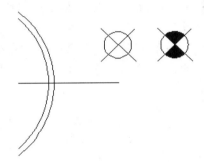

图 18-54 创建图案填充

Step 19 在命令行中输入 LINE（直线）命令，按【Enter】键确认，根据命令行提示进行操作，任意捕捉一点，向右引导光标，输入 728，按【Enter】键确认，绘制直线，如图 18-55 所示。

图 18-55 绘制直线

Step 20 重复执行 LINE（直线）命令，根据命令行提示进行操作，输入 FROM，按【Enter】键确认，捕捉直线左端点，输入

（@364, -364）和（@0, 728）并确认，绘制直线，如图 18-56 所示。

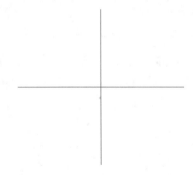

图 18-56 绘制直线

Step 21 在命令行中输入 CIRCLE（圆）命令，按【Enter】键确认，根据命令行提示进行操作，捕捉新创建直线交点，输入 210，按【Enter】键确认绘制圆，如图 18-57 所示。

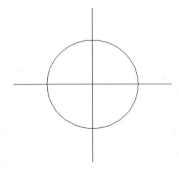

图 18-57 绘制圆

Step 22 重复执行 CIRCLE（圆）命令，根据命令行提示进行操作，捕捉新创建圆圆心，输入 200，按【Enter】键确认，绘制圆，如图 18-58 所示。

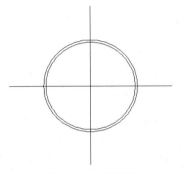

图 18-58 绘制圆

18.2.2 布置灯具图形

Step 01 在命令行中输入 MOVE（移动）命令，按【Enter】键确认，根据命令行提示进行操作，选择左侧的第一个图形对象，捕捉中心点，将其移至墙体的右上角点处，如图 18-59 所示。

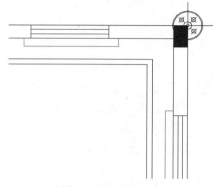

图 18-59 移动图形

Step 02 在命令行中输入 COPY（复制）命令，按【Enter】键确认，根据命令行提示进行操作，选择移动图形，捕捉其圆心点为基点，依次输入（@-2178，-2351）、（@-6743，-2407）、（@-6743，-5257）和（@-11899，-9466），复制图形，如图 18-60 所示。

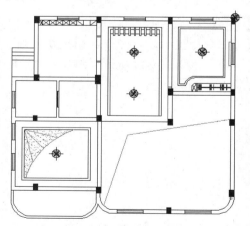

图 18-60 复制图形

Step 03 在命令行中输入 ERASE（删除）命令，按【Enter】键确认，根据命令行提示

进行操作，删除移动的图形，如图 18-61 所示。

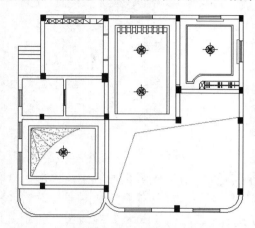

图 18-61 删除图形

Step 04 在命令行中输入 MOVE（移动）命令，按【Enter】键确认，根据命令行提示进行操作，选择右方合适的图形对象，捕捉中心点，将其移至墙体的右上角点处，如图 18-62 所示。

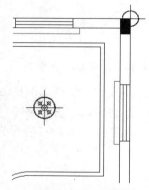

图 18-62 移动图形

Step 05 在命令行中输入 COPY（复制）命令，按【Enter】键确认，根据命令行提示进行操作，选择移动图形，捕捉其圆心点为基点，依次输入（@-10007，-2258）、（@-12284，-2258）、（@-10505，-5669）和（@-13278，-5669），复制图形，并删除移动图形，如图 18-63 所示。

Step 06 在命令行中输入 MOVE（移动）

命令，按【Enter】键确认，根据命令行提示进行操作，选择右侧合适的图形对象，捕捉中心点，将其移至墙体的右上角点处，如图18-64 所示。

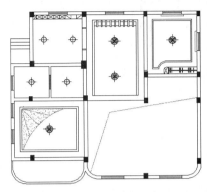

图 18-63　复制图形

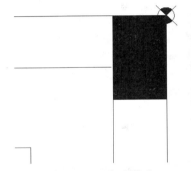

图 18-64　移动图形

Step 07 在命令行中输入 COPY（复制）命令，按【Enter】键确认，根据命令行提示进行操作，选择移动图形，捕捉其圆心点为基点，依次输入（@-10900,-7437）、（@-11900,-7437）和（@-12900,-7437），复制图形，并删除移动图形，如图 18-65 所示。

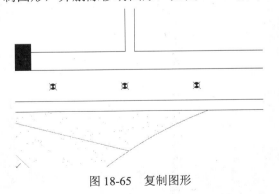

图 18-65　复制图形

Step 08 在命令行中输入 MOVE（移动）命令，按【Enter】键确认，根据命令行提示进行操作，选择右侧合适的图形对象，捕捉中心点，将其移至墙体的右上角点处，如图18-66 所示。

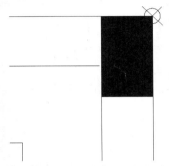

图 18-66　移动图形

Step 09 在命令行中输入 COPY（复制）命令，按【Enter】键确认，根据命令行提示进行操作，选择移动图形，确定圆心点为移动基点，输入（@-3985,-1350），复制图形，如图 18-67 所示。

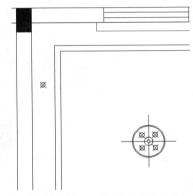

图 18-67　复制图形

Step 10 重复执行 COPY（复制）命令，根据命令行提示进行操作，选择移动图形，确定圆心点为移动基点，对其进行复制处理，并删除移动的图形，如图 18-68 所示。

Step 11 在命令行中输入 MIRROR（镜像）命令，按【Enter】键确认，根据命令行提示进行操作，在绘图区中选择合适的图形作为镜像对象，指定合适的点作为镜像点，镜像图形，如图 18-69 所示。

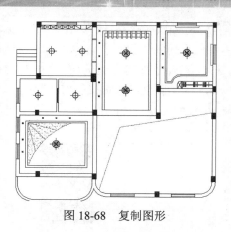

图 18-68　复制图形

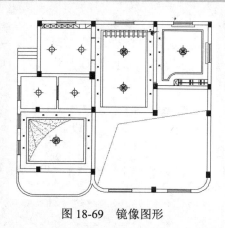

图 18-69　镜像图形

18.2.3　完善灯具布置图

Step 01 将 0 图层置为当前；在命令行中输入 MTEXT（多行文字）命令，按【Enter】键确认，根据命令行提示进行操作，捕捉合适角点和对角点，弹出文本框和"文字编辑器"选项卡，输入文字，如图 18-70 所示。

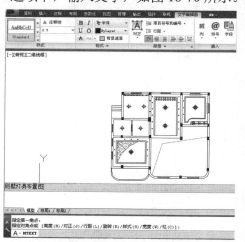

图 18-70　输入文字

Step 02 选择输入的文字，设置"文字高度"为 500，在绘图区中的空白位置处，单击鼠标左键，创建文字，并调整其至合适的位置，如图 18-71 所示。

Step 03 在命令行中输入 LINE（直线）命令，按【Enter】键确认，根据命令行提示进行操作，捕捉文字下方合适的端点，向右引导光标，输入 6450，并按【Enter】键确认，

绘制直线，如图 18-72 所示。

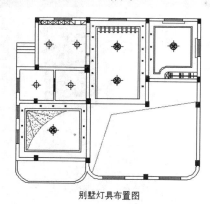

别墅灯具布置图

图 18-71　创建文字

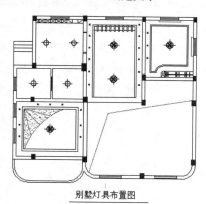

别墅灯具布置图

图 18-72　绘制直线

Step 04 在命令行中输入 OFFSET（偏移）命令，按【Enter】键确认，根据命令行提示

进行操作，设置偏移距离为 250，将新创建的直线向下进行偏移处理，如图 18-73 所示。

按【Enter】键确认，输入 70，连续按两次按【Enter】键确认，在上方直线的右端点上，单击鼠标左键，并确认，创建多段线，此时即可完成别墅灯具布置图的创建，效果如图 18-74 所示。

图 18-73　偏移直线

Step 05 在命令行中输入 PLINE（多段线）命令，按【Enter】键确认，根据命令行提示进行操作，捕捉上方直线的左端点，输入 W，

图 18-74　别墅灯具布置图效果

18.3 供电施工图

在进行室内设计的时候，电路的布置是尤为重要的一环。供电施工图主要是为建筑施工人员提供合理的电路布置，在布置电路时，要充分考虑到房主的生活习惯，以及电路的合理化。本节主要介绍供电施工图设计的相关知识，使读者可以熟悉供电施工图的设计方法。

本实例效果如图 18-75 所示。

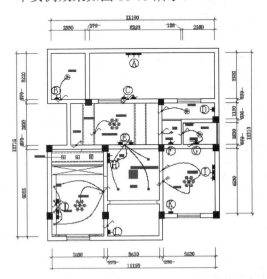

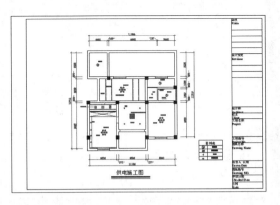

图 18-75　供电施工图

	实例文件	光盘\实例\第 18 章\供电施工图.dwg
	所用素材	光盘\素材\第 18 章\供电施工图.dwg、图框.dwg

18.3.1 创建开关和插座

Step 01 单击快速访问工具栏中的"打开"按钮 ⬜，在弹出的"选择文件"对话框中打开素材图形，如图 18-76 所示。

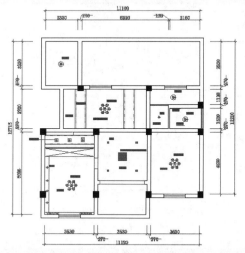

图 18-76 打开素材图形

Step 02 在命令行中输入 LAYER（图层）命令，按【Enter】键确认，弹出"图层特性管理器"面板，新建"开关"、"电线"和"插座"图层，并将"开关"图层置为当前图层，如图 18-77 所示。

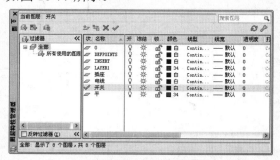

图 18-77 "图层特性管理器"面板

Step 03 在命令行中输入 LINE（直线）命令，按【Enter】键确认，根据命令行提示进行操作，任意捕捉一点，依次输入（@-150,0）、（@0,-200）、（@0,-500）和（@-150,0），绘制直线，如图 18-78 所示。

Step 04 在命令行中输入 ROTATE（旋转）命令，按【Enter】键确认，根据命令行提示

进行操作，选取选旋转对象，以相应的点为基点，输入-45 并确认，旋转图形，如图 18-79 所示。

图 18-78 绘制直线

图 18-79 旋转图形

Step 05 在命令行中输入 DONUT（圆环）命令，按【Enter】键确认，根据命令行提示进行操作，输入圆内径为 0，按【Enter】键确认，输入外径为 100 并确认，在绘图区中捕捉合适的中心点，如图 18-80 所示。

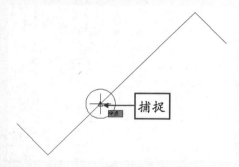

图 18-80 捕捉合适的中心点

Step 06 单击鼠标左键并按【Enter】键确认，即可绘制圆环，效果如图 18-81 所示。

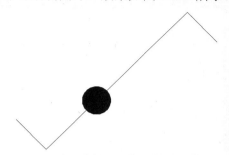

图 18-81　绘制圆环

Step 07 在命令行中输入 COPY（复制）命令，按【Enter】键确认，根据命令行提示进行操作，选择合适的图形，以相应的点为基点，复制图形，如图 18-82 所示。

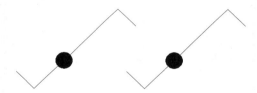

图 18-82　复制图形

Step 08 重复执行 COPY（复制）命令，根据命令行提示进行操作，以相应的直线为复制对象，以相应的点为基点和目标点，复制图形，如图 18-83 所示。

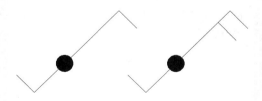

图 18-83　复制图形

Step 09 重复执行 COPY（复制）命令，根据命令行提示进行操作，以最左侧的图形为复制对象，复制图形；用与上述相同的方法，复制相应的直线，效果如图 18-84 所示。

Step 10 重复执行 COPY（复制）命令，根据命令行提示进行操作，在绘图区中选取

相应的直线为复制对象，在合适的点上单击鼠标左键，指定复制基点，如图 18-85 所示。

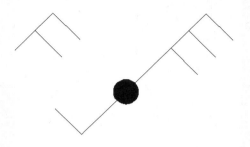

图 18-84　复制图形

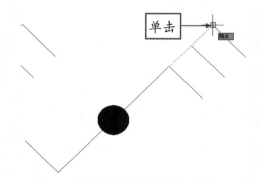

图 18-85　指定复制基点

Step 11 在图形的左下端点上单击鼠标左键，确定目标点，复制图形，如图 18-86 所示。

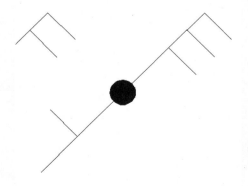

图 18-86　复制图形

Step 12 用与上述相同的方法，复制图形，效果如图 18-87 所示。

Step 13 将插座图层置为当前图层；在命

令行中输入 CIRCLE（圆）命令，按【Enter】键确认，根据命令行提示进行操作，在绘图区中任取一点为圆心，输入 160 并确认，绘制圆，如图 18-88 所示。

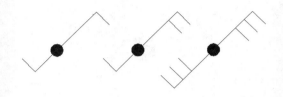

图 18-87　复制图形

图 18-88　绘制圆

Step 14 在命令行中输入 LINE（直线）命令，按【Enter】键确认，根据命令行提示进行操作，绘制一条过圆心的直线，如图 18-89 所示。

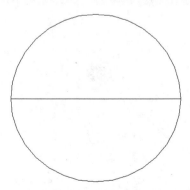

图 18-89　绘制直线

Step 15 在命令行中输入 TRIM（直线）命令，按【Enter】键确认，根据命令行提示

进行操作，修剪图形，如图 18-90 所示。

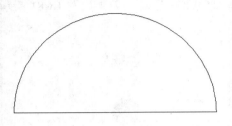

图 18-90　修剪图形

Step 16 在命令行中输入 LINE（直线）命令，按【Enter】键确认，根据命令行提示进行操作，输入 FROM，按【Enter】键确认，捕捉象限点，输入（@-160,0）和（@320,0）并确认，绘制直线，如图 18-91 所示。

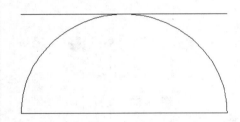

图 18-91　绘制直线

Step 17 重复执行 LINE（直线）命令，根据命令行提示进行操作，捕捉象限点，向上引导光标，输入 160 并确认，绘制直线，如图 18-92 所示。

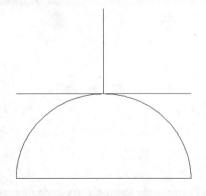

图 18-92　绘制直线

Step 18 在命令行中输入 BHATCH（图案填充）命令，按【Enter】键确认，弹出"图案填充创建"选项卡，**1** 单击"图案填充图案"右侧下拉按钮，**2** 弹出下拉列表框，选择 SOLID 选项，如图 18-93 所示。

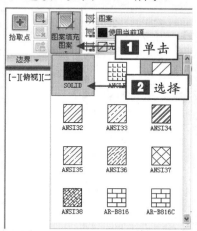

图 18-93 选择 SOLID 选项

Step 19 在"边界"面板中，单击"拾取点"按钮 ✛，在图形中的合适区域单击鼠标左键，按【Enter】键确认，创建图案填充，如图 18-94 所示。

图 18-94 创建填充图案

Step 20 在命令行中输入 COPY（复制）命令，按【Enter】键确认，根据命令行提示进行操作，在绘图区在选择插座图形，以相应的点为基点，复制图形，如图 18-95 所示。

Step 21 在命令行中输入 LINE（直线）命令，按【Enter】键确认，根据命令行提示进行操作，捕捉最近点，在命令行中输入（@160

<45）并确认，绘制斜线，效果如图 18-96 所示。

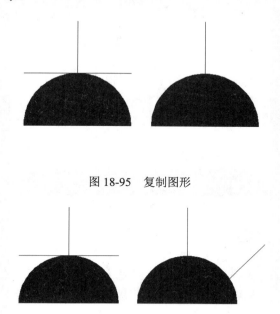

图 18-95 复制图形

图 18-96 绘制斜线

Step 22 在命令行中输入 CIRCLE（圆）命令，按【Enter】键确认，根据命令行提示进行操作，在绘图区中任取一点为圆心，输入 300 并确认，绘制圆，如图 18-97 所示。

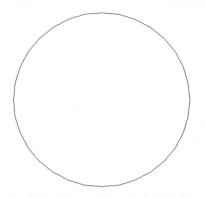

图 18-97 绘制圆

Step 23 在命令行中输入 TEXT（文本）命令，按【Enter】键确认，根据命令行提示进行操作，在圆内输入文字 A，并将其移至合适位置，如图 18-98 所示。

新手学设计完全精通

图 18-98　创建文本

18.3.2　布置开关和插座

Step 01 在命令行中输入 MOVE（移动）命令，按【Enter】键确认，根据命令行提示进行操作，选择开关的第一个图形对象，捕捉相应的点，将其移至墙体的右上角点处，如图 18-99 所示。

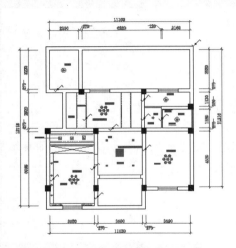

图 18-100　复制图形

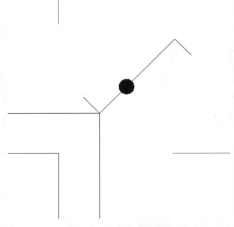

图 18-99　移动图形

Step 02 在命令行中输入 COPY（复制）命令，按【Enter】键确认，根据命令行提示进行操作，选择移动图形，捕捉其圆心点为基点，以相应的点为目标点，复制图形，如图 18-100 所示。

Step 03 在命令行中输入 ERASE（删除）命令，按【Enter】键确认，根据命令行提示进行操作，删除移动的图形，效果如图 18-101 所示。

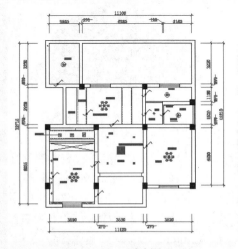

图 18-101　删除图形

Step 04 在命令行中输入 MOVE（移动）命令，按【Enter】键确认，根据命令行提示进行操作，选择开关的第二个图形对象，捕捉相应的点，将其移至墙体的右上角点处，如图 18-102 所示。

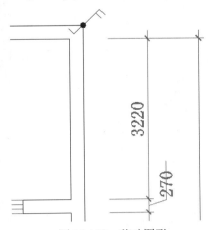

图 18-102   移动图形

Step 05 在命令行中输入 COPY（复制）命令，按【Enter】键确认，根据命令行提示进行操作，选择移动图形，捕捉其圆心点为基点，以相应的点为目标点，复制图形，并删除移动的图形，如图 18-103 所示。

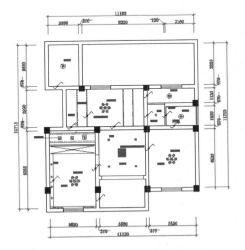

图 18-103   复制图形

Step 06 在命令行中输入 MOVE（移动）命令，按【Enter】键确认，根据命令行提示进行操作，选择开关的第三个图形对象，捕捉相应的点，将其移至墙体的右上角点处，

如图 18-104 所示。

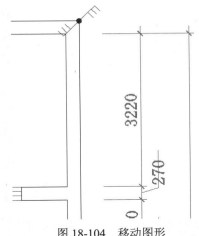

图 18-104   移动图形

Step 07 在命令行中输入 COPY（复制）命令，按【Enter】键确认，根据命令行提示进行操作，选择移动图形，捕捉其圆心点为基点，以相应的点为目标点，复制图形，并删除移动的图形，如图 18-105 所示。

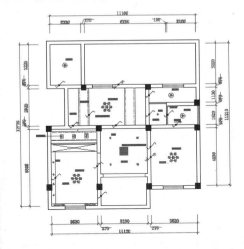

图 18-105   复制图形

Step 08 在命令行中输入 MOVE（移动）命令，按【Enter】键确认，根据命令行提示进行操作，选择插座的第一个图形对象，捕捉相应的点，将其移至墙体的右上角点处，如图 18-106 所示。

Step 09 在命令行中输入 COPY（复制）命令，按【Enter】键确认，根据命令行提示进行操作，选择移动图形，捕捉其圆心点为基点，以相应的点为目标点，复制图形，并删除移动的图形，如图 18-107 所示。

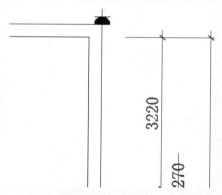

图 18-106 移动图形

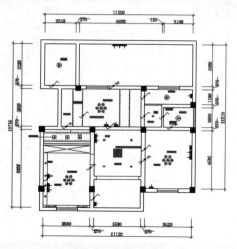

图 18-108 旋转图形

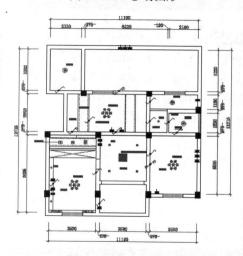

图 18-107 复制图形

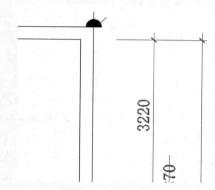

图 18-109 移动图形

Step 10 在命令行中输入 ROTATE（旋转）命令，按【Enter】键确认，根据命令行提示进行操作，分别捕捉复制后图形的相应点为基点，旋转图形，如图 18-108 所示。

Step 11 在命令行中输入 MOVE（移动）命令，按【Enter】键确认，根据命令行提示进行操作，选择插座的第二个图形对象，捕捉相应的点，将其移至墙体的右上角点处，如图 18-109 所示。

Step 12 在命令行中输入 COPY（复制）命令，按【Enter】键确认，根据命令行提示进行操作，选择移动图形，捕捉其圆心点为基点，以相应的点为目标点，复制图形，并删除移动的图形，如图 18-110 所示。

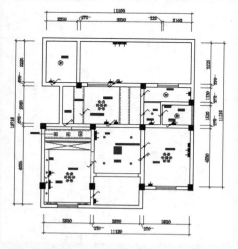

图 18-110 复制图形

Step 13 将"电线"图层置为当前图层；在命令行中输入 SPLINE（样条曲线）命令，按【Enter】键确认，根据命令行提示进行操作，在灯具与开关之间用样条曲线连接，如图 18-111 所示。

图 18-111 绘制样条曲线

Step 14 重复执行 SPLINE（样条曲线）命令，根据命令行提示进行操作，绘制其他的样条曲线，如图 18-112 所示。

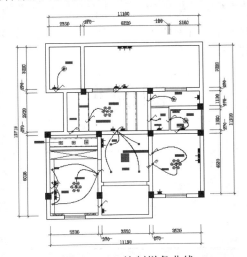

图 18-112 绘制样条曲线

Step 15 在命令行中输入 MOVE（移动）命令，按【Enter】键确认，根据命令行提示进行操作，在绘图区中选择相应的图形对象，将其移至合适的位置，如图 18-113 所示。

Step 16 在命令行中输入 COPY（复制）命令，按【Enter】键确认，根据命令行提示进行操作，选择移动图形，捕捉其圆心点为基点，以相应的点为目标点，复制图形，如图 18-114 所示。

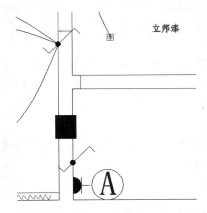

图 18-113 移动图形

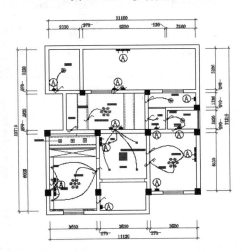

图 18-114 复制图形

Step 17 依次双击各文本，修改文本，修改如图 18-115 所示。

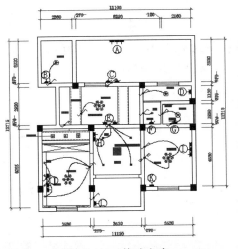

图 18-115 修改文本

18.3.3 完善供电施工图

Step 01 在命令行中输入 TABLE（插入表格）命令，按【Enter】键确认，**1**弹出"插入表格"对话框，**2**设置表格参数，如图 18-116 所示。

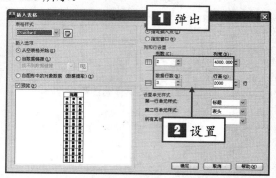

图 18-116　设置参数

Step 02 单击"确定"按钮，在绘图区中指定插入点，按【Esc】键确认，插入表格，如图 18-117 所示。

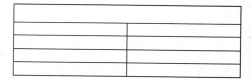

图 18-117　插入表格

Step 03 选择表格，拖曳相应夹点，编辑表格，效果如图 18-118 所示。

图 18-118　编辑表格

Step 04 双击表格，输入相应的文字，并调整文字大小，如图 18-119 所示。

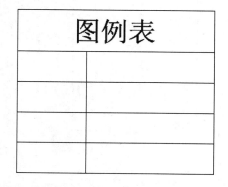

图 18-119　输入文字

Step 05 在命令行中输入 COPY（复制）命令，按【Enter】键确认，根据命令行提示进行操作，将图形中的灯具复制到表格中，并将相应的图块分解，删除不需要的图形，如图 18-120 所示。

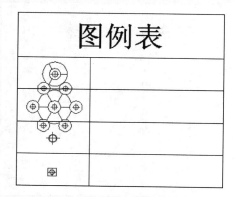

图 18-120　复制图形

Step 06 在命令行中输入 SCALE（缩放）命令，按【Enter】键确认，根据命令行提示进行操作，选择合适的灯具，指定圆心点为基点，输入缩放因子 0.4 并确认，缩放图形，如图 18-121 所示。

Step 07 双击表格，输入相应的文字，并调整文字大小和位置，即可为对应的图形添加文本说明，如图 18-122 所示。

图例表

⊙	
✳	
⊕	
⊞	

图 18-121　缩放图形

图例表

⊙	吸顶灯
✳	豪华吊灯
⊕	筒灯
⊞	工艺吊灯

图 18-122　添加文本说明

Step 08 将表格移动到合适位置，如图 18-123 所示。

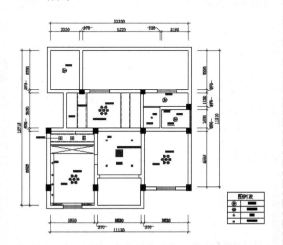

图 18-123　移动表格

Step 09 将 0 图层置为当前；在命令行中输入 MTEXT（多行文字）命令，按【Enter】键确认，根据命令行提示进行操作，捕捉合

适角点和对角点，弹出文本框和"文字编辑器"选项卡，输入文字，如图 18-124 所示。

图 18-124　输入文字

Step 10 选择输入的文字，设置"文字高度"为 500，在绘图区中的空白位置处，单击鼠标左键，创建文字，并调整其至合适的位置，如图 18-125 所示。

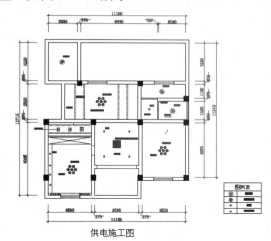

供电施工图

图 18-125　创建文字

Step 11 在命令行中输入 LINE（直线）命令，按【Enter】键确认，根据命令行提示进行操作，捕捉文字下方合适的端点，向右引导光标，输入 5000，并按【Enter】键确认，绘制直线，如图 18-126 所示。

Step 12 在命令行中输入 OFFSET（偏移）命令，按【Enter】键确认，根据命令行提示进行操作，设置偏移距离为 250，将新创建的直线向下进行偏移处理，如图 18-127 所示。

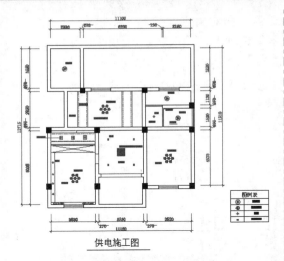

图 18-126　绘制直线

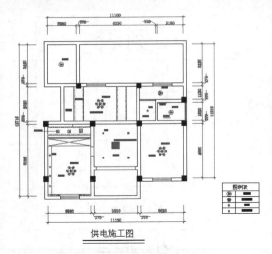

供电施工图

图 18-128　绘制多段线

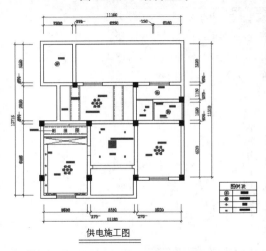

供电施工图

图 18-127　偏移直线

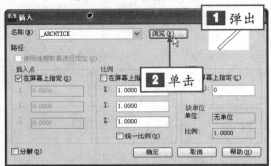

图 18-129　单击"浏览"按钮

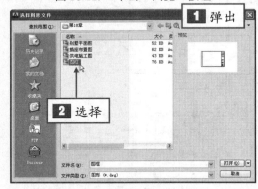

图 18-130　"选择图形文件"对话框

Step 13 在命令行中输入 PLINE（多段线）命令，按【Enter】键确认，根据命令行提示进行操作，捕捉上方直线的左端点，输入 W，按【Enter】键确认，输入 70，连续按两次按【Enter】键确认，在上方直线的右端点上，单击鼠标左键，并确认，创建多段线，如图 18-128 所示。

Step 14 在命令行中输入 INSERT（插入）命令，按【Enter】键确认，**1** 弹出"插入"对话框，**2** 单击"浏览"按钮，如图 18-129 所示。

Step 15 **1** 弹出"选择图形文件"对话框，**2** 在其中选择合适的文件，如图 18-130 所示。

Step 16 单击"打开"按钮，返回"插入"对话框，单击"确定"按钮，在绘图区合适位置单击鼠标左键，插入图框，如图 18-131 所示。

Step 17 在命令行中输入 SCALE（缩放）命令，按【Enter】键确认，根据命令行提示进行操作，选择图框为缩放对象，以合适的

点为基点,缩放图形;在命令行在输入 MOVE
(移动)命令,按【Enter】键确认,根据命
令行提示进行操作,将图框移至合适位置,
此时即可完成供电施工图的创建,效果如图
18-132 所示。

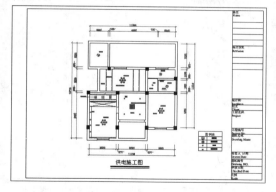

图 18-132　供电施工图

高手指引

　　插入图框后,图框的大小一般并不符合设计的
要求,这时用户就需对其进行缩放处理,将其缩放
至合适的大小。另外,缩放时一般保持对象的比例
不变。当比例因子大于 1 时,将放大图形;当比例
因子大于 0 小于 1 时,将缩小图形。

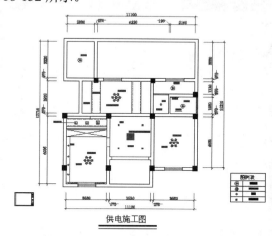

图 18-131　插入图框

第19章 家装设计案例实战

学前提示

　　平面图是室内装饰设计图中一个很重要的工作内容，也是设计师与客户沟通的桥梁。平面图能让客户直观地了解设计师的设计理念和设计意图，它不但反映了居室和各房间的功能、面积，同时还决定了门、窗的位置。

本章知识重点

- ▶ 户型结构图设计
- ▶ 户型平面图设计
- ▶ 室内平面图设计

学完本章后应该掌握的内容

- ▶ 掌握户型结构图的设计方法
- ▶ 掌握户型平面图的设计方法
- ▶ 掌握室内平面图的设计方法

视频演示

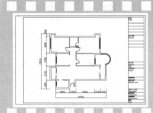

19.1 户型结构图设计

　　土建结构图即房屋在未进行装潢施工之前的原始框架结构图。本实例主要介绍户型结构图的绘制方法与设计技巧，对户型结构图中的不同布局，进行了深刻的剖析，为读者成为专业的室内设计师作好全面的准备。

　　本实例效果如图 19-1 所示。

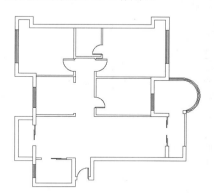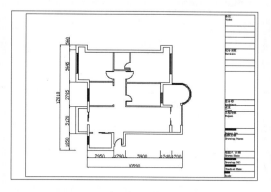

图 19-1　户型结构图

	实例文件	光盘\实例\第 19 章\户型结构图.dwg
	所用素材	光盘\素材\第 19 章\图框.dwg

19.1.1 绘制户型轮廓

Step 01 单击快速访问工具栏中的"新建"按钮，新建一幅空白的图形文件；在命令行中输入 LIMITS（图形界限）命令，按【Enter】键确认，根据命令行提示进行操作，依次输入（0，0）和（42000，29700），按【Enter】键确认，设置图形界限；在命令行中输入 ZOOM（实时）命令，按【Enter】键确认，输入 A 并确认，将图形界限所设的区域，居中布满屏幕。

Step 02 在"功能区"选项板的"常用"选项卡中，单击"图层"面板中的"图层特性"按钮，**1** 弹出"图层特性管理器"面板，**2** 单击"新建图层"按钮，如图 19-2 所示。

Step 03 新建一个图层并将其重命名为"轴线"，在"轴线"图层的"线型"列中单击 Coutinuous（实线），**1** 弹出"选择线型"对话框，**2** 单击"加载"按钮，如图 19-3

所示。

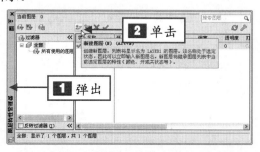

图 19-2　"图层特性管理器"面板

图 19-3　"选择线型"对话框

Step 04 ① 弹出"加载或重载线型"对话框，在"可用线型"下拉列表框中，② 选择 CENTER 选项，如图 19-4 所示。

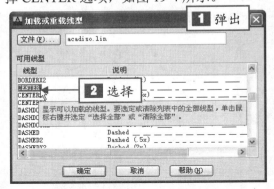

图 19-4 选择 CENTER 选项

Step 05 单击"确定"按钮，返回到"选择线型"对话框，在"已加载的线型"列表框中，选择 CENTER 选项，单击"确定"按钮，返回到"图层特性管理器"面板，在"轴线"图层中，单击"颜色"列，① 弹出"选择颜色"对话框，在对话框中，② 选择"颜色"为"红"，如图 19-5 所示。

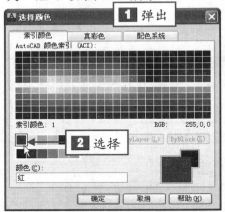

图 19-5 "选择颜色"对话框

Step 06 单击"确定"按钮，返回到"图层特性管理器"面板，用与上述相同的方法，依次创建"墙体"图层、"门窗"图层和"标注"图层（蓝色），并将"轴线"图层置为当前图层，如图 19-6 所示。

Step 07 在命令行中输入 LINE（直线）命令，按【Enter】键确认，根据命令行提示进行操作，输入（0，0），按【Enter】键确认，

向右引导光标，输入 11820 并确认，绘制直线，效果如图 19-7 所示。

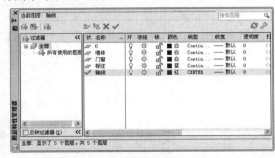

图 19-6 置为当前图层

图 19-7 绘制直线

Step 08 重复执行 LINE（直线）命令，根据命令行提示进行操作，输入（0，0），按【Enter】键确认，向上引导光标，输入 12010 并确认，绘制直线，如图 19-8 所示。

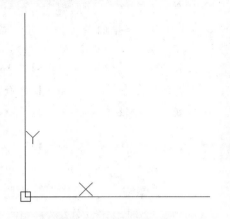

图 19-8 绘制直线

Step 09 在命令行中输入 OFFSET（偏移）命令，按【Enter】键确认，根据命令行提示进行操作，选择水平直线向上偏移，偏移距离依次为 470、1380、3120、2785、3695 和 560，

如图 19-9 所示。

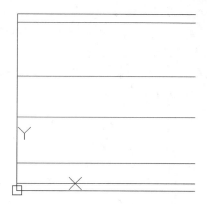

图 19-9　偏移直线

Step 10 重复执行 OFFSET（偏移）命令，根据命令行提示进行操作，选择垂直直线向右偏移，偏移距离依次为 1230、2950、1290、570、3330、1240 和 1200，如图 19-10 所示。

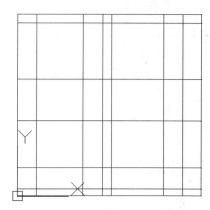

图 19-10　偏移直线

Step 11 将"墙体"图层置为当前图层；在命令行中输入 MLINE（多线）命令，按【Enter】键确认，根据命令行提示进行操作，输入 S，按【Enter】键确认，输入 240 并确认，输入 J（对正）并确认，输入 B（下）并确认，在绘图区中的相应的端点上，依次单击鼠标左键，输入 C 并确认，创建多线，如图 19-11 所示。

Step 12 重复执行 MLINE（多线）命令，根据命令行提示进行操作，在绘图区中合适位置上，依次单击鼠标左键，创建多线，如

图 19-12 所示。

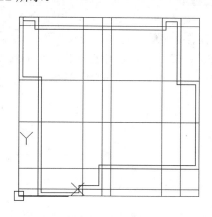

图 19-11　创建多线

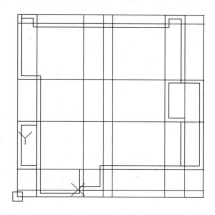

图 19-12　创建多线

Step 13 在命令行中输入 OFFSET（偏移）命令，按【Enter】键确认，根据命令行提示进行操作，选择最上方的水平直线向下偏移 2930，进行偏移处理，效果如图 19-13 所示。

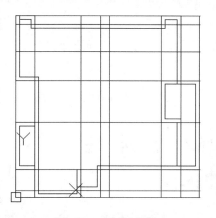

图 19-13　创建多线

Step 14 在命令行中输入 MLINE（多线）命令，按【Enter】键确认，根据命令行提示进行操作，输入 S，按【Enter】键确认，输入 120 并确认，在绘图区中的相应的端点上，依次单击鼠标左键，创建多线，如图 19-14 所示。

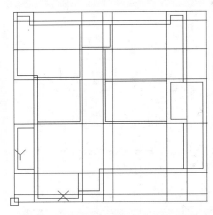

图 19-14 绘制多线

Step 15 在"功能区"选项板的"常用"选项卡中，单击"图层"面板中的"关闭图层"按钮 ，在轴线上单击鼠标左键，关闭"轴线"图层，如图 19-15 所示。

图 19-15 关闭"轴线"图层

Step 16 在命令行中输入 EXPLODE（分解）命令，按【Enter】键确认，根据命令行提示进行操作，选择所有的多线为分解对象，按【Enter】键确认，进行分解处理，在绘图中的合适的直线上，单击鼠标左键，查看分解效果，如图 19-16 所示。

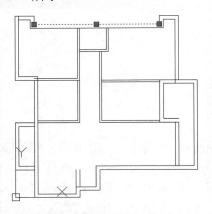

图 19-16 分解处理

Step 17 在命令行中输入 TRIM（修剪）命令，按【Enter】键确认，根据命令行提示进行操作，修剪多余的线段，效果如图 19-17 所示。

图 19-17 修剪图形

19.1.2 绘制门窗

Step 01 将"门窗"图层置为当前图层，并显示"轴线"图层，在命令行中输入 LINE（直线）命令，按【Enter】键确认，根据命令行提示进行操作，在绘图区中的最上方和最左侧的位置处，绘制相应的两条直线，并关闭"轴线"图层，如图 19-18 所示。

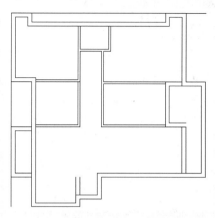

图 19-18　绘制直线

Step 02 在命令行中输入 OFFSET（偏移）命令，按【Enter】键确认，根据命令行提示进行操作，选择新绘制的水平直线向下偏移，偏移距离依次为 950、1040、700、310、290、590、800、310、460、250、740、170、210、820、1460、870、120、340 和 960，进行偏移处理，如图 19-19 所示。

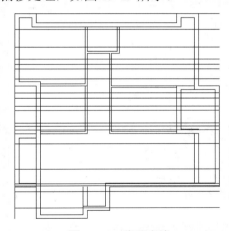

图 19-19　偏移直线

Step 03 重复执行 OFFSET（偏移）命令，根据命令行提示进行操作，选择左侧新绘制的直线向右偏移，偏移距离依次为 1855、1700、750 和 800，即可进行偏移处理，如图 19-20 所示。

Step 04 在命令行中输入 EXTEND（延伸）命令，按【Enter】键确认，根据命令行提示进行操作，延伸相应的直线；在命令行中输入 TRIM（修剪）命令，按【Enter】键

确认，根据命令行提示修剪多余的线段；并删除多余的线段，如图 19-21 所示。

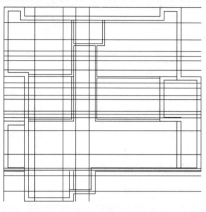

图 19-20　偏移直线

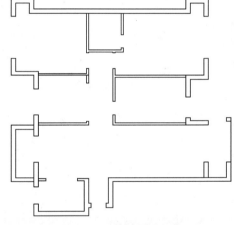

图 19-21　修剪图形

Step 05 在命令行中输入 LINE（直线）命令，按【Enter】键确认，根据命令行提示进行操作，在绘图区中左侧的合适端点上，单击鼠标左键，向下引导光标，输入 2340，按【Enter】键确认，绘制直线，效果如图 19-22 所示。

Step 06 在命令行中输入 OFFSET（偏移）命令，按【Enter】键确认，根据命令行提示进行操作，输入 60，按【Enter】键确认，在绘图区中，选择新绘制的直线，依次向右偏移 4 次，如图 19-23 所示。

Step 07 用与上述相同的方法，重复执行 LINE（直线）命令和 OFFSET（偏移）命令，创建其他的窗户，如图 19-24 所示。

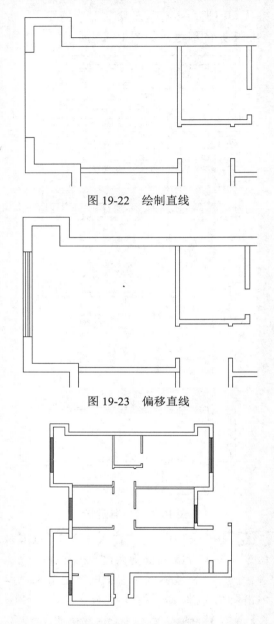

图 19-22　绘制直线

图 19-23　偏移直线

图 19-24　创建其他的窗户

Step 08 在命令行中输入 LINE（直线）命令，按【Enter】键确认，根据命令行提示进行操作，在绘图区中右侧的合适端点上，单击鼠标左键，向右引导光标，输入 870 并确认，绘制直线，如图 19-25 所示。

Step 09 在命令行中输入 CIRCLE（圆）命令，按【Enter】键确认，根据命令行提示进行操作，输入（11525, 6457），按【Enter】

键确认，输入 1059 并确认，绘制圆，如图 19-26 所示。

图 19-25　绘制直线

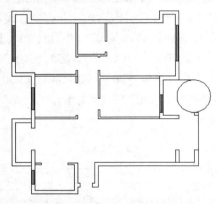

图 19-26　绘制圆

Step 10 在命令行中输入 TRIM（修剪）命令，按【Enter】键确认，根据命令行提示进行操作，对新绘制的圆进行修剪处理，如图 19-27 所示。

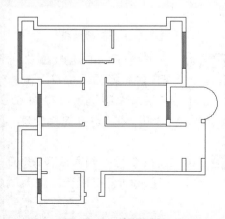

图 19-27　修剪图形

Step 11 在命令行中输入 OFFSET（偏移）命令，按【Enter】键确认，根据命令行提示进行操作，设置偏移距离为 60，选择合适的直线为偏移对象，向上偏移 3 次，效果如图 19-28 所示。

击鼠标左键，向左引导光标，输入 60，按【Enter】键确认，向上引导光标，输入 740 并确认，向右引导光标，输入 60 并确认，向下引导光标，输入 620 并确认，绘制直线，如图 19-31 所示。

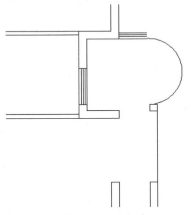

图 19-28　偏移效果

Step 12 重复执行 OFFSET（偏移）命令，根据命令行提示进行操作，设置偏移距离为 60，选择修剪后的圆对象为偏移对象，向右偏移 3 次，如图 19-29 所示。

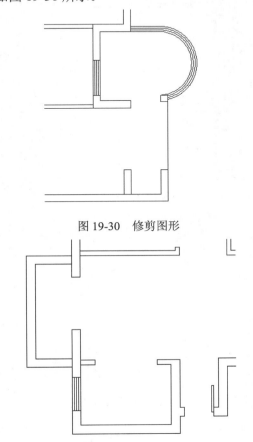

图 19-30　修剪图形

图 19-31　绘制直线

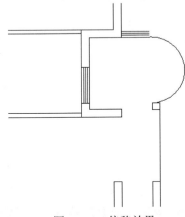

图 19-29　偏移效果

Step 13 在命令行中输入 TRIM（修剪）命令，按【Enter】键确认，根据命令行提示进行操作，修剪偏移后的图形，如图 19-30 所示。

Step 14 在命令行中输入 LINE（直线）命令，按【Enter】键确认，根据命令行提示进行操作，在绘图区中的合适的端点上，单

Step 15 在命令行中输入 CIRCLE（圆）命令，按【Enter】键确认，根据命令行提示进行操作，在新绘制的直线的左端点上，单击鼠标左键，输入 740，按【Enter】键确认，绘制圆，如图 19-32 所示。

Step 16 在命令行中输入 TRIM（修剪）命令，按【Enter】键确认，根据命令行提示进行操作，修剪新绘制的圆图形，如图 19-33 所示。

Step 17 在命令行中输入 LINE（直线）命令，按【Enter】键确认，根据命令行提示

进行操作，捕捉合适的中点，向下引导光标，输入 2280，按【Enter】键确认，绘制直线，如图 19-34 所示。

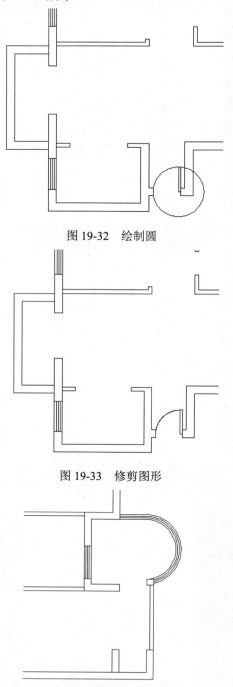

图 19-32　绘制圆

图 19-33　修剪图形

图 19-34　绘制直线

Step 18 重复执行 LINE（直线）命令、CIRCLE（圆）命令和 TRIM（修剪）命令，

创建其他的门，如图 19-35 所示。

Step 19 在命令行中输入 LINE（直线）命令，按【Enter】键确认，根据命令行提示进行操作，捕捉合适的中点，向左引导光标，输入 1049，按【Enter】键确认，绘制直线，如图 19-36 所示。

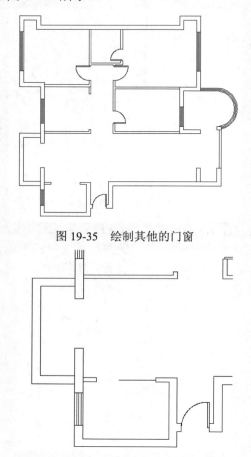

图 19-35　绘制其他的门窗

图 19-36　绘制直线

Step 20 在命令行中输入 OFFSET（偏移）命令，按【Enter】键确认，根据命令行提示进行操作，设置偏移距离为 40，将新绘制的直线上下各偏移一次，如图 19-37 所示。

Step 21 重复执行 LINE（直线）命令，根据命令行提示进行操作，连接偏移后的直线的中点和左侧的端点，绘制直线；重复执行 OFFSET（偏移）命令，选择中间的直线，向左右各偏移 171，如图 19-38 所示。

Step 22 在命令行中输入 TRIM（修剪）

命令，按【Enter】键确认，根据命令行提示
进行操作，修剪多余的直线，并删除多余的
线段，如图 19-39 所示。

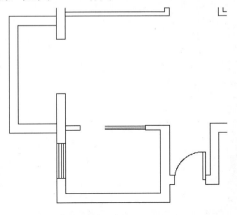

图 19-37　偏移直线

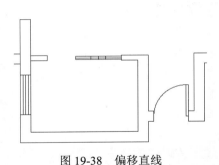

图 19-38　偏移直线

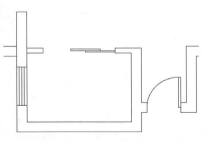

图 19-39　修剪图形

Step 23 重复执行 LINE（直线）命令、
OFFSET（偏移）命令和 TRIM（修剪）命令，
创建其他的推拉门，如图 19-40 所示。

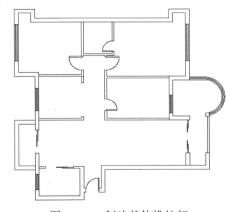

图 19-40　创建其他推拉门

 高手指引

　　在创建建筑结构图时，通常设置墙线"宽度"为240mm。在创建墙线时，"对正"类型通常采用"无"，
表示以轴线为中心，创建墙线。

19.1.3　完善户型结构图

Step 01 将"标注"图层设置为当前图层；
显示"轴线"图层。在"功能区"选项板中
的"常用"选项卡中，单击"注释"面板中
间的下拉按钮，在展开的面板中，单击"标
注样式"按钮，**1**弹出"标注样式管理器"
对话框，**2**单击"修改"按钮，如图 19-41
所示。

Step 02 弹出"修改标注样式：ISO-25"
对话框，设置"箭头大小"为150、"文字高度"
为 380、"精度"为 0，如图 19-42 所示。

Step 03 单击"确定"按钮，即可设置标
注样式。在命令行中输入 DIMLINEAR（线性）
命令，按【Enter】键确认，根据命令行提示进
行操作，捕捉最左侧轴线的上下端点为尺寸标

注点，向左引导光标，在绘图区中的合适位置上，单击鼠标左键，创建线性尺寸标注，如图 19-43 所示。

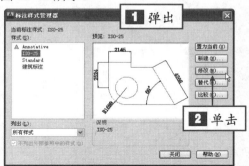

图 19-41　单击"修改"按钮

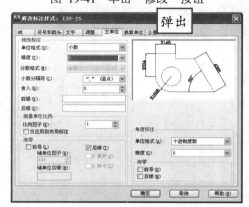

图 19-42　设置参数

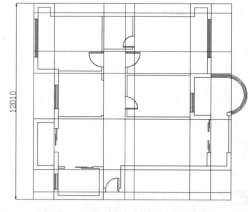

图 19-43　创建线性尺寸标注

Step 04 重复执行 DIMLINEAR（线性）命令，标注其他尺寸标注，在命令行中输入 LAYOFF（关闭）命令，按【Enter】键确认，根据命令行提示进行操作，关闭"轴线"图层，如图 19-44 所示。

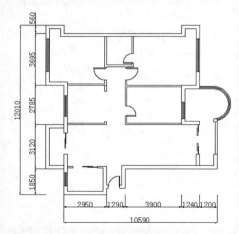

图 19-44　尺寸标注效果

Step 05 将"墙体"图层置为当前图层；在命令行中输入 INSERT（插入）命令，**1** 弹出"插入"对话框，**2** 单击"浏览"按钮，如图 19-45 所示。

图 19-45　单击"浏览"按钮

Step 06 **1** 弹出"选择图形文件"对话框，**2** 选择需要插入的图框素材，**3** 单击"打开"按钮，如图 19-46 所示。

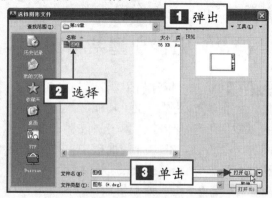

图 19-46　单击"打开"按钮

Step 07 返回到"插入"对话框，单击"确定"按钮，在绘图区中的任意位置上，单击鼠标左键，插入图框，如图 19-47 所示。

Step 08 选择插入的图框对象，将其缩放并移至合适的位置，此时即可完成户型结构图的绘制，效果如图 19-48 所示。

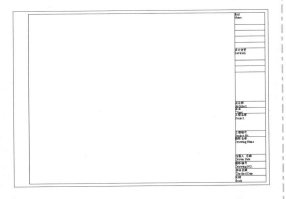

图 19-47　插入图框

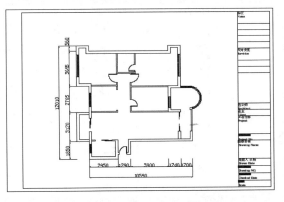

图 19-48　户型结构图效果

19.2 户型平面图设计

户型平面图是反映家用设施安装位置的图纸，在家装设计中，起到关键的作用。布局户型图时，须与整体空间设计协调一致，应考虑尺度的实用及色彩的协调性。

本实例效果如图 19-49 所示。

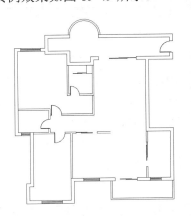

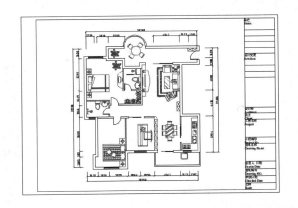

图 19-49　户型平面图

	实例文件	光盘\实例\第 19 章\户型平面图.dwg
	所用素材	光盘\素材\第 19 章\户型平面图

19.2.1 绘制户型轮廓

Step 01 新建一个 CAD 文件；在命令行中输入 LIMITS（图形界限）命令，依次输入（0，0）和（42000，29700）并按【Enter】键确认，设置图形界限；在命令行中输入 ZOOM（实时）命令，输入 A 并确认，将图形界限所设的区域，居中布满屏幕。

新手学设计完全精通

Step 02 在"功能区"选项板的"常用"
选项卡中，单击"图层"面板中的"图层特
性"按钮，弹出"图层特性管理器"面板，
单击"新建图层"按钮，新建"轴线"图
层（红色）、"墙体"图层、"门窗"图层、"家
具"图层和"标注"图层（蓝色），并将"轴
线"图层置为当前图层，如图 19-50 所示。

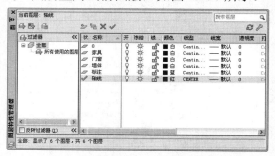

图 19-50 置为当前图层

Step 03 在命令行中输入 LINE（直线）
命令，按【Enter】键确认，根据命令行提示
进行操作，输入（0,0），按【Enter】键确认，
向右引导光标，输入 18150 并确认，绘制直
线，如图 19-51 所示。

图 19-51 绘制直线

Step 04 重复执行 LINE（直线）命令，
根据命令行提示进行操作，输入（0,0），按
【Enter】键确认，向上引导光标，输入 20749
并确认，绘制直线，如图 19-52 所示。

Step 05 在命令行中输入 OFFSET（偏移）
命令，按【Enter】键确认，根据命令行提示
进行操作，选择新绘制的水平直线向上偏移，
偏移距离依次为 1685、983、5600、1966、686、
1763、4009、624、764 和 1620，如图 19-53
所示。

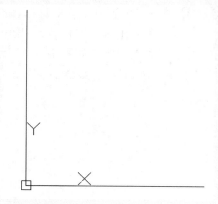

图 19-52 绘制直线

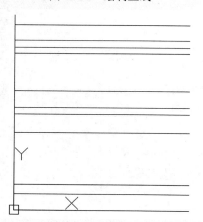

图 19-53 偏移直线

Step 06 重复执行 OFFSET（偏移）命令，
根据命令行提示进行操作，选择新绘制的垂
直直线向右偏移，偏移距离依次为 1326、484、
1810、2652、2431、2296、4241、1513 和 1404，
如图 19-54 所示。

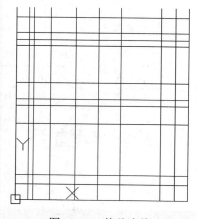

图 19-54 偏移直线

Step 07 将"墙体"图层置为当前图层；在命令行中输入 MLINE（多线）命令，按【Enter】键确认，根据命令行提示进行操作，输入 S，按【Enter】键确认，输入 374 并确认，输入 J（对正）并确认，输入 T（上）并确认，在绘图区中的相应的端点上，依次单击鼠标左键，创建多线，如图 19-55 所示。

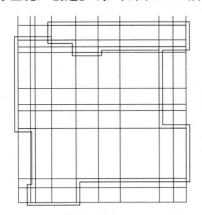

图 19-55　创建多线

Step 08 重复执行 MLINE（多线）命令，根据命令行提示进行操作，输入 S，按【Enter】键确认，输入 187 并确认，输入 J（对正）并确认，输入 T（上）并确认，在绘图区中的相应的端点上，依次单击鼠标左键，输入 C 并确认，创建多线，如图 19-56 所示。

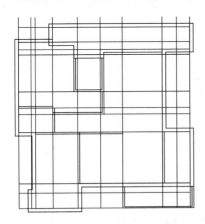

图 19-56　创建多线

Step 09 在"功能区"选项板的"常用"选项卡中，单击"图层"面板中的"关闭图层"按钮，在轴线上单击鼠标左键，关闭"轴线"图层，在命令行中输入 EXPLODE（分解）命令，按【Enter】键确认，根据命令行提示进行操作，选择所有的多线为分解对象，按【Enter】键确认，进行分解处理，在绘图中的合适的直线上，单击鼠标左键，查看分解效果，如图 19-57 所示。

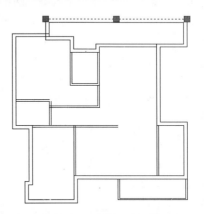

图 19-57　查看分解效果

Step 10 在命令行中输入 EXTEND（延伸）命令，按【Enter】键确认，延伸相应的直线，在命令行中输入 TRIM（修剪）命令，修剪多余的线段，如图 19-58 所示。

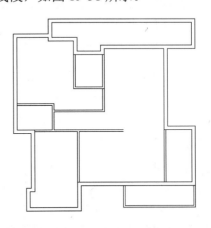

图 19-58　修剪图形

Step 11 将"门窗"图层置为当前图层；并显示"轴线"图层，在命令行中输入 LINE（直线）命令，按【Enter】键确认，根据命令行提示进行操作，在绘图区中的最上方和最左侧的位置处，绘制相应的两条直线，并关闭"轴线"图层如图 19-59 所示。

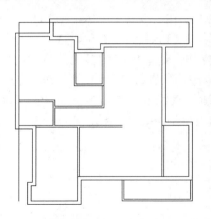

图 19-59　绘制直线

Step 12 在命令行中输入 OFFSET（偏移）命令，按【Enter】键确认，根据命令行提示进行操作，选择新绘制的水平直线向下偏移，偏移距离依次为 499、1404、2500、5500、1092、1755 和 2964，进行偏移处理，效果如图 19-60所示。

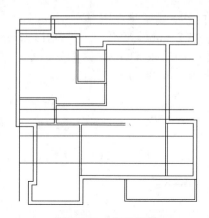

图 19-60　偏移效果

Step 13 重复执行 OFFSET（偏移）命令，根据命令行提示进行操作，选择左侧新绘制的直线向右偏移，偏移距离依次为 374、2373、

1216、368、880、368、693、693、430、431、434、1219、251、1855、2645、1553 和 1287，即可进行偏移处理，如图 19-61 所示。

Step 14 在命令行中输入 EXTEND（延伸）命令，延伸相应的直线；在命令行中输入 TRIM（修剪）命令，修剪多余的线段；在命令行中输入 ERASE（删除）命令，删除多余的线段，如图 19-62 所示。

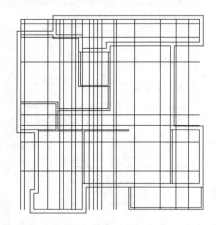

图 19-61　偏移直线

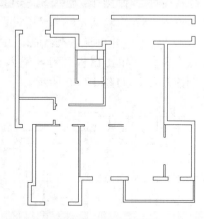

图 19-62　修剪图形

19.2.2　绘制门窗

Step 01 在命令行中输入 LINE（直线）命令，按【Enter】键确认，根据命令行提示进行操作，在绘图区中左侧的合适端点上，单击鼠标左键，向右引导光标，输入 2464，按【Enter】键确认，绘制直线，效果如图 19-63

所示。

Step 02 在命令行中输入 OFFSET（偏移）命令，按【Enter】键确认，根据命令行提示进行操作，输入 93.5，按【Enter】键确认，在绘图区中，选择新绘制的直线，依次向上

偏移 4 次，如图 19-64 所示。

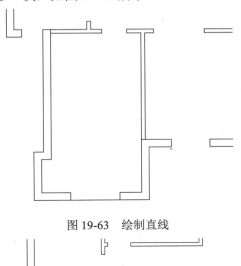

图 19-63　绘制直线

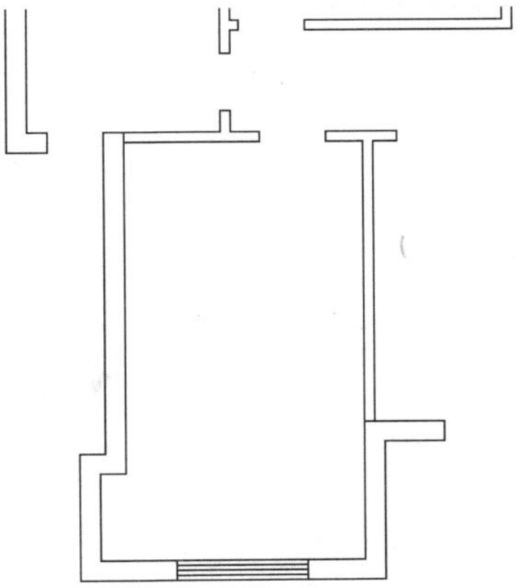

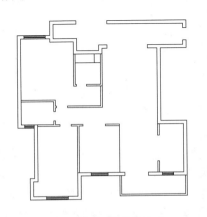

图 19-64　偏移直线

Step 03 重复执行 LINE（直线）命令和 OFFSET（偏移）命令，创建其他窗户，如图 19-65 所示。

图 19-65　创建其他窗户

Step 04 在命令行中输入 CIRCLE（圆）

命令，按【Enter】键确认，根据命令行提示进行操作，输入 FROM，在上方合适端点上单击鼠标左键，输入（@1729, 0）并确认，输入 1729，按【Enter】键确认，绘制圆，如图 19-66 所示。

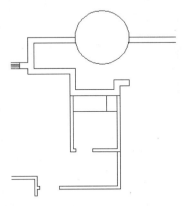

图 19-66　绘制圆

Step 05 重复执行 CIRCLE（圆）命令，根据命令行提示进行操作，捕捉最上方的圆心点，输入 1902，按【Enter】键确认，绘制圆，如图 19-67 所示。

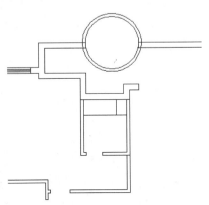

图 19-67　绘制圆

Step 06 在命令行中输入 TRIM（修剪）命令，按【Enter】键确认，根据命令行提示进行操作，对新绘制的两个圆进行修剪处理，如图 19-68 所示。

Step 07 在命令行中输入 LINE（直线）命令，按【Enter】键确认，根据命令行提示进行操作，在绘图区中的右侧，捕捉合适的端

点，向上引导光标，输入 60，按【Enter】键
确认，向左引导光标，输入 1344 并确认，向
下引导光标，输入 60 并确认，向右引导光标，
输入 1157，按【Enter】键确认，绘制直线，
如图 19-69 所示。

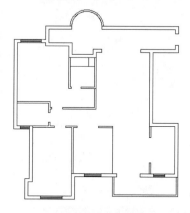

图 19-68 修剪图形

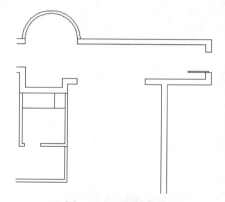

图 19-69 绘制直线

Step 08 在命令行中输入 CIRCLE（圆）
命令，按【Enter】键确认，根据命令行提示
进行操作，在新绘制的直线的右端点上，单
击鼠标左键，输入 1344，按【Enter】键确认，
绘制圆，如图 19-70 所示。

Step 09 在命令行中输入 TRIM（修剪）
命令，按【Enter】键确认，根据命令行提示
进行操作，修剪新绘制的圆图形，如图 19-71
所示。

Step 10 重复执行 LINE（直线）命令、
CIRCLE（圆）命令和 TRIM（修剪）命令，
创建其他的门，如图 19-72 所示。

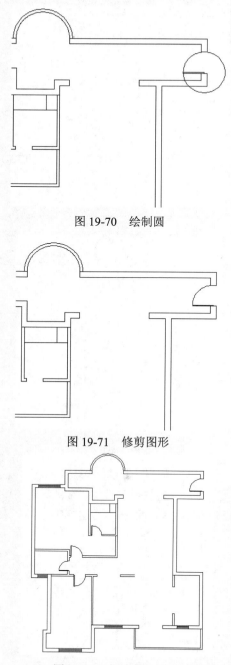

图 19-70 绘制圆

图 19-71 修剪图形

图 19-72 创建其他的门

Step 11 在命令行中输入 LINE（直线）命
令，按【Enter】键确认，根据命令行提示进
行操作，在绘图区中的右侧的 187 墙体的中
点上，单击鼠标左键，确定直线起点，向下
引导光标，输入 2223，按【Enter】键确认，
绘制直线，如图 19-73 所示。

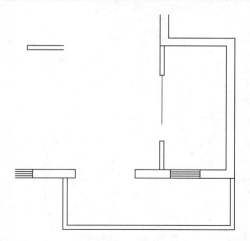

图 19-73 绘制直线

Step 12 在命令行中输入 OFFSET（偏移）命令，按【Enter】键确认，根据命令行提示进行操作，设置偏移距离为 60，将新绘制的直线左右各偏移一次，如图 19-74 所示。

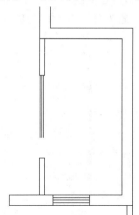

图 19-74 偏移直线

Step 13 重复执行 LINE（直线）命令，连接偏移后的直线的中点和最下方的端点，创建直线。重复执行 OFFSET（偏移）命令，选择中间的直线，向上下各偏移 741，如图 19-75 所示。

Step 14 在命令行中输入 TRIM（修剪）命令，修剪多余的直线，并删除多余的线段，如图 19-76 所示。

Step 15 重复执行 LINE（直线）命令、OFFSET（偏移）命令和 TRIM（修剪）命令，创建其他的推拉门，如图 19-77 所示。

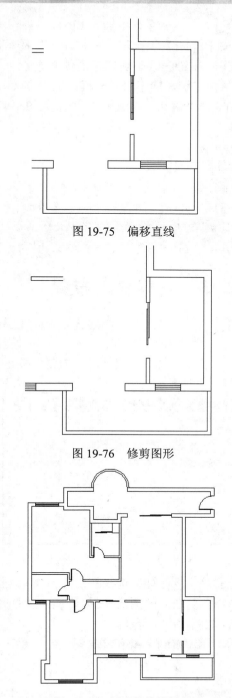

图 19-75 偏移直线

图 19-76 修剪图形

图 19-77 创建其他推拉门

 **高手指引**

用户在绘制直线时，可以按【F8】键，开启正交模式，或按【F10】键，开启极轴，以绘制水平或垂直直线。

Step 16 在命令行中输入 LINE（直线）命令，按【Enter】键确认，根据命令行提示进行操作，在绘图区中断墙最右侧的端点上，单击鼠标左键，向下引导光标，输入 5600，按【Enter】键确认，绘制直线，效果如图 19-78 所示。

知识链接

在家装设计中，室内平面布置图需要划分出空间和功能，如餐厅、书房、客厅等位置和大小等，还需要依据人体工程学，确定空间的尺寸，如走道的宽度、沙发的空间等，同时是其他设计的基础。

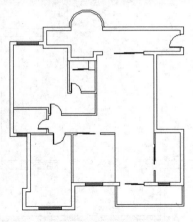

图 19-78　绘制直线

19.2.3　完善室内布置

Step 01 将"家具"图层置为当前图层；在命令行中输入 INSERT（插入）命令，**1** 弹出"插入"对话框，**2** 单击"浏览"按钮，如图 19-79 所示。

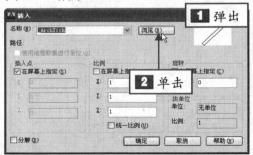

图 19-79　单击"浏览"按钮

Step 02 **1** 弹出"选择图形文件"对话框，**2** 选择需要插入的图块素材，**3** 单击"打开"按钮，如图 19-80 所示。

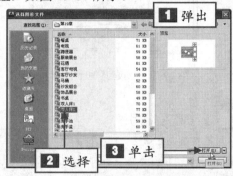

图 19-80　单击"打开"按钮

Step 03 返回到"插入"对话框，单击"确定"按钮，在绘图区中的任意位置上，单击鼠标左键，插入床，如图 19-81 所示。

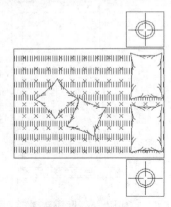

图 19-81　插入素材

Step 04 选择插入的床对象，将其缩放并移至合适的位置，如图 19-82 所示。

Step 05 重复执行 INSERT（插入）命令，插入其他的室内布局素材，如图 19-83 所示。

Step 06 将"标注"图层设置为当前图层；显示"轴线"图层。在"功能区"选项板中的"常用"选项卡中，单击"注释"面板中间的下拉按钮，在展开的面板中，单击"标注样式"按钮，**1** 弹出"标注样式管理器"对话框，**2** 选择 ISO-25 选项，**3** 单击"修改"按钮，如图 19-84 所示。

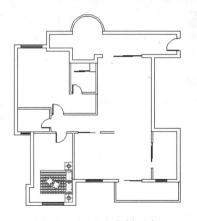

图 19-82　移动素材对象

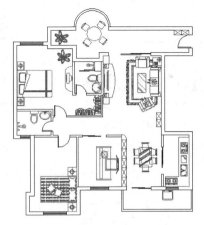

图 19-83　插入其他素材

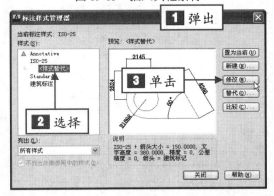

图 19-84　单击"修改"按钮

Step 07 弹出"修改标注样式：ISO-25"对话框，在相应的选项卡中，设置"第一个"和"第二个"均为"建筑标记"、"箭头大小"为150、"文字高度"为380以及"精度"为0，如图 19-85 所示。

Step 08 单击"确定"按钮，即可完成标

注样式的设置。在命令行中输入 DIMLINEAR（线性）命令，按【Enter】键确认，根据命令行提示进行操作，捕捉最上方轴线的左右端点为尺寸标注点，向上引导光标，在绘图区中的合适位置上，单击鼠标左键，创建线性尺寸标注，如图 19-86 所示。

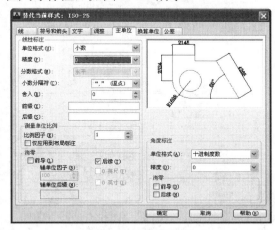

图 19-85　设置参数

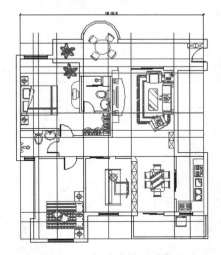

图 19-86　创建线性尺寸标注

Step 09 重复执行 DIMLINEAR（线性）命令，标注其他尺寸标注，关闭"轴线"图层，如图 19-87 所示。

Step 10 将"墙体"图层置为当前图层；在命令行中输入 INSERT（插入）命令，**1** 弹出"插入"对话框，**2** 单击"浏览"按钮，如图 19-88 所示。

Step 11 **1** 弹出"选择图形文件"对话框，

405

2 选择要插入的图框素材，如图 19-89 所示。

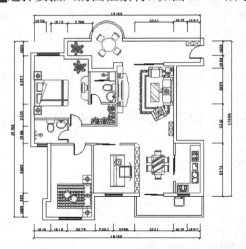

图 19-87　标注其他尺寸

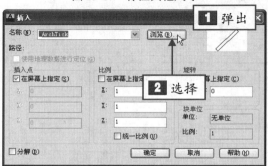

图 19-88　单击"浏览"按钮

图 19-89　选择素材

Step 12 单击"打开"按钮，返回到"插入"对话框，单击"确定"按钮，在绘图区中的任意位置上，单击鼠标左键，插入图框，如图 19-90 所示。

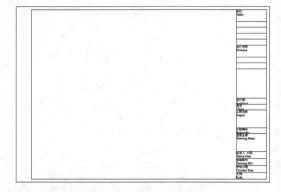

图 19-90　插入图框

Step 13 选择插入的图框对象，将其缩放并移至合适的位置，此时即完成户型平面图的设计，效果如图 19-91 所示。

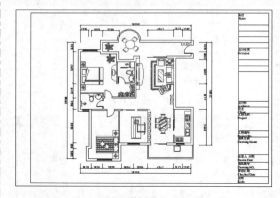

图 19-91　户型平面图效果

高手指引

　用户在插入图框，图框的尺寸往往与图形的尺寸不符，此时就需要对图框进行缩放处理，并使用"移动"命令将其移至合适的位置。

19.3　室内平面图

　　本实例主要以室内平面图为例，以简约、现代的设计风格打动人心，力求将人们的心情带入一个温和、平静的世界中。景观窗的设计，保证了室内光线充足，加大了生活空间尺度；独立厨卫，给时尚青年提供了舒适的生活、休闲空间。

本实例效果如图 19-92 所示。

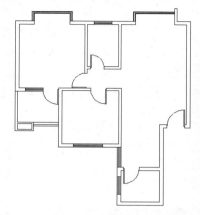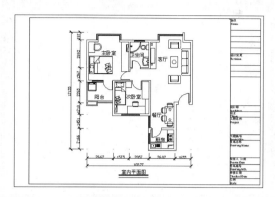

图 19-92　室内平面图

	实例文件	光盘\实例\第 19 章\室内平面图.dwg
	所用素材	光盘\素材\第 19 章\室内平面图

19.3.1　绘制室内轮廓

Step 01 新建一个 CAD 文件；在命令行中输入 LIMITS（图形界限）命令，依次输入（0,0）和（42000,29700）并按【Enter】键确认，设置图形界限；在命令行中输入 ZOOM（实时）命令，输入 A 并确认，将图形界限所设的区域，居中布满屏幕。

Step 02 在"功能区"选项板的"常用"选项卡中，单击"图层"面板中的"图层特性"按钮，弹出"图层特性管理器"面板，单击"新建图层"按钮，依次创建"轴线"图层（红色、CENTER）、"墙体"图层、"家具"图层、"标注"图层，并将"轴线"图层置为当前，如图 19-93 所示。

图 19-93　创建图层

Step 03 在命令行中输入 LTSCALE（线型比例）命令，按【Enter】键确认，根据命令行提示进行操作，设置线型比例因子为 50；在命令行中输入 LINE（直线）命令，按【Enter】键确认，根据命令行提示进行操作，以（0,0）为起点，依次创建一条长度为 10527 的水平直线和一条长度为 12136 的竖直直线，如图 19-94 所示。

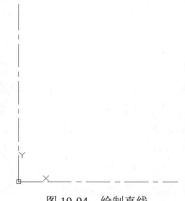

图 19-94　绘制直线

Step 04 在命令行中输入 OFFSET（偏移）命令，按【Enter】键确认，根据命令行提示进行操作，设置偏移距离依次为 2662、1573、

2057、2602 和 1633，将竖直直线向右进行偏移处理，如图 19-95 所示。

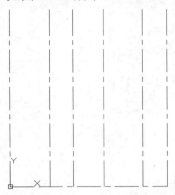

图 19-95　偏移直线

Step 05 重复执行 OFFSET（偏移）命令，根据命令行提示进行操作，设置偏移距离依次为 2166、1451、1210、2263、4150 和 895，将水平直线向上进行偏移处理，如图 19-96 所示。

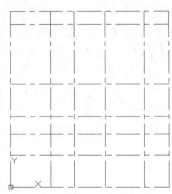

图 19-96　偏移直线

Step 06 将"墙体"图层置为当前，在命令行中输入 MLINE（多线）命令，按【Enter】键确认，根据命令行提示进行操作，输入 S，按【Enter】键确认，输入 374 并确认，输入 J（对正）并确认，输入 Z（无）并确认，捕捉绘图区中左侧竖直直线与从上数第二条水平直线的左端点，以确定多线起点，在绘图区中，依次捕捉合适的端点，最后输入 C（闭合），按【Enter】键确认，绘制多线，效果如图 19-97 所示。

Step 07 重复执行 MLINE（多线）命令，

根据命令行提示进行操作，输入 S，按【Enter】键确认，输入 145 并确认，输入 J（对正）并确认，输入 Z（无）并确认，输入 FROM，按【Enter】键确认，捕捉绘图区中多线的右上方端点，依次输入（@-901，0）和（@0，787），绘制多线，并连接新绘制多线的最上方端点，如图 19-98 所示。

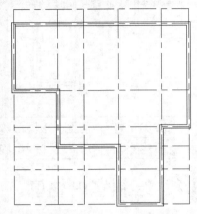

图 19-97　绘制多线

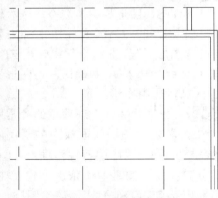

图 19-98　绘制多线

Step 08 在命令行中输入 OFFSET（偏移）命令，按【Enter】键确认，根据命令行提示进行操作，设置偏移距离为 2783，将从上数第二条水平直线向下进行偏移处理，如图 19-99 所示。

Step 09 在命令行中输入 MLINE（多线）命令，按【Enter】键确认，根据命令行提示进行操作，输入 S，按【Enter】键确认，输入 145 并确认，输入 J（对正）并确认，输入 Z（无）并确认，在绘图区中依次捕捉合适的端点，绘制多线，如图 19-100 所示。

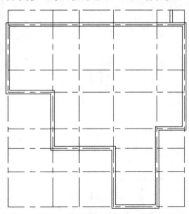

图 19-99　偏移直线

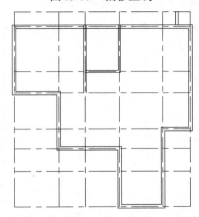

图 19-100　绘制多线

Step 10 重复执行 MLINE（多线）命令，根据命令行提示进行操作，依次捕捉合适的端点，绘制多线，如图 19-101 所示。

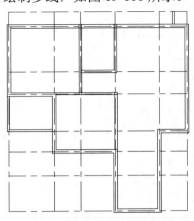

图 19-101　绘制多线

Step 11 重复执行 MLINE（多线）命令，

根据命令行提示进行操作，输入 S，按【Enter】键确认，输入 218 并确认，输入 J（对正）并确认，输入 Z（无）并确认，在绘图区中依次捕捉合适的端点，绘制多线，效果如图 19-102 所示。

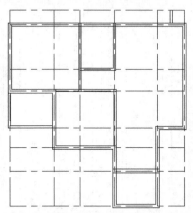

图 19-102　绘制多线

Step 12 在命令行中输入 EXPLODE（分解）命令，按【Enter】键确认，根据命令行提示进行操作，选择绘图区中所有的多线对象，按【Enter】键确认，分解图形；在命令行中输入 TRIM（修剪）命令，按【Enter】键确认，根据命令行提示进行操作，修剪绘图区中多余的直线，并隐藏"轴线"图层，如图 19-103 所示。

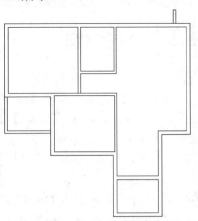

图 19-103　分解并修剪图形

Step 13 显示"轴线"图层，在命令行中输入 OFFSET（偏移）命令，按【Enter】键确认，根据命令行提示进行操作，输入 L（图层），按【Enter】键确认，输入 C（当前）并确认，依次设置偏移距离为 496、551、538、1640、236、1258、557、532、1458 和 2396，将左侧竖直直线向右进行偏移处理，如图 19-104 所示。

线段，如图 19-106 所示。

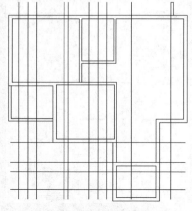

图 19-105　偏移直线

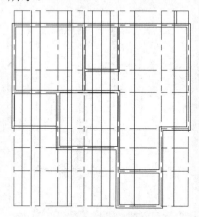

图 19-104　偏移直线

Step 14 重复执行 OFFSET（偏移）命令，根据命令行提示进行操作，依次设置偏移距离为 586、1089、599 和 1234，将最下方水平直线向上进行偏移处理，并隐藏"轴线"图层，如图 19-105 所示。

Step 15 在命令行中输入 TRIM（修剪）命令，按【Enter】键确认，根据命令行提示进行操作，修剪多余的直线，并删除多余的

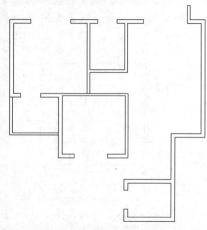

图 19-106　修剪并删除直线

19.3.2　绘制门窗

Step 01 在命令行中输入 LINE（直线）命令，按【Enter】键确认，根据命令行提示进行操作，输入 FROM，按【Enter】键确认，捕捉绘图区中最下方直线的左端点，依次输入（@0,773）和（@0,1089），绘制直线，如图 19-107 所示。

Step 02 在命令行中输入 OFFSET（偏移）命令，按【Enter】键确认，根据命令行提示进行操作，设置偏移距离均为 93.5，将新绘制的直线向右偏移 4 次，如图 19-108 所示。

Step 03 重复执行 LINE（直线）和 OFFSET（偏移）命令，根据命令行提示进行

操作，绘制其他窗户，如图 19-109 所示。

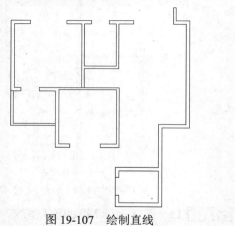

图 19-107　绘制直线

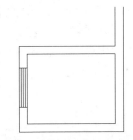

图 19-108　偏移直线

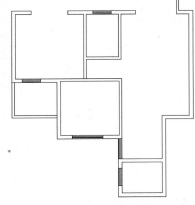

图 19-109　绘制其他窗户

Step 04 在命令行中输入 PLINE（多段线）命令，按【Enter】键确认，根据命令行提示进行操作，输入 FROM，按【Enter】键确认，捕捉左上方端点，输入（@1234, 0）、（@0, 460）、（@2178, 0）和（@0, -460），绘制多段线，如图 19-110 所示。

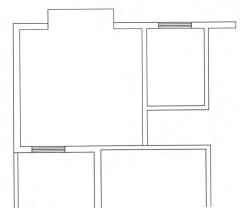

图 19-110　绘制多段线

Step 05 在命令行中输入 OFFSET（偏移）命令，按【Enter】键确认，根据命令行提示进行操作，设置偏移距离为 36、73 和 36，将

新绘制的多段线向上偏移，得到窗台效果，如图 19-111 所示。

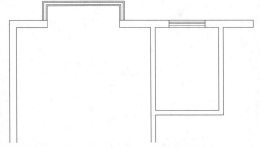

图 19-111　偏移多段线

Step 06 重复执行 PLINE（多段线）和 OFFSET（偏移）命令，根据命令行提示进行操作，绘制另一处窗台，如图 19-112 所示。

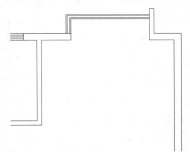

图 19-112　绘制另一处窗台

Step 07 显示"轴线"图层，在命令行中输入 OFFSET（偏移）命令，按【Enter】键确认，根据命令行提示进行操作，设置偏移距离依次为 1585、968、1948、24、817、145、1065、968、1718 和 1089，将左侧的竖直轴线向右进行偏移处理，如图 19-113 所示。

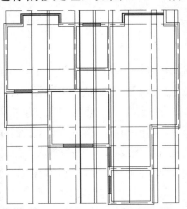

图 19-113　偏移直线

Step 08 重复执行 OFFSET（偏移）命令，根据命令行提示进行操作，依次设置偏移距离为 7199 和 922，将下方水平直线向上进行偏移处理，隐藏"轴线"图层，如图 19-114 所示。

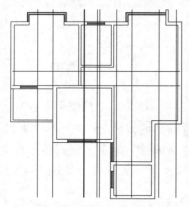

图 19-114 偏移直线

Step 09 在命令行中输入 TRIM（修剪）命令，按【Enter】键确认，根据命令行提示进行操作，修剪多余的直线，并删除多余的线段，如图 19-115 所示。

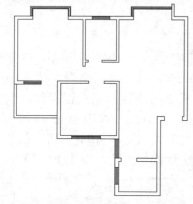

图 19-115 修剪并删除直线

Step 10 在命令行中输入 LINE（直线）命令，按【Enter】键确认，根据命令行提示进行操作，捕捉右下方竖直直线的中点，向左引导光标，输入 60，按【Enter】键确认，向上引导光标，输入 1029 并确认，向右引导光标，输入 60 并确认，向下引导光标，输入 920 并确认，绘制直线，如图 19-116 所示。

Step 11 在命令行中输入 CIRCLE（圆）命令，按【Enter】键确认，根据命令行提示进行操作，捕捉新绘制直线的左下方端点，输入半径值为 1029，按【Enter】键确认，绘制圆，如图 19-117 所示。

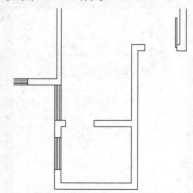

图 19-116 绘制直线

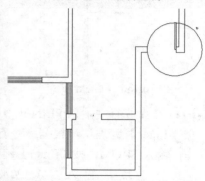

图 19-117 绘制圆

Step 12 在命令行中输入 TRIM（修剪）命令，按【Enter】键确认，根据命令行提示进行操作，修剪上一步中绘制的圆，如图 19-118 所示。

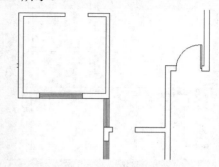

图 19-118 修剪圆

Step 13 重复执行 LINE（直线）命令、CIRCLE（圆）命令和 TRIM（修剪）命令，

绘制其他的门，如图 19-119 所示。

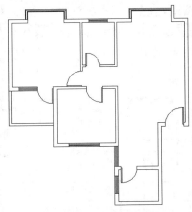

图 19-119　绘制其他的门

Step 14 在命令行中输入 OFFSET（偏移）命令，按【Enter】键确认，根据命令行提示进行操作，设置偏移距离依次为 895 和 73，将从左数第 2 条竖直直线向右进行偏移处理，如图 19-120 所示。

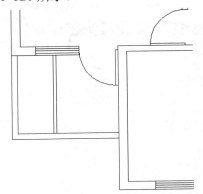

图 19-120　偏移直线

Step 15 重复执行 OFFSET（偏移）命令，根据命令行提示进行操作，将左下角最下方水平直线向下偏移 218 和 73，向上偏移 73 和

145，偏移效果如图 19-121 所示。

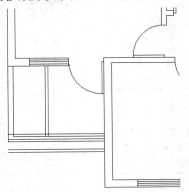

图 19-121　偏移直线

Step 16 在命令行中输入 EXTEND（延伸）命令，按【Enter】键确认，根据命令行提示进行操作，延伸相应的直线；在命令行中输入 TRIM（修剪）命令，按【Enter】键确认，修剪绘图区中多余的直线，并删除绘图区中多余的线段，如图 19-122 所示。

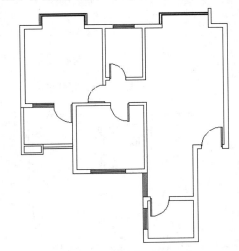

图 19-122　修剪图形

19.3.3　完善室内轮廓

Step 01 将"家具"图层置为当前图层；在命令行中输入 INSERT（插入）命令，弹出"插入"对话框，单击"浏览"按钮，**1** 弹出"选择图形文件"对话框，**2** 在对话框中选择需要插入的图块素材，**3** 单击"打开"按钮，如图 19-123 所示。

Step 02 返回到"插入"对话框，单击"确定"按钮，在绘图区中的任意位置上，单击鼠标左键，插入"家具图块"，如图 19-124 所示。

Step 03 选择插入的"家具图块"对象，将其移至合适的位置，如图 19-125 所示。

新手学设计完全精通

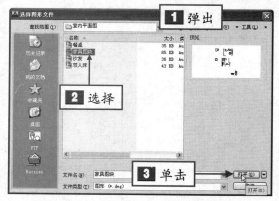

图 19-123 单击"打开"按钮

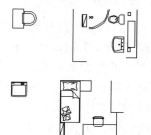

图 19-124 插入"家具图块"

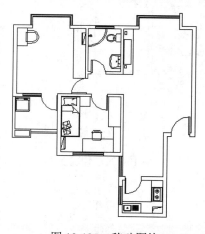

图 19-125 移动图块

Step 04 重复执行 INSERT（插入）命令，插入其他的室内布局素材，如图 19-126 所示。

Step 05 将"标注"图层设置为当前图层，显示"轴线"图层；在"功能区"选项板中的"常用"选项卡中，单击"注释"面板中间的

下拉按钮，在展开的面板中，单击"标注样式"按钮，**1**弹出"标注样式管理器"对话框，**2**选择 Standart 选项，**3**单击"修改"按钮，如图 19-127 所示。

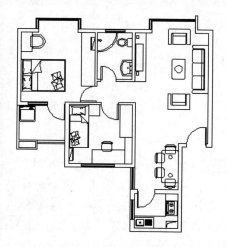

图 19-126 插入其他素材

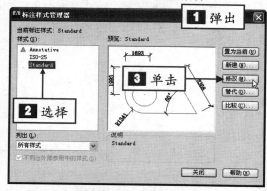

图 19-127 单击"修改"按钮

Step 06 弹出"修改标注样式：Standard"对话框，在相应的选项卡中，设置"第一个"和"第二个"均为"建筑标记"、"箭头大小"为 280 以及"精度"为 0，如图 19-128 所示。

Step 07 在命令行中输入 DIMLINEAR（线性）命令，按【Enter】键确认，根据命令行提示进行操作，捕捉最左方轴线的上、下端点为尺寸标注点，向左引导光标，在绘图区中的合适位置上，单击鼠标左键，创建线性尺寸标注，如图 19-129 所示。

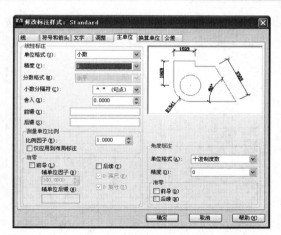

图 19-128　设置参数

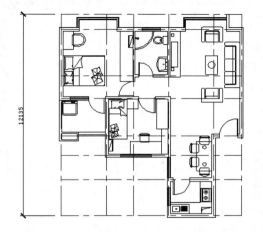

图 19-129　创建线性尺寸标注

Step 08 重复执行 DIMLINEAR（线性）命令，标注其他尺寸标注，关闭"轴线"图层，如图 19-130 所示。

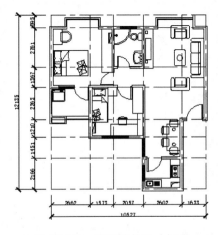

图 19-130　标注其他尺寸标注

Step 09 在命令行中输入 MTEXT（多行文字）命令，按【Enter】键确认，根据命令行提示进行操作，设置"文字高度"为 350，在绘图区下方的合适位置处，创建相应的文字，并调整其位置，修改如图 19-131 所示。

图 19-131　创建文字

Step 10 在命令行中输入 PLINE（多段线）命令，按【Enter】键确认，根据命令行提示进行操作，在文字下方，绘制一条宽度为 80、长度为 3000 的多段线，如图 19-132 所示。

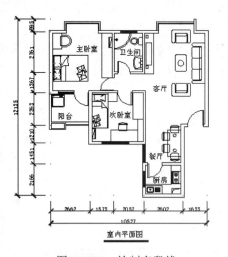

图 19-132　绘制多段线

Step 11 在命令行中输入 LINE（直线）命令，在命令行提示下，在多段线下方，绘制一条直线，如图 19-133 所示。

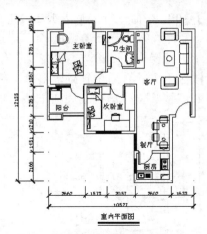

图 19-133　绘制直线

Step 12 将"墙体"图层置为当前图层；在命令行中输入 INSERT（插入）命令，**1** 弹出"插入"对话框，**2** 单击"浏览"按钮，如图 19-134 所示。

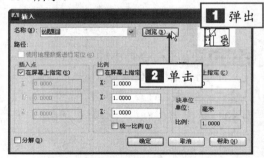

图 19-134　单击"浏览"按钮

Step 13 **1** 弹出"选择图形文件"对话框，**2** 选择要插入的图框素材，如图 19-135 所示。

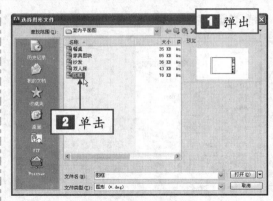

图 19-135　选择素材

Step 14 单击"打开"按钮，返回到"插入"对话框，单击"确定"按钮，在绘图区中的任意位置上，单击鼠标左键，插入图框，选择插入的图框对象，将其缩放并移至合适的位置，此时即完成室内平面图的设计，效果如图 19-136 所示。

图 19-136　室内平面图效果

第**20**章 | 建筑设计案例实战

学前提示

　　建筑是人类文明的一部分，与人的生活息息相关，而建筑设计是一项涉及许多不同种类学科知识的综合性工作。本章综合运用前面章节所学的知识，向用户介绍建筑图的绘制方法与设计技巧，为您成为受人尊敬与崇拜的知名建筑师打好坚实的基础。

本章知识重点

▶ 绘制住宅侧面图

▶ 绘制小区规划图

▶ 绘制别墅立面图

学完本章后应该掌握的内容

▶ 掌握住宅侧面图的设计方法

▶ 掌握小区规划图的设计方法

▶ 掌握别墅立面图的设计方法

视频演示

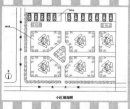

20.1 住宅侧面图

　　建筑侧面图反映的是新建房屋的外部造型、外墙面上门窗的位置和型式以及外墙上门窗洞、外部装修的情况。本实例所设计的是住宅楼侧面图，在设计过程中，首先绘制住宅楼侧面图的轮廓，然后对住宅楼侧面图进行标注，并调用素材，进一步完善住宅楼的侧面图，介绍住宅楼侧面图的具体绘制方法与技巧。

　　本实例效果如图 20-1 所示。

住宅侧面图

图 20-1　住宅侧面图

实例文件	光盘\实例\第 20 章\住宅侧面图.dwg
所用素材	光盘\素材\第 20 章\房间平面图.dwg

20.1.1 绘制住宅轮廓

Step 01　单击快速访问工具栏中的"新建"按钮 ，新建一幅空白的图形文件；在命令行中输入 LAYER（图层）命令，按【Enter】键确认，弹出"图层特性管理器"面板，单击"新建图层"按钮 ，依次创建"墙体"图层、"标注"图层（蓝色）、"灰色"图层（灰色），并将"墙体"图层置为当前图层，如图 20-2 所示。

Step 02　在命令行中输入 PLINE（多段线）命令，按【Enter】键确认，根据命令行提示进行操作，输入（0，0），按【Enter】键确认，输入 W 并确认，输入 60 并确认，输入 60 并确认，输入（@54510，0）并确认，绘制多段线，如图 20-3 所示。

图 20-2　创建图层

图 20-3　绘制多段线

Step 03 在命令行中输入 LINE（直线）命令，按【Enter】键确认，根据命令行提示进行操作，输入 FROM，按【Enter】键确认，在最下方多段线的左端点上，单击鼠标左键，输入（@1930,0）并确认，输入（@0,44162）并确认，绘制直线，如图 20-4 所示。

点上，依次单击鼠标左键，绘制直线，如图 20-6 所示。

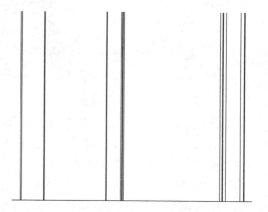

图 20-6　绘制直线

Step 06 在命令行中输入 OFFSET（偏移）命令，按【Enter】键确认，根据命令行提示进行操作，在绘图区中，选择新绘制的直线为偏移对象，向上进行偏移处理，偏移距离依次为 195、5070、130、260、130、780、130、11440、312、78、2860、11440、130、260、130、7410、312 和 78，如图 20-7 所示。

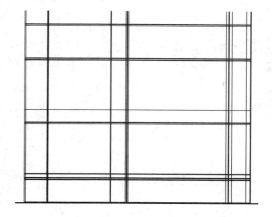

图 20-7　偏移直线

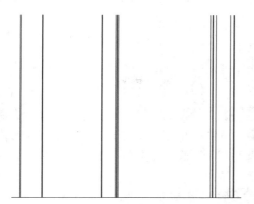

图 20-4　绘制直线

Step 04 在命令行中输入 OFFSET（偏移）命令，按【Enter】键确认，根据命令行提示进行操作，在绘图区中，选择新绘制的直线为偏移对象，向右偏移进行偏移处理，偏移距离依次为 260、4940、65、195、13895、103、3276、182、209、272、21827、508、129、650、39、3250、897 和 130，如图 20-5 所示。

图 20-5　偏移直线

Step 05 在命令行中输入 LINE（直线）命令，按【Enter】键确认，根据命令行提示进行操作，在最左侧和最右侧直线的下方端

Step 07 在命令行中输入 TRIM（修剪）命令，按【Enter】键确认，根据命令行提示进行操作，在绘图区中，对偏移后的直线进行修剪处理；在命令行中输入 ERASE（删除）命令，按【Enter】键确认，根据命令行提示进行操作，在绘图区中，对修剪后的多余的线段进行删除处理，如图 20-8 所示。

11
12
13
14
15
16
17
18
19
20

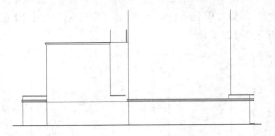

图 20-8　修剪图形

Step 08 在命令行中输入 PLINE（多段线）命令，按【Enter】键确认，根据命令行提示进行操作，在绘图区中左上方的端点上，单击鼠标左键，依次输入 W、0、0、（@3677,2860）、（@10591,0）和（@3667,-2860），每输入一次按【Enter】键确认，绘制多段线，如图 20-9 所示。

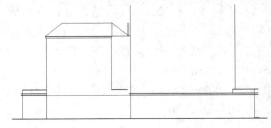

图 20-9　绘制多段线

Step 09 在命令行中输入 OFFSET（偏移）命令，按【Enter】键确认，根据命令行提示进行操作，设置偏移距离为 130，将新绘制的多段线向下进行偏移处理，效果如图 20-10 所示。

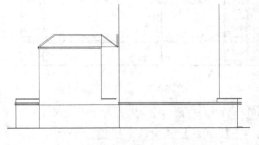

图 20-10　偏移多段线

Step 10 在命令行中输入 TRIM（修剪）命令，按【Enter】键确认，根据命令行提示进行操作，在绘图区中，对偏移后的直线进行修剪处理；在命令行中输入 ERASE（删除）命令，按【Enter】键确认，根据命令行提示进行操作，在绘图区中，对修剪后的多余的线段进行删除处理，如图 20-11 所示。

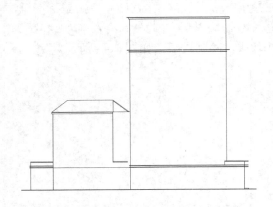

图 20-11　修剪图形

Step 11 在命令行中输入 PLINE（多段线）命令，按【Enter】键确认，根据命令行提示进行操作，输入 FROM，按【Enter】键确认，在绘图区左上方的端点上，单击鼠标左键，如图 20-12 所示。

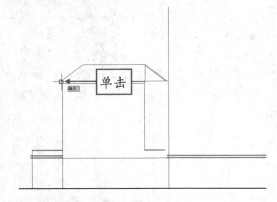

图 20-12　单击鼠标左键

Step 12 输入（@5005,0），按【Enter】键确认，输入（@2275,1592）并确认，输入（@2275,-1592）并确认，绘制多段线，如图 20-13 所示。

Step 13 在命令行中输入 OFFSET（偏移）命令，按【Enter】键确认，根据命令行提示进行操作，选择新绘制的多段线为偏移对象，向下进行偏移处理，偏移距离依次为 78 和 312，如图 20-14 所示。

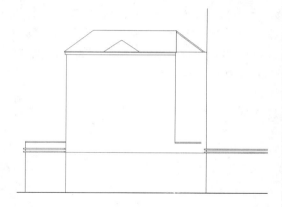

图 20-13　绘制多段线

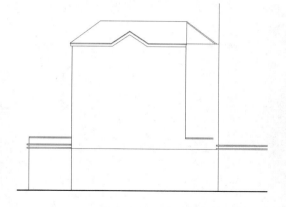

图 20-15　修剪图形

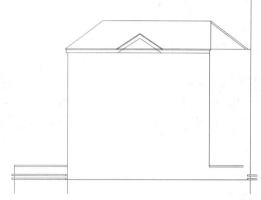

图 20-14　偏移多段线

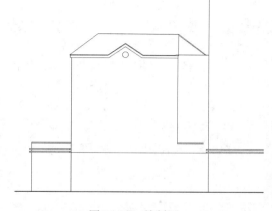

图 20-16　绘制圆

Step 14 在命令行中输入 EXTEND（延伸）命令，按【Enter】键确认，根据命令行提示进行操作，在绘图区中，延伸相应的直线；在命令行中输入 TRIM（修剪）命令，按【Enter】键确认，根据命令行提示进行操作，在绘图区中，修剪多余的线段；在命令行中输入 ERASE（删除）命令，在绘图区中，删除多余的线段，如图 20-15 所示。

Step 15 在命令行中输入 CIRCLE（圆）命令，按【Enter】键确认，根据命令行提示进行操作，输入（14410，18544），按【Enter】键确认，输入 390 并确认，绘制圆，如图 20-16所示。

Step 16 重复执行 CIRCLE（圆）命令，根据命令行提示进行操作，在绘图区中的圆心点上，单击鼠标左键，输入 312，按【Enter】键确认，绘制圆，如图 20-17 所示。

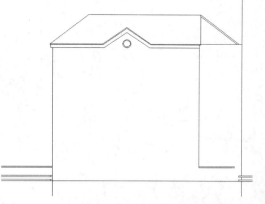

图 20-17　绘制圆

Step 17 在命令行中输入 PLINE（多段线）命令，按【Enter】键确认，根据命令行提示进行操作，在最上方直线的左端点上，单击鼠标左键，依次输入（@6110，4278）和（@11596，0），每输入一次按【Enter】键确认，并在右上方的端点上单击鼠标左键，绘制多段线，如图 20-18 所示。

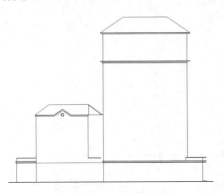

图 20-18　绘制多段线

Step 18 重复执行 PLINE（多段线）命令，根据命令行提示进行操作，输入 FROM，按【Enter】键确认，捕捉最上方左端点，依次输入（@3770,0）、（@3640,2550）、（@3640,-2550）、（@1170,0）、（@3640,2550）和（@3640,-2550）并确认，绘制多段线，效果如图 20-19 所示。

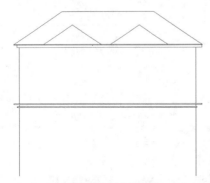

图 20-19　绘制多段线

Step 19 在命令行中输入 OFFSET（偏

移）命令，按【Enter】键确认，根据命令行提示进行操作，选择新绘制的多段线为偏移对象，向下进行偏移处理，偏移距离依次为 78 和 312，如图 20-20 所示。

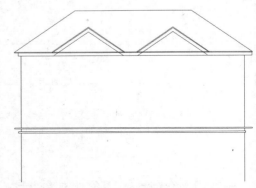

图 20-20　偏移多段线

Step 20 在命令行中输入 EXTEND（延伸）、TRIM（修剪）和 ERASE（删除）命令，根据命令行提示进行操作，延伸修剪和删除多段线，如图 20-21 所示。

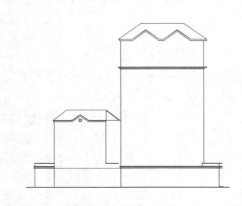

图 20-21　修剪图形

20.1.2　绘制门窗

Step 01 在命令行中输入 LINE（直线）命令，按【Enter】键确认，根据命令行提示进行操作，输入 FROM（捕捉自）命令，按【Enter】键确认，捕捉合适的端点，依次输入（@194,-390）和（@13640,0）并确认，

绘制直线，如图 20-22 所示。

Step 02 重复执行 LINE（直线）命令，根据命令行提示进行操作，在新绘制直线的左端点上，单击鼠标左键，向下引导光标，输入 12220，按【Enter】键确认，绘制直线，

如图 20-23 所示。

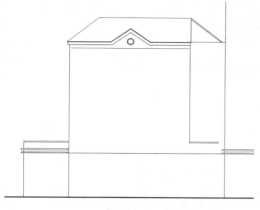

图 20-22　绘制直线

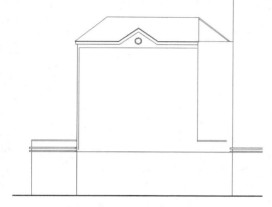

图 20-23　绘制直线

Step 03 在命令行中输入 OFFSET（偏移）命令，按【Enter】键确认，根据命令行提示，选择新绘制的垂直直线向右偏移，偏移距离依次为 130、780、520、715、835、715、520、780、130、194、825、85、1193、85、825、194、130、780、520、715、835、715、520、780 和 130，如图 20-24 所示。

Step 04 重复执行 OFFSET（偏移）命令，根据命令行提示进行操作，选择新绘制的水平直线向下偏移，偏移距离依次为 130、260、130、650、1300、130、1300、130、260、130、650、1300、130、1300、130、260、130、650、1300、130、1300、130、260 和 130，如图 20-25 所示。

Step 05 在命令行中输入 EXTEND（延伸）命令，按【Enter】键确认，根据命令行

提示进行操作，在绘图区中，延伸相应的直线；在命令行中输入 TRIM（修剪）命令，按【Enter】键确认，根据命令行提示进行操作，在绘图区中，修剪多余的线段；在命令行中输入 ERASE（删除）命令，在绘图区中，删除多余的线段，如图 20-26 所示。

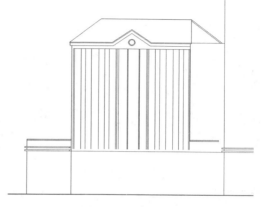

图 20-24　偏移直线

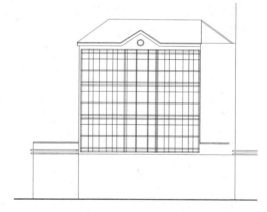

图 20-25　偏移直线

图 20-26　修剪图形

Step 06 在命令行中输入 CIRCLE（圆）命令，按【Enter】键确认，根据命令行提示进行操作，捕捉合适的端点，输入 596，按【Enter】键确认，绘制圆，如图 20-27 所示。

图 20-27　绘制圆

Step 07 重复执行 CIRCLE（圆）命令，根据命令行提示进行操作，捕捉合适的圆心点，输入 682，按【Enter】键确认，绘制圆，如图 20-28 所示。

图 20-28　绘制圆

Step 08 在命令行中输入 TRIM（修剪）命令，按【Enter】键确认，根据命令行提示进行操作，修剪多余的线段；在命令行中输入 ERASE（删除）命令，按【Enter】键确认，根据命令行提示进行操作，删除多余的线段，效果如图 20-29 所示。

Step 09 在命令行中输入 RECTANG（矩形）命令，按【Enter】键确认，根据命令行提示进行操作，输入 FROM，按【Enter】键确认，在绘图区圆心点上，单击鼠标左键，确定基点，依次输入（@-975，-2070）和（@1950，-1950）并确认，绘制矩形，如图 20-30 所示。

图 20-29　修剪图形

图 20-30　绘制矩形

Step 10 在命令行中输入 EXPLODE（分解）命令，按【Enter】键确认，根据命令行提示进行操作，对新绘制的矩形进行分解处理；在命令行中输入 OFFSET（偏移）命令，按【Enter】键确认，根据命令行提示进行操作，将分解后的左侧直线向右偏移 975，效果如图 20-31 所示。

Step 11 在命令行中输入 COPY（复制）命令，按【Enter】键确认，根据命令行提示进行操作，选择新绘制的图形为复制对象，按【Enter】键确认，在选择的图形对象左上方的端点上，单击鼠标左键，确定基点，依次输入（@0，-3900）和（@0，-7800）并确认，复制图形对象，效果如图 20-32 所示。

图 20-31　偏移直线

图 20-32　复制图形

Step 12 在命令行中输入 RECTANG（矩形）命令，按【Enter】键确认，根据命令行提示进行操作，输入 FROM，按【Enter】键确认，在绘图区最左侧下方的端点上，单击鼠标左键，确定基点，依次输入（@3386, 5265）和（@3120, -3120）并确认，绘制矩形，如图 20-33 所示。

知识链接

　　在进行建筑设计时，建筑设计外观的好坏，取决于建筑的立面设计。根据观察方向不同，可能有几个方向的立面图，而立面图的绘制是建立在建筑平面图的基础上的，立面图的尺寸在宽度方向受建筑平面图束缚，而高度方向的尺寸是根据每一层的建筑层高及建筑部件，由高度方向的位置而确定的。

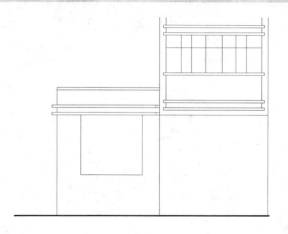

图 20-33　绘制矩形

Step 13 在命令行中输入 EXPLODE（分解）命令，按【Enter】键确认，根据命令行提示进行操作，对新绘制的矩形进行分解处理；在命令行中输入 OFFSET（偏移）命令，按【Enter】键确认，根据命令行提示进行操作，将分解后的左侧直线向右偏移 1560，将下方的直线向上偏移 2340，效果如图 20-34 所示。

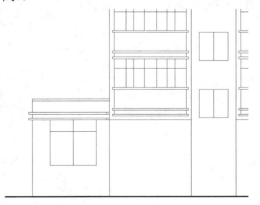

图 20-34　偏移直线

Step 14 在命令行中输入 TRIM（修剪）命令，按【Enter】键确认，根据命令行提示进行操作，对偏移后的直线进行修剪处理；在命令行中输入 COPY（复制）命令，按【Enter】键确认，根据命令行提示进行操作，选择新绘制的图形为复制对象，按【Enter】键确认，在选择的图形对象左上方的端点上，单击鼠标左键，确定基点，依次输入（@5200,

0）和（@13780,0）并确认，复制图形对象，如图20-35所示。

图 20-35　复制图形

Step 15 在命令行中输入 RECTANG（矩形）命令，按【Enter】键确认，根据命令行提示进行操作，输入 FROM，按【Enter】键确认，在绘图区最左侧下方的端点上，单击鼠标左键，确定基点，依次输入（@6006,0）和（@1950,-3120）并确认，绘制矩形，如图20-36所示。

图 20-36　绘制矩形

Step 16 在命令行中输入 EXPLODE（分解）命令，按【Enter】键确认，根据命令行提示进行操作，对新绘制的矩形进行分解处理；在命令行中输入 OFFSET（偏移）命令，按【Enter】键确认，根据命令行提示进行操作，将分解后的左侧直线向右偏移 975，将最下方的直线向上偏移 2340；在命令行中输入 TRIM（修剪）命令，按【Enter】键确认，根据命令行提示进行操作，对偏移后的直线进行修剪处理，效果如图20-37所示。

图 20-37　修剪效果

Step 17 在命令行中输入 INSERT（插入）命令，按【Enter】键确认，**1**弹出"插入"对话框，**2**单击对话框中的"浏览"按钮，如图20-38所示。

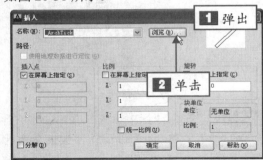

图 20-38　单击"浏览"按钮

Step 18 **1**弹出"选择图形文件"对话框，**2**选择需要插入的素材，**3**单击"打开"按钮，如图20-39所示。

图 20-39　单击"打开"按钮

Step 19 返回到"插入"对话框，单击"确定"按钮，在绘图区中的任意位置上，单击鼠标左键，插入门图块，如图 20-40 所示。

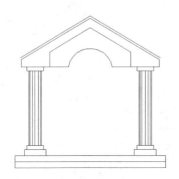

图 20-40　插入图块

Step 20 选择插入的门对象，将其缩放并移至合适的位置，在命令行中输入 TRIM（修剪）命令，按【Enter】键确认，根据命令行提示进行操作，修剪图形中多余的线段，如图 20-41 所示。

Step 21 重复执行 INSERT（插入）命令，插入其他的素材图块，如图 20-42 所示。

图 20-41　修剪图形

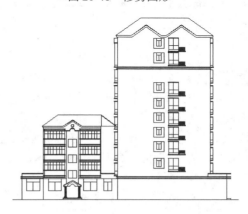

图 20-42　插入素材

20.1.3　完善住宅侧面图

Step 01 将"灰色"图层设置为当前图层；在命令行中输入 BHATCH（图案填充）命令，按【Enter】键确认，弹出"图案填充创建"选项卡，在"图案"面板中单击"图案填充图案"下拉按钮，在弹出的下拉列表框中选择 AR-B816C 填充图案，如图 20-43 所示。

Step 02 设置"比例"为 3，单击"边界"面板中的"拾取点"按钮，在绘图区中的选择合适的区域，如图 20-44 所示。

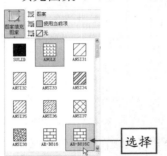

图 20-43　选择 AR-B816C 填充图案

图 20-44　选择填充区域

427

Step 03 按【Enter】键确认，填充图案，如图 20-45 所示。

图 20-45 填充图形

Step 04 重复执行 BHATCH（图案填充）命令，弹出"图案填充创建"选项卡，**1** 在"图案"面板中单击"图案填充图案"下拉按钮，**2** 在弹出的下拉列表框中选择 ANSI32 填充图案，如图 20-46 所示。

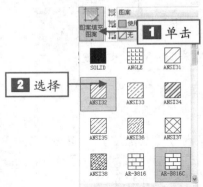

图 20-46 选择 ANSI32 填充图案

Step 05 设置"角度"为 40、"比例"为 50，单击"边界"面板中的"拾取点"按钮，在绘图区中的选择合适的区域，如图 20-47 所示。

Step 06 按【Enter】键确认，填充图案，如图 20-48 所示。

Step 07 将"标注"图层设置为当前图层；在命令行中输入 PLINE（多段线）命令，按【Enter】键确认，根据命令行提示进行操作，在绘图区中的合适端点上，单击鼠标左键，

依次输入（@-7200, 0）、（@1350<-45）、（@1350<45）和 C，每输入一次按【Enter】键确认，绘制标高，如图 20-49 所示。

图 20-47 选择填充区域

图 20-48 填充图形

图 20-49 绘制标高

Step 08 在命令行中输入 ATTDEF（定义属性）命令，按【Enter】键确认，**1** 弹出"属

性定义"对话框，在对话框中，**2**设置相应的参数，图 20-50 所示。

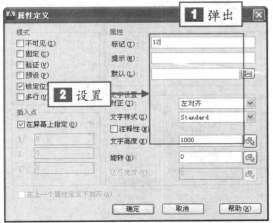

图 20-50　设置参数

Step 09 单击"确定"按钮，在屏幕的合适位置单击鼠标左键，插入文字，如图 20-51 所示。

12

图 20-51　插入文字

Step 10 选择绘制的标高符号及插入的文字，在命令行中输入 WBLOCK（写块）命令，按【Enter】键确认，弹出"写块"对话框，在"基点"选项区中，单击"拾取点"按钮，在绘图区捕捉下方端点为基点，如图 20-52 所示。

Step 11 返回到"写块"对话框，单击"选择对象"按钮，设置图块名称和保存路径，单击"确定"按钮，保存图块；在命令行中输入 INSERT（插入）命令，按【Enter】键确认，根据命令行提示进行操作，插入已保存的标高图块，如图 20-53 所示。

图 20-52　捕捉基点

图 20-53　插入标高

Step 12 将 0 图层置为当前图层；在命令行中输入 MTEXT（多行文字）命令，按【Enter】键确认，根据命令行提示进行操作，在绘图区合适位置处单击鼠标左键，输入相应文字，设置文字高度为 2000，在绘图区空白位置处单击鼠标左键，创建文字，如图 20-54 所示。

住宅侧面图

图 20-54　创建文字

Step 13 在命令行中输入 LINE（直线）命令，按【Enter】键确认，根据命令行提示进行操作，在文字下方合适位置单击鼠标左键，向右引导光标，输入 17000，按【Enter】键确认，绘制直线，如图 20-55 所示。

线，此时即可完成住宅侧面图的绘制，效果如图 20-57 所示。

图 20-55　绘制直线

图 20-56　偏移直线

Step 14 在命令行中输入 OFFSET（偏移）命令，按【Enter】键确认，根据命令行提示进行操作，将新绘制的直线向下偏移 500，如图 20-56 所示。

Step 15 在命令行中输入 PLINE（多段线）命令，按【Enter】键确认，根据命令行提示进行操作，捕捉上方直线的左端点，输入 W，按【Enter】键确认，输入 200，连续按两次按【Enter】键确认，在上方直线的右端点上，单击鼠标左键，并确认，创建多段

图 20-57　住宅侧面图

20.2　小区规划图

　　小区规划图是城市的基本构成，小区建设水平的好坏直接影响着居民居住环境的优劣，而小区规划又是小区建设的先行，是影响小区建设水平的重要环节。通过本实例的绘制，用户可以掌握小区规划的设计方法和功能分区的特点。

　　本实例效果如图 20-58 所示。

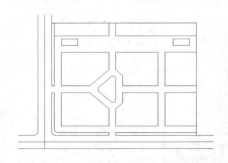
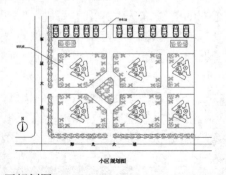

图 20-58　小区规划图

	实例文件	光盘\实例\第 20 章\小区规划图.dwg
	所用素材	光盘\素材\第 20 章\小区规划图

20.2.1　绘制道路

Step 01　单击快速访问工具栏中的"新建"按钮□，新建一幅空白的图形文件；在命令行中输入 LAYER（图层）命令，按【Enter】键确认，弹出"图层特性管理器"面板，单击"新建图层"按钮，创建"轴线"图层（红色、CENTER），并将"轴线"图层置为当前图层，如图 20-59 所示。

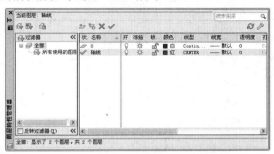

图 20-59　新建图层

Step 02　在命令行中输入 LINE（直线）命令，按【Enter】键确认，根据命令行提示进行操作，输入（0,0），按【Enter】键确认，向上引导光标，输入 14000 并确认，绘制直线，如图 20-60 所示。

图 20-60　绘制直线

Step 03　重复执行 LINE（直线）命令，根据命令行提示进行操作，输入 FROM，按

【Enter】键确认，在新绘制的直线的最下方端点上，单击鼠标左键，依次输入（@-2700,700）和（@20000,0），绘制水平直线，如图 20-61 所示。

图 20-61　绘制水平直线

Step 04　在命令行中输入 OFFSET（偏移）命令，按【Enter】键确认，根据命令行提示进行操作，对垂直直线向右进行偏移处理，偏移距离依次为 700、280、5600、700 和 8260，偏移效果如图 20-62 所示。

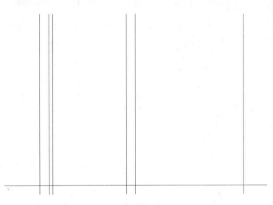

图 20-62　偏移效果

Step 05　重复执行 OFFSET（偏移）命令，根据命令行提示进行操作，对水平直线向上进行偏移处理，偏移距离依次为 700、280、4200、700 和 6580，如图 20-63 所示。

新
手
学
设
计
完
全
精
通

图 20-63　偏移效果

Step 06 选择偏移的直线，将其置于 0 图层，如图 20-64 所示。

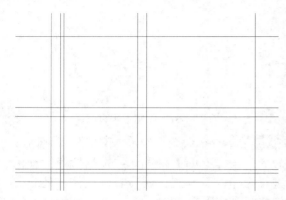

图 20-64　更换图层

Step 07 在命令行中输入 TRIM（修剪）命令，按【Enter】键确认，根据命令行提示进行操作，对偏移后的直线进行修剪处理，并将多余的线段删除，如图 20-65 所示。

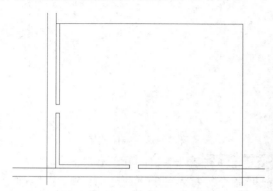

图 20-65　修剪图形

Step 08 在命令行中输入 FILLET（圆角）命令，按【Enter】键确认，根据命令行提示进行操作，设置圆角半径为 420，对拐弯处的道路进行圆角处理，如图 20-66 所示。

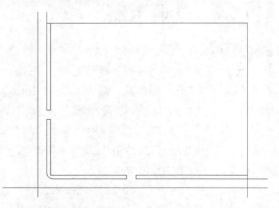

图 20-66　绘制圆

Step 09 在命令行中输入 OFFSET（偏移）命令，按【Enter】键确认，根据命令行提示进行操作，设置偏移距离均为 700，将垂直轴线向左、右各偏移一次，将水平轴线上、下各偏移一次，如图 20-67 所示。

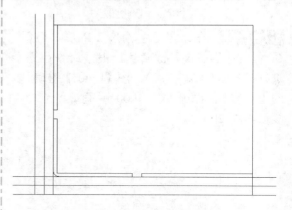

图 20-67　偏移直线

Step 10 将偏移后的直线置于 0 图层，如图 20-68 所示。

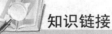

知识链接

　　最先绘制的两条轴线在建筑学中称为"建筑红线"，它是指城市规划管理中，控制城市道路两侧沿街建筑物或构筑物（如外墙、台阶等）临街面的界线，任何临街建筑物或构筑物不得超过建筑红线。

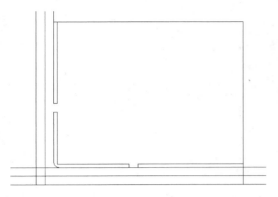

图 20-68　更换图层

Step 11 在命令行中输入 TRIM（修剪）命令和 FILLET（圆角），根据命令行提示进

行操作，对偏移后的直线进行修剪和圆角处理，效果如图 20-69 所示。

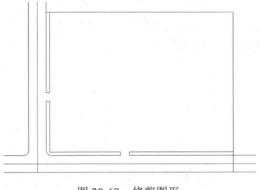

图 20-69　修剪图形

20.2.2　绘制小区基本轮廓

Step 01 在命令行中输入 OFFSET（偏移）命令，按【Enter】键确认，根据命令行提示进行操作，选择垂直轴线向右进行偏移处理，偏移距离依次为 1680、2940、1960、700、700、700、3640 和 700，如图 20-70 所示。

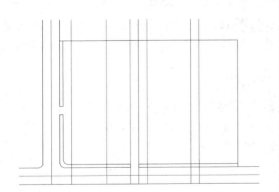

图 20-70　偏移直线

Step 02 重复执行 OFFSET（偏移）命令，根据命令行提示进行操作，选择水平轴线向上进行偏移处理，偏移距离依次为 1680、1820、650、1030、700、1030、650 和 1820，如图 20-71 所示。

Step 03 在命令行中输入 LINE（直线）命令，按【Enter】键确认，根据命令行提示进行操作，捕捉轴线中的合适交点，绘制直

线，如图 20-72 所示。

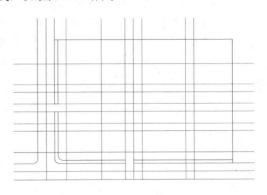

图 20-71　偏移直线

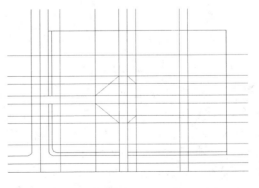

图 20-72　绘制直线

Step 04 在命令行中输入 TRIM（修剪）命令，按【Enter】键确认，根据命令行提示

进行操作，在绘图区中，对偏移后的直线进行修剪处理；在命令行中输入 ERASE（删除）命令，按【Enter】键确认，根据命令行提示进行操作，在绘图区中，对修剪后的多余的线段进行删除处理，如图 20-73 所示。

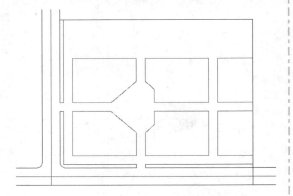

图 20-73　修剪图形

Step 05 在命令行中输入 OFFSET（偏移）命令，按【Enter】键确认，根据命令行提示进行操作，设置偏移距离均为 700，选择绘图区中间的合适的直线为偏移对象，依次向内进行偏移处理，如图 20-74 所示。

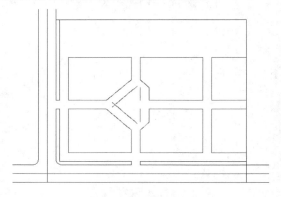

图 20-74　偏移直线

Step 06 在命令行中输入 FILLET（圆角）命令，按【Enter】键确认，根据命令行提示进行操作，设置圆角半径为 300，对偏移后直线的进行圆角处理，如图 20-75 所示。

Step 07 将绘制的图形置于 0 图层，在命令行中输入 JOIN（合并）命令，按【Enter】键确认，根据命令行提示进行操作，对圆角处的断口进行连接，如图 20-76 所示。

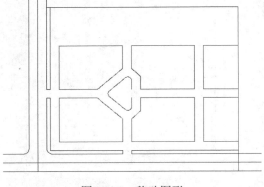

图 20-75　移动图形

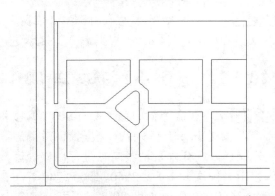

图 20-76　合并图形

Step 08 将 0 图层置为当前图层；在命令行中输入 RECTANG（矩形）命令，按【Enter】键确认，根据命令行提示进行操作，输入 FROM，按【Enter】键确认，捕捉垂直轴线最上方的端点，输入（@980,-2212）并确认，输入（@5600,1372）并确认，绘制矩形，如图 20-77 所示。

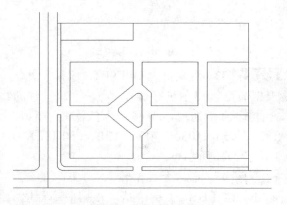

图 20-77　绘制矩形

Step 09 重复执行 RECTANG（矩形）命令，根据命令行提示进行操作，输入 FROM，按【Enter】键确认，在垂直轴线最上方的端点上，单击鼠标左键，输入（@7280,-2212）并确认，输入（@8260,1372）并确认，绘制矩形，如图 20-78 所示。

线最上方的端点上，单击鼠标左键，输入（@13145,-2520）并确认，输入（@1680,-700）并确认，绘制矩形，如图 20-80 所示。

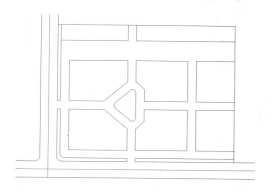

图 20-78　绘制矩形

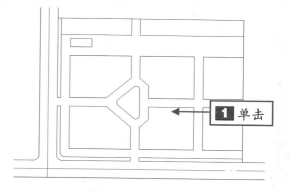

图 20-79　绘制矩形

Step 10 重复执行 RECTANG（矩形）命令，根据命令行提示进行操作，输入 FROM，按【Enter】键确认，在绘图区中，在垂直轴线最上方的端点上，单击鼠标左键，输入（@1722,-2520）并确认，输入（@1680,-700）并确认，绘制矩形，如图 20-79 所示。

Step 11 重复执行 RECTANG（矩形）命令，根据命令行提示进行操作，输入 FROM，按【Enter】键确认，在绘图区中，在垂直轴

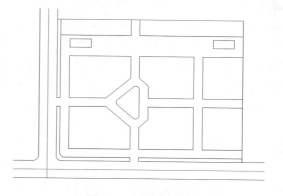

图 20-80　绘制矩形

20.2.3　完善小区规划图

Step 01 在命令行中输入 INSERT（插入）命令，**1** 弹出"插入"对话框，**2** 单击对话框中的"浏览"按钮，如图 20-81 所示。

Step 02 **1** 弹出"选择图形文件"对话框，**2** 选择需要插入的素材，**3** 单击"打开"按钮，如图 20-82 所示。

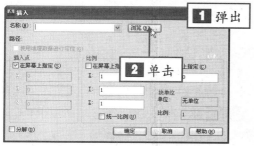

图 20-81　单击"浏览"按钮

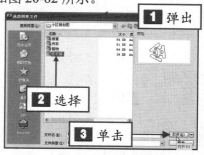

图 20-82　单击"打开"按钮

Step 03 返回到"插入"对话框，单击"确定"按钮，在绘图区中的任意位置上，单击鼠标左键，插入住宅楼，并将其移至合适位置，如图 20-83 所示。

鼠标左键，插入汽车图块，并将其移至合适位置，如图 20-86 所示。

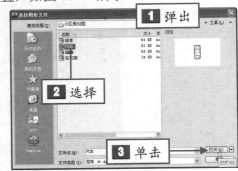

图 20-85　单击"打开"按钮

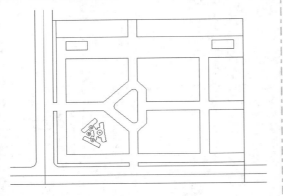

图 20-83　插入住宅楼

Step 04 在命令行中输入 COPY（复制）命令，按【Enter】键确认，根据命令行提示进行操作，选择新插入的"住宅楼"为复制对象，按【Enter】键确认，在绘图区中的合适位置上，单击鼠标左键，将其复制至合适位置，效果如图 20-84 所示。

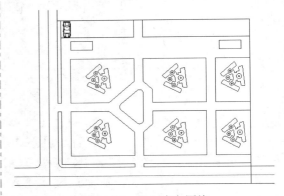

图 20-86　插入汽车图块

Step 07 在命令行中输入 COPY（复制）命令，按【Enter】键确认，根据命令行提示进行操作，选择新插入的"汽车"为复制对象，将其复制至合适位置，如图 20-87 所示。

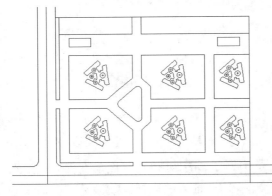

图 20-84　复制图形

Step 05 在命令行中输入 INSERT（插入）命令，按【Enter】键确认，弹出"插入"对话框，单击对话框中的"浏览"按钮，**1** 弹出"选择图形文件"对话框，**2** 选择需要插入的图框素材，**3** 单击"打开"按钮，如图 20-85 所示。

Step 06 返回到"插入"对话框，单击"确定"按钮，在绘图区中的任意位置上，单击

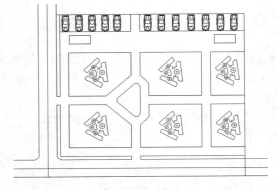

图 20-87　复制图形

Step 08 在命令行中输入 INSERT（插入）命令，按【Enter】键确认，弹出"插入"对话框，单击对话框中的"浏览"按钮，弹出

"选择图形文件"对话框，选择需要插入的素材，单击"打开"按钮，返回到"插入"对话框，选中"在屏幕上指定"复选框，如图 20-88 所示。

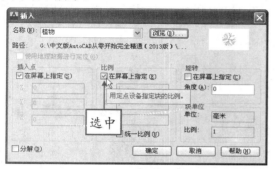

图 20-88　选中相应复选框

Step 09 单击"确定"按钮，在绘图区中的合适位置指定插入点，输入 X 和 Y 轴的比例因子均为 0.2，每输入一次按【Enter】键确认，插入植物图块，并将其移至合适位置，如图 20-89 所示。

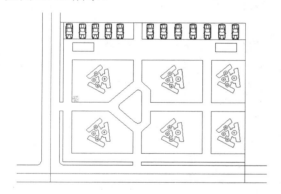

图 20-89　插入植物图块

Step 10 在命令行中输入 COPY（复制）命令，按【Enter】键确认，根据命令行提示进行操作，选择新插入的"植物"为复制对象，将其复制至合适位置，如图 20-90 所示。

Step 11 重复执行 INSERT（插入）命令和 COPY（复制）命令，插入其他的素材，如图 20-91 所示。

Step 12 在命令行中输入 CIRCLE（圆）命令，按【Enter】键确认，根据命令行提示进行操作，在绘图区中的合适位置上，单击鼠标左键，确定圆心点，输入 500，按【Enter】

键确认，绘制圆，如图 20-92 所示。

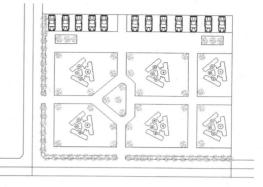

图 20-90　复制图形

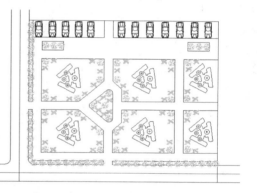

图 20-91　插入其他素材

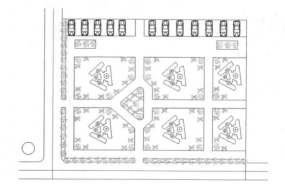

图 20-92　绘制圆

Step 13 在命令行中输入 LINE（直线）命令，按【Enter】键确认，根据命令行提示进行操作，捕捉圆的上下象限点，绘制一条垂直直线，如图 20-93 所示。

Step 14 在命令行中输入 OFFSET（偏移）命令，按【Enter】键确认，根据命令行提示进行操作，设置偏移距离为 62，将新绘制的直线左、右各偏移一次，如图 20-94 所示。

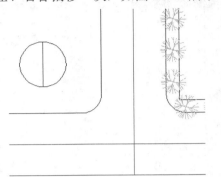

图 20-93　绘制直线

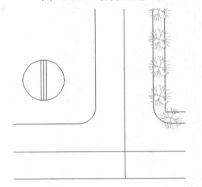

图 20-94　偏移直线

Step 15 在命令行中输入 LINE（直线）命令，按【Enter】键确认，根据命令行提示进行操作，在中间垂直直线最上方的端点上，单击鼠标左键，在偏移后的直线的最下方端点上，依次单击鼠标左键，绘制两条直线，并删除多余的线段，如图 20-95 所示。

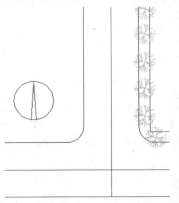

图 20-95　绘制直线并删除线段

Step 16 在命令行中输入 BHATCH（图案填充）命令，按【Enter】键确认，弹出"图案填充创建"选项卡，**1** 在"图案"面板中单击"图案填充图案"下拉按钮，**2** 在弹出的下拉列表框中选择 SOLID 填充图案，如图 20-96 所示。

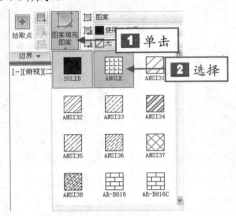

图 20-96　选择 SOLID 填充图案

Step 17 单击"边界"面板中的"拾取点"按钮，在绘图区中的选择合适的区域，按【Enter】键确认，即可填充图案，如图 20-97 所示。

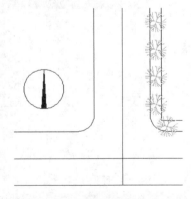

图 20-97　填充图案

Step 18 在命令行中输入 MTEXT（多行文字）命令，按【Enter】键确认，根据命令行提示进行操作，在绘图区中的合适位置上，单击鼠标左键，输入文字 N，并设置文本高度为 350，在绘图区中的任意位置上，单击鼠标左键，创建文字，并移至合适位置，如图 20-98 所示。

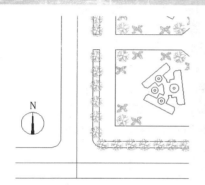

图 20-98 创建文字

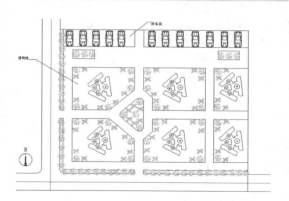

图 20-100 创建其他引线标注

Step 19 在命令行中输入 QLEADER（引线）命令，按【Enter】键确认，根据命令行提示进行操作，在绘图区中的合适位置上，单击鼠标左键，向左上方引导光标至合适位置，单击鼠标左键，向左引导光标至合适位置，单击鼠标左键，按【Enter】键确认，输入文字并确认，并设置文本高度为 200，如图20-99 所示。

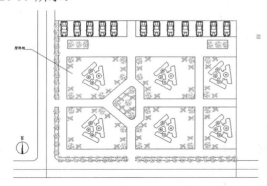

图 20-99 添加文字

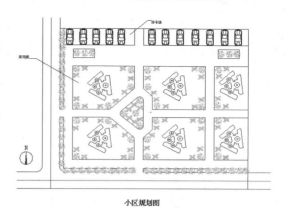

小区规划图

图 20-101 创建文字

Step 22 重复执行 MTEXT（多行文字）命令，根据命令行提示进行操作，在绘图区中的合适位置上，单击鼠标左键，弹出文本框后，创建其他相应的文字，并设置文字高度为 300，此时即可完成小区规划图的绘制，效果如图 20-102 所示。

Step 20 重复执行 QLEADER（引线）命令，根据命令行提示进行操作，在绘图区中的其他位置处，创建其他的引线标注，如图20-100 所示。

Step 21 在命令行中输入 MTEXT（多行文字）命令，按【Enter】键确认，根据命令行提示进行操作，在绘图区中的合适位置上，单击鼠标左键，弹出文本框后，输入图纸名称，并设置文字高度为 400、加粗，在绘图区中的合适位置上，单击鼠标左键，创建文字，如图 20-101 所示。

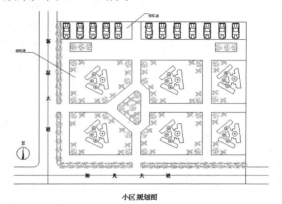

小区规划图

图 20-102 小区规划图效果

20.3 别墅立面图

别墅是居住形态的高级层次，无论是舒适性、私密性、丰富性，还是人与自然、建筑与环境的相融性、亲和性，都胜于其他住宅，它代表着品味、悠然和舒适。该设计将建筑结合于环境的怀抱中，建筑融于自然。别墅立面图在外观设计上力求以全新的景观设计手法塑造出生态效益、环境效益和社会效益兼备的居住之地，使设计散发出浓郁的地域文化和历史文化气息。

本实例效果如图 20-103 所示。

图 20-103　别墅立面图

实例文件	光盘\实例\第 20 章\别墅立面图.dwg
所用素材	光盘\素材\第 20 章\别墅立面图

20.3.1　绘制别墅轮廓

Step 01 单击快速访问工具栏中的"新建"按钮 ，新建一幅空白的图形文件；在命令行中输入 LAYER（图层）命令，按【Enter】键确认，弹出"图层特性管理器"面板，单击"新建图层"按钮 ，依次创建"墙体"图层、"填充"图层（颜色为 8），并将"墙体"图层置为当前图层，并将"墙体"图层置为当前图层，如图 20-104 所示。

图 20-104　创建图层

Step 02 在命令行中输入 LINE（直线）命令，按【Enter】键确认，根据命令行提示进行操作，在绘图区中任意捕捉一点为起点，向右引导光标，输入 22897，按【Enter】键确认，绘制水平直线，如图 20-105 所示。

图 20-105　绘制水平直线

Step 03 重复执行 LINE（直线）命令，根据命令行提示进行操作，输入 FROM，按【Enter】键确认，捕捉新绘制直线的左端点，依次输入（@2581,0）和（@0,5795），绘制竖直直线，如图 20-106 所示。

图 20-106 绘制竖直直线

Step 04 在命令行中输入 RECTANG（矩形）命令，按【Enter】键确认，根据命令行提示进行操作，输入 FROM，按【Enter】键确认，捕捉新绘制直线的下端点，依次输入（@-50,122）和（@500,450），绘制矩形，如图 20-107 所示。

图 20-107 绘制矩形

Step 05 在命令行中输入 COPY（复制）命令，按【Enter】键确认，根据命令行提示进行操作，选择新绘制的矩形，捕捉左下方端点，向上引导光标，依次输入 550、1100、1650、2200、2750、3300、3850、4400 和 4950，复制矩形，如图 20-108 所示。

图 20-108 绘制矩形

Step 06 在命令行中输入 TRIM（修剪）命令，按【Enter】键确认，根据命令行提示，修剪多余的直线，如图 20-109 所示。

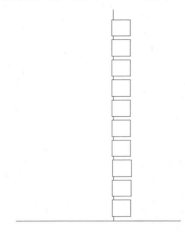

图 20-109 修剪图形

Step 07 在命令行中输入 RECTANG（矩形）命令，按【Enter】键确认，根据命令行提示进行操作，输入 FROM，按【Enter】键确认，捕捉新绘制直线的上端点，依次输入（@-159,0）和（@1051,200），绘制矩形，如图 20-110 所示。

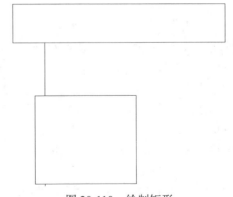

图 20-110 绘制矩形

Step 08 重复执行 RECTANG（矩形）命令，根据命令行提示进行操作，输入 FROM，按【Enter】键确认，捕捉上一步中新绘制矩形的左上方端点，输入（@-30,0）和（@1101,100），绘制矩形，如图 20-111 所示。

Step 09 在命令行中输入 PLINE（多段线）命令，按【Enter】键确认，根据命令行提示

进行操作，输入 FROM，按【Enter】键确认，
分捕捉上一步中新绘制矩形的左上方端点，输
入（@50,0）、（@255,250）、（@545,0）和
（@251,-250），绘制多段线，效果如图 20-112
所示。

图 20-111　绘制矩形

图 20-112　绘制多段线

Step 10 在命令行中输入 RECTANG（矩
形）命令，按【Enter】键确认，根据命令行
提示进行操作，输入 FROM，按【Enter】键
确认；捕捉新绘制多段线的右下方端点，输
入（@2494,0）和（@2925,-471），绘制矩形，
如图 20-113 所示。

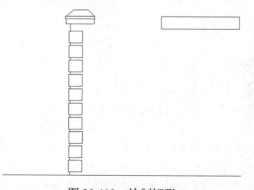

图 20-113　绘制矩形

Step 11 在命令行中输入 EXPLODE（分
解）命令，按【Enter】键确认，根据命令行
提示进行操作，分解上一步中新绘制的矩形；
在命令行中输入 OFFSET（偏移）命令，按
【Enter】键确认，根据命令行提示进行操作，
依次设置偏移距离为 100 和 150，将新矩形上
方水平直线向下偏移，如图 20-114 所示。

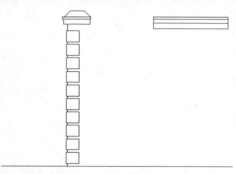

图 20-114　分解并偏移直线

Step 12 重复执行 OFFSET（偏移）命令，
根据命令行提示进行操作，依次设置偏移距
离为 20、95、2695 和 95，将矩形左侧竖直直
线向右进行偏移处理，如图 20-115 所示。

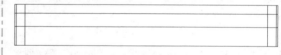

图 20-115　偏移直线

Step 13 在命令行中输入 TRIM（修剪）
命令，按【Enter】键确认，根据命令行提示
进行操作，修剪多余直线，如图 20-116 所示。

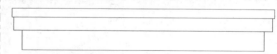

图 20-116　修剪图形

Step 14 在命令行中输入 PLINE（多段线）
命令，按【Enter】键确认，根据命令行提示
进行操作，捕捉修剪后图形的左上方端点，依
次 输 入（@251,250）、（@545,0） 和
（@255,-250），绘制多段线，如图 20-117 所示。

Step 15 在命令行中输入 MIRROR（镜像）
命令，按【Enter】键确认，根据命令行提示
进行操作，选择新绘制的多段线为镜像对象，

对其进行镜像处理，如图 20-118 所示。

图 20-107 绘制多段线

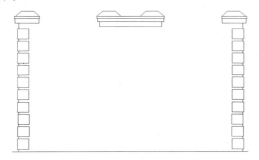

图 20-108 镜像图形

Step 16 重复执行 MIRROR（镜像）命令，根据命令行提示进行操作，选择合适的图形为镜像对象，对其进行镜像处理，如图 20-109 所示。

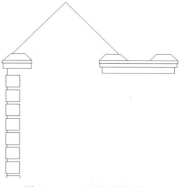

图 20-110 绘制多段线

图 20-111 偏移多段线

Step 19 在命令行中输入 TRIM（修剪）命令，按【Enter】键确认，根据命令行提示进行操作，修剪多余直线，并通过夹点拉伸图形，如图 20-112 所示。

图 20-109 镜像图形

Step 17 在命令行中输入 PLINE（多段线）命令，按【Enter】键确认，根据命令行提示进行操作，输入 FROM，按【Enter】键确认；捕捉左上方合适的端点，依次输入（@65，0）、（@1978，1981）和（@1978，-1981），绘制多段线，如图 20-110 所示。

Step 18 在命令行中输入 OFFSET（偏移）命令，按【Enter】键确认，根据命令行提示进行操作，依次设置偏移距离为 200、100、249，将新绘制的多段线向下偏移；设置偏移距离为 65，将多段线向上偏移，效果图 20-111 所示。

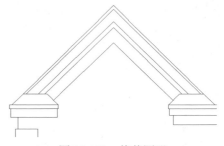

图 20-112 修剪图形

Step 20 在命令行中输入 CIRCLE（圆）命令，按【Enter】键确认，根据命令行提示进行操作，输入 FROM，按【Enter】键确认；捕捉内侧多段线的上方端点，输入（@0，-631）并确认，分别创建半径为 400、288、218 的圆，如图 20-113 所示。

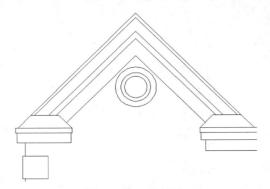

图 20-113　绘制圆

Step 21 在命令行中输入 MIRROR（镜像）命令，按【Enter】键确认，根据命令行提示，在绘图区中选择新绘制的多段线和圆，并对其进行镜像处理，如图 20-114 所示。

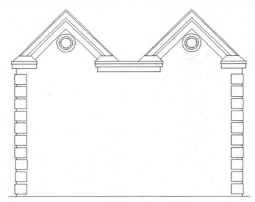

图 20-114　镜像图形

Step 22 在命令行中输入 PLINE（多段线）命令，按【Enter】键确认，根据命令行提示进行操作，捕捉左侧多段线最上方端点，输入（@530, 550）、（@4359, 0）和（@530, -550），绘制多段线，如图 20-115 所示。

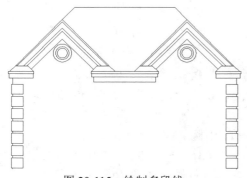

图 20-115　绘制多段线

Step 23 在命令行中输入 COPY（复制）命令，按【Enter】键确认，根据命令行提示进行操作，捕捉左侧合适的图形为复制对象，如图 20-116 所示。

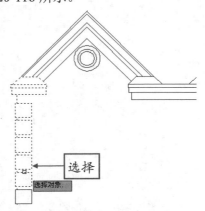

图 20-116　选择复制图形

Step 24 按【Enter】键确认，捕捉选择图形左上方端点为基点，输入（@9126, -2750）并确认，复制图形，并删除相应的图形，如图 20-117 所示。

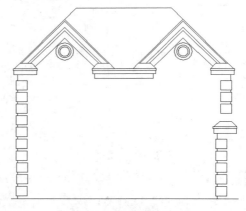

图 20-117　复制图形

Step 25 在命令行中输入 PLINE（多段线）命令，按【Enter】键确认，根据命令行提示进行操作，捕捉复制图形的左上方端点，依次输入（@3205, 3215）和（@3205, -3215），绘制多段线，如图 20-118 所示。

Step 26 在命令行中输入 MIRROR（镜像）命令，按【Enter】键确认，根据命令行提示进行操作，选择复制后的图形，对其进行镜像处理，如图 20-119 所示。

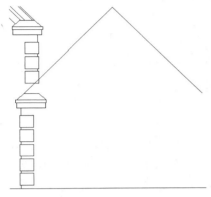

图 20-118　绘制多段线

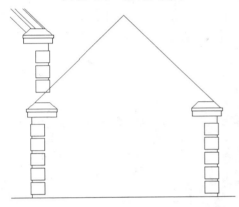

图 20-119　镜像图形

Step 27 在命令行中输入 OFFSET（偏移）命令，按【Enter】键确认，根据命令行提示进行操作，依次设置偏移距离为 100、200、100 和 230，将新绘制的多段线向下偏移；在命令行中输入 TRIM（修剪）命令，按【Enter】键确认，根据命令行提示进行操作，修剪多余的直线，如图 20-120 所示。

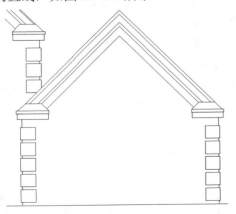

图 20-120　修剪图形

Step 28 在命令行中输入 PLINE（多段线）命令，按【Enter】键确认，根据命令行提示进行操作，捕捉新绘制多段线的最上方端点，输入（@-1424,1427）和（@-3267,0），绘制多段线，如图 20-121 所示。

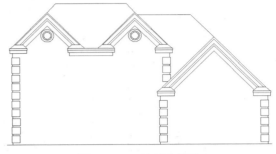

图 20-121　绘制多线段

Step 29 重复执行 PLINE（多段线）命令，根据命令行提示进行操作，输入 FROM，按【Enter】键确认；捕捉新绘制多段线右下方端点，输入（@-96,97）、（@1857,0）和（@1061,-1063），绘制多段线，如图 20-122 所示。

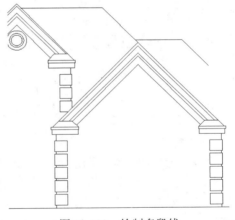

图 20-122　绘制多段线

Step 30 在命令行中输入 LINE（直线）命令，按【Enter】键确认，根据命令行提示进行操作，输入 FROM，按【Enter】键确认；捕捉新绘制多段线右下方端点，输入（@964,-966）、（@1907,0）和（@0,-1910），绘制直线，如图 20-123 所示。

Step 31 在命令行中输入 OFFSET（偏移）命令，按【Enter】键确认，根据命令行提示

11
12
13
14
15
16
17
18
19
20

进行操作，依次设置偏移距离为 100 和 200，将新绘制的水平直线向下偏移；依次设置偏移距离为 30 和 152，将新绘制的竖直直线向左偏移，并对偏移后的图形进行修剪处理，如图 20-124 所示。

图 20-123　绘制直线

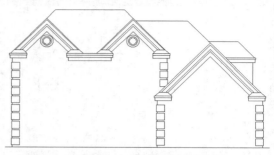

图 20-124　偏移并修剪直线

高手指引

在进行建筑设计时，建筑设计外观的好坏取决于建筑的立面设计。

20.3.2　插入门窗

Step 01　在命令行中输入 INSERT（插入）命令，**1** 弹出"插入"对话框，**2** 单击对话框中的"浏览"按钮，如图 20-125 所示。

图 20-125　单击"浏览"按钮

Step 02　**1** 弹出"选择图形文件"对话框，**2** 选择需要插入的图框素材，**3** 单击"打开"按钮，如图 20-126 所示。

Step 03　返回到"插入"对话框，单击"确定"按钮，在绘图区中的任意位置上，单击鼠标左键，插入门窗，并将其移至合适位置，如图 20-127 所示。

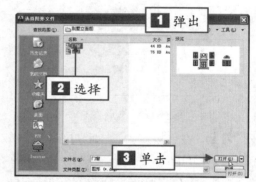

图 20-126　单击"打开"按钮

图 20-127　插入门窗

20.3.3　完善别墅立面图

Step 01　将"填充"图层置为当前，在命令行中输入 BHATCH（图案填充）命令，按【Enter】键确认，弹出"图案填充创建"选项卡，在"图案"面板中单击"图案填充图案"下拉按钮，在弹出的下拉列表框中选择 ANSI31 填充图案，设置"图案填充角度"为 315、"图案填充比例"为 40，在绘图区中的合适区域上单击鼠标左键，如图 20-128 所示。

图 20-128　选择填充区域

Step 02 按【Enter】键确认，即可创建图案填充，如图 20-129 所示。

图 20-129　创建图案填充

Step 03 重复执行 BHATCH（图案填充）命令，弹出"图案填充创建"选项卡，在"图案"面板中单击"图案填充图案"下拉按钮，在弹出的下拉列表框中选择 AR-RSHKE 填充图案，在合适位置上单击鼠标左键，并按【Enter】键确认，创建图案填充，如图 20-130 所示。

Step 04 将 0 图层置为当前，在命令行中输入 DIMSTYLE（标注样式）命令，按【Enter】键确认，**1**弹出"标注样式管理器"对话框，**2**选择默认的标注样式，**3**单击"修改"按钮，如图 20-131 所示。

Step 05 弹出"修改标注样式：ISO-25"对话框，在相应的选项卡中，设置"第一个"和"第二个"均为"建筑标记"、"箭头大

小"为 300、"文字高度"为 300 以及"精度"为 0，如图 20-132 所示。

图 20-130　创建图案填充

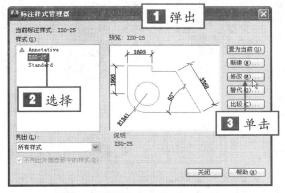

图 20-131　单击"修改"按钮

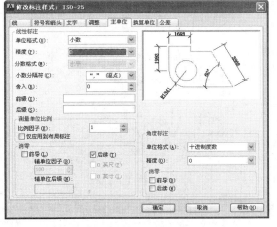

图 20-132　设置参数

Step 06 单击"确定"按钮，即可设置标注，在命令行中输入 DIMLINEAR（线性）命令，按【Enter】键确认，根据命令行提示进行操作，依次捕捉最下方水平直线的左、右端点，标注线性尺寸，如图 20-133 所示。

Step 07 重复执行 DIMLINEAR（线性）命

令，标注其他尺寸标注，如图 20-134 所示。

图 20-133　标注线性尺寸

图 20-134　标注其他尺寸标注

Step 08 在命令行中输入 MTEXT（多行文字）命令，按【Enter】键确认，根据命令行提示进行操作，设置"文字高度"为400，在绘图区下方的合适位置处，创建相应的文字，并调整其位置，如图 20-135 所示。

图 20-135　创建文字

Step 09 在命令行中输入 LINE（直线）命令，按【Enter】键确认，根据命令行提示进行操作，在文字下方合适位置单击鼠标左键，向右引导光标，输入 3500，按【Enter】键确认，绘制直线，如图 20-136 所示。

Step 10 在命令行中输入 OFFSET（偏移）命令，按【Enter】键确认，根据命令行提示进行操作，将新绘制的直线向下偏移 150，如

图 20-137 所示。

图 20-136　绘制直线

图 20-137　偏移直线

Step 11 在命令行中输入 PLINE（多段线）命令，按【Enter】键确认，根据命令行提示进行操作，捕捉上方直线的左端点，输入 W，按【Enter】键确认，输入 50，连续按两次按【Enter】键确认，在上方直线的右端点上，单击鼠标左键，并确认，创建多段线，如图 20-138 所示。

图 20-138　创建多段线

Step 12 在命令行中输入 INSERT（插入）命令，**1**弹出"插入"对话框，**2**单击"浏览"按钮，如图 20-139 所示。

Step 13 **1**弹出"选择图形文件"对话框，**2**选择要插入的图框素材，如图20-140所示。

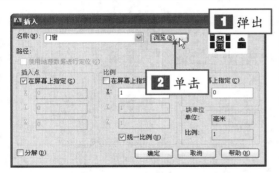

图 20-139　单击"浏览"按钮

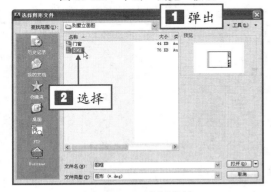

图 20-140　选择素材

Step 14 单击"打开"按钮，返回到"插入"对话框，单击"确定"按钮，在绘图区中的任意位置上，单击鼠标左键，插入图框，

选择插入的图框对象，将其缩放并移至合适的位置，此时即可完成别墅立面图的设计，效果如图 20-141 所示。

图 20-141　别墅立面图效果

 知识链接

在进行建筑设计时，应注意一下 5 点。

❀ 比例尺度的处理。

❀ 虚实与凹凸的处理。

❀ 线条处理。

❀ 色彩与质感处理。

❀ 重点与细部处理。

读者服务卡

亲爱的读者：

衷心感谢您购买和阅读了我们的图书，为了给您提供更好的服务，帮助我们改进和完善图书出版，请您抽出宝贵时间填写本表，十分感谢。

读者资料

姓名：＿＿＿＿＿＿性别：□男 □女　　年龄：＿＿＿文化程度：＿＿＿＿

职业：＿＿＿＿电话：＿＿＿＿＿＿　电子信箱：＿＿＿＿＿＿＿

通信地址：＿＿＿＿＿＿＿＿＿＿＿　邮编：＿＿＿＿＿＿＿

调查信息

1. 您是如何得知本书的：

□网上书店　　　□书店　　　　□图书网站　　　□网上搜索

□报纸/杂志　　□他人推荐　　□其他

2. 您对电脑的掌握程度：

□不懂　　　　　□基本掌握　　□熟练应用　　　□专业水平

3. 您想学习哪些电脑知识：

□基础入门　　　□操作系统　　□办公软件　　　□图像设计

□网页设计　　　□三维设计　　□数码照片　　　□视频处理

□编程知识　　　□黑客安全　　□网络技术　　　□硬件维修

4. 您决定购买本书有哪些因素：

□书名　　　　　□作者　　　　□出版社　　　　□定价

□封面版式　　　□印刷装帧　　□封面介绍　　　□书店宣传

5. 您认为哪些形式使学习更有效果：

□图书　　□上网　　　□语音视频　　□多媒体光盘　　　□培训班

6. 您认为合理的价格：

□低于 20 元　　□20～29 元　　□30～39 元　　□40～49 元

□50～59 元　　□60～69 元　　□70～79 元　　□80～100 元

7. 您对配套光盘的建议：

光盘内容包括：□实例素材　　□效果文件　□视频教学　□多媒体教学

　　　　　　　□实用软件　　□附赠资源　□无需配盘

8. 您对我社图书的宝贵建议：＿＿＿＿＿＿＿＿＿＿＿＿＿＿＿＿

＿＿＿＿＿＿＿＿＿＿＿＿＿＿＿＿＿＿＿＿＿＿＿＿＿＿＿＿

您可以通过以下方式联系我们。

邮箱：北京市 2038 信箱　　　　　邮编：100026

网址：http://www.china-ebooks.com　电话：010-80127216

E-mail：joybooks@163.com　　　　传真：010-81789962